工科数学信息化教学丛书

矩阵论学习方法指导

主　编　瞿　勇　宋业新
副主编　祁　锐　翟亚利　纪祥鲲

科 学 出 版 社
北　京

内 容 简 介

本书概述矩阵论的基本概念、主要结论和常用方法，对典型习题的解题思路与求解方法进行分类归纳与总结. 全书共 5 章，每章由知识结构框图、内容提要、解题方法归纳、典型例题解析、自测题等 5 部分构成. 书末附 3 套综合模拟试卷及解答.

本书可作为理工类专业高年级本科学生和硕士研究生学习矩阵论、矩阵分析课程的辅导书，也可供从事矩阵论教学的教师和其他对矩阵论感兴趣的读者参考.

图书在版编目（CIP）数据

矩阵论学习方法指导 / 瞿勇，宋业新主编. 一北京：科学出版社，2022.8

（工科数学信息化教学丛书）

ISBN 978-7-03-072936-1

Ⅰ. ①矩… Ⅱ. ①瞿… ②宋… Ⅲ. ①矩阵论一教材 Ⅳ. ①O151.21

中国版本图书馆 CIP 数据核字（2022）第 151585 号

责任编辑：王 晶 / 责任校对：高 嵘
责任印制：赵 博 / 封面设计：无极书装

科学出版社出版
北京东黄城根北街 16 号
邮政编码：100717
http://www.sciencep.com
涿州市般润文化传播有限公司印刷
科学出版社发行 各地新华书店经销
*
2022 年 8 月第 一 版 开本：787×1092 1/16
2024 年 1 月第二次印刷 印张：13
字数：305 000
定价：49.00 元
（如有印装质量问题，我社负责调换）

前　言

矩阵论是高等院校和研究院所面向理工类专业学生开设的一门重要基础课. 它作为一门数学工具，其理论与方法在数学学科和工程各个领域都有着非常广泛的应用. 因此，学习和掌握矩阵论的基本理论与方法，特别对将来从事工程技术工作的理工类专业学生来说是必不可少的.

矩阵论课程内容不仅理论性强、概念比较抽象，而且有其独特的思维方式和解题技巧，学生在学习此课程时，往往感到概念多、结论多、方法多，从而对内容的全面理解也感到困难. 为了方便教师课堂教学和相关学生更好地掌握矩阵论学习内容，编者团队根据多年从事矩阵论课程教学的经验，编写本书.

本书主要内容：第一章线性空间与线性变换、第二章内积空间、第三章矩阵的标准型、第四章矩阵函数及其应用、第五章特征值的估计与广义逆矩阵，以及附录综合模拟试卷及解答. 每章由知识结构框图、内容提要、解题方法归纳、典型例题解析和自测题五部分构成，涵盖矩阵论教材的主要知识点. 其中：知识结构框图梳理每章知识脉络，给出相应知识点间的联系；内容提要概括每章的重点和学习的关键；解题方法归纳对每章中的常用解题方法进行简明扼要的归纳和总结；典型例题解析针对每章中的典型习题做详细的解答，部分习题给出多种解法以便读者更好地掌握该类题型；自测题根据课程要求精选适量的自测题，并附有答案或提示；附录提供 3 套综合模拟试卷，并做详细的解答. 矩阵论的各种题型与解题方法几乎都能从本书获得，希望能够帮助读者加深对矩阵论概念、定理的认识和理解，引导读者理清解题思路，熟练掌握主要运算方法和解题技巧，提高数学推理能力和计算能力.

本书由瞿勇、宋业新担任主编，祁锐、翟亚利、纪祥鲲担任副主编. 其中：第一章、附录由瞿勇编写，第二章由祁锐编写，第三章由翟亚利编写，第四章由纪祥鲲编写，第五章由宋业新编写，全书由瞿勇、宋业新统稿.

本书的出版得到了海军工程大学各级领导机关的关心与支持，海军工程大学基础部刘海涛、艾小川、袁昊劼、金裕红、黄登斌、冯杭等在本书编写过程中也提供了有力的帮助，科学出版社的各位同志为本书出版做了很多认真细致的工作，在此一并表示衷心的感谢！

本书在编写过程中，学习和参考了书末所列的参考文献中的有关内容，特向文献中的作者们表示真诚的感谢！

限于编者水平，书中难免有不妥之处，敬请读者批评指正，以便在今后的教学和教材改版中改进提高.

编　者

2021 年 12 月

目 录

第一章 线性空间与线性变换…… 1
一、知识结构框图…… 1
二、内容提要…… 1
三、解题方法归纳…… 5
四、典型例题解析…… 8
五、自测题…… 40
第二章 内积空间…… 44
一、知识结构框图…… 44
二、内容提要…… 44
三、解题方法归纳…… 50
四、典型例题解析…… 51
五、自测题…… 72
第三章 矩阵的标准形…… 76
一、知识结构框图…… 76
二、内容提要…… 76
三、解题方法归纳…… 81
四、典型例题解析…… 84
五、自测题…… 108
第四章 矩阵函数及其应用…… 112
一、知识结构框图…… 112
二、内容提要…… 112
三、解题方法归纳…… 118
四、典型例题解析…… 119
五、自测题…… 144
第五章 特征值的估计与广义逆矩阵…… 147
一、知识结构框图…… 147
二、内容提要…… 147
三、解题方法归纳…… 151
四、典型例题解析…… 153
五、自测题…… 181
附录 综合模拟试卷及解答…… 185
综合模拟试卷一…… 185

综合模拟试卷一解答……186
综合模拟试卷二……190
综合模拟试卷二解答……192
综合模拟试卷三……195
综合模拟试卷三解答……197
参考文献……201

第一章　线性空间与线性变换

一、知识结构框图

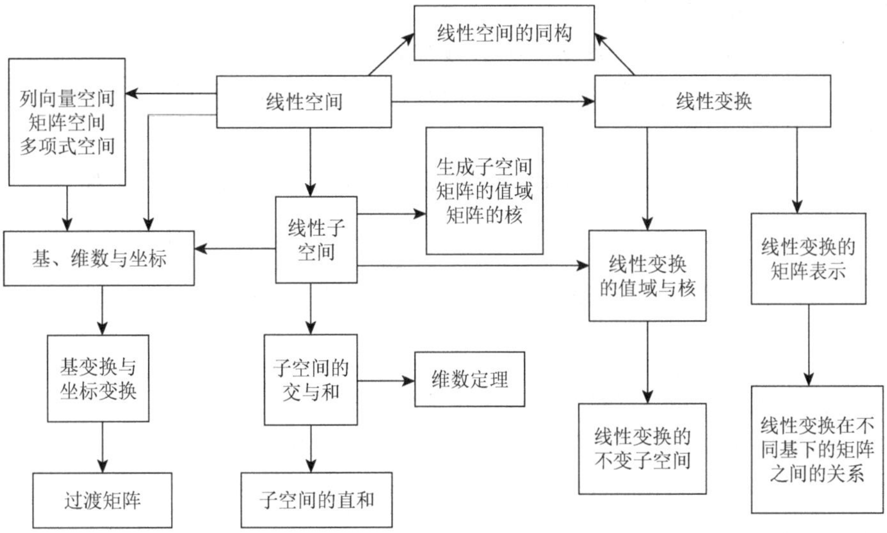

二、内 容 提 要

1. 线性空间的概念

设V是一非空集合，P是一个数域. 若在V上定义加法运算，在P与V的元素之间定义数乘运算，且上述两种运算满足线性空间八条运算规则，则称集合V为数域P上的线性空间.

线性空间中的元素称为向量.

线性空间中零向量是唯一的，每一个向量的负向量是唯一的，且对$k\in P$，$\boldsymbol{\alpha}\in V$有$k\boldsymbol{\alpha}=\mathbf{0}$，其充要条件是$k=0$或$\boldsymbol{\alpha}=\mathbf{0}$.

常见的线性空间有：

（1）实行向量空间$\mathbf{R}^n=\{\boldsymbol{\alpha}=(x_1,x_2,\cdots,x_n)\mid x_k\in\mathbf{R}\}$；

（2）实列向量空间$\mathbf{R}^n=\{\boldsymbol{\alpha}=(x_1,x_2,\cdots,x_n)^{\mathrm{T}}\mid x_k\in\mathbf{R}\}$；

（3）复行向量空间$\mathbf{C}^n=\{\boldsymbol{\alpha}=(x_1,x_2,\cdots,x_n)\mid x_k\in\mathbf{C}\}$；

（4）复列向量空间$\mathbf{C}^n=\{\boldsymbol{\alpha}=(x_1,x_2,\cdots,x_n)^{\mathrm{T}}\mid x_k\in\mathbf{C}\}$；

（5）实矩阵空间$\mathbf{R}^{m\times n}=\{\boldsymbol{A}=(a_{ij})_{m\times n}\mid a_{ij}\in\mathbf{R}\}$；

（6）复矩阵空间 $\mathbf{C}^{m\times n}=\{\boldsymbol{A}=(a_{ij})_{m\times n}\mid a_{ij}\in\mathbf{C}\}$；

（7）实多项式空间 $\mathbf{R}[t]_n=\left\{P(t)=\sum_{k=0}^{n-1}a_kt^k\mid a_k\in\mathbf{R}\right\}$.

2. 基、维数、坐标

若线性空间 V 中的向量组 $\boldsymbol{\alpha}_1,\boldsymbol{\alpha}_2,\cdots,\boldsymbol{\alpha}_n$ 满足：

（1）$\boldsymbol{\alpha}_1,\boldsymbol{\alpha}_2,\cdots,\boldsymbol{\alpha}_n$ 线性无关；

（2）V 中任一向量均可由 $\boldsymbol{\alpha}_1,\boldsymbol{\alpha}_2,\cdots,\boldsymbol{\alpha}_n$ 线性表示.

则向量组 $\boldsymbol{\alpha}_1,\boldsymbol{\alpha}_2,\cdots,\boldsymbol{\alpha}_n$ 称为线性空间 V 的一组基，n 称为 V 的维数，记为 $\dim V=n$. 这时 V 也记为 V_n.

线性空间 V 中任一向量 $\boldsymbol{\alpha}$ 由基 $\boldsymbol{\alpha}_1,\boldsymbol{\alpha}_2,\cdots,\boldsymbol{\alpha}_n$ 线性表示的方法唯一，设为

$$\boldsymbol{\alpha}=x_1\boldsymbol{\alpha}_1+x_2\boldsymbol{\alpha}_2+\cdots+x_n\boldsymbol{\alpha}_n\overset{\text{记作}}{=\!=\!=}(\boldsymbol{\alpha}_1,\boldsymbol{\alpha}_2,\cdots,\boldsymbol{\alpha}_n)\begin{pmatrix}x_1\\x_2\\\vdots\\x_n\end{pmatrix}$$

则称 $\boldsymbol{X}=(x_1,x_2,\cdots,x_n)^{\mathrm{T}}$ 为向量 $\boldsymbol{\alpha}$ 在基 $\boldsymbol{\alpha}_1,\boldsymbol{\alpha}_2,\cdots,\boldsymbol{\alpha}_n$ 下的坐标.

常见的线性空间都有一个比较简单的基，称为标准基或简单基.

向量空间 $\mathbf{C}^n$（或 $\mathbf{R}^n$）的简单基为 $\boldsymbol{e}_1,\boldsymbol{e}_2,\cdots,\boldsymbol{e}_n$，其中 $\boldsymbol{e}_i$ 表示第 i 个分量为 1，其余分量为 0 的 n 维向量.

矩阵空间 $\mathrm{C}^{m\times n}$（或 $\mathbf{R}^{m\times n}$）的简单基为 $\boldsymbol{E}_{ij}$ $(i=1,2,\cdots,m;j=1,2,\cdots,n)$，其中 $\boldsymbol{E}_{ij}$ 表示第 i 行第 j 列的元素为 1，其余元素为 0 的 $m\times n$ 矩阵.

多项式空间 $\mathbf{R}[t]_n$ 的简单基为 $1,t,t^2,\cdots,t^{n-1}$.

3. 基变换与坐标变换

线性空间 V 的两个基 $\boldsymbol{\alpha}_1,\boldsymbol{\alpha}_2,\cdots,\boldsymbol{\alpha}_n$ 与 $\boldsymbol{\beta}_1,\boldsymbol{\beta}_2,\cdots,\boldsymbol{\beta}_n$ 的关系为

$$(\boldsymbol{\beta}_1,\boldsymbol{\beta}_2,\cdots,\boldsymbol{\beta}_n)=(\boldsymbol{\alpha}_1,\boldsymbol{\alpha}_2,\cdots,\boldsymbol{\alpha}_n)\boldsymbol{A}$$

式中：矩阵 $\boldsymbol{A}$ 称为从基 $\boldsymbol{\alpha}_1,\boldsymbol{\alpha}_2,\cdots,\boldsymbol{\alpha}_n$ 到基 $\boldsymbol{\beta}_1,\boldsymbol{\beta}_2,\cdots,\boldsymbol{\beta}_n$ 的过渡矩阵. $\boldsymbol{A}$ 的第 i 个列向量是向量 $\boldsymbol{\beta}_i$ 在基 $\boldsymbol{\alpha}_1,\boldsymbol{\alpha}_2,\cdots,\boldsymbol{\alpha}_n$ 下的坐标.

过渡矩阵 $\boldsymbol{A}$ 总是可逆的.基变换公式为

$$(\boldsymbol{\beta}_1,\boldsymbol{\beta}_2,\cdots,\boldsymbol{\beta}_n)=(\boldsymbol{\alpha}_1,\boldsymbol{\alpha}_2,\cdots,\boldsymbol{\alpha}_n)\boldsymbol{A}\quad\text{或}\quad(\boldsymbol{\alpha}_1,\boldsymbol{\alpha}_2,\cdots,\boldsymbol{\alpha}_n)=(\boldsymbol{\beta}_1,\boldsymbol{\beta}_2,\cdots,\boldsymbol{\beta}_n)\boldsymbol{A}^{-1}$$

设有 $\boldsymbol{\alpha}=(\boldsymbol{\alpha}_1,\boldsymbol{\alpha}_2,\cdots,\boldsymbol{\alpha}_n)\begin{pmatrix}x_1\\x_2\\\vdots\\x_n\end{pmatrix}$，$\boldsymbol{\alpha}=(\boldsymbol{\beta}_1,\boldsymbol{\beta}_2,\cdots,\boldsymbol{\beta}_n)\begin{pmatrix}y_1\\y_2\\\vdots\\y_n\end{pmatrix}$，则有坐标变换公式为

$$\begin{pmatrix} x_1 \\ x_2 \\ \vdots \\ x_n \end{pmatrix} = A\begin{pmatrix} y_1 \\ y_2 \\ \vdots \\ y_n \end{pmatrix} \quad 或 \quad \begin{pmatrix} y_1 \\ y_2 \\ \vdots \\ y_n \end{pmatrix} = A^{-1}\begin{pmatrix} x_1 \\ x_2 \\ \vdots \\ x_n \end{pmatrix}$$

4. 子空间与维数定理

数域 P 上线性空间 V 的非空子集 W 对于 V 所定义的加法运算及数乘运算也构成数域 P 上的线性空间，则称 W 为 V 的线性子空间，简称子空间.

线性空间 V 的非空子集 W 是子空间的充要条件是：W 关于 V 中定义的两个运算封闭.

常见的子空间有下面几种.

（1）生成子空间 $L(\boldsymbol{\alpha}_1,\boldsymbol{\alpha}_2,\cdots,\boldsymbol{\alpha}_m)=\{\boldsymbol{\alpha}=\sum_{i=1}^{m}k_i\boldsymbol{\alpha}_i \mid k_i\in P\}$，也记为 $\mathrm{span}(\boldsymbol{\alpha}_1,\boldsymbol{\alpha}_2,\cdots,\boldsymbol{\alpha}_m)$，其中 $\boldsymbol{\alpha}_1,\boldsymbol{\alpha}_2,\cdots,\boldsymbol{\alpha}_m$ 是数域 P 上线性空间 V 的一组向量，称为子空间的生成元.

注　$L(\boldsymbol{\alpha}_1,\boldsymbol{\alpha}_2,\cdots,\boldsymbol{\alpha}_s)+L(\boldsymbol{\beta}_1,\boldsymbol{\beta}_2,\cdots,\boldsymbol{\beta}_t)=L(\boldsymbol{\alpha}_1,\boldsymbol{\alpha}_2,\cdots,\boldsymbol{\alpha}_s,\boldsymbol{\beta}_1,\boldsymbol{\beta}_2,\cdots,\boldsymbol{\beta}_t)$

（2）矩阵的值域 $R(\boldsymbol{A})=\{\boldsymbol{y}=\boldsymbol{A}\boldsymbol{x} \mid \boldsymbol{x}\in\mathbf{C}^n\}=L(\boldsymbol{\beta}_1,\boldsymbol{\beta}_2,\cdots,\boldsymbol{\beta}_n)$，其中 $\boldsymbol{\beta}_1,\boldsymbol{\beta}_2,\cdots,\boldsymbol{\beta}_n$ 是矩阵 $\boldsymbol{A}\in\mathbf{C}^{m\times n}$ 的列向量组. 矩阵的值域 $R(\boldsymbol{A})$ 也称为 $\boldsymbol{A}$ 的列空间.

（3）矩阵的核空间 $N(\boldsymbol{A})=\{\boldsymbol{x} \mid \boldsymbol{A}\boldsymbol{x}=\boldsymbol{0},\boldsymbol{x}\in\mathbf{C}^n\}$，其中矩阵 $\boldsymbol{A}\in\mathbf{C}^{m\times n}$.

（4）矩阵的特征子空间 $V_\lambda=\{\boldsymbol{x} \mid \boldsymbol{A}\boldsymbol{x}=\lambda\boldsymbol{x},\boldsymbol{x}\in\mathbf{C}^n\}$，其中矩阵 $\boldsymbol{A}\in\mathbf{C}^{n\times n}$，$\lambda$ 为 $\boldsymbol{A}$ 的特征值.

设 V_1,V_2 是线性空间 V 的两个子空间，则

（1）V_1 与 V_2 的交 $V_1\cap V_2=\{\boldsymbol{\alpha} \mid \boldsymbol{\alpha}\in V_1且\boldsymbol{\alpha}\in V_2\}$ 是 V 的子空间.

（2）V_1 与 V_2 的和 $V_1+V_2=\{\boldsymbol{\alpha}+\boldsymbol{\beta} \mid \boldsymbol{\alpha}\in V_1,\boldsymbol{\beta}\in V_2\}$ 是 V 的子空间.

维数公式：$\dim V_1+\dim V_2=\dim(V_1+V_2)+\dim(V_1\cap V_2)$

设 V_1,V_2 是线性空间 V 的两个子空间，若 $W=V_1+V_2$，且 $\forall\boldsymbol{\alpha}\in W$，分解式 $\boldsymbol{\alpha}=\boldsymbol{\alpha}_1+\boldsymbol{\alpha}_2(\boldsymbol{\alpha}_1\in V_1,\boldsymbol{\alpha}_2\in V_2)$ 是唯一的，则称子空间 V_1 与 V_2 的和为直和，并记为 $W=V_1\oplus V_2$.

下列关于子空间直和的说法等价：

（1）V_1+V_2 是直和；

（2）$V_1\cap V_2=\{\boldsymbol{0}\}$；

（3）零向量的分解式是唯一的；

（4）$\dim V_1+\dim V_2=\dim(V_1+V_2)$.

5. 线性空间的同构

若数域 P 上的两个线性空间 V 和 V' 之间有一个一一映射 $\boldsymbol{\sigma}$，使得对于 $\forall\boldsymbol{\alpha},\boldsymbol{\beta}\in V$ 及 $k\in P$，均满足：

（1）$\boldsymbol{\sigma}(\boldsymbol{\alpha}+\boldsymbol{\beta})=\boldsymbol{\sigma}(\boldsymbol{\alpha})+\boldsymbol{\sigma}(\boldsymbol{\beta})$；

（2）$\boldsymbol{\sigma}(k\boldsymbol{\alpha}) = k\boldsymbol{\sigma}(\boldsymbol{\alpha})$.

则称$\boldsymbol{\sigma}$是从V到V'的同构映射，并称V与V'是同构的.

注　同构映射保持线性无关的关系.

数域P上任意的n维线性空间V均与P^n同构.

同一数域P上的两个有限维线性空间V与V'同构的充分必要条件是$\dim V = \dim V'$.

6. 线性变换的概念

设T是数域P上的线性空间V的一个变换，若对于$\forall \boldsymbol{\alpha},\boldsymbol{\beta} \in V$及$k \in P$，均有

（1）$T(\boldsymbol{\alpha}+\boldsymbol{\beta}) = T(\boldsymbol{\alpha}) + T(\boldsymbol{\beta})$；

（2）$T(k\boldsymbol{\alpha}) = kT(\boldsymbol{\alpha})$，

则称T是线性空间V上的线性变换.

线性变换T把线性相关的向量组变成线性相关的向量组.

注　线性变换不能保持线性无关的关系.

将线性空间中每个元素都变换为零元素的变换称为零变换，记为O. 将线性空间中每个元素都变换为自身的变换称为单位变换或恒等变换，记为I.

设$L(V) = \{T \mid T$为数域P上线性空间V上的所有线性变换$\}$，$L(V)$对于线性变换的加法与数乘运算构成数域P上的线性空间.

设$T \in L(V)$，若存在V上的线性变换S，使得$TS = ST = I$，则称线性变换T是可逆的，并称S是T的逆变换. 记为T^{-1}.

（1）T^{-1}唯一；

（2）若$T \in L(V)$，则$T^{-1} \in L(V)$；

（3）$T \in L(V)$，T不一定可逆.

设$T \in L(V)$，则$T(V) = \{T\boldsymbol{\alpha} \mid \boldsymbol{\alpha} \in V\}$，$K = \{\boldsymbol{\alpha} \in V \mid T\boldsymbol{\alpha} = \mathbf{0}\} \triangleq T^{-1}(\mathbf{0})$都是$V$的子空间.

$T(V)$称为线性变换T的象子空间或值域，记为$R(T)$；$T^{-1}(\mathbf{0})$称为线性变换T的核，记为$\ker(T)$或$N(T)$. $\dim T(V)$称为线性变换T的秩；$\dim T^{-1}(\mathbf{0})$称为线性变换T的零度.

设V是n维线性空间，$T \in L(V)$，则有

$$\dim T(V) + \dim T^{-1}(\mathbf{0}) = \dim V = n$$

7. 线性变换的矩阵

设$\boldsymbol{\alpha}_1,\boldsymbol{\alpha}_2,\cdots,\boldsymbol{\alpha}_n$是$V$的一个基，对于$V$的任意$n$个向量$\boldsymbol{\beta}_1,\boldsymbol{\beta}_2,\cdots,\boldsymbol{\beta}_n$，则存在唯一的$T \in L(V)$，使得

$$T\boldsymbol{\alpha}_i = \boldsymbol{\beta}_i \quad (i = 1,2,\cdots,n)$$

设$T \in L(V)$，$\boldsymbol{\alpha}_1,\boldsymbol{\alpha}_2,\cdots,\boldsymbol{\alpha}_n$是$V$的一个基，若有

$$T(\boldsymbol{\alpha}_1,\boldsymbol{\alpha}_2,\cdots,\boldsymbol{\alpha}_n) = (T\boldsymbol{\alpha}_1,T\boldsymbol{\alpha}_2,\cdots,T\boldsymbol{\alpha}_n) = (\boldsymbol{\alpha}_1,\boldsymbol{\alpha}_2,\cdots,\boldsymbol{\alpha}_n)\boldsymbol{A}$$

这里 $A=\begin{pmatrix} a_{11} & a_{12} & \cdots & a_{1n} \\ a_{21} & a_{22} & \cdots & a_{2n} \\ \vdots & \vdots & & \vdots \\ a_{n1} & a_{n2} & \cdots & a_{nn} \end{pmatrix}$，称为线性变换 T 在基 $\boldsymbol{\alpha}_1,\boldsymbol{\alpha}_2,\cdots,\boldsymbol{\alpha}_n$ 下的矩阵.

（1）设 V 是数域 P 上的 n 维线性空间，则 $L(V)$ 与 $P^{n\times n}$ 同构，即有 $\dim L(V)=\dim P^{n\times n}=n^2$.

（2）设 V 是数域 P 上的 n 维线性空间，$T\in L(V)$，$\boldsymbol{\alpha}_1,\boldsymbol{\alpha}_2,\cdots,\boldsymbol{\alpha}_n$ 与 $\boldsymbol{\beta}_1,\boldsymbol{\beta}_2,\cdots,\boldsymbol{\beta}_n$ 是 V 的两个基，从 $\boldsymbol{\alpha}_1,\boldsymbol{\alpha}_2,\cdots,\boldsymbol{\alpha}_n$ 到 $\boldsymbol{\beta}_1,\boldsymbol{\beta}_2,\cdots,\boldsymbol{\beta}_n$ 的过渡矩阵为 $\boldsymbol{C}$，T 在基 $\boldsymbol{\alpha}_1,\boldsymbol{\alpha}_2,\cdots,\boldsymbol{\alpha}_n$ 下的矩阵为 $\boldsymbol{A}$，在基 $\boldsymbol{\beta}_1,\boldsymbol{\beta}_2,\cdots,\boldsymbol{\beta}_n$ 下的矩阵为 $\boldsymbol{B}$，则有 $\boldsymbol{B}=\boldsymbol{C}^{-1}\boldsymbol{AC}$.

同一线性变换在不同基下的矩阵是相似的；两个相似矩阵可看成同一线性变换在两个不同基下的矩阵.

8. 线性变换的不变子空间

设 $T\in L(V)$，W 是 V 的子空间，若 $\forall\boldsymbol{\alpha}\in W$，有 $T\boldsymbol{\alpha}\in W$，即 $T(W)\subset W$，则称 W 是 T 的不变子空间.

（1）线性空间 V 与零子空间 $\{\mathbf{0}\}$ 均为任意 $T(\in L(V))$ 的不变子空间.

（2）任意 $T(\in L(V))$ 的象子空间 $T(V)$ 与核子空间 $T^{-1}(\mathbf{0})$ 都是 T 的不变子空间.

（3）设 $T\in L(V),V=W_1\oplus W_2\oplus\cdots\oplus W_m$，且 W_j 均为 T 的不变子空间，则 T 在由 W_1，$W_2,\cdots,W_m$ 的基拼接而构成的基下的矩阵为准对角阵.

（4）设 $T\in L(V)$，T 在线性空间 V 的某个基下的矩阵为准对角阵，则线性空间 V 可分解为 T 的 m 个不变子空间的直和.

三、解题方法归纳

1. 判断是否构成线性空间（子空间）

（1）判断是否构成线性空间，首先要验证所定义的加法与数乘是否满足封闭性，再验证是否满足线性空间八条运算规则.

（2）判断 W 是否构成线性子空间，首先说明 W 非空，再验证加法与数乘是否满足封闭性.

2. 求线性空间（子空间）的基

（1）根据线性空间的构成规律，找出其中的一组特殊向量，使得所有向量均可由这组向量线性表示，若这组向量线性无关，则它就是线性空间的基；若这组向量线性相关，则它的一个最大无关组就是线性空间的基.

（2）求矩阵的值域和核空间. 矩阵 $\boldsymbol{A}$ 的列向量组的一个最大无关组即为值域 $R(\boldsymbol{A})$ 的

一个基. 齐次线性方程组 $\boldsymbol{Ax}=\boldsymbol{0}$ 的一个基础解系即为核空间 $N(\boldsymbol{A})$ 的一个基.

注　若已知线性空间的维数为 n，则只需找到 n 个线性无关的向量即可.

3. 过渡矩阵的求法

设线性空间 V 的两个基分别为 $\boldsymbol{\alpha}_1,\boldsymbol{\alpha}_2,\cdots,\boldsymbol{\alpha}_n$ 与 $\boldsymbol{\beta}_1,\boldsymbol{\beta}_2,\cdots,\boldsymbol{\beta}_n$，从基 $\boldsymbol{\alpha}_1,\boldsymbol{\alpha}_2,\cdots,\boldsymbol{\alpha}_n$ 到基 $\boldsymbol{\beta}_1,\boldsymbol{\beta}_2,\cdots,\boldsymbol{\beta}_n$ 的过渡矩阵为 $\boldsymbol{A}$. 那么求过渡矩阵有下述两种方法.

（1）直接法（定义法）：写出或计算向量 $\boldsymbol{\beta}_i$ 在基 $\boldsymbol{\alpha}_1,\boldsymbol{\alpha}_2,\cdots,\boldsymbol{\alpha}_n$ 下的坐标 $\boldsymbol{\xi}_i$（列向量），则有过渡矩阵 $\boldsymbol{A}=(\boldsymbol{\xi}_1,\boldsymbol{\xi}_2,\cdots,\boldsymbol{\xi}_n)$.

（2）中介法：选取 V 的简单基（标准基），分别写出从简单基到基 $\boldsymbol{\alpha}_1,\boldsymbol{\alpha}_2,\cdots,\boldsymbol{\alpha}_n$ 的过渡矩阵 $\boldsymbol{B}$，从简单基到基 $\boldsymbol{\beta}_1,\boldsymbol{\beta}_2,\cdots,\boldsymbol{\beta}_n$ 的过渡矩阵 $\boldsymbol{C}$，则有 $\boldsymbol{A}=\boldsymbol{B}^{-1}\boldsymbol{C}$.

4. 两个子空间的交与和的基的求法

设 $\boldsymbol{\alpha}_1,\boldsymbol{\alpha}_2,\cdots,\boldsymbol{\alpha}_s$ 为 V_1 的基，$\boldsymbol{\beta}_1,\boldsymbol{\beta}_2,\cdots,\boldsymbol{\beta}_t$ 为 V_2 的基.

（1）利用 $V_1+V_2=L(\boldsymbol{\alpha}_1,\boldsymbol{\alpha}_2,\cdots,\boldsymbol{\alpha}_s)+L(\boldsymbol{\beta}_1,\boldsymbol{\beta}_2,\cdots,\boldsymbol{\beta}_t)=L(\boldsymbol{\alpha}_1,\boldsymbol{\alpha}_2,\cdots,\boldsymbol{\alpha}_s,\boldsymbol{\beta}_1,\boldsymbol{\beta}_2,\cdots,\boldsymbol{\beta}_t)$，求出 $\boldsymbol{\alpha}_1,\boldsymbol{\alpha}_2,\cdots,\boldsymbol{\alpha}_s,\boldsymbol{\beta}_1,\boldsymbol{\beta}_2,\cdots,\boldsymbol{\beta}_t$ 的最大无关组，即为子空间的和 V_1+V_2 的一个基.

（2）求出使 $\boldsymbol{\gamma}=x_1\boldsymbol{\alpha}_1+x_2\boldsymbol{\alpha}_2+\cdots+x_s\boldsymbol{\alpha}_s=x_{s+1}\boldsymbol{\beta}_1+x_{s+2}\boldsymbol{\beta}_2+\cdots+x_{s+t}\boldsymbol{\beta}_t$ 成立的向量组的最大无关组 $\boldsymbol{\gamma}_1,\boldsymbol{\gamma}_2,\cdots,\boldsymbol{\gamma}_r$，即为子空间的交 $V_1\cap V_2$ 的一个基.

5. 子空间直和的证明

证明 $V=V_1\oplus V_2$ 有下述两种方法.

（1）首先确定 V_1,V_2 是 V 的子空间，再说明有 $\dim V_1+\dim V_2=\dim V$，$V_1\cap V_2=\{0\}$ 即可.

（2）首先证明 $V_1+V_2=V$，即说明既有 $V_1+V_2\subset V$，又有 $V\subset V_1+V_2$；再说明 $V_1\cap V_2=\{0\}$ 或 $\dim V_1+\dim V_2=\dim V$ 即可.

6. 判定是否线性变换

首先说明 T 是数域 P 上线性空间 V 的一个变换. 其次，验证对于 $\forall\boldsymbol{\alpha},\boldsymbol{\beta}\in V$，均有 $T(\boldsymbol{\alpha}+\boldsymbol{\beta})=T(\boldsymbol{\alpha})+T(\boldsymbol{\beta})$. 再验证对于 $\forall\boldsymbol{\alpha}\in V$ 及 $k\in P$，均有 $T(k\boldsymbol{\alpha})=kT(\boldsymbol{\alpha})$.

7. 求线性变换的矩阵

求线性变换 T 在基 $\boldsymbol{\alpha}_1,\boldsymbol{\alpha}_2,\cdots,\boldsymbol{\alpha}_n$ 下的变换矩阵，有下述三种方法.

（1）直接法（定义法）：由 $(T\boldsymbol{\alpha}_1,T\boldsymbol{\alpha}_2,\cdots,T\boldsymbol{\alpha}_n)=(\boldsymbol{\alpha}_1,\boldsymbol{\alpha}_2,\cdots,\boldsymbol{\alpha}_n)\boldsymbol{A}$，求出 $T\boldsymbol{\alpha}_i$ 在基

$\boldsymbol{\alpha}_1,\boldsymbol{\alpha}_2,\cdots,\boldsymbol{\alpha}_n$ 下的坐标 $\boldsymbol{\xi}_i$（列向量），则有变换矩阵 $\boldsymbol{A}=(\xi_1,\xi_2,\cdots,\xi_n)$.

（2）相似法：已知 T 在基 $\boldsymbol{\alpha}_1,\boldsymbol{\alpha}_2,\cdots,\boldsymbol{\alpha}_n$ 下的矩阵为 $\boldsymbol{A}$，且从基 $\boldsymbol{\alpha}_1,\boldsymbol{\alpha}_2,\cdots,\boldsymbol{\alpha}_n$ 到基 $\boldsymbol{\beta}_1,\boldsymbol{\beta}_2,\cdots,\boldsymbol{\beta}_n$ 的过渡矩阵为 $\boldsymbol{C}$，则 T 在基 $\boldsymbol{\beta}_1,\boldsymbol{\beta}_2,\cdots,\boldsymbol{\beta}_n$ 下的矩阵为 $\boldsymbol{B}=\boldsymbol{C}^{-1}\boldsymbol{A}\boldsymbol{C}$.

（3）中介法：选取简单基 $\boldsymbol{\varepsilon}_1,\boldsymbol{\varepsilon}_2,\cdots,\boldsymbol{\varepsilon}_n$，求出从简单基到基 $\boldsymbol{\alpha}_1,\boldsymbol{\alpha}_2,\cdots,\boldsymbol{\alpha}_n$ 的过渡矩阵 $\boldsymbol{B}$，即有 $(\boldsymbol{\alpha}_1,\boldsymbol{\alpha}_2,\cdots,\boldsymbol{\alpha}_n)=(\boldsymbol{\varepsilon}_1,\boldsymbol{\varepsilon}_2,\cdots,\boldsymbol{\varepsilon}_n)\boldsymbol{B}$；求出 $T\boldsymbol{\alpha}_i$ 在简单基 $\boldsymbol{\varepsilon}_1,\boldsymbol{\varepsilon}_2,\cdots,\boldsymbol{\varepsilon}_n$ 下的坐标 $\boldsymbol{\gamma}_i$（列向量），即有 $(T\boldsymbol{\alpha}_1,T\boldsymbol{\alpha}_2,\cdots,T\boldsymbol{\alpha}_n)=(\boldsymbol{\varepsilon}_1,\boldsymbol{\varepsilon}_2,\cdots,\boldsymbol{\varepsilon}_n)\boldsymbol{C}$，其中矩阵 $\boldsymbol{C}=(\gamma_1,\gamma_2,\cdots,\gamma_n)$. 于是

$$(T\boldsymbol{\alpha}_1,T\boldsymbol{\alpha}_2,\cdots,T\boldsymbol{\alpha}_n)=(\boldsymbol{\varepsilon}_1,\boldsymbol{\varepsilon}_2,\cdots,\boldsymbol{\varepsilon}_n)\boldsymbol{C}=(\boldsymbol{\alpha}_1,\boldsymbol{\alpha}_2,\cdots,\boldsymbol{\alpha}_n)\boldsymbol{B}^{-1}\boldsymbol{C}$$

即 T 在基 $\boldsymbol{\alpha}_1,\boldsymbol{\alpha}_2,\cdots,\boldsymbol{\alpha}_n$ 下的矩阵为 $\boldsymbol{A}=\boldsymbol{B}^{-1}\boldsymbol{C}$.

8. 线性变换的值域与核的求法

1）求线性变换 T 的值域 $R(T)$ 的方法

（1）选取线性空间 V 的一个基 $\boldsymbol{\alpha}_1,\boldsymbol{\alpha}_2,\cdots,\boldsymbol{\alpha}_n$，则线性变换 T 的值域可表示为

$$R(T)=L(T\boldsymbol{\alpha}_1,T\boldsymbol{\alpha}_2,\cdots,T\boldsymbol{\alpha}_n)$$

求出 $T(\boldsymbol{\alpha}_1),T(\boldsymbol{\alpha}_2),\cdots,T(\boldsymbol{\alpha}_n)$ 的最大无关组，即为 T 的值域 $R(T)$ 的一个基.

（2）选取线性空间 V 的一个基 $\boldsymbol{\alpha}_1,\boldsymbol{\alpha}_2,\cdots,\boldsymbol{\alpha}_n$，求出线性变换 T 在基 $\boldsymbol{\alpha}_1,\boldsymbol{\alpha}_2,\cdots,\boldsymbol{\alpha}_n$ 下的矩阵 $\boldsymbol{A}$. 求出 $R(\boldsymbol{A})$ 的一个基 $\xi_1,\xi_2,\cdots,\xi_r$，即矩阵 $\boldsymbol{A}$ 的列向量组的最大无关组，则

$$\boldsymbol{\beta}_1=(\boldsymbol{\alpha}_1,\boldsymbol{\alpha}_2,\cdots,\boldsymbol{\alpha}_n)\xi_1,\ \boldsymbol{\beta}_2=(\boldsymbol{\alpha}_1,\boldsymbol{\alpha}_2,\cdots,\boldsymbol{\alpha}_n)\xi_2,\cdots,\boldsymbol{\beta}_r=(\boldsymbol{\alpha}_1,\boldsymbol{\alpha}_2,\cdots,\boldsymbol{\alpha}_n)\xi_r$$

即为值域 $R(T)$ 的一个基.

2）求线性变换 T 的核空间 $N(T)$ 的方法

选取线性空间 V 的一个基 $\boldsymbol{\alpha}_1,\boldsymbol{\alpha}_2,\cdots,\boldsymbol{\alpha}_n$，求出线性变换 T 在基 $\boldsymbol{\alpha}_1,\boldsymbol{\alpha}_2,\cdots,\boldsymbol{\alpha}_n$ 下的矩阵 $\boldsymbol{A}$. 求出 $N(\boldsymbol{A})$ 的一个基 $\boldsymbol{\eta}_1,\boldsymbol{\eta}_2,\cdots,\boldsymbol{\eta}_{n-r}$，即齐次线性方程组 $\boldsymbol{A}\boldsymbol{x}=\boldsymbol{0}$ 的基础解系，则

$$\gamma_1=(\boldsymbol{\alpha}_1,\boldsymbol{\alpha}_2,\cdots,\boldsymbol{\alpha}_n)\boldsymbol{\eta}_1,\ \gamma_2=(\boldsymbol{\alpha}_1,\boldsymbol{\alpha}_2,\cdots,\boldsymbol{\alpha}_n)\boldsymbol{\eta}_2,\cdots,\gamma_{n-r}=(\boldsymbol{\alpha}_1,\boldsymbol{\alpha}_2,\cdots,\boldsymbol{\alpha}_n)\boldsymbol{\eta}_{n-r}$$

即为 T 的核空间 $N(T)$ 的一个基.

9. 线性变换的不变子空间判定

（1）利用定义：W 是 V 的子空间，若 $\forall\boldsymbol{\alpha}\in W$, 有 $T\boldsymbol{\alpha}\in W$, 则 W 就是 T 的不变子空间.

（2）利用下述结论：

① 线性空间 V 与零子空间 $\{\boldsymbol{0}\}$ 均为任意 $T(\in L(V))$ 的不变子空间.

② 线性变换 T 的值域 $R(T)$ 与核 $N(T)$ 均为 T 的不变子空间.

③ 若 V_1 与 V_2 是线性变换 T 的两个不变子空间，则 $V_1\cap V_2$ 与 V_1+V_2 也是 T 的不变子空间.

④ $T\in L(V)$，W 是 V 的子空间，又 $\boldsymbol{\alpha}_1,\boldsymbol{\alpha}_2,\cdots,\boldsymbol{\alpha}_m$ 是 W 的一个基，则 W 是 T 的不变子空间的充分必要条件是象 $T\boldsymbol{\alpha}_1,T\boldsymbol{\alpha}_2,\cdots,T\boldsymbol{\alpha}_m\in W$.

四、典型例题解析

例 1.1　对于全体正实数集合 $\mathbf{R}^+$，定义：

加法运算 $a\oplus b=ab\,(a,b\in\mathbf{R}^+)$；数乘运算 $k\otimes a=a^k\ (k\in\mathbf{R},a\in\mathbf{R}^+)$. 证明：$\mathbf{R}^+$ 是实数域 $\mathbf{R}$ 上的线性空间.

证　易证对于 $\forall a,\ b\in\mathbf{R}^+$ 及 $k\in\mathbf{R}$，$a\oplus b\in\mathrm{R}^+$，$k\otimes a\in\mathbf{R}^+$. 下面验证八条运算法则成立.

设 $a,b,c\in\mathbf{R}^+$ 及 $k,l\in\mathbf{R}$.

① $a\oplus b=ab=ba=b\oplus a$.

② $(a\oplus b)\oplus c=(ab)c=a(bc)=a\oplus(b\oplus c)$.

③ 因为 $\forall a\in\mathbf{R}^+$，均有 $a\oplus 1=a1=a$，所以存在零元 $\mathbf{0}=1$.

④ 因为 $\forall a\in\mathbf{R}^+$，则有 $a\oplus\dfrac{1}{a}=a\dfrac{1}{a}=1=\mathbf{0}$，$\dfrac{1}{a}\in\mathbf{R}^+$，所以存在负向量 $-a=\dfrac{1}{a}$.

⑤ $1\otimes a=a^1=a$.

⑥ $k\otimes(l\otimes a)=k\otimes a^l=(a^l)^k=a^{kl}=(kl)\otimes a$.

⑦ $(k+l)\otimes a=a^{k+l}=a^ka^l=a^k\oplus a^l=(k\otimes a)\oplus(l\otimes a)$.

⑧ $k\otimes(a\oplus b)=(ab)^k=a^kb^k=a^k\oplus b^k=(k\otimes a)\oplus(k\otimes b)$

故 $\mathbf{R}^+$ 构成实数域 $\mathbf{R}$ 上的线性空间.

例 1.2　判断下列集合对于所定义的运算是否构成线性空间.

（1）在实数域 $\mathbf{R}$ 上，集合 $V_1=\{(x_1,x_2)\mid x_1,x_2\in\mathbf{R}\}$，对于 $\boldsymbol{\alpha}=(x_1,x_2)$，$\boldsymbol{\beta}=(y_1,y_2)$ 及 $k\in\mathbf{R}$，定义加法运算 $\boldsymbol{\alpha}\oplus\boldsymbol{\beta}=(x_1+y_1,x_2+y_2)$，数乘运算 $k\otimes\boldsymbol{\alpha}=(kx_1,x_2)$.

（2）在复数域 $\mathbf{C}$ 上，n 阶埃尔米特（Hermite）矩阵的集合 $V_2=\{\boldsymbol{A}\mid\boldsymbol{A}^{\mathrm{H}}=\boldsymbol{A},\boldsymbol{A}\in\mathbf{C}^{n\times n}\}$，对于矩阵的加法与数乘运算.

解　（1）取 $\boldsymbol{\alpha}=(1,1)$ 及 $k,l\in\mathbf{R}$，则有

$$(k+l)\otimes\boldsymbol{\alpha}=(k+l,1),\qquad (k\otimes\boldsymbol{\alpha})\oplus(l\otimes\boldsymbol{\alpha})=(k+l,2)$$

所以加法的分配律不成立，故 V_1 不构成 $\mathbf{R}$ 上的线性空间.

（2）对于数乘运算，取 $\boldsymbol{A}\in V_2$，$k\in\mathbf{C}$，$(k\boldsymbol{A})^{\mathrm{H}}=\bar{k}\boldsymbol{A}^{\mathrm{H}}=\bar{k}\boldsymbol{A}\neq k\boldsymbol{A}$，所以数乘运算不封闭，故 V_2 不是线性空间.

例 1.3　集合 $V=\{(x_1,x_2)\mid x_1,x_2\in\mathbf{R}\}$，对于 $\boldsymbol{\alpha}=(x_1,x_2)$，$\boldsymbol{\beta}=(y_1,y_2)$ 及 $k\in\mathbf{R}$，定义：

加法运算 $\boldsymbol{\alpha}\oplus\boldsymbol{\beta}=(x_1+y_1,x_2+y_2+x_1y_1)$；数乘运算 $k\otimes\boldsymbol{\alpha}=\left(kx_1,kx_2+\dfrac{1}{2}k(k-1)x_1^2\right)$.

证明：V 是实数域 $\mathbf{R}$ 上的线性空间.

证　易证对于 $\forall\boldsymbol{\alpha}$，$\boldsymbol{\beta}\in V$ 及 $k\in\mathbf{R}$，$\boldsymbol{\alpha}\oplus\boldsymbol{\beta}\in V$，$k\otimes\boldsymbol{\alpha}\in V$. 下面验证八条运算法则成立.

设 $\boldsymbol{\alpha}=(x_1,x_2)$，$\boldsymbol{\beta}=(y_1,y_2)$，$\boldsymbol{\gamma}=(z_1,z_2)$ 及 $k,l\in\mathbf{R}$.

① $\boldsymbol{\alpha}\oplus\boldsymbol{\beta}=(x_1+y_1,x_2+y_2+x_1y_1)=(y_1+x_1,y_2+x_2+y_1x_1)=\boldsymbol{\beta}\oplus\boldsymbol{\alpha}$.

② $(\boldsymbol{\alpha}\oplus\boldsymbol{\beta})\oplus\gamma=((x_1+y_1)+z_1,(x_2+y_2+x_1y_1)+z_2+(x_1+y_1)z_1)$

$$=(x_1+y_1+z_1,x_2+y_2+z_2+x_1y_1+x_1z_1+y_1z_1)$$

$$=(x_1+(y_1+z_1),x_2+(y_2+z_2+y_1z_1)+x_1(y_1+z_1))=\boldsymbol{\alpha}\oplus(\boldsymbol{\beta}\oplus\boldsymbol{\gamma}).$$

③ 因为$\boldsymbol{\alpha}\oplus(0,0)=(x_1+0,x_2+0+x_1\cdot 0)=(x_1,x_2)=\boldsymbol{\alpha}$，所以零元$\mathbf{0}=(0,0)$.

④ $\boldsymbol{\alpha}=(x_1,x_2)$的负向量为$-\boldsymbol{\alpha}=(-x_1,x_1^2-x_2)$，因为

$$\boldsymbol{\alpha}\oplus(-x_1,x_1^2-x_2)=(x_1+(-x_1),x_2+(x_1^2-x_2)+x_1(-x_1))=(0,0)=\mathbf{0}$$

⑤ $1\otimes\boldsymbol{\alpha}=\left(1\cdot x_1,1\cdot x_2+\dfrac{1}{2}\cdot 1\cdot(1-1)x_1^2\right)=(x_1,x_2)=\boldsymbol{\alpha}.$

⑥ $k\otimes(l\otimes\boldsymbol{\alpha})=k\otimes\left(lx_1,lx_2+\dfrac{1}{2}l(l-1)x_1^2\right)$

$$=\left(k\cdot lx_1,k\cdot(lx_2+\frac{1}{2}l(l-1)x_1^2)+\frac{1}{2}k(k-1)\cdot(lx_1)^2\right)$$

$$=\left(klx_1,klx_2+\frac{1}{2}kl\cdot(l-1+(k-1)l)\cdot x_1^2\right)$$

$$=\left(klx_1,klx_2+\frac{1}{2}kl(kl-1)x_1^2\right)=(kl)\otimes\boldsymbol{\alpha}.$$

⑦ $(k+l)\otimes\boldsymbol{\alpha}=\left((k+l)x_1,(k+l)x_2+\dfrac{1}{2}(k+l)(k+l-1)x_1^2\right)$

$$=\left((k+l)x_1,(k+l)x_2+\frac{1}{2}(k^2+l^2-k-l+2kl)x_1^2\right)$$

$$=\left(kx_1+lx_1,kx_2+\frac{1}{2}k(k-1)x_1^2+lx_2+\frac{1}{2}l(l-1)x_1^2+kx_1\cdot lx_1\right)$$

$$=(k\otimes\alpha)\oplus(l\otimes\alpha).$$

⑧ $\boldsymbol{k}\otimes(\boldsymbol{\alpha}\oplus\boldsymbol{\beta})=k\otimes(x_1+y_1,x_2+y_2+x_1y_1)$

$$=(k(x_1+y_1),k(x_2+y_2+x_1y_1)+\frac{1}{2}k(k-1)(x_1+y_1)^2)$$

$$=(kx_1+ky_1,kx_2+\frac{1}{2}k(k-1)x_1^2+ky_2+\frac{1}{2}k(k-1)y_1^2+k^2x_1y_1)$$

$$=(kx_1,kx_2+\frac{1}{2}k(k-1)x_1^2)\oplus(ky_1,ky_2+\frac{1}{2}k(k-1)y_1^2)$$

$$=(k\otimes\boldsymbol{\alpha})\oplus(k\otimes\boldsymbol{\beta})$$

故V构成实数域$\mathbf{R}$上的线性空间.

例 1.4　判断$\mathbf{R}^{2\times 2}$的下列子集是否构成子空间.

（1）集合$V_1=\{\boldsymbol{A}\mid\det(\boldsymbol{A})=0,\boldsymbol{A}\in\mathbf{R}^{2\times 2}\}$.

（2）设$\boldsymbol{A}=\begin{pmatrix}0&1\\-1&0\end{pmatrix}$，集合$V_2=\left\{\sum\limits_{k=1}^{n}a_k\boldsymbol{A}^k\,\middle|\,a_k\in\mathbf{R},n=1,2,\cdots\right\}$.

解　（1）取$\boldsymbol{A}=\begin{pmatrix}1&0\\0&0\end{pmatrix}\in V_1$，$\boldsymbol{B}=\begin{pmatrix}0&0\\0&1\end{pmatrix}\in V_1$，而

$$A+B=\begin{pmatrix}1 & 0\\0 & 1\end{pmatrix},\qquad \det(A+B)=1\neq 0$$

所以 $A+B\notin V_1$，即 V_1 对加法运算不封闭，故 V_1 不是子空间.

（2）显然 V_2 是非空的，因为零矩阵 $O\in V_2$. 又对于 $\forall B,C\in V_2$ 及 $k\in\mathbf{R}$，$B=\sum\limits_{i=1}^{n}a_iA^i$，$C=\sum\limits_{j=1}^{m}b_jA^j$，设 $n\leqslant m$，则

$$B+C=\sum_{i=1}^{n}(a_i+b_i)A^i+\sum_{j=n+1}^{m}b_jA^j\in V_2,\qquad kB=\sum_{i=1}^{n}(ka_i)A^i\in V_2$$

故 V_2 是 $\mathbf{R}^{2\times 2}$ 的子空间.

例 1.5　判断 $\mathbf{R}^{m\times n}$ 的下列子集是否构成子空间.

（1）集合 $V_1=\left\{A=(a_{ij})_{m\times n}\left|\sum\limits_{i=1}^{m}\sum\limits_{j=1}^{n}a_{ij}=1,A\in\mathbf{R}^{m\times n}\right.\right\}$；

（2）集合 $V_2=\left\{A=(a_{ij})_{m\times n}\left|\sum\limits_{i=1}^{m}\sum\limits_{j=1}^{n}a_{ij}=0,A\in\mathbf{R}^{m\times n}\right.\right\}$.

解　（1）设 $A=(a_{ij})_{m\times n}\in V_1$，则有 $\sum\limits_{i=1}^{m}\sum\limits_{j=1}^{n}a_{ij}=1$，而

$$2A=(2a_{ij})_{m\times n},\qquad \sum_{i=1}^{m}\sum_{j=1}^{n}(2a_{ij})=2$$

所以 $2A\notin V_1$，即 V_1 对数乘运算不封闭，故 V_1 不是子空间.

（2）因为零矩阵 $O_{m\times n}\in V_2$，所以 V_2 是非空的.

任取 $A=(a_{ij})_{m\times n}\in V_2$，$B=(b_{ij})_{m\times n}\in V_2$ 及 $k\in\mathbf{R}$，则

$$\sum_{i=1}^{m}\sum_{j=1}^{n}a_{ij}=0,\qquad \sum_{i=1}^{m}\sum_{j=1}^{n}b_{ij}=0$$

于是有 $A+B=(a_{ij}+b_{ij})_{m\times n}$，$kA=(ka_{ij})_{m\times n}$. 而

$$\sum_{i=1}^{m}\sum_{j=1}^{n}(a_{ij}+b_{ij})=\sum_{i=1}^{m}\sum_{j=1}^{n}a_{ij}+\sum_{i=1}^{m}\sum_{j=1}^{n}b_{ij}=0,\qquad \sum_{i=1}^{m}\sum_{j=1}^{n}(ka_{ij})=k\sum_{i=1}^{m}\sum_{j=1}^{n}a_{ij}=0$$

即有

$$A+B\in V_2,\qquad kA\in V_2$$

故 V_2 是 $\mathbf{R}^{m\times n}$ 的子空间.

例 1.6　判断 $\mathbf{R}^{n\times n}$ 的下列子集是否构成子空间.

（1）集合 $V_1=\{A\mid A^2=A,A\in\mathbf{R}^{n\times n}\}$；

（2）给定矩阵 $A\in\mathbf{R}^{n\times n}$，与矩阵 A 乘法可交换的矩阵集合 $V_2=\{X\mid AX=XA,X\in\mathbf{R}^{n\times n}\}$.

解　（1）取 $A=E\in V_1$，而 $(2E)^2=4E\neq 2E$，所以 $2A\notin V_1$，即 V_1 对数乘运算不封闭，故 V_1 不是子空间.

（2）V_2 是子空间. 因为零矩阵 $\boldsymbol{O}_{n\times n}\in V_2$，所以 V_2 是非空的.

任取 $\boldsymbol{B},\boldsymbol{C}\in V_2$ 及 $k\in\mathbf{R}$，则有 $\boldsymbol{AB}=\boldsymbol{BA}$，$\boldsymbol{AC}=\boldsymbol{CA}$，于是有

$$\boldsymbol{A}(\boldsymbol{B}+\boldsymbol{C})=\boldsymbol{AB}+\boldsymbol{AC}=\boldsymbol{BA}+\boldsymbol{CA}=(\boldsymbol{B}+\boldsymbol{C})\boldsymbol{A}$$

$$\boldsymbol{A}(k\boldsymbol{B})=k\boldsymbol{AB}=(k\boldsymbol{B})\boldsymbol{A}$$

即有

$$\boldsymbol{B}+\boldsymbol{C}\in V_2,\quad k\boldsymbol{B}\in V_2$$

故 V_2 是 $\mathbf{R}^{n\times n}$ 的子空间.

例 1.7　求例 1.1 中线性空间 $\mathbf{R}^+$ 的一个基与维数.

解　注意线性空间 $\mathbf{R}^+$ 中的零元是数 1，取 $b\in\mathbf{R}^+$，且 $b\neq 1$，任取 $a\in\mathbf{R}^+$，则

$$a=b^{\log_b a}=b^{\frac{\ln a}{\ln b}}=\frac{\ln a}{\ln b}\otimes b$$

此即说明 $\mathbf{R}^+$ 中的任意非零元（$\neq 1$ 的数）均可作为 $\mathbf{R}^+$ 的基，从而其维数为 1.

例 1.8　设集合 $V=\{\boldsymbol{\alpha}=(x,y)\mid x,y\in\mathbf{C}\}$，

（1）V 在通常向量加法和数乘运算下，在复数域 $\mathbf{C}$ 上是多少维线性空间？

（2）V 在通常向量加法和数乘运算下，在实数域 $\mathbf{R}$ 上是多少维线性空间？

解　（1）设 $\boldsymbol{e}_1=(1,0)$，$\boldsymbol{e}_2=(0,1)$，它们线性无关，且对 $\forall\boldsymbol{\alpha}=(x,y)\in V$，有 $\boldsymbol{\alpha}=x\boldsymbol{e}_1+y\boldsymbol{e}_2$，其中系数 $x,y\in\mathbf{C}$，所以 $\boldsymbol{e}_1,\boldsymbol{e}_2$ 是 V 的一个基，故 $\dim V=2$.

（2）在实数域 $\mathbf{R}$ 上，对 $\forall\boldsymbol{\alpha}=(x,y)\in V$，设

$$x=a+bi,\quad y=c+di\quad (a,b,c,d\in\mathbf{R})$$

则有

$$\boldsymbol{\alpha}=(a+bi,c+di)=a(1,0)+b(i,0)+c(0,1)+d(0,i)$$

令 $\beta_1=(1,0),\beta_2=(i,0),\boldsymbol{\beta}_3=(0,1),\boldsymbol{\beta}_4=(0,i)$，易知 $\boldsymbol{\beta}_1,\boldsymbol{\beta}_2,\boldsymbol{\beta}_3,\boldsymbol{\beta}_4$ 线性无关，且有

$$\boldsymbol{\alpha}=a\boldsymbol{\beta}_1+b\boldsymbol{\beta}_2+c\boldsymbol{\beta}_3+d\boldsymbol{\beta}_4$$

从而 $\boldsymbol{\beta}_1,\boldsymbol{\beta}_2,\boldsymbol{\beta}_3,\boldsymbol{\beta}_4$ 是 V 的一个基，故 $\dim V=4$.

例 1.9　设 V_1 与 V_2 是线性空间 V 的两个子空间，且 $V_1\subset V_2$，证明：若 $\dim V_1=\dim V_2$，则 $V_1=V_2$.

证　若 $\dim V_1=0$，则 V_1 与 V_2 均为零空间，自然 V_1 与 V_2 相等.

若 $\dim V_1=m\neq 0$，则取 V_1 的一个基 $\boldsymbol{\alpha}_1,\boldsymbol{\alpha}_2,\cdots,\boldsymbol{\alpha}_m$，则有 $\boldsymbol{\alpha}_1,\boldsymbol{\alpha}_2,\cdots,\boldsymbol{\alpha}_m\in V_2$.

又有 $\dim V_2=\dim V_1=m$，而 $\boldsymbol{\alpha}_1,\boldsymbol{\alpha}_2,\cdots,\boldsymbol{\alpha}_m$ 线性无关，从而 $\boldsymbol{\alpha}_1,\boldsymbol{\alpha}_2,\cdots,\boldsymbol{\alpha}_m$ 也是 V_2 的基，即有 $V_1=V_2$.

例 1.10　设 $V=\left\{\boldsymbol{A}=\begin{pmatrix}a_{11}&a_{12}\\a_{21}&a_{22}\end{pmatrix}\middle| a_{11}+a_{22}=0,\boldsymbol{A}\in\mathbf{R}^{2\times2}\right\}$，证明 V 是 $\mathbf{R}^{2\times2}$ 的子空间，并求 V 的一个基和维数.

解　（1）因为零矩阵 $\boldsymbol{O}\in V$，所以 V 非空.

任取 $\boldsymbol{A}=\begin{pmatrix}a_{11}&a_{12}\\a_{21}&a_{22}\end{pmatrix}\in V$，$\boldsymbol{B}=\begin{pmatrix}b_{11}&b_{12}\\b_{21}&b_{22}\end{pmatrix}\in V$ 及 $k\in\mathbf{R}$，则

$$a_{11}+a_{22}=0,\quad b_{11}+b_{22}=0$$

于是有

$$\boldsymbol{A}+\boldsymbol{B}=\begin{pmatrix} a_{11}+b_{11} & a_{12}+b_{12} \\ a_{21}+b_{21} & a_{22}+b_{22} \end{pmatrix},\quad k\boldsymbol{A}=\begin{pmatrix} ka_{11} & ka_{12} \\ ka_{21} & ka_{22} \end{pmatrix}$$

且有

$$a_{11}+b_{11}+a_{22}+b_{22}=0,\quad ka_{11}+ka_{22}=0$$

即有 $\boldsymbol{A}+\boldsymbol{B}\in V$，$k\boldsymbol{A}\in V$. 故 V 是 $\mathbf{R}^{2\times 2}$ 的子空间.

（2）任取 $\boldsymbol{A}=\begin{pmatrix} a_{11} & a_{12} \\ a_{21} & a_{22} \end{pmatrix}\in V$，由于 $a_{11}+a_{22}=0$，所以

$$\boldsymbol{A}=\begin{pmatrix} a_{11} & a_{12} \\ a_{21} & -a_{11} \end{pmatrix}=a_{11}\begin{pmatrix} 1 & 0 \\ 0 & -1 \end{pmatrix}+a_{12}\begin{pmatrix} 0 & 1 \\ 0 & 0 \end{pmatrix}+a_{21}\begin{pmatrix} 0 & 0 \\ 1 & 0 \end{pmatrix}$$

令 $\boldsymbol{B}_1=\begin{pmatrix} 1 & 0 \\ 0 & -1 \end{pmatrix},\boldsymbol{B}_2=\begin{pmatrix} 0 & 1 \\ 0 & 0 \end{pmatrix},\boldsymbol{B}_3=\begin{pmatrix} 0 & 0 \\ 1 & 0 \end{pmatrix}$，易知 $\boldsymbol{B}_1,\boldsymbol{B}_2,\boldsymbol{B}_3$ 线性无关，从而 $\boldsymbol{B}_1,\boldsymbol{B}_2,\boldsymbol{B}_3$ 是 V 的一个基，故 $\dim V=3$.

例 1.11（1）求实数域 $\mathbf{R}$ 上全体 n 阶对称矩阵构成的线性空间 V 的一个基和维数.

（2）求实数域 $\mathbf{R}$ 上全体 n 阶反对称矩阵构成的线性空间 V 的一个基和维数.

解　设 $\boldsymbol{E}_{ij}\ (i=1,2,\cdots,n;j=1,2,\cdots,n)$ 表示第 i 行第 j 列的元素为 1，其余元素为 0 的 n 阶矩阵.

（1）选取下列矩阵：

$$\boldsymbol{F}_{ii}=\boldsymbol{E}_{ii}\quad (i=1,2,\cdots,n);\qquad \boldsymbol{F}_{ij}=\boldsymbol{E}_{ij}+\boldsymbol{E}_{ji}\quad (i,j=1,2,\cdots,n;i<j)$$

显然它们均为对称矩阵.

任取 $\boldsymbol{A}=(a_{ij})_{n\times n}\in V$，则有 $a_{ij}=a_{ji}$，所以 $\boldsymbol{A}$ 可写为

$$\begin{aligned}\boldsymbol{A}&=\begin{pmatrix} a_{11} & a_{12} & a_{13} & \cdots & a_{1n} \\ a_{12} & a_{22} & a_{23} & \cdots & a_{2n} \\ a_{13} & a_{23} & a_{33} & \cdots & a_{3n} \\ \vdots & \vdots & \vdots & & \vdots \\ a_{1n} & a_{2n} & a_{3n} & \cdots & a_{nn} \end{pmatrix}\\ &=a_{11}\boldsymbol{F}_{11}+a_{12}\boldsymbol{F}_{12}+\cdots+a_{1n}\boldsymbol{F}_{1n}+a_{22}\boldsymbol{F}_{22}+a_{23}\boldsymbol{F}_{23}+\cdots+a_{2n}\boldsymbol{F}_{2n}\\ &\quad+\cdots+a_{n-1,n-1}\boldsymbol{F}_{n-1,n-1}+a_{n-1,n}\boldsymbol{F}_{n-1,n}+a_{nn}\boldsymbol{F}_{nn}\\ &=\sum_{i\leqslant j}a_{ij}\boldsymbol{F}_{ij}\end{aligned}$$

易知 $\boldsymbol{F}_{11},\boldsymbol{F}_{12},\cdots,\boldsymbol{F}_{1n};\boldsymbol{F}_{22},\boldsymbol{F}_{23},\cdots,\boldsymbol{F}_{2n},\cdots,\boldsymbol{F}_{n-1,n-1},\boldsymbol{F}_{n-1,n},\boldsymbol{F}_{nn}$ 线性无关，从而它们构成 V 的一个基，故有 $\dim V=\dfrac{n(n+1)}{2}$.

（2）选取下列矩阵：

$$\boldsymbol{G}_{ij}=\boldsymbol{E}_{ij}-\boldsymbol{E}_{ji}\quad (i,j=1,2,\cdots,n;i<j)$$

显然它们均为反对称矩阵.

任取 $\boldsymbol{A}=(a_{ij})_{n\times n}\in V$，则有 $a_{ii}=0$，$a_{ij}=-a_{ji}$，所以 $\boldsymbol{A}$ 可写为

$$\boldsymbol{A}=\begin{pmatrix} 0 & a_{12} & a_{13} & \cdots & a_{1n} \\ -a_{12} & 0 & a_{23} & \cdots & a_{2n} \\ -a_{13} & -a_{23} & 0 & \cdots & a_{3n} \\ \vdots & \vdots & \vdots & & \vdots \\ -a_{1n} & -a_{2n} & -a_{3n} & \cdots & 0 \end{pmatrix}$$

$$=a_{12}\boldsymbol{G}_{12}+\cdots+a_{1n}\boldsymbol{G}_{1n}+a_{23}\boldsymbol{G}_{23}+\cdots+a_{2n}\boldsymbol{G}_{2n}+\cdots+a_{n-1,n}\boldsymbol{G}_{n-1,n}=\sum_{i<j}a_{ij}\boldsymbol{G}_{ij}$$

易知 $\boldsymbol{G}_{12},\cdots,\boldsymbol{G}_{1n},\boldsymbol{G}_{23},\cdots,\boldsymbol{G}_{2n},\cdots,\boldsymbol{G}_{n-1,n}$ 线性无关，从而它们构成 V 的一个基，故有 $\dim V=\dfrac{n(n-1)}{2}$.

例 1.12　求实数域 $\mathbf{R}$ 上多项式空间 $\mathbf{R}[t]_4$ 的子空间

$$V=\{f(t)=a_0+a_1t+a_2t^2+a_3t^3\,|\,a_0+a_1+a_2=0,a_1+a_2+a_3=0,f(t)\in\mathbf{R}[t]_4\}$$

的一个基和维数.

解法一　由 $a_0+a_1+a_2=0,a_1+a_2+a_3=0$ 可得 $\begin{cases}a_0=a_3,\\ a_1=-a_2-a_3.\end{cases}$ 则对于任意的 $f(t)=a_0+a_1t+a_2t^2+a_3t^3\in V$，有

$$f(t)=a_3+(-a_2-a_3)t+a_2t^2+a_3t^3=a_2(-t+t^2)+a_3(1-t+t^3)$$

令 $f_1(t)=-t+t^2$，$f_2(t)=1-t+t^3$，显然 $f_1(t),f_2(t)$ 线性无关，从而它们构成 V 的一个基，故有 $\dim V=2$.

解法二　对于任意的 $f(t)=a_0+a_1t+a_2t^2+a_3t^3\in V$，$f(t)$ 的系数构成的向量 $(a_0,a_1,a_2,a_3)^{\mathrm{T}}$ 满足齐次线性方程组

$$\begin{cases}a_0+a_1+a_2=0\\ a_1+a_2+a_3=0\end{cases}$$

可解得其基础解系为 $(0,-1,1,0)^{\mathrm{T}}$，$(1,-1,0,1)^{\mathrm{T}}$. 它们对应的两个多项式

$$f_1(t)=-t+t^2,\qquad f_2(t)=1-t+t^3$$

构成 V 的一个基，故有 $\dim V=2$.

注　本例解法二利用了 $\mathbf{R}[t]_4$ 与 $\mathbf{R}^4$ 的同构关系，这也是一个常规求基的方法.

例 1.13　设 $\boldsymbol{A}=\begin{pmatrix}1&3\\0&2\end{pmatrix}$，求 $\mathbf{R}^{2\times2}$ 的子空间 $V=\{\boldsymbol{X}\,|\,\boldsymbol{AX}=\boldsymbol{XA},\boldsymbol{X}\in\mathbf{R}^{2\times2}\}$ 的一个基和维数.

解　对于任意的 $\boldsymbol{X}=\begin{pmatrix}x_1&x_2\\x_3&x_4\end{pmatrix}\in V$，则由 $\boldsymbol{AX}=\boldsymbol{XA}$，即有

$$\begin{pmatrix}1&3\\0&2\end{pmatrix}\begin{pmatrix}x_1&x_2\\x_3&x_4\end{pmatrix}=\begin{pmatrix}x_1&x_2\\x_3&x_4\end{pmatrix}\begin{pmatrix}1&3\\0&2\end{pmatrix}$$

可得齐次线性方程组

$$\begin{cases} 3x_3 = 0 \\ -3x_1 - x_2 + 3x_4 = 0 \\ x_3 = 0 \\ -3x_3 = 0 \end{cases}$$

解得其基础解系为$(-1,3,0,0)^{\mathrm{T}}$，$(1,0,0,1)^{\mathrm{T}}$. 它们对应的两个矩阵

$$A_1 = \begin{pmatrix} -1 & 3 \\ 0 & 0 \end{pmatrix}, \quad A_2 = \begin{pmatrix} 1 & 0 \\ 0 & 1 \end{pmatrix}$$

构成V的一个基，故有$\dim V = 2$.

例 1.14　在$\mathbf{R}^4$中有两个基：$\boldsymbol{\alpha}_1 = (1,0,0,0)$，$\boldsymbol{\alpha}_2 = (0,1,0,0)$，$\boldsymbol{\alpha}_3 = (0,0,1,0)$，$\boldsymbol{\alpha}_4 = (0,0,0,1)$与$\boldsymbol{\beta}_1 = (1,-1,0,0)$，$\boldsymbol{\beta}_2 = (0,1,-1,0)$，$\boldsymbol{\beta}_3 = (0,0,1,-1)$，$\boldsymbol{\beta}_4 = (1,0,0,1)$. 求：

（1）从基$\boldsymbol{\beta}_1,\boldsymbol{\beta}_2,\boldsymbol{\beta}_3,\boldsymbol{\beta}_4$到基$\boldsymbol{\alpha}_1,\boldsymbol{\alpha}_2,\boldsymbol{\alpha}_3,\boldsymbol{\alpha}_4$的过渡矩阵；

（2）向量$\boldsymbol{\alpha} = (1,1,1,1)$在基$\boldsymbol{\beta}_1,\boldsymbol{\beta}_2,\boldsymbol{\beta}_3,\boldsymbol{\beta}_4$下的坐标.

解　（1）显然有$(\boldsymbol{\beta}_1,\boldsymbol{\beta}_2,\boldsymbol{\beta}_3,\boldsymbol{\beta}_4) = (\boldsymbol{\alpha}_1,\boldsymbol{\alpha}_2,\boldsymbol{\alpha}_3,\boldsymbol{\alpha}_4)\boldsymbol{A}$，其中

$$\boldsymbol{A} = \begin{pmatrix} 1 & 0 & 0 & 1 \\ -1 & 1 & 0 & 0 \\ 0 & -1 & 1 & 0 \\ 0 & 0 & -1 & 1 \end{pmatrix}$$

故从基$\boldsymbol{\beta}_1,\boldsymbol{\beta}_2,\boldsymbol{\beta}_3,\boldsymbol{\beta}_4$到基$\boldsymbol{\alpha}_1,\boldsymbol{\alpha}_2,\boldsymbol{\alpha}_3,\boldsymbol{\alpha}_4$的过渡矩阵为

$$\boldsymbol{A}^{-1} = \begin{pmatrix} 1 & 0 & 0 & 1 \\ -1 & 1 & 0 & 0 \\ 0 & -1 & 1 & 0 \\ 0 & 0 & -1 & 1 \end{pmatrix}^{-1} = \begin{pmatrix} \frac{1}{2} & -\frac{1}{2} & -\frac{1}{2} & -\frac{1}{2} \\ \frac{1}{2} & \frac{1}{2} & -\frac{1}{2} & -\frac{1}{2} \\ \frac{1}{2} & \frac{1}{2} & \frac{1}{2} & -\frac{1}{2} \\ \frac{1}{2} & \frac{1}{2} & \frac{1}{2} & \frac{1}{2} \end{pmatrix}$$

（2）显然向量$\boldsymbol{\alpha} = (1,1,1,1)$在基$\boldsymbol{\alpha}_1,\boldsymbol{\alpha}_2,\boldsymbol{\alpha}_3,\boldsymbol{\alpha}_4$下的坐标为$\boldsymbol{x} = (1,1,1,1)^{\mathrm{T}}$，所以$\boldsymbol{\alpha} = (1,1,1,1)$在基$\boldsymbol{\beta}_1,\boldsymbol{\beta}_2,\boldsymbol{\beta}_3,\boldsymbol{\beta}_4$下的坐标为

$$\boldsymbol{y} = \boldsymbol{A}^{-1}\boldsymbol{x} = \begin{pmatrix} \frac{1}{2} & -\frac{1}{2} & -\frac{1}{2} & -\frac{1}{2} \\ \frac{1}{2} & \frac{1}{2} & -\frac{1}{2} & -\frac{1}{2} \\ \frac{1}{2} & \frac{1}{2} & \frac{1}{2} & -\frac{1}{2} \\ \frac{1}{2} & \frac{1}{2} & \frac{1}{2} & \frac{1}{2} \end{pmatrix} \begin{pmatrix} 1 \\ 1 \\ 1 \\ 1 \end{pmatrix} = \begin{pmatrix} -1 \\ 0 \\ 1 \\ 2 \end{pmatrix}$$

例 1.15　设$\boldsymbol{\alpha}_1 = (1,1,0,1)$，$\boldsymbol{\alpha}_2 = (2,1,3,1)$，$\boldsymbol{\alpha}_3 = (1,1,0,0)$，$\boldsymbol{\alpha}_4 = (0,1,-1,-1)$，证明$\boldsymbol{\alpha}_1,\boldsymbol{\alpha}_2,\boldsymbol{\alpha}_3,\boldsymbol{\alpha}_4$是$\mathbf{R}^4$的一个基，并求向量$\boldsymbol{\beta} = (2,2,4,1)$在该基下的坐标.

解　(1) 取标准基 $\boldsymbol{e}_1=(1,0,0,0)$，$\boldsymbol{e}_2=(0,1,0,0)$，$\boldsymbol{e}_3=(0,0,1,0)$，$\boldsymbol{e}_4=(0,0,0,1)$，于是有 $(\boldsymbol{\alpha}_1,\boldsymbol{\alpha}_2,\boldsymbol{\alpha}_3,\boldsymbol{\alpha}_4)=(\boldsymbol{e}_1,\boldsymbol{e}_2,\boldsymbol{e}_3,\boldsymbol{e}_4)\boldsymbol{A}$，其中

$$\boldsymbol{A}=\begin{pmatrix}1&2&1&0\\1&1&1&1\\0&3&0&-1\\1&1&0&-1\end{pmatrix}$$

则有 $|\boldsymbol{A}|=-2\neq 0$，所以 $\boldsymbol{\alpha}_1,\boldsymbol{\alpha}_2,\boldsymbol{\alpha}_3,\boldsymbol{\alpha}_4$ 线性无关，又 $\dim(\mathbf{R}^4)=4$，故 $\boldsymbol{\alpha}_1,\boldsymbol{\alpha}_2,\boldsymbol{\alpha}_3,\boldsymbol{\alpha}_4$ 是 $\mathbf{R}^4$ 的一个基.

(2) 由 (1) 可知，从基 $\boldsymbol{e}_1,\boldsymbol{e}_2,\boldsymbol{e}_3,\boldsymbol{e}_4$ 到基 $\boldsymbol{\alpha}_1,\boldsymbol{\alpha}_2,\boldsymbol{\alpha}_3,\boldsymbol{\alpha}_4$ 的过渡矩阵为 $\boldsymbol{A}$. 又显然 $\boldsymbol{\beta}=(2,2,4,1)$ 在基 $\boldsymbol{e}_1,\boldsymbol{e}_2,\boldsymbol{e}_3,\boldsymbol{e}_4$ 下的坐标为 $\boldsymbol{x}=(2,2,4,1)^{\mathrm{T}}$，则向量 $\boldsymbol{\beta}$ 在基 $\boldsymbol{\alpha}_1,\boldsymbol{\alpha}_2,\boldsymbol{\alpha}_3,\boldsymbol{\alpha}_4$ 下的坐标为

$$\boldsymbol{y}=\boldsymbol{A}^{-1}\boldsymbol{x}=\begin{pmatrix}1&2&1&0\\1&1&1&1\\0&3&0&-1\\1&1&0&-1\end{pmatrix}^{-1}\begin{pmatrix}2\\2\\4\\1\end{pmatrix}=\begin{pmatrix}1\\2\\-3\\2\end{pmatrix}$$

例 1.16　证明 $x^3,x^2+x,x^2+1,x+1$ 是实多项式空间 $\mathbf{R}[x]_4$ 的一个基，并求向量 $g(x)=x^3+x^2+2x+3$ 在该基下的坐标.

解　(1) 取 $\mathbf{R}[x]_4$ 的标准基 $1,x,x^2,x^3$. 因

$$(x^3,x^2+x,x^2+1,x+1)=(1,x,x^2,x^3)\begin{pmatrix}0&0&1&1\\0&1&0&1\\0&1&1&0\\1&0&0&0\end{pmatrix}$$

易知

$$\boldsymbol{A}=\begin{pmatrix}0&0&1&1\\0&1&0&1\\0&1&1&0\\1&0&0&0\end{pmatrix}$$

可逆，故 $x^3,x^2+x,x^2+1,x+1$ 是 $\mathbf{R}[x]_4$ 的一个基.

(2) 由 (1) 可知，从基 $1,x,x^2,x^3$ 到基 $x^3,x^2+x,x^2+1,x+1$ 的过渡矩阵为 $\boldsymbol{A}$. 又显然 $g(x)=x^3+x^2+2x+3$ 在基 $1,x,x^2,x^3$ 下的坐标为 $\boldsymbol{\alpha}=(3,2,1,1)^{\mathrm{T}}$，则 $g(x)$ 在基 $x^3,x^2+x,x^2+1,x+1$ 下的坐标为

$$\boldsymbol{\beta}=\boldsymbol{A}^{-1}\boldsymbol{\alpha}=\begin{pmatrix}0&0&1&1\\0&1&0&1\\0&1&1&0\\1&0&0&0\end{pmatrix}^{-1}\begin{pmatrix}3\\2\\1\\1\end{pmatrix}=\begin{pmatrix}1\\0\\1\\2\end{pmatrix}$$

例 1.17　证明 $A_1=\begin{pmatrix}1&0\\2&1\end{pmatrix}$，$A_2=\begin{pmatrix}1&1\\-2&3\end{pmatrix}$，$A_3=\begin{pmatrix}2&1\\1&1\end{pmatrix}$，$A_4=\begin{pmatrix}1&0\\2&4\end{pmatrix}$ 是 $\mathbf{R}^{2\times2}$ 的一个基，并求矩阵 $B=\begin{pmatrix}5&-1\\3&2\end{pmatrix}$ 在该基下的坐标.

解　(1) 取标准基 $E_{11}=\begin{pmatrix}1&0\\0&0\end{pmatrix}$，$E_{12}=\begin{pmatrix}0&1\\0&0\end{pmatrix}$，$E_{21}=\begin{pmatrix}0&0\\1&0\end{pmatrix}$，$E_{22}=\begin{pmatrix}0&0\\0&1\end{pmatrix}$. 则

$$(A_1,A_2,A_3,A_4)=(E_{11},E_{12},E_{21},E_{22})C$$

其中

$$C=\begin{pmatrix}1&1&2&1\\0&1&1&0\\2&-2&1&2\\1&3&1&4\end{pmatrix}$$

且有 $|C|=3\neq0$，所以 A_1,A_2,A_3,A_4 线性无关，又 $\dim(\mathbf{R}^{2\times2})=4$，故 A_1,A_2,A_3,A_4 是 $\mathbf{R}^{2\times2}$ 的一个基.

(2) 由 (1) 可知，从基 $E_{11},E_{12},E_{21},E_{22}$ 到基 A_1,A_2,A_3,A_4 的过渡矩阵为 C. 又显然矩阵 $B=\begin{pmatrix}5&-1\\3&2\end{pmatrix}$ 在基 $E_{11},E_{12},E_{21},E_{22}$ 下的坐标为 $x=(5,-1,3,2)^{\mathrm{T}}$，则矩阵 B 在基 A_1,A_2,A_3,A_4 下的坐标为

$$y=C^{-1}x=\begin{pmatrix}1&1&2&1\\0&1&1&0\\2&-2&1&2\\1&3&1&4\end{pmatrix}^{-1}\begin{pmatrix}5\\-1\\3\\2\end{pmatrix}=\begin{pmatrix}\frac{85}{3}\\10\\-11\\-\frac{34}{3}\end{pmatrix}$$

例 1.18　在 $\mathbf{R}^4$ 中有两个基：$\alpha_1=(1,0,0,0)$，$\alpha_2=(2,1,0,0)$，$\alpha_3=(3,2,1,0)$，$\alpha_4=(4,3,2,1)$ 与 $\beta_1=(1,0,-2,0)$，$\beta_2=(0,2,0,-1)$，$\beta_3=(-1,0,3,0)$，$\beta_4=(0,1,0,3)$. 求：

(1) 从基 $\alpha_1,\alpha_2,\alpha_3,\alpha_4$ 到基 $\beta_1,\beta_2,\beta_3,\beta_4$ 的过渡矩阵；

(2) 向量 $\alpha=(1,2,3,4)$ 在基 $\beta_1,\beta_2,\beta_3,\beta_4$ 下的坐标.

解　(1) 取标准基 $e_1=(1,0,0,0)$，$e_2=(0,1,0,0)$，$e_3=(0,0,1,0)$，$e_4=(0,0,0,1)$，于是有 $(\alpha_1,\alpha_2,\alpha_3,\alpha_4)=(e_1,e_2,e_3,e_4)A$，$(\beta_1,\beta_2,\beta_3,\beta_4)=(e_1,e_2,e_3,e_4)B$，其中

$$A=\begin{pmatrix}1&2&3&4\\0&1&2&3\\0&0&1&2\\0&0&0&1\end{pmatrix},\quad B=\begin{pmatrix}1&0&-1&0\\0&2&0&1\\-2&0&3&0\\0&-1&0&3\end{pmatrix}$$

所以$(\boldsymbol{\beta}_1,\boldsymbol{\beta}_2,\boldsymbol{\beta}_3,\boldsymbol{\beta}_4)=(\boldsymbol{\alpha}_1,\boldsymbol{\alpha}_2,\boldsymbol{\alpha}_3,\boldsymbol{\alpha}_4)\boldsymbol{A}^{-1}\boldsymbol{B}$. 故从基$\boldsymbol{\alpha}_1,\boldsymbol{\alpha}_2,\boldsymbol{\alpha}_3,\boldsymbol{\alpha}_4$到基$\boldsymbol{\beta}_1,\boldsymbol{\beta}_2,\boldsymbol{\beta}_3,\boldsymbol{\beta}_4$的过渡矩阵为

$$\boldsymbol{C}=\boldsymbol{A}^{-1}\boldsymbol{B}=\begin{pmatrix}1&2&3&4\\0&1&2&3\\0&0&1&2\\0&0&0&1\end{pmatrix}^{-1}\begin{pmatrix}1&0&-1&0\\0&2&0&1\\-2&0&3&0\\0&-1&0&3\end{pmatrix}=\begin{pmatrix}-1&-4&2&-2\\4&1&-6&4\\-2&2&3&-6\\0&-1&0&3\end{pmatrix}$$

（2）设向量$\boldsymbol{\alpha}=(1,2,3,4)$在基$\boldsymbol{e}_1,\boldsymbol{e}_2,\boldsymbol{e}_3,\boldsymbol{e}_4$下的坐标为$\boldsymbol{x}=(x_1,x_2,x_3,x_4)^{\mathrm{T}}$，在基$\boldsymbol{\beta}_1,\boldsymbol{\beta}_2,\boldsymbol{\beta}_3,\boldsymbol{\beta}_4$下的坐标为$\boldsymbol{y}=(y_1,y_2,y_3,y_4)^{\mathrm{T}}$. 显然有$\boldsymbol{x}=(1,2,3,4)^{\mathrm{T}}$，所以$\boldsymbol{\alpha}=(1,2,3,4)$在基$\boldsymbol{\beta}_1,\boldsymbol{\beta}_2,\boldsymbol{\beta}_3,\boldsymbol{\beta}_4$下的坐标为

$$\boldsymbol{y}=\boldsymbol{B}^{-1}\boldsymbol{x}=\begin{pmatrix}1&0&-1&0\\0&2&0&1\\-2&0&3&0\\0&-1&0&3\end{pmatrix}^{-1}\begin{pmatrix}1\\2\\3\\4\end{pmatrix}=\begin{pmatrix}6\\\frac{2}{7}\\5\\\frac{10}{7}\end{pmatrix}$$

例 1.19　在$\mathbf{R}^{2\times2}$中有两个基：$\boldsymbol{A}_1=\begin{pmatrix}1&0\\0&0\end{pmatrix}$，$\boldsymbol{A}_2=\begin{pmatrix}1&1\\0&0\end{pmatrix}$，$\boldsymbol{A}_3=\begin{pmatrix}1&1\\1&0\end{pmatrix}$，$\boldsymbol{A}_4=\begin{pmatrix}1&1\\1&1\end{pmatrix}$与$\boldsymbol{B}_1=\begin{pmatrix}1&0\\0&1\end{pmatrix}$，$\boldsymbol{B}_2=\begin{pmatrix}1&-1\\1&1\end{pmatrix}$，$\boldsymbol{B}_3=\begin{pmatrix}1&-1\\0&1\end{pmatrix}$，$\boldsymbol{B}_4=\begin{pmatrix}0&0\\0&1\end{pmatrix}$. 求：

（1）从基$\boldsymbol{A}_1,\boldsymbol{A}_2,\boldsymbol{A}_3,\boldsymbol{A}_4$到基$\boldsymbol{B}_1,\boldsymbol{B}_2,\boldsymbol{B}_3,\boldsymbol{B}_4$的过渡矩阵；

（2）从基$\boldsymbol{B}_1,\boldsymbol{B}_2,\boldsymbol{B}_3,\boldsymbol{B}_4$到基$\boldsymbol{A}_1,\boldsymbol{A}_2,\boldsymbol{A}_3,\boldsymbol{A}_4$的过渡矩阵.

解　（1）取$\mathbf{R}^{2\times2}$的标准基$\boldsymbol{E}_{11}=\begin{pmatrix}1&0\\0&0\end{pmatrix}$，$\boldsymbol{E}_{12}=\begin{pmatrix}0&1\\0&0\end{pmatrix}$，$\boldsymbol{E}_{21}=\begin{pmatrix}0&0\\1&0\end{pmatrix}$，$\boldsymbol{E}_{22}=\begin{pmatrix}0&0\\0&1\end{pmatrix}$. 则有$(\boldsymbol{A}_1,\boldsymbol{A}_2,\boldsymbol{A}_3,\boldsymbol{A}_4)=(\boldsymbol{E}_{11},\boldsymbol{E}_{12},\boldsymbol{E}_{21},\boldsymbol{E}_{22})\boldsymbol{C}_1$，其中

$$\boldsymbol{C}_1=\begin{pmatrix}1&1&1&1\\0&1&1&1\\0&0&1&1\\0&0&0&1\end{pmatrix}$$

又有$(\boldsymbol{B}_1,\boldsymbol{B}_2,\boldsymbol{B}_3,\boldsymbol{B}_4)=(\boldsymbol{E}_{11},\boldsymbol{E}_{12},\boldsymbol{E}_{21},\boldsymbol{E}_{22})\boldsymbol{C}_2$，其中

$$\boldsymbol{C}_2=\begin{pmatrix}1&1&1&0\\0&-1&-1&0\\0&1&0&0\\1&1&1&1\end{pmatrix}$$

所以$(\boldsymbol{B}_1,\boldsymbol{B}_2,\boldsymbol{B}_3,\boldsymbol{B}_4)=(\boldsymbol{A}_1,\boldsymbol{A}_2,\boldsymbol{A}_3,\boldsymbol{A}_4)\boldsymbol{C}_1^{-1}\boldsymbol{C}_2$，故从基$\boldsymbol{A}_1,\boldsymbol{A}_2,\boldsymbol{A}_3,\boldsymbol{A}_4$到基$\boldsymbol{B}_1,\boldsymbol{B}_2,\boldsymbol{B}_3,\boldsymbol{B}_4$的过渡矩阵为

$$\boldsymbol{C}=\boldsymbol{C}_1^{-1}\boldsymbol{C}_2=\begin{pmatrix}1&1&1&1\\0&1&1&1\\0&0&1&1\\0&0&0&1\end{pmatrix}^{-1}\begin{pmatrix}1&1&1&0\\0&-1&-1&0\\0&1&0&0\\1&1&1&1\end{pmatrix}=\begin{pmatrix}1&2&2&0\\0&-2&-1&0\\-1&0&-1&-1\\1&1&1&1\end{pmatrix}$$

（2）从基$\boldsymbol{B}_1,\boldsymbol{B}_2,\boldsymbol{B}_3,\boldsymbol{B}_4$到基$\boldsymbol{A}_1,\boldsymbol{A}_2,\boldsymbol{A}_3,\boldsymbol{A}_4$的过渡矩阵为

$$\boldsymbol{C}^{-1}=\begin{pmatrix}1&2&2&2\\0&0&1&1\\0&-1&-2&-2\\-1&-1&-1&0\end{pmatrix}$$

例 1.20　在实多项式空间$\mathbf{R}[x]_4$中有两个基：$f_1(x)=1$，$f_2(x)=1+x$，$f_3(x)=1+x+x^2$，$f_4(x)=1+x+x^2+x^3$与$g_1(x)=1+x^2+x^3$，$g_2(x)=x+x^2+x^3$，$g_3(x)=1+x+x^2$，$g_4(x)=1+x+x^3$. 求：

（1）从基$f_1(x),f_2(x),f_3(x),f_4(x)$到基$g_1(x),g_2(x),g_3(x),g_4(x)$的过渡矩阵；

（2）$\mathbf{R}[x]_4$中在两个基下有相同坐标的全体多项式.

解　（1）取$\mathbf{R}[x]_4$的标准基$1,x,x^2,x^3$. 则有$[f_1(x),f_2(x),f_3(x),f_4(x)]=(1,x,x^2,x^3)\boldsymbol{C}_1$，其中

$$\boldsymbol{C}_1=\begin{pmatrix}1&1&1&1\\0&1&1&1\\0&0&1&1\\0&0&0&1\end{pmatrix}$$

又有$[g_1(x),g_2(x),g_3(x),g_4(x)]=(1,x,x^2,x^3)\boldsymbol{C}_2$，其中

$$\boldsymbol{C}_2=\begin{pmatrix}1&0&1&1\\0&1&1&1\\1&1&1&0\\1&1&0&1\end{pmatrix}$$

所以$[g_1(x),g_2(x),g_3(x),g_4(x)]=[f_1(x),f_2(x),f_3(x),f_4(x)]\boldsymbol{C}_1^{-1}\boldsymbol{C}_2$. 故从基$f_1(x),f_2(x),f_3(x),f_4(x)$到基$g_1(x),g_2(x),g_3(x),g_4(x)$的过渡矩阵为

$$\boldsymbol{C}=\boldsymbol{C}_1^{-1}\boldsymbol{C}_2=\begin{pmatrix}1&1&1&1\\0&1&1&1\\0&0&1&1\\0&0&0&1\end{pmatrix}^{-1}\begin{pmatrix}1&0&1&1\\0&1&1&1\\1&1&1&0\\1&1&0&1\end{pmatrix}=\begin{pmatrix}1&-1&0&0\\-1&0&0&1\\0&0&1&-1\\1&1&0&1\end{pmatrix}$$

（2）设$f(x)\in\mathbf{R}[x]_4$在基$f_1(x),f_2(x),f_3(x),f_4(x)$和基$g_1(x),g_2(x),g_3(x),g_4(x)$下的坐标分别为$\boldsymbol{\alpha}=(a_1,a_2,a_3,a_4)^{\mathrm{T}}$，$\boldsymbol{\beta}=(b_1,b_2,b_3,b_4)^{\mathrm{T}}$. 由坐标变换公式可得$\boldsymbol{\alpha}=\boldsymbol{C}\boldsymbol{\beta}$，又有$\boldsymbol{\alpha}=\boldsymbol{\beta}$，即得齐次线性方程组$(\boldsymbol{E}-\boldsymbol{C})\boldsymbol{\alpha}=\mathbf{0}$. 其通解为$\boldsymbol{\alpha}=k(0,0,1,0)^{\mathrm{T}}(k\in\mathbf{R})$. 故在两基下有相同坐标的多项式全体为

$$f(x)=[f_1(x),f_2(x),f_3(x),f_4(x)]\boldsymbol{\alpha}=kf_3(x)=k+kx+kx^2\quad(k\in\mathbf{R})$$

例 1.21　设 $\boldsymbol{\alpha}_1=(1,2,1,0)$，$\boldsymbol{\alpha}_2=(-1,1,1,1)$，$\boldsymbol{\beta}_1=(2,-1,0,1)$，$\boldsymbol{\beta}_2=(1,-1,3,7)$，令 $V_1=L(\boldsymbol{\alpha}_1,\boldsymbol{\alpha}_2)$，$V_2=L(\boldsymbol{\beta}_1,\boldsymbol{\beta}_2)$. 求：（1）$V_1+V_2$ 的基与维数；（2）$V_1\cap V_2$ 的基与维数.

解　（1）因为 $V_1+V_2=L(\boldsymbol{\alpha}_1,\boldsymbol{\alpha}_2)+L(\boldsymbol{\beta}_1,\boldsymbol{\beta}_2)=L(\boldsymbol{\alpha}_1,\boldsymbol{\alpha}_2,\boldsymbol{\beta}_1,\boldsymbol{\beta}_2)$. 下面求 $\boldsymbol{\alpha}_1,\boldsymbol{\alpha}_2,\boldsymbol{\beta}_1,\boldsymbol{\beta}_2$ 的秩和极大无关组，对矩阵 $\boldsymbol{A}=(\boldsymbol{\alpha}_1^{\mathrm{T}},\boldsymbol{\alpha}_2^{\mathrm{T}},\boldsymbol{\beta}_1^{\mathrm{T}},\boldsymbol{\beta}_2^{\mathrm{T}})$ 作初等行变换

$$\boldsymbol{A}=(\boldsymbol{\alpha}_1^{\mathrm{T}},\boldsymbol{\alpha}_2^{\mathrm{T}},\boldsymbol{\beta}_1^{\mathrm{T}},\boldsymbol{\beta}_2^{\mathrm{T}})=\begin{pmatrix}1&-1&2&1\\2&1&-1&-1\\1&1&0&3\\0&1&1&7\end{pmatrix}\to\begin{pmatrix}1&-1&2&1\\0&1&1&7\\0&0&-4&-12\\0&0&0&0\end{pmatrix}$$

则 $\boldsymbol{\alpha}_1,\boldsymbol{\alpha}_2,\boldsymbol{\beta}_1$ 为向量组 $\boldsymbol{\alpha}_1,\boldsymbol{\alpha}_2,\boldsymbol{\beta}_1,\boldsymbol{\beta}_2$ 的极大无关组，故 $\boldsymbol{\alpha}_1,\boldsymbol{\alpha}_2,\boldsymbol{\beta}_1$ 是 V_1+V_2 的一个基，且 $\dim(V_1+V_2)=3$.

（2）**解法一**　设 $\boldsymbol{\alpha}\in V_1\cap V_2$，则有数 x_1,x_2,x_3,x_4，使得 $\boldsymbol{\alpha}=x_1\boldsymbol{\alpha}_1+x_2\boldsymbol{\alpha}_2=x_3\boldsymbol{\beta}_1+x_4\boldsymbol{\beta}_2$，于是有

$$(\boldsymbol{\alpha}_1,\boldsymbol{\alpha}_2,-\boldsymbol{\beta}_1,-\boldsymbol{\beta}_2)\begin{pmatrix}x_1\\x_2\\x_3\\x_4\end{pmatrix}=\mathbf{0}$$

即有 $\begin{pmatrix}1&-1&-2&-1\\2&1&1&1\\1&1&0&-3\\0&1&-1&-7\end{pmatrix}\begin{pmatrix}x_1\\x_2\\x_3\\x_4\end{pmatrix}=\mathbf{0}$. 其通解为 $\boldsymbol{\alpha}=k(-1,4,-3,1)^{\mathrm{T}}\ (k\in\mathbf{R})$，则有

$$\boldsymbol{\alpha}=-k\boldsymbol{\alpha}_1+4k\boldsymbol{\alpha}_2=k(-5,2,3,4)\quad(k\in\mathbf{R})$$

所以 $V_1\cap V_2=\{k(-5,2,3,4)\mid k\in\mathbf{R}\}$，即 $(-5,2,3,4)$ 是 $V_1\cap V_2$ 的一个基，且 $\dim(V_1\cap V_2)=1$.

解法二　由第（1）问中对矩阵 $\boldsymbol{A}$ 作的初等行变换可知 $\dim V_1=2$，$\dim V_2=2$，且有 $\dim(V_1+V_2)=3$，则由维数定理可得

$$\dim(V_1\cap V_2)=\dim V_1+\dim V_2-\dim(V_1+V_2)=1$$

又因

$$\boldsymbol{A}=(\boldsymbol{\alpha}_1^{\mathrm{T}},\boldsymbol{\alpha}_2^{\mathrm{T}},\boldsymbol{\beta}_1^{\mathrm{T}},\boldsymbol{\beta}_2^{\mathrm{T}})=\begin{pmatrix}1&-1&2&1\\2&1&-1&-1\\1&1&0&3\\0&1&1&7\end{pmatrix}\to\begin{pmatrix}1&0&0&-1\\0&1&0&4\\0&0&1&3\\0&0&0&0\end{pmatrix}$$

则有 $\boldsymbol{\beta}_2=-\boldsymbol{\alpha}_1+4\boldsymbol{\alpha}_2+3\boldsymbol{\beta}_1$. 于是有

$$-3\boldsymbol{\beta}_1+\boldsymbol{\beta}_2=-\boldsymbol{\alpha}_1+4\boldsymbol{\alpha}_2=(-5,2,3,4)\in V_1\cap V_2$$

故 $(-5,2,3,4)$ 构成 $V_1\cap V_2$ 的一个基.

例 1.22　设 $\boldsymbol{\alpha}_1=(1,2,-1,-2)$，$\boldsymbol{\alpha}_2=(3,1,1,1)$，$\boldsymbol{\alpha}_3=(-1,0,1,-1)$，$\boldsymbol{\beta}_1=(2,5,-6,-5)$，$\boldsymbol{\beta}_2=(-1,2,-7,3)$，令 $V_1=L(\boldsymbol{\alpha}_1,\boldsymbol{\alpha}_2,\boldsymbol{\alpha}_3)$，$V_2=L(\boldsymbol{\beta}_1,\boldsymbol{\beta}_2)$. 求：（1）$V_1+V_2$ 的基与维数；（2）$V_1\cap V_2$ 的基与维数.

解　(1) 因为$V_1+V_2=L(\boldsymbol{\alpha}_1,\boldsymbol{\alpha}_2,\boldsymbol{\alpha}_3)+L(\boldsymbol{\beta}_1,\boldsymbol{\beta}_2)=L(\boldsymbol{\alpha}_1,\boldsymbol{\alpha}_2,\boldsymbol{\alpha}_3,\boldsymbol{\beta}_1,\boldsymbol{\beta}_2)$. 下面求$\boldsymbol{\alpha}_1,\boldsymbol{\alpha}_2,\boldsymbol{\alpha}_3,\boldsymbol{\beta}_1,\boldsymbol{\beta}_2$的秩和极大无关组，对矩阵$\boldsymbol{A}=(\boldsymbol{\alpha}_1^{\mathrm T},\boldsymbol{\alpha}_2^{\mathrm T},\boldsymbol{\alpha}_3^{\mathrm T},\boldsymbol{\beta}_1^{\mathrm T},\boldsymbol{\beta}_2^{\mathrm T})$作初等行变换

$$\boldsymbol{A}=(\boldsymbol{\alpha}_1^{\mathrm T},\boldsymbol{\alpha}_2^{\mathrm T},\boldsymbol{\alpha}_3^{\mathrm T},\boldsymbol{\beta}_1^{\mathrm T},\boldsymbol{\beta}_2^{\mathrm T})=\begin{pmatrix}1&3&-1&2&-1\\2&1&0&5&2\\-1&1&1&-6&-7\\-2&1&-1&-5&3\end{pmatrix}\to\begin{pmatrix}1&3&-1&2&-1\\0&1&0&-1&-2\\0&0&1&-2&-3\\0&0&0&0&2\end{pmatrix}$$

则$\boldsymbol{\alpha}_1,\boldsymbol{\alpha}_2,\boldsymbol{\alpha}_3,\boldsymbol{\beta}_2$为向量组$\boldsymbol{\alpha}_1,\boldsymbol{\alpha}_2,\boldsymbol{\alpha}_3,\boldsymbol{\beta}_1,\boldsymbol{\beta}_2$的极大无关组，故$\boldsymbol{\alpha}_1,\boldsymbol{\alpha}_2,\boldsymbol{\alpha}_3,\boldsymbol{\beta}_2$是$V_1+V_2$的一个基，且$\dim(V_1+V_2)=4$.

(2) 由 (1) 中对矩阵$\boldsymbol{A}$作的初等行变换可知$\dim V_1=3$，$\dim V_2=2$，且有$\dim(V_1+V_2)=4$，则由维数定理可得

$$\dim(V_1\cap V_2)=\dim V_1+\dim V_2-\dim(V_1+V_2)=1$$

又因

$$\boldsymbol{A}=(\boldsymbol{\alpha}_1^{\mathrm T},\boldsymbol{\alpha}_2^{\mathrm T},\boldsymbol{\alpha}_3^{\mathrm T},\boldsymbol{\beta}_1^{\mathrm T},\boldsymbol{\beta}_2^{\mathrm T})=\begin{pmatrix}1&3&-1&2&-1\\2&1&0&5&2\\-1&1&1&-6&-7\\-2&1&-1&-5&3\end{pmatrix}\to\begin{pmatrix}1&0&0&3&0\\0&1&0&-1&0\\0&0&1&-2&0\\0&0&0&0&1\end{pmatrix}$$

则$\boldsymbol{\beta}_1=3\boldsymbol{\alpha}_1-\boldsymbol{\alpha}_2-2\boldsymbol{\alpha}_3$. 于是有$\boldsymbol{\beta}_1\in V_1\cap V_2$. 故$\boldsymbol{\beta}_1=(2,5,-6,-5)$构成$V_1\cap V_2$的一个基.

例 1.23　设$\boldsymbol{A}_1=\begin{pmatrix}1&1\\0&0\end{pmatrix}$，$\boldsymbol{A}_2=\begin{pmatrix}1&0\\1&1\end{pmatrix}$，$\boldsymbol{B}_1=\begin{pmatrix}0&0\\1&1\end{pmatrix}$，$\boldsymbol{B}_2=\begin{pmatrix}0&1\\0&0\end{pmatrix}$，令$V_1=L(\boldsymbol{A}_1,\boldsymbol{A}_2)$，$V_2=L(\boldsymbol{B}_1,\boldsymbol{B}_2)$. 求：(1) V_1+V_2的基与维数；(2) $V_1\cap V_2$的基与维数.

解　(1) 因为$V_1+V_2=L(\boldsymbol{A}_1,\boldsymbol{A}_2)+L(\boldsymbol{B}_1,\boldsymbol{B}_2)=L(\boldsymbol{A}_1,\boldsymbol{A}_2,\boldsymbol{B}_1,\boldsymbol{B}_2)$.

下面求$\boldsymbol{A}_1,\boldsymbol{A}_2,\boldsymbol{B}_1,\boldsymbol{B}_2$的极大无关组. 取$\mathbf{R}^{2\times2}$的标准基

$$\boldsymbol{E}_{11}=\begin{pmatrix}1&0\\0&0\end{pmatrix},\quad \boldsymbol{E}_{12}=\begin{pmatrix}0&1\\0&0\end{pmatrix},\quad \boldsymbol{E}_{21}=\begin{pmatrix}0&0\\1&0\end{pmatrix},\quad \boldsymbol{E}_{22}=\begin{pmatrix}0&0\\0&1\end{pmatrix}$$

则$\boldsymbol{A}_1,\boldsymbol{A}_2,\boldsymbol{B}_1,\boldsymbol{B}_2$在标准基$\boldsymbol{E}_{11},\boldsymbol{E}_{12},\boldsymbol{E}_{21},\boldsymbol{E}_{22}$下的坐标分别为

$$\boldsymbol{\alpha}_1=\begin{pmatrix}1\\1\\0\\0\end{pmatrix},\quad \boldsymbol{\alpha}_2=\begin{pmatrix}1\\0\\1\\1\end{pmatrix},\quad \boldsymbol{\beta}_1=\begin{pmatrix}0\\0\\1\\1\end{pmatrix},\quad \boldsymbol{\beta}_2=\begin{pmatrix}0\\1\\0\\0\end{pmatrix}$$

对矩阵$\boldsymbol{A}=(\boldsymbol{\alpha}_1,\boldsymbol{\alpha}_2,\boldsymbol{\beta}_1,\boldsymbol{\beta}_2)$作初等行变换

$$\boldsymbol{A}=(\boldsymbol{\alpha}_1,\boldsymbol{\alpha}_2,\boldsymbol{\beta}_1,\boldsymbol{\beta}_2)=\begin{pmatrix}1&1&0&0\\1&0&0&1\\0&1&1&0\\0&1&1&0\end{pmatrix}\to\begin{pmatrix}1&1&0&0\\0&-1&0&1\\0&0&1&1\\0&0&0&0\end{pmatrix}$$

则$\boldsymbol{\alpha}_1,\boldsymbol{\alpha}_2,\boldsymbol{\beta}_1$为向量组$\boldsymbol{\alpha}_1,\boldsymbol{\alpha}_2,\boldsymbol{\beta}_1,\boldsymbol{\beta}_2$的极大无关组，从而$\boldsymbol{A}_1,\boldsymbol{A}_2,\boldsymbol{B}_1$为$\boldsymbol{A}_1,\boldsymbol{A}_2,\boldsymbol{B}_1,\boldsymbol{B}_2$的极大无关组，故$\boldsymbol{A}_1,\boldsymbol{A}_2,\boldsymbol{B}_1$是$V_1+V_2$的一个基，且$\dim(V_1+V_2)=3$.

(2) 设$\boldsymbol{B}\in V_1\cap V_2$，则有数$x_1,x_2,x_3,x_4$，使得$\boldsymbol{B}=x_1\boldsymbol{A}_1+x_2\boldsymbol{A}_2=x_3\boldsymbol{B}_1+x_4\boldsymbol{B}_2$，于是有

$$(\boldsymbol{A}_1,\boldsymbol{A}_2,-\boldsymbol{B}_1,-\boldsymbol{B}_2)\begin{pmatrix}x_1\\x_2\\x_3\\x_4\end{pmatrix}=\boldsymbol{O}$$

可得齐次线性方程组为

$$\begin{pmatrix}1&1&0&0\\1&0&0&-1\\0&1&-1&0\\0&1&-1&0\end{pmatrix}\begin{pmatrix}x_1\\x_2\\x_3\\x_4\end{pmatrix}=\mathbf{0}$$

求得其通解为 $\boldsymbol{x}=k(1,-1,-1,1)^{\mathrm{T}}(k\in\mathbf{R})$，则

$$\boldsymbol{B}=k\boldsymbol{A}_1-k\boldsymbol{A}_2=k\begin{pmatrix}0&1\\-1&-1\end{pmatrix}\quad(k\in\mathbf{R})$$

所以矩阵$\begin{pmatrix}0&1\\-1&-1\end{pmatrix}$是$V_1\cap V_2$的一个基，且$\dim(V_1\cap V_2)=1$.

例 1.24　设V是全体实函数构成的线性空间，V_1，V_2是V的两个子空间，且$V_1=L(1,x,\sin x)$，$V_2=L(\cos 2x,\cos^2 x)$. 求：（1）V_1,V_2的基与维数；（2）V_1+V_2的基与维数；（3）$V_1\cap V_2$的基与维数.

解　（1）令$k_1+k_2x+k_3\sin x=0$，取$x=0$，得$k_1=0$，于是$k_2x+k_3\sin x=0$，再取$x=\pi$，得$k_2=0$，从而$k_3\sin x=0$，由此可得$k_3=0$，因此$1,x,\sin x$线性无关. 故$1,x,\sin x$是V_1的一个基，且$\dim V_1=3$.

令$l_1\cos 2x+l_2\cos^2 x=0$，取$x=\dfrac{\pi}{2}$，得$l_1=0$，于是$l_2\cos^2 x=0$，得$l_2=0$. 因此$\cos 2x,\cos^2 x$线性无关.故$\cos 2x,\cos^2 x$是V_2的一个基，且$\dim V_1=2$.

（2）由于$\cos 2x=2\cos^2 x-1$，所以

$$V_1+V_2=L(1,x,\sin x)+L(\cos 2x,\cos^2 x)=L(1,x,\sin x,\cos 2x,\cos^2 x)=L(1,x,\sin x,\cos^2 x)$$

同（1）类似证明，可得$1,x,\sin x,\cos^2 x$线性无关. 故$1,x,\sin x,\cos^2 x$是V_1+V_2的一个基，且$\dim(V_1+V_2)=4$.

（3）由维数定理可得

$$\dim(V_1\cap V_2)=\dim V_1+\dim V_2-\dim(V_1+V_2)=1$$

又$1=2\cos^2 x-\cos 2x\in V_1\cap V_2$，故 1 是$V_1\cap V_2$的一个基.

例 1.25　设$\mathbf{R}^{2\times2}$的两个子空间为$V_1=\left\{\boldsymbol{A}=\begin{pmatrix}x_1&x_2\\x_3&x_4\end{pmatrix}\middle|\,x_1-x_2+x_3-x_4=0,\boldsymbol{A}\in\mathbf{R}^{2\times2}\right\}$，$V_2=L(\boldsymbol{B}_1,\boldsymbol{B}_2)$，$\boldsymbol{B}_1=\begin{pmatrix}1&0\\2&3\end{pmatrix}$，$\boldsymbol{B}_2=\begin{pmatrix}1&-1\\0&1\end{pmatrix}$. 求：

（1）V_1的基与维数；

（2）V_1+V_2的基与维数；

（3）$V_1\cap V_2$的基与维数.

解 （1）由于齐次线性方程组 $x_1-x_2+x_3-x_4=0$ 的基础解系为

$$\boldsymbol{\alpha}_1=\begin{pmatrix}1\\1\\0\\0\end{pmatrix},\quad \boldsymbol{\alpha}_2=\begin{pmatrix}0\\1\\1\\0\end{pmatrix},\quad \boldsymbol{\alpha}_3=\begin{pmatrix}0\\0\\1\\1\end{pmatrix}$$

所以 $\boldsymbol{A}_1=\begin{pmatrix}1&1\\0&0\end{pmatrix}$，$\boldsymbol{A}_2=\begin{pmatrix}0&1\\1&0\end{pmatrix}$，$\boldsymbol{A}_3=\begin{pmatrix}0&0\\1&1\end{pmatrix}$ 是 V_1 的一个基，且 $\dim V_1=3$.

（2）因为 $V_1+V_2=L(\boldsymbol{A}_1,\boldsymbol{A}_2,\boldsymbol{A}_3)+L(\boldsymbol{B}_1,\boldsymbol{B}_2)=L(\boldsymbol{A}_1,\boldsymbol{A}_2,\boldsymbol{A}_3,\boldsymbol{B}_1,\boldsymbol{B}_2)$.

取 $\mathbf{R}^{2\times2}$ 的标准基 $\boldsymbol{E}_{11}=\begin{pmatrix}1&0\\0&0\end{pmatrix}$，$\boldsymbol{E}_{12}=\begin{pmatrix}0&1\\0&0\end{pmatrix}$，$\boldsymbol{E}_{21}=\begin{pmatrix}0&0\\1&0\end{pmatrix}$，$\boldsymbol{E}_{22}=\begin{pmatrix}0&0\\0&1\end{pmatrix}$. 则 $\boldsymbol{A}_1,\boldsymbol{A}_2,\boldsymbol{A}_3,\boldsymbol{B}_1,\boldsymbol{B}_2$ 在标准基 $\boldsymbol{E}_{11},\boldsymbol{E}_{12},\boldsymbol{E}_{21},\boldsymbol{E}_{22}$ 下的坐标分别为

$$\boldsymbol{\alpha}_1=\begin{pmatrix}1\\1\\0\\0\end{pmatrix},\quad \boldsymbol{\alpha}_2=\begin{pmatrix}0\\1\\1\\0\end{pmatrix},\quad \boldsymbol{\alpha}_3=\begin{pmatrix}0\\0\\1\\1\end{pmatrix},\quad \boldsymbol{\beta}_1=\begin{pmatrix}1\\0\\2\\3\end{pmatrix},\quad \boldsymbol{\beta}_2=\begin{pmatrix}1\\-1\\0\\1\end{pmatrix}$$

对矩阵 $\boldsymbol{A}=(\boldsymbol{\alpha}_1,\boldsymbol{\alpha}_2,\boldsymbol{\alpha}_3,\boldsymbol{\beta}_1,\boldsymbol{\beta}_2)$ 作初等行变换

$$\boldsymbol{A}=(\boldsymbol{\alpha}_1,\boldsymbol{\alpha}_2,\boldsymbol{\alpha}_3,\boldsymbol{\beta}_1,\boldsymbol{\beta}_2)=\begin{pmatrix}1&0&0&1&1\\1&1&0&0&-1\\0&1&1&2&0\\0&0&1&3&1\end{pmatrix}\rightarrow\begin{pmatrix}1&0&0&1&1\\0&1&0&-1&-2\\0&0&1&3&2\\0&0&0&0&-1\end{pmatrix}$$

可知 $\boldsymbol{\alpha}_1,\boldsymbol{\alpha}_2,\boldsymbol{\alpha}_3,\boldsymbol{\beta}_2$ 为向量组 $\boldsymbol{\alpha}_1,\boldsymbol{\alpha}_2,\boldsymbol{\alpha}_3,\boldsymbol{\beta}_1,\boldsymbol{\beta}_2$ 的极大无关组，从而 $\boldsymbol{A}_1,\boldsymbol{A}_2,\boldsymbol{A}_3,\boldsymbol{B}_2$ 为 $\boldsymbol{A}_1,\boldsymbol{A}_2,\boldsymbol{A}_3,\boldsymbol{B}_1,\boldsymbol{B}_2$ 的极大无关组，故 $\boldsymbol{A}_1,\boldsymbol{A}_2,\boldsymbol{A}_3,\boldsymbol{B}_2$ 是 V_1+V_2 的一个基，且 $\dim(V_1+V_2)=4$.

（3）设 $\boldsymbol{B}\in V_1\cap V_2$，则有数 x_1,x_2,x_3,x_4,x_5，使得 $\boldsymbol{B}=x_1\boldsymbol{A}_1+x_2\boldsymbol{A}_2+x_3\boldsymbol{A}_3=x_4\boldsymbol{B}_1+x_5\boldsymbol{B}_2$，于是有

$$(\boldsymbol{A}_1,\boldsymbol{A}_2,\boldsymbol{A}_3,-\boldsymbol{B}_1,-\boldsymbol{B}_2)\begin{pmatrix}x_1\\x_2\\x_3\\x_4\\x_5\end{pmatrix}=\boldsymbol{O}$$

可得齐次线性方程组为

$$\begin{pmatrix}1&0&0&-1&-1\\1&1&0&0&1\\0&1&1&-2&0\\0&0&1&-3&-1\end{pmatrix}\begin{pmatrix}x_1\\x_2\\x_3\\x_4\\x_5\end{pmatrix}=\mathbf{0}$$

求得其通解为 $\boldsymbol{x}=k(1,-1,3,1,0)^{\mathrm{T}}\ (k\in\mathbf{R})$，则

$$B = x_4B_1 + x_5B_2 = kB_1 = k\begin{pmatrix}1 & 0\\2 & 3\end{pmatrix} \quad (k\in\mathbf{R})$$

所以矩阵$\begin{pmatrix}1 & 0\\2 & 3\end{pmatrix}$是$V_1\cap V_2$的一个基，且$\dim(V_1\cap V_2)=1$.

例 1.26　设$\boldsymbol{\alpha}_1=(1,2,2,3)^{\mathrm{T}}$，$\boldsymbol{\alpha}_2=(1,1,2,3)^{\mathrm{T}}$，$\boldsymbol{\alpha}_3=(-1,1,-4,-5)^{\mathrm{T}}$，$\boldsymbol{\alpha}_4=(1,-3,6,7)^{\mathrm{T}}$，令$\boldsymbol{A}=(\boldsymbol{\alpha}_1,\boldsymbol{\alpha}_2,\boldsymbol{\alpha}_3,\boldsymbol{\alpha}_4)$，$W=L(\boldsymbol{\alpha}_1,\boldsymbol{\alpha}_2,\boldsymbol{\alpha}_3,\boldsymbol{\alpha}_4)$. 求：

（1）W的一个基与维数；

（2）$\boldsymbol{A}$的值域$R(\boldsymbol{A})$的一个基与维数；

（3）$\boldsymbol{A}$的核$N(\boldsymbol{A})$的一个基与维数.

解　（1）由于

$$\boldsymbol{A}=(\boldsymbol{\alpha}_1,\boldsymbol{\alpha}_2,\boldsymbol{\alpha}_3,\boldsymbol{\alpha}_4)=\begin{pmatrix}1 & 1 & -1 & 1\\2 & 1 & 1 & -3\\2 & 2 & -4 & 6\\3 & 3 & -5 & 7\end{pmatrix}\to\begin{pmatrix}1 & 0 & 0 & 0\\0 & 1 & 0 & -1\\0 & 0 & 1 & -2\\0 & 0 & 0 & 0\end{pmatrix}=\boldsymbol{B}$$

则$\boldsymbol{\alpha}_1,\boldsymbol{\alpha}_2,\boldsymbol{\alpha}_3$为向量组$\boldsymbol{\alpha}_1,\boldsymbol{\alpha}_2,\boldsymbol{\alpha}_3,\boldsymbol{\alpha}_4$的极大无关组，故$\boldsymbol{\alpha}_1,\boldsymbol{\alpha}_2,\boldsymbol{\alpha}_3$是$W$的一个基，且$\dim(W)=3$.

（2）由于$R(\boldsymbol{A})=L(\boldsymbol{\alpha}_1,\boldsymbol{\alpha}_2,\boldsymbol{\alpha}_3,\boldsymbol{\alpha}_4)$，由（1）可知$\boldsymbol{\alpha}_1,\boldsymbol{\alpha}_2,\boldsymbol{\alpha}_3$是$R(\boldsymbol{A})$的一个基，且$\dim(R(\boldsymbol{A}))=3$.

（3）由于$N(\boldsymbol{A})=\{\boldsymbol{x}\mid\boldsymbol{Ax}=\boldsymbol{0}\}$，由（1）中矩阵$\boldsymbol{B}$可知$\boldsymbol{Ax}=\boldsymbol{0}$的解为$\boldsymbol{x}=k(0,1,2,1)^{\mathrm{T}}$ $(k\in\mathbf{R})$，所以$\boldsymbol{\alpha}=(0,1,2,1)^{\mathrm{T}}$是$N(\boldsymbol{A})$的一个基，且$\dim(N(\boldsymbol{A}))=1$.

例 1.27　设矩阵$\boldsymbol{A}=\begin{pmatrix}0 & 2 & -4\\-1 & -4 & 5\\3 & 1 & 7\\0 & 5 & -10\end{pmatrix}$. 求：（1）矩阵$\boldsymbol{A}$的值域$R(\boldsymbol{A})$的一个基与维数；（2）矩阵$\boldsymbol{A}$的核$N(\boldsymbol{A})$的一个基与维数.

解　（1）记$\boldsymbol{A}=(\boldsymbol{\alpha}_1,\boldsymbol{\alpha}_2,\boldsymbol{\alpha}_3)$. 由于

$$\boldsymbol{A}=\begin{pmatrix}0 & 2 & -4\\-1 & -4 & 5\\3 & 1 & 7\\0 & 5 & -10\end{pmatrix}\to\begin{pmatrix}1 & 0 & 3\\0 & 1 & -2\\0 & 0 & 0\\0 & 0 & 0\end{pmatrix}=\boldsymbol{B}$$

又$R(\boldsymbol{A})=L(\boldsymbol{\alpha}_1,\boldsymbol{\alpha}_2,\boldsymbol{\alpha}_3)$，由上式可知$\boldsymbol{\alpha}_1=(0,-1,3,0)^{\mathrm{T}}$，$\boldsymbol{\alpha}_2=(2,-4,1,5)^{\mathrm{T}}$是$R(\boldsymbol{A})$的一个基，且$\dim(R(\boldsymbol{A}))=2$.

（2）因$N(\boldsymbol{A})=\{\boldsymbol{x}\mid\boldsymbol{Ax}=\boldsymbol{0}\}$，由（1）中矩阵$\boldsymbol{B}$可知$\boldsymbol{Ax}=\boldsymbol{0}$的解为$\boldsymbol{x}=k(-3,2,1)^{\mathrm{T}}$ $(k\in\mathbf{R})$，故$\boldsymbol{\alpha}=(-3,2,1)^{\mathrm{T}}$是$N(\boldsymbol{A})$的一个基，且$\dim(N(\boldsymbol{A}))=1$.

例 1.28　设$\mathbf{C}^{2\times2}$的两个子空间为$V_1=\left\{\begin{pmatrix}x & x\\y & y\end{pmatrix}\middle| x,y\in\mathbf{C}\right\}$，$V_2=\left\{\begin{pmatrix}x & -y\\-x & y\end{pmatrix}\middle| x,y\in\mathbf{C}\right\}$. 求：

（1）V_1,V_2 的基与维数；

（2）V_1+V_2 的基与维数；

（3）$V_1\cap V_2$ 的基与维数.

解 （1）任取 $\boldsymbol{A}=\begin{pmatrix} x & x \\ y & y \end{pmatrix}\in V_1$，则

$$\boldsymbol{A}=\begin{pmatrix} x & x \\ y & y \end{pmatrix}=x\begin{pmatrix} 1 & 1 \\ 0 & 0 \end{pmatrix}+y\begin{pmatrix} 0 & 0 \\ 1 & 1 \end{pmatrix}$$

令 $\boldsymbol{A}_1=\begin{pmatrix} 1 & 1 \\ 0 & 0 \end{pmatrix},\boldsymbol{A}_2=\begin{pmatrix} 0 & 0 \\ 1 & 1 \end{pmatrix}$，易知 $\boldsymbol{A}_1,\boldsymbol{A}_2$ 线性无关，从而 $\boldsymbol{A}_1,\boldsymbol{A}_2$ 是 V_1 的一个基，且 $\dim V_1=2$.

任取 $\boldsymbol{B}=\begin{pmatrix} x & -y \\ -x & y \end{pmatrix}\in V_2$，则

$$\boldsymbol{B}=\begin{pmatrix} x & -y \\ -x & y \end{pmatrix}=x\begin{pmatrix} 1 & 0 \\ -1 & 0 \end{pmatrix}+y\begin{pmatrix} 0 & -1 \\ 0 & 1 \end{pmatrix}$$

令 $\boldsymbol{B}_1=\begin{pmatrix} 1 & 0 \\ -1 & 0 \end{pmatrix},\boldsymbol{B}_2=\begin{pmatrix} 0 & -1 \\ 0 & 1 \end{pmatrix}$，易知 $\boldsymbol{B}_1,\boldsymbol{B}_2$ 线性无关，从而 $\boldsymbol{B}_1,\boldsymbol{B}_2$ 是 V_2 的一个基，且 $\dim V_2=2$.

（2）因为 $V_1+V_2=L(\boldsymbol{A}_1,\boldsymbol{A}_2)+L(\boldsymbol{B}_1,\boldsymbol{B}_2)=L(\boldsymbol{A}_1,\boldsymbol{A}_2,\boldsymbol{B}_1,\boldsymbol{B}_2)$.

取 $\mathbf{R}^{2\times 2}$ 的标准基 $\boldsymbol{E}_{11}=\begin{pmatrix} 1 & 0 \\ 0 & 0 \end{pmatrix}$，$\boldsymbol{E}_{12}=\begin{pmatrix} 0 & 1 \\ 0 & 0 \end{pmatrix}$，$\boldsymbol{E}_{21}=\begin{pmatrix} 0 & 0 \\ 1 & 0 \end{pmatrix}$，$\boldsymbol{E}_{22}=\begin{pmatrix} 0 & 0 \\ 0 & 1 \end{pmatrix}$. 则 $\boldsymbol{A}_1,\boldsymbol{A}_2,\boldsymbol{B}_1,\boldsymbol{B}_2$ 在标准基 $\boldsymbol{E}_{11},\boldsymbol{E}_{12},\boldsymbol{E}_{21},\boldsymbol{E}_{22}$ 下的坐标分别为

$$\boldsymbol{\alpha}_1=\begin{pmatrix} 1 \\ 1 \\ 0 \\ 0 \end{pmatrix},\quad \boldsymbol{\alpha}_2=\begin{pmatrix} 0 \\ 0 \\ 1 \\ 1 \end{pmatrix},\quad \boldsymbol{\beta}_1=\begin{pmatrix} 1 \\ 0 \\ -1 \\ 0 \end{pmatrix},\quad \boldsymbol{\beta}_2=\begin{pmatrix} 0 \\ -1 \\ 0 \\ 1 \end{pmatrix}$$

对矩阵 $\boldsymbol{A}=(\boldsymbol{\alpha}_1,\boldsymbol{\alpha}_2,\boldsymbol{\beta}_1,\boldsymbol{\beta}_2)$ 作初等行变换

$$\boldsymbol{A}=(\boldsymbol{\alpha}_1,\boldsymbol{\alpha}_2,\boldsymbol{\beta}_1,\boldsymbol{\beta}_2)=\begin{pmatrix} 1 & 0 & 1 & 0 \\ 1 & 0 & 0 & -1 \\ 0 & 1 & -1 & 0 \\ 0 & 1 & 0 & 1 \end{pmatrix}\to\begin{pmatrix} 1 & 0 & 1 & 0 \\ 0 & 1 & -1 & 0 \\ 0 & 0 & 1 & 1 \\ 0 & 0 & 0 & 0 \end{pmatrix}$$

可知 $\boldsymbol{\alpha}_1,\boldsymbol{\alpha}_2,\boldsymbol{\beta}_1$ 为向量组 $\boldsymbol{\alpha}_1,\boldsymbol{\alpha}_2,\boldsymbol{\beta}_1,\boldsymbol{\beta}_2$ 的极大无关组，从而 $\boldsymbol{A}_1,\boldsymbol{A}_2,\boldsymbol{B}_1$ 为 $\boldsymbol{A}_1,\boldsymbol{A}_2,\boldsymbol{B}_1,\boldsymbol{B}_2$ 的极大无关组，故 $\boldsymbol{A}_1,\boldsymbol{A}_2,\boldsymbol{B}_1$ 是 V_1+V_2 的一个基，且 $\dim(V_1+V_2)=3$.

（3）设 $\boldsymbol{B}\in V_1\cap V_2$，则有数 x_1,x_2,x_3,x_4，使得 $\boldsymbol{B}=x_1\boldsymbol{A}_1+x_2\boldsymbol{A}_2=x_3\boldsymbol{B}_1+x_4\boldsymbol{B}_2$，于是有

$$(\boldsymbol{A}_1,\boldsymbol{A}_2,-\boldsymbol{B}_1,-\boldsymbol{B}_2)\begin{pmatrix} x_1 \\ x_2 \\ x_3 \\ x_4 \end{pmatrix}=\boldsymbol{O}$$

可得齐次线性方程组为

$$\begin{pmatrix} 1 & 0 & -1 & 0 \\ 1 & 0 & 0 & 1 \\ 0 & 1 & 1 & 0 \\ 0 & 1 & 0 & -1 \end{pmatrix}\begin{pmatrix} x_1 \\ x_2 \\ x_3 \\ x_4 \end{pmatrix}=\mathbf{0}$$

求得其通解为 $\boldsymbol{x}=k(-1,1,-1,1)^{\mathrm{T}}\ (k\in\mathbf{R})$，则有

$$\boldsymbol{B}=-k\boldsymbol{A}_1+k\boldsymbol{A}_2=k\begin{pmatrix} -1 & -1 \\ 1 & 1 \end{pmatrix}\quad (k\in\mathbf{R})$$

所以矩阵 $\begin{pmatrix} -1 & -1 \\ 1 & 1 \end{pmatrix}$ 是 $V_1\cap V_2$ 的一个基，且 $\dim(V_1\cap V_2)=1$.

例 1.29　证明：线性空间 $\mathbf{R}^{2\times 2}$ 是所有二阶实对称矩阵构成的子空间与所有二阶实反对称矩阵构成的子空间的直和.

证　令 $V_1=\{\boldsymbol{A}\mid\boldsymbol{A}^{\mathrm{T}}=\boldsymbol{A},\boldsymbol{A}\in\mathbf{R}^{2\times 2}\}$，$V_2=\{\boldsymbol{A}\mid\boldsymbol{A}^{\mathrm{T}}=-\boldsymbol{A},\boldsymbol{A}\in\mathbf{R}^{2\times 2}\}$. 任取 $\boldsymbol{C}\in\mathbf{R}^{2\times 2}$，有

$$\boldsymbol{C}=\frac{\boldsymbol{C}+\boldsymbol{C}^{\mathrm{T}}}{2}+\frac{\boldsymbol{C}-\boldsymbol{C}^{\mathrm{T}}}{2}$$

其中

$$\frac{\boldsymbol{C}+\boldsymbol{C}^{\mathrm{T}}}{2}\in V_1,\qquad \frac{\boldsymbol{C}-\boldsymbol{C}^{\mathrm{T}}}{2}\in V_2$$

所以 $\mathbf{R}^{2\times 2}=V_1+V_2$. 又任取 $\boldsymbol{C}\in V_1\cap V_2$，有 $\mathbf{C}^{\mathrm{T}}=\boldsymbol{C}$ 且 $\boldsymbol{C}^{\mathrm{T}}=-\boldsymbol{C}$，因此 $\boldsymbol{C}=\boldsymbol{O}$，即 $V_1\cap V_2=\{\boldsymbol{O}\}$. 故有 $\mathbf{R}^{2\times 2}=V_1\oplus V_2$.

例 1.30　设 $\boldsymbol{\alpha}_1,\boldsymbol{\alpha}_2,\boldsymbol{\alpha}_3,\boldsymbol{\alpha}_4$ 是 $\mathbf{R}^4$ 的一个基，$V_1=L(2\boldsymbol{\alpha}_1+\boldsymbol{\alpha}_2,\boldsymbol{\alpha}_1)$，$V_2=L(\boldsymbol{\alpha}_3-\boldsymbol{\alpha}_4,\boldsymbol{\alpha}_1+\boldsymbol{\alpha}_4)$，证明：$\mathbf{R}^4=V_1\oplus V_2$.

证　因为

$$V_1+V_2=L(2\boldsymbol{\alpha}_1+\boldsymbol{\alpha}_2,\boldsymbol{\alpha}_1)+L(\boldsymbol{\alpha}_3-\boldsymbol{\alpha}_4,\boldsymbol{\alpha}_1+\boldsymbol{\alpha}_4)=L(2\boldsymbol{\alpha}_1+\boldsymbol{\alpha}_2,\boldsymbol{\alpha}_1,\boldsymbol{\alpha}_3-\boldsymbol{\alpha}_4,\boldsymbol{\alpha}_1+\boldsymbol{\alpha}_4)$$

又有

$$(2\boldsymbol{\alpha}_1+\boldsymbol{\alpha}_2,\boldsymbol{\alpha}_1,\boldsymbol{\alpha}_3-\boldsymbol{\alpha}_4,\boldsymbol{\alpha}_1+\boldsymbol{\alpha}_4)=(\boldsymbol{\alpha}_1,\boldsymbol{\alpha}_2,\boldsymbol{\alpha}_3,\boldsymbol{\alpha}_4)\boldsymbol{A}$$

其中

$$\boldsymbol{A}=\begin{pmatrix} 2 & 1 & 0 & 1 \\ 1 & 0 & 0 & 0 \\ 0 & 0 & 1 & 0 \\ 0 & 0 & -1 & 1 \end{pmatrix}$$

由于 $|\boldsymbol{A}|=-1\neq 0$，所以 $2\boldsymbol{\alpha}_1+\boldsymbol{\alpha}_2,\boldsymbol{\alpha}_1,\boldsymbol{\alpha}_3-\boldsymbol{\alpha}_4,\boldsymbol{\alpha}_1+\boldsymbol{\alpha}_4$ 线性无关，从而 $\dim(V_1+V_2)=4$. 又 $\dim(\mathbf{R}^4)=4$，则有 $\mathbf{R}^4=V_1+V_2$.

易知 $\dim V_1=2$，$\dim V_2=2$. 由维数定理可知

$$\dim(V_1\cap V_2)=\dim V_1+\dim V_2-\dim(V_1+V_2)=0$$

即有 $V_1\cap V_2=\{\mathbf{0}\}$，故有 $\mathbf{R}^4=V_1\oplus V_2$.

例 1.31　设 V_1，V_2 分别是齐次线性方程组 $x_1+x_2+\cdots+x_n=0$ 与 $x_1=x_2=\cdots=x_n$ 的实数解空间，证明：$\mathbf{R}^n=V_1\oplus V_2$.

证 对于V_1，由齐次线性方程组$x_1+x_2+\cdots+x_n=0$，可知V_1是$n-1$维的，且有基$\boldsymbol{\alpha}_1=(-1,1,0,\cdots,0)$，$\boldsymbol{\alpha}_2=(-1,0,1,0,\cdots,0),\cdots,\boldsymbol{\alpha}_{n-1}=(-1,0,\cdots,0,1)$.

对于V_2，由齐次线性方程组$x_1=x_2=\cdots=x_n$，可知V_2是1维的，且有基$\beta=(1,1,\cdots,1)$.

$$V_1+V_2=L(\boldsymbol{\alpha}_1,\boldsymbol{\alpha}_2,\cdots,\boldsymbol{\alpha}_{n-1})+L(\boldsymbol{\beta})=L(\boldsymbol{\alpha}_1,\boldsymbol{\alpha}_2,\cdots,\boldsymbol{\alpha}_{n-1},\boldsymbol{\beta})$$

而以$\boldsymbol{\alpha}_1,\boldsymbol{\alpha}_2,\cdots,\boldsymbol{\alpha}_{n-1},\boldsymbol{\beta}$为行的$n$阶行列式

$$\begin{vmatrix}-1 & 1 & 0 & \cdots & 0 & 0\\ -1 & 0 & 1 & \cdots & 0 & 0\\ \vdots & \vdots & \vdots & & \vdots & \vdots\\ -1 & 0 & 0 & \cdots & 0 & 1\\ 1 & 1 & 1 & \cdots & 1 & 1\end{vmatrix}=(-1)^{n+1}\neq 0$$

所以$\boldsymbol{\alpha}_1,\boldsymbol{\alpha}_2,\cdots,\boldsymbol{\alpha}_{n-1},\boldsymbol{\beta}$线性无关，则有$\dim(V_1+V_2)=n$. 从而$V_1+V_2=\mathbf{R}^n$. 再由维数定理可知$\dim(V_1\cap V_2)=0$. 即有$V_1\cap V_2=\{\mathbf{0}\}$，故有$\mathbf{R}^n=V_1\oplus V_2$.

例 1.32 设$\boldsymbol{A},\boldsymbol{B}$分别为$m\times n$，$s\times n$矩阵，齐次线性方程组$\boldsymbol{AX}=\mathbf{0}$和$\boldsymbol{BX}=\mathbf{0}$无公共解，且$r(\boldsymbol{A})=r$，方程组$\boldsymbol{BX}=\mathbf{0}$的解空间的维数为$r$，证明：$N(\boldsymbol{A})\oplus N(\boldsymbol{B})=\mathbf{R}^n$.

解 由定义$N(\boldsymbol{A})=\{\boldsymbol{X}\in\mathbf{R}^n\mid\boldsymbol{AX}=\mathbf{0}\}$，则有$\dim N(\boldsymbol{A})=n-r(\boldsymbol{A})=n-r$. 又由$N(\boldsymbol{B})=\{\boldsymbol{X}\in\mathbf{R}^n\mid\boldsymbol{BX}=\mathbf{0}\}$，则有$\dim N(\boldsymbol{B})=r$. 于是有

$$\dim N(\boldsymbol{A})+\dim N(\boldsymbol{B})=n$$

而由于$\boldsymbol{AX}=\mathbf{0}$和$\boldsymbol{BX}=\mathbf{0}$无公共解，即有$N(\boldsymbol{A})\cap N(\boldsymbol{B})=\{\mathbf{0}\}$，$\dim(N(\boldsymbol{A})\cap N(\boldsymbol{B}))=\mathbf{0}$. 再由维数定理有

$$\dim(N(\boldsymbol{A})+N(\boldsymbol{B}))=\dim N(\boldsymbol{A})+\dim N(\boldsymbol{B})=n$$

则有$N(\boldsymbol{A})+N(\boldsymbol{B})=\mathbf{R}^n$，即$N(\boldsymbol{A})\oplus N(\boldsymbol{B})=\mathbf{R}^n$.

例 1.33 设$\boldsymbol{A},\boldsymbol{B},\boldsymbol{C},\boldsymbol{D}\in\mathbf{R}^{n\times n}$两两可交换，且$\boldsymbol{AC}+\boldsymbol{BD}=\boldsymbol{E}$，证明：$N(\boldsymbol{AB})=N(\boldsymbol{A})\oplus N(\boldsymbol{B})$.

解 （1）$\forall\boldsymbol{Z}=\boldsymbol{X}+\boldsymbol{Y}\in N(\boldsymbol{A})+N(\boldsymbol{B})$，其中$\boldsymbol{X}\in N(\boldsymbol{A})$，$\boldsymbol{Y}\in N(\boldsymbol{B})$，则有$\boldsymbol{AX}=\mathbf{0}$，$\boldsymbol{BY}=\mathbf{0}$. 又由于$\boldsymbol{AB}=\boldsymbol{BA}$，则有

$$(\boldsymbol{AB})\boldsymbol{Z}=\boldsymbol{ABX}+\boldsymbol{ABY}=\boldsymbol{BAX}+\boldsymbol{ABY}=\boldsymbol{B}\mathbf{0}+\boldsymbol{A}\mathbf{0}=\mathbf{0}$$

即$\boldsymbol{Z}\in N(\boldsymbol{AB})$，于是有$N(\boldsymbol{A})+N(\boldsymbol{B})\subset N(\boldsymbol{AB})$.

（2）$\forall\boldsymbol{Z}\in N(\boldsymbol{AB})$，则有$\boldsymbol{ABZ}=\mathbf{0}$，又由$\boldsymbol{AC}+\boldsymbol{BD}=\boldsymbol{E}$，于是有

$$\boldsymbol{EZ}=(\boldsymbol{AC}+\boldsymbol{BD})\boldsymbol{Z}=\boldsymbol{ACZ}+\boldsymbol{BDZ}$$

令$\boldsymbol{ACZ}=\boldsymbol{X},\boldsymbol{BDZ}=\boldsymbol{Y}$，则$\boldsymbol{Z}=\boldsymbol{X}+\boldsymbol{Y}$，又有

$$\boldsymbol{BX}=\boldsymbol{BACZ}=\boldsymbol{CABZ}=\boldsymbol{C}(\boldsymbol{ABZ})=\mathbf{0}$$

$$\boldsymbol{AY}=\boldsymbol{ABDZ}=\boldsymbol{DABZ}=\boldsymbol{D}(\boldsymbol{ABZ})=\mathbf{0}$$

从而$\boldsymbol{X}\in N(\boldsymbol{B})$，$\boldsymbol{Y}\in N(\boldsymbol{A})$，于是$\boldsymbol{Z}=\boldsymbol{Y}+\boldsymbol{X}\in N(\boldsymbol{A})+N(\boldsymbol{B})$. 即有$N(\boldsymbol{AB})\subset N(\boldsymbol{A})+N(\boldsymbol{B})$.

（3）综合（1）（2），则有$N(\boldsymbol{AB})=N(\boldsymbol{A})+N(\boldsymbol{B})$.

$\forall\boldsymbol{Z}\in N(\boldsymbol{A})\cap N(\boldsymbol{B})$，则有$\boldsymbol{AX}=\mathbf{0}$，$\boldsymbol{BX}=\mathbf{0}$. 于是有

$$\boldsymbol{Z}=\boldsymbol{EZ}=(\boldsymbol{AC}+\boldsymbol{BD})\boldsymbol{Z}=\boldsymbol{ACZ}+\boldsymbol{BDZ}=\boldsymbol{CAZ}+\boldsymbol{DBZ}=\mathbf{0}$$

即有$N(\boldsymbol{A})\cap N(\boldsymbol{B})=\{\mathbf{0}\}$，故有

$$N(\boldsymbol{AB})=N(\boldsymbol{A})\oplus N(\boldsymbol{B})$$

例 1.34　设 $\boldsymbol{A}\in\mathbf{C}^{n\times n}$，且 $r(\boldsymbol{A})=r(\boldsymbol{A}^2)$，证明：$R(\boldsymbol{A})\oplus N(\boldsymbol{A})=\mathbf{C}^n$.

解　(1) 先证明 $N(\boldsymbol{A})=N(\boldsymbol{A}^2)$. 对于 $\forall\boldsymbol{\alpha}\in N(\boldsymbol{A})$，则有 $\boldsymbol{A\alpha}=\mathbf{0}$，所以 $\boldsymbol{A}^2\boldsymbol{\alpha}=\boldsymbol{A}(\boldsymbol{A\alpha})=\mathbf{0}$. 即 $\boldsymbol{\alpha}\in N(\boldsymbol{A}^2)$. 从而 $N(\boldsymbol{A})\subset N(\boldsymbol{A}^2)$. 又有

$$\dim N(\boldsymbol{A})=n-r(\boldsymbol{A})=n-r(\boldsymbol{A}^2)=\dim N(\boldsymbol{A}^2)$$

故 $N(\boldsymbol{A})=N(\boldsymbol{A}^2)$.

(2) $\forall\boldsymbol{\beta}\in \boldsymbol{R}(\boldsymbol{A})\cap N(\boldsymbol{A})$，则存在 $\boldsymbol{\alpha}\in\mathbf{C}^n$，使得 $\boldsymbol{\beta}=\boldsymbol{A\alpha}$，且有 $\boldsymbol{A\beta}=\mathbf{0}$. 则有

$$\boldsymbol{A}^2\boldsymbol{\alpha}=\boldsymbol{A}(\boldsymbol{A\alpha})=\boldsymbol{A\beta}=\mathbf{0}$$

即有 $\boldsymbol{\alpha}\in N(\boldsymbol{A}^2)$，从而 $\boldsymbol{\alpha}\in N(\boldsymbol{A})$，则有 $\boldsymbol{\beta}=\boldsymbol{A\alpha}=\mathbf{0}$. 于是有

$$R(\boldsymbol{A})\cap N(\boldsymbol{A})=\{\mathbf{0}\}$$

(3) 由于 $R(\boldsymbol{A}),N(\boldsymbol{A})$ 是 $\mathbf{C}^n$ 的子空间，所以 $R(\boldsymbol{A})+N(\boldsymbol{A})\subset\mathbf{C}^n$. 又由 (2) 及维数定理可得

$$\dim(R(\boldsymbol{A})+N(\boldsymbol{A}))=\dim R(\boldsymbol{A})+\dim N(\boldsymbol{A})=r(\boldsymbol{A})+n-r(\boldsymbol{A})=n$$

从而 $R(\boldsymbol{A})+N(\boldsymbol{A})=\mathbf{C}^n$. 又有 $R(\boldsymbol{A})\cap N(\boldsymbol{A})=\{\mathbf{0}\}$，故有

$$R(\boldsymbol{A})\oplus N(\boldsymbol{A})=\mathbf{C}^n$$

例 1.35　判别下列变换中哪些是线性变换.

(1) 在线性空间 V 中，定义 $T(\boldsymbol{\alpha})=\boldsymbol{\alpha}+\boldsymbol{\beta}$，其中 $\boldsymbol{\beta}\in V$ 是一固定的非零向量；

(2) 在线性空间 $\mathbf{R}^3$ 中，定义 $T(\boldsymbol{x})=(x_1{}^2,x_1+x_2,x_3)$，对任意的 $\boldsymbol{x}=(x_1,x_2,x_3)\in\mathbf{R}^3$；

(3) 在线性空间 $\mathbf{R}^3$ 中，定义 $T(\boldsymbol{x})=(2x_1-x_2,x_2+x_3,x_1)$，对任意的 $\boldsymbol{x}=(x_1,x_2,x_3)\in\mathbf{R}^3$；

(4) 在矩阵空间 $\mathbf{R}^{n\times n}$ 中，定义 $T(\boldsymbol{X})=\boldsymbol{AX}-\boldsymbol{XB}$，对任意的 $\boldsymbol{X}\in\mathbf{R}^{n\times n}$，其中 $\boldsymbol{A},\boldsymbol{B}\in\mathbf{R}^{n\times n}$ 为给定的；

(5) 在矩阵空间 $\mathbf{R}^{n\times n}$ 中，定义 $T(\boldsymbol{X})=\boldsymbol{AXB}+\boldsymbol{C}$，对任意的 $\boldsymbol{X}\in\mathbf{R}^{n\times n}$，其中 $\boldsymbol{A},\boldsymbol{B},\boldsymbol{C}\in\mathbf{R}^{n\times n}$ 为给定的；

(6) 在线性空间 $\mathbf{R}[x]_n$ 中，定义 $T[f(x)]=f(x+1)$，对任意的 $f(x)\in\mathbf{R}[x]_n$；

(7) 在线性空间 $\mathbf{R}[x]_n$ 中，定义 $T[f(x)]=x[f(x)]^2$，对任意的 $f(x)\in\mathbf{R}[x]_n$.

解　(1) 不是. 因为 $T(2\boldsymbol{\alpha})=2\boldsymbol{\alpha}+\boldsymbol{\beta}$，而 $2T(\boldsymbol{\alpha})=2\boldsymbol{\alpha}+2\boldsymbol{\beta}$，所以 $T(2\boldsymbol{\alpha})\neq 2T(\boldsymbol{\alpha})$.

(2) 不是. 因为 $T(2\boldsymbol{x})=(4x_1^2,2x_1+2x_2,2x_3)$，而 $2T(\boldsymbol{x})=(2x_1^2,2x_1+2x_2,2x_3)$，所以 $T(2\boldsymbol{x})\neq 2T(\boldsymbol{x})$.

(3) 是. 因为任取 $\boldsymbol{x}=(x_1,x_2,x_3)\in\mathbf{R}^3$，$\boldsymbol{y}=(y_1,y_2,y_3)\in\mathbf{R}^3$ 及 $k\in\mathbf{R}$，则有

$$\begin{aligned}T(\boldsymbol{x}+\boldsymbol{y})&=(2x_1+2y_1-x_2-y_2,x_2+y_2+x_3+y_3,x_1+y_1)\\&=(2x_1-x_2,x_2+x_3,x_1)+(2y_1-y_2,y_2+y_3,y_1)=T(\boldsymbol{x})+T(\boldsymbol{y})\end{aligned}$$

$$T(k\boldsymbol{x})=(2kx_1-kx_2,kx_2+kx_3,kx_1)=k(2x_1-x_2,x_2+x_3,x_1)=kT(\boldsymbol{x})$$

(4) 是. 因为，任取 $\boldsymbol{X},\boldsymbol{Y}\in\mathbf{R}^{n\times n}$ 及 $k\in\mathbf{R}$，则有

$$\begin{aligned}T(\boldsymbol{X}+\boldsymbol{Y})&=\boldsymbol{A}(\boldsymbol{X}+\boldsymbol{Y})-(\boldsymbol{X}+\boldsymbol{Y})\boldsymbol{B}=\boldsymbol{AX}+\boldsymbol{AY}-\boldsymbol{XB}-\boldsymbol{YB}\\&=(\boldsymbol{AX}-\boldsymbol{XB})+(\boldsymbol{AY}-\boldsymbol{YB})=T(\boldsymbol{X})+T(\boldsymbol{Y})\end{aligned}$$

$$T(k\boldsymbol{X})=\boldsymbol{A}(k\boldsymbol{X})-(k\boldsymbol{X})\boldsymbol{B}=k(\boldsymbol{AX}-\boldsymbol{XB})=kT(\boldsymbol{X})$$

（5）当 $\boldsymbol{C} \neq \boldsymbol{O}$，不是. 因为 $T(\boldsymbol{O}) = \boldsymbol{AOB} + \boldsymbol{C} = \boldsymbol{C} \neq \boldsymbol{O}$.

当 $\boldsymbol{C} = \boldsymbol{O}$，是. 因为任取 $\boldsymbol{X},\boldsymbol{Y} \in \mathbf{R}^{n\times n}$ 及 $k \in \mathbf{R}$，则有

$$T(\boldsymbol{X}+\boldsymbol{Y}) = \boldsymbol{A}(\boldsymbol{X}+\boldsymbol{Y})\boldsymbol{B} = \boldsymbol{AXB} + \boldsymbol{AYB} = T(\boldsymbol{X}) + T(\boldsymbol{Y})$$

$$T(k\boldsymbol{X}) = \boldsymbol{A}(k\boldsymbol{X})\boldsymbol{B} = k(\boldsymbol{AXB}) = kT(\boldsymbol{X})$$

（6）是. 因为，任取 $f(x), g(x) \in \mathbf{R}[x]_n$ 及 $k \in \mathbf{R}$，则有

$$T[f(x)+g(x)] = f(x+1) + g(x+1) = T[f(x)] + T[g(x)]$$

$$T[kf(x)] = kf(x+1) = kT[f(x)]$$

（7）不是. 因为对 $f(x) = x \in \mathbf{R}[x]_n$，有 $T[2f(x)] = T[2x] = x(2x)^2 = 4x^3$，而 $2T[f(x)] = 2T[x] = 2x(x)^2 = 2x^3$，所以 $T[2f(x)] \neq 2T[f(x)] = kT[f(x)]$.

例 1.36　给定矩阵 $\boldsymbol{C} \in \mathbf{R}^{n\times n}$，对任意的 $\boldsymbol{X} \in \mathbf{R}^{n\times n}$，定义变换 $T(\boldsymbol{X}) = \boldsymbol{CX} - \boldsymbol{XC}$，证明:

（1）T 是 $\mathbf{R}^{n\times n}$ 中的线性变换.

（2）对任意 $\boldsymbol{A},\boldsymbol{B} \in \mathbf{R}^{n\times n}$，有 $T(\boldsymbol{AB}) = T(\boldsymbol{A})\boldsymbol{B} + \boldsymbol{A}T(\boldsymbol{B})$.

解　（1）因为任取 $\boldsymbol{X},\boldsymbol{Y} \in \mathbf{R}^{n\times n}$ 及 $k \in \mathbf{R}$，则有

$$\begin{aligned} T(\boldsymbol{X}+\boldsymbol{Y}) &= \boldsymbol{C}(\boldsymbol{X}+\boldsymbol{Y}) - (\boldsymbol{X}+\boldsymbol{Y})\boldsymbol{C} = \boldsymbol{CX} + \boldsymbol{CY} - \boldsymbol{XC} - \boldsymbol{YC} \\ &= (\boldsymbol{CX} - \boldsymbol{XC}) + (\boldsymbol{CY} - \boldsymbol{YC}) = T(\boldsymbol{X}) + T(\boldsymbol{Y}) \end{aligned}$$

$$T(k\boldsymbol{X}) = \boldsymbol{C}(k\boldsymbol{X}) - (k\boldsymbol{X})\boldsymbol{C} = k(\boldsymbol{CX} - \boldsymbol{XC}) = kT(\boldsymbol{X})$$

故 T 是 $\mathbf{R}^{n\times n}$ 中的线性变换.

（2）对任意 $\boldsymbol{A},\boldsymbol{B} \in \mathbf{R}^{n\times n}$，有

$$T(\boldsymbol{A})\boldsymbol{B} + \boldsymbol{A}T(\boldsymbol{B}) = (\boldsymbol{CA} - \boldsymbol{AC})\boldsymbol{B} + \boldsymbol{A}(\boldsymbol{CB} - \boldsymbol{BC}) = \boldsymbol{CAB} - \boldsymbol{ABC} = T(\boldsymbol{AB})$$

例 1.37　设 T 是 n 维线性空间 V 的一个线性变换. 若有 $\boldsymbol{\alpha} \in V$，使得 $T^{n-1}(\boldsymbol{\alpha}) \neq \mathbf{0}$，$T^n(\boldsymbol{\alpha}) = \mathbf{0}$.

（1）证明：$\boldsymbol{\alpha}, T(\boldsymbol{\alpha}), \cdots, T^{n-1}(\boldsymbol{\alpha})$ 是 V 的一个基.

（2）求 T 在上述基下的矩阵.

解　（1）设有

$$k_1\boldsymbol{\alpha} + k_2T(\boldsymbol{\alpha}) + k_3T^2(\boldsymbol{\alpha}) + \cdots + k_nT^{n-1}(\boldsymbol{\alpha}) = \mathbf{0} \tag{1.1}$$

用 T^{n-1} 左乘式（1.1）两端，可得

$$k_1T^{n-1}(\boldsymbol{\alpha}) + k_2T^n(\boldsymbol{\alpha}) + k_3T^{n+1}(\boldsymbol{\alpha}) + \cdots + k_nT^{2(n-1)}(\boldsymbol{\alpha}) = \mathbf{0}$$

由于 $T^n(\boldsymbol{\alpha}) = \mathbf{0}$，所以 $T^{n+1}(\boldsymbol{\alpha}) = \mathbf{0}$，$T^{n+2}(\boldsymbol{\alpha}) = \mathbf{0}, \cdots$，可得

$$k_1T^{n-1}(\boldsymbol{\alpha}) = \mathbf{0}$$

因为 $T^{n-1}(\boldsymbol{\alpha}) \neq \mathbf{0}$，所以 $k_1 = 0$，代入式（1.1）可得

$$k_2T(\boldsymbol{\alpha}) + k_3T^2(\boldsymbol{\alpha}) + \cdots + k_nT^{n-1}(\boldsymbol{\alpha}) = \mathbf{0} \tag{1.2}$$

再用 T^{n-1} 左乘式（1.2）两端，由 $T^n(\boldsymbol{\alpha}) = \mathbf{0}$ 与 $T^{n-1}(\boldsymbol{\alpha}) \neq \mathbf{0}$ 可得 $k_2 = 0$，这样继续下去，可得 $k_3 = \cdots = k_n = 0$，于是 $\boldsymbol{\alpha}, T(\boldsymbol{\alpha}), \cdots, T^{n-1}(\boldsymbol{\alpha})$ 线性无关，又 V 是 n 维线性空间，从而它们构成 V 的一个基.

（2）由

$$T[\boldsymbol{\alpha}, T(\boldsymbol{\alpha}), T^2(\boldsymbol{\alpha}), \cdots, T^{n-1}(\boldsymbol{\alpha})] = [T(\boldsymbol{\alpha}), T^2(\boldsymbol{\alpha}), \cdots, T^{n-1}(\boldsymbol{\alpha}), T^n(\boldsymbol{\alpha})] = [T(\boldsymbol{\alpha}), T^2(\boldsymbol{\alpha}), \cdots, T^{n-1}(\boldsymbol{\alpha}), \mathbf{0}]$$

$$=[\boldsymbol{\alpha},T(\boldsymbol{\alpha}),T^2(\boldsymbol{\alpha}),\cdots,T^{n-1}(\boldsymbol{\alpha})]\begin{pmatrix}0&0&\cdots&0&0&0\\1&0&\cdots&0&0&0\\0&1&\cdots&0&0&0\\\vdots&\vdots&&\vdots&\vdots&\vdots\\0&0&\cdots&1&0&0\\0&0&\cdots&0&1&0\end{pmatrix}_{n\times n}$$

所以 T 在基 $\boldsymbol{\alpha},T(\boldsymbol{\alpha}),\cdots,T^{n-1}(\boldsymbol{\alpha})$ 下的矩阵为

$$\boldsymbol{A}=\begin{pmatrix}0&0&\cdots&0&0&0\\1&0&\cdots&0&0&0\\0&1&\cdots&0&0&0\\\vdots&\vdots&&\vdots&\vdots&\vdots\\0&0&\cdots&1&0&0\\0&0&\cdots&0&1&0\end{pmatrix}$$

例 1.38　在线性空间 $\mathbf{R}^3$ 中，定义线性变换为

$$T(x_1,x_2,x_3)=(-2x_2-x_3,-2x_1+3x_2-x_3,-2x_1-x_2+3x_3)$$

对任意的 $(x_1,x_2,x_3)\in\mathbf{R}^3$. 求 T 在基 $\boldsymbol{e}_1=(1,0,0)$，$\boldsymbol{e}_2=(0,1,0)$，$\boldsymbol{e}_3=(0,0,1)$ 下的矩阵.

解　经计算可得

$$T(\boldsymbol{e}_1)=(0,-2,-2)=-2\boldsymbol{e}_2-2\boldsymbol{e}_3$$
$$T(\boldsymbol{e}_2)=(-2,3,-1)=-2\boldsymbol{e}_1+3\boldsymbol{e}_2-\boldsymbol{e}_3$$
$$T(\boldsymbol{e}_3)=(-2,-1,3)=-2\boldsymbol{e}_1-\boldsymbol{e}_2+3\boldsymbol{e}_3$$

则有

$$T(\boldsymbol{e}_1,\boldsymbol{e}_2,\boldsymbol{e}_3)=(\boldsymbol{e}_1,\boldsymbol{e}_2,\boldsymbol{e}_3)\begin{pmatrix}0&-2&-2\\-2&3&-1\\-2&-1&3\end{pmatrix}$$

即 T 在基 $\boldsymbol{e}_1,\boldsymbol{e}_2,\boldsymbol{e}_3$ 下的矩阵为

$$\boldsymbol{A}=\begin{pmatrix}0&-2&-2\\-2&3&-1\\-2&-1&3\end{pmatrix}$$

例 1.39　设 $\mathbf{R}^3$ 的线性变换 T 在基 $\boldsymbol{\alpha}_1=(-1,1,1)$，$\boldsymbol{\alpha}_2=(1,0,-1)$，$\boldsymbol{\alpha}_3=(0,1,1)$ 下的矩阵为 $\boldsymbol{A}=\begin{pmatrix}1&0&-1\\1&1&0\\-1&2&3\end{pmatrix}$. 求 T 在基 $\boldsymbol{e}_1=(1,0,0)$，$\boldsymbol{e}_2=(0,1,0)$，$\boldsymbol{e}_3=(0,0,1)$ 下的矩阵.

解　设 T 在基 $\boldsymbol{e}_1,\boldsymbol{e}_2,\boldsymbol{e}_3$ 下的矩阵为 $\boldsymbol{B}$，从基 $\boldsymbol{e}_1,\boldsymbol{e}_2,\boldsymbol{e}_3$ 到基 $\boldsymbol{\alpha}_1,\boldsymbol{\alpha}_2,\boldsymbol{\alpha}_3$ 的过渡矩阵为 $\boldsymbol{C}$，易知

$$(\boldsymbol{\alpha}_1,\boldsymbol{\alpha}_2,\boldsymbol{\alpha}_3)=(\boldsymbol{e}_1,\boldsymbol{e}_2,\boldsymbol{e}_3)\begin{pmatrix}-1&1&0\\1&0&1\\1&-1&1\end{pmatrix}$$

即有 $\boldsymbol{C}=\begin{pmatrix}-1 & 1 & 0\\ 1 & 0 & 1\\ 1 & -1 & 1\end{pmatrix}$. 则从基 $\boldsymbol{\alpha}_1,\boldsymbol{\alpha}_2,\boldsymbol{\alpha}_3$ 到基 $\boldsymbol{e}_1,\boldsymbol{e}_2,\boldsymbol{e}_3$ 的过渡矩阵为 $\boldsymbol{C}^{-1}$. 又 T 在基 $\boldsymbol{\alpha}_1,\boldsymbol{\alpha}_2,\boldsymbol{\alpha}_3$ 下的矩阵为 $\boldsymbol{A}$，故 T 在基 $\boldsymbol{e}_1,\boldsymbol{e}_2,\boldsymbol{e}_3$ 下的矩阵为

$$\boldsymbol{B}=\boldsymbol{CAC}^{-1}=\begin{pmatrix}-1 & 1 & 0\\ 1 & 0 & 1\\ 1 & -1 & 1\end{pmatrix}\begin{pmatrix}1 & 0 & -1\\ 1 & 1 & 0\\ -1 & 2 & 3\end{pmatrix}\begin{pmatrix}-1 & 1 & 0\\ 1 & 0 & 1\\ 1 & -1 & 1\end{pmatrix}^{-1}=\begin{pmatrix}-1 & 1 & -2\\ 2 & 2 & 0\\ 3 & 0 & 2\end{pmatrix}$$

例 1.40　在 $\mathbf{R}^3$ 中有两个基：$\boldsymbol{\alpha}_1=(1,0,-1)$，$\boldsymbol{\alpha}_2=(2,1,1)$，$\boldsymbol{\alpha}_3=(1,1,1)$ 与 $\boldsymbol{\beta}_1=(0,1,1)$，$\boldsymbol{\beta}_2=(-1,1,0)$，$\boldsymbol{\beta}_3=(1,2,1)$. 设 T 是 $\mathbf{R}^3$ 的线性变换，且有 $T(\boldsymbol{\alpha}_i)=\boldsymbol{\beta}_i$（$i=1,2,3$）. 求：

（1）T 在基 $\boldsymbol{\alpha}_1,\boldsymbol{\alpha}_2,\boldsymbol{\alpha}_3$ 下的矩阵；

（2）T 在基 $\boldsymbol{e}_1=(1,0,0)$，$\boldsymbol{e}_2=(0,1,0)$，$\boldsymbol{e}_3=(0,0,1)$ 下的矩阵.

解　（1）中介法. 设 T 在基 $\boldsymbol{\alpha}_1,\boldsymbol{\alpha}_2,\boldsymbol{\alpha}_3$ 下的矩阵为 $\boldsymbol{A}$，即有 $T(\boldsymbol{\alpha}_1,\boldsymbol{\alpha}_2,\boldsymbol{\alpha}_3)=(\boldsymbol{\alpha}_1,\boldsymbol{\alpha}_2,\boldsymbol{\alpha}_3)\boldsymbol{A}$. 而由题设有 $T(\boldsymbol{\alpha}_1,\boldsymbol{\alpha}_2,\boldsymbol{\alpha}_3)=(\boldsymbol{\beta}_1,\boldsymbol{\beta}_2,\boldsymbol{\beta}_3)$，所以 $\boldsymbol{A}$ 即为从基 $\boldsymbol{\alpha}_1,\boldsymbol{\alpha}_2,\boldsymbol{\alpha}_3$ 到基 $\boldsymbol{\beta}_1,\boldsymbol{\beta}_2,\boldsymbol{\beta}_3$ 的过渡矩阵. 易知 $(\boldsymbol{\alpha}_1,\boldsymbol{\alpha}_2,\boldsymbol{\alpha}_3)=(\boldsymbol{e}_1,\boldsymbol{e}_2,\boldsymbol{e}_3)\boldsymbol{C}_1$，$(\boldsymbol{\beta}_1,\boldsymbol{\beta}_2,\boldsymbol{\beta}_3)=(\boldsymbol{e}_1,\boldsymbol{e}_2,\boldsymbol{e}_3)\boldsymbol{C}_2$，其中

$$\boldsymbol{C}_1=\begin{pmatrix}1 & 2 & 1\\ 0 & 1 & 1\\ -1 & 1 & 1\end{pmatrix},\qquad \boldsymbol{C}_2=\begin{pmatrix}0 & -1 & 1\\ 1 & 1 & 2\\ 1 & 0 & 1\end{pmatrix}$$

所以 $(\boldsymbol{\beta}_1,\boldsymbol{\beta}_2,\boldsymbol{\beta}_3)=(\boldsymbol{\alpha}_1,\boldsymbol{\alpha}_2,\boldsymbol{\alpha}_3)\boldsymbol{C}_1^{-1}\boldsymbol{C}_2$. 故 T 在基 $\boldsymbol{\alpha}_1,\boldsymbol{\alpha}_2,\boldsymbol{\alpha}_3$ 下的矩阵为

$$\boldsymbol{A}=\boldsymbol{C}_1^{-1}\boldsymbol{C}_2=\begin{pmatrix}1 & 2 & 1\\ 0 & 1 & 1\\ -1 & 1 & 1\end{pmatrix}^{-1}\begin{pmatrix}0 & -1 & 1\\ 1 & 1 & 2\\ 1 & 0 & 1\end{pmatrix}=\begin{pmatrix}0 & 1 & 1\\ -1 & -3 & -2\\ 2 & 4 & 4\end{pmatrix}$$

（2）相似法. 设 T 在基 $\boldsymbol{e}_1,\boldsymbol{e}_2,\boldsymbol{e}_3$ 下的矩阵为 $\boldsymbol{B}$，由（1）T 在基 $\boldsymbol{\alpha}_1,\boldsymbol{\alpha}_2,\boldsymbol{\alpha}_3$ 下的矩阵为 $\boldsymbol{A}$ 可知，从基 $\boldsymbol{e}_1,\boldsymbol{e}_2,\boldsymbol{e}_3$ 到基 $\boldsymbol{\alpha}_1,\boldsymbol{\alpha}_2,\boldsymbol{\alpha}_3$ 的过渡矩阵为 $\boldsymbol{C}_1$. 则 T 在基 $\boldsymbol{e}_1,\boldsymbol{e}_2,\boldsymbol{e}_3$ 下的矩阵为

$$\boldsymbol{B}=\boldsymbol{C}_1\boldsymbol{A}\boldsymbol{C}_1^{-1}=\boldsymbol{C}_1(\boldsymbol{C}_1^{-1}\boldsymbol{C}_2)\boldsymbol{C}_1^{-1}=\boldsymbol{C}_2\boldsymbol{C}_1^{-1}$$
$$=\begin{pmatrix}0 & -1 & 1\\ 1 & 1 & 2\\ 1 & 0 & 1\end{pmatrix}\begin{pmatrix}1 & 2 & 1\\ 0 & 1 & 1\\ -1 & 1 & 1\end{pmatrix}^{-1}=\begin{pmatrix}-2 & 5 & -2\\ -1 & 5 & -2\\ -1 & 4 & -2\end{pmatrix}$$

例 1.41　在实多项式空间 $\mathbf{R}[x]_4$ 定义线性变换 T 为 $T[f(x)]=f'(x)-f(x)$ $(\forall f(x)\in\mathbf{R}[x]_4)$. 求：

（1）T 在基 $1,x,x^2,x^3$ 下的矩阵；

（2）T 在基 $1,1+x,x+x^2,x^2+x^3$ 下的矩阵.

解　（1）由于 $T[1]=-1$，$T[x]=1-x$，$T[x^2]=2x-x^2$，$T[x^3]=3x^2-x^3$，于是有

$$T[1,x,x^2,x^3]=[1,x,x^2,x^3]\begin{pmatrix}-1&1&0&0\\0&-1&2&0\\0&0&-1&3\\0&0&0&-1\end{pmatrix}$$

即 T 在基 $1,x,x^2,x^3$ 下的矩阵为

$$\boldsymbol{A}=\begin{pmatrix}-1&1&0&0\\0&-1&2&0\\0&0&-1&3\\0&0&0&-1\end{pmatrix}$$

（2）相似法. 显然有 $[1,1+x,x+x^2,x^2+x^3]=(1,x,x^2,x^3)\boldsymbol{C}$ ，其中

$$\boldsymbol{C}=\begin{pmatrix}1&1&0&0\\0&1&1&0\\0&0&1&1\\0&0&0&1\end{pmatrix}$$

即从基 $1,x,x^2,x^3$ 到基 $1,1+x,x+x^2,x^2+x^3$ 的过渡矩阵为 $\boldsymbol{C}$，由（1）故有 T 在基 $1,1+x,x+x^2,x^2+x^3$ 下的矩阵为

$$\boldsymbol{B}=\boldsymbol{C}^{-1}\boldsymbol{A}\boldsymbol{C}=\begin{pmatrix}1&1&0&0\\0&1&1&0\\0&0&1&1\\0&0&0&1\end{pmatrix}^{-1}\begin{pmatrix}-1&1&0&0\\0&-1&2&0\\0&0&-1&3\\0&0&0&-1\end{pmatrix}\begin{pmatrix}1&1&0&0\\0&1&1&0\\0&0&1&1\\0&0&0&1\end{pmatrix}=\begin{pmatrix}-1&1&-1&1\\0&-1&2&-1\\0&0&-1&3\\0&0&0&-1\end{pmatrix}$$

例 1.42　在实多项式空间 $\mathbf{R}[x]_4$ 中有两个基：$f_1(x)=1$，$f_2(x)=x-2$，$f_3(x)=(x-2)^2$，$f_4(x)=(x-2)^3$ 与 $g_1(x)=1$，$g_2(x)=1+x$，$g_3(x)=1+x+x^2$，$g_4(x)=1+x+x^2+x^3$. 设 $\mathbf{R}[x]_4$ 的线性变换 T 定义为 $T[f(x)]=\dfrac{\mathrm{d}f(x)}{\mathrm{d}x}$ $(\forall f(x)\in\mathbf{R}[x]_4)$. 求：

（1）T 在基 $f_1(x),f_2(x),f_3(x),f_4(x)$ 下的矩阵 $\boldsymbol{A}$；

（2）T 在基 $g_1(x),g_2(x),g_3(x),g_4(x)$ 下的矩阵 $\boldsymbol{B}$.

解　（1）由于 $T[f_1(x)]=0$，$T[f_2(x)]=1=f_1(x)$，$T[f_3(x)]=2(x-2)=2f_2(x)$，$T[f_4(x)]=3(x-2)^2=3f_3(x)$. 于是

$$T[f_1(x),f_2(x),f_3(x),f_4(x)]=[f_1(x),f_2(x),f_3(x),f_4(x)]\begin{pmatrix}0&1&0&0\\0&0&2&0\\0&0&0&3\\0&0&0&0\end{pmatrix}$$

即 T 在基 $f_1(x),f_2(x),f_3(x),f_4(x)$ 下的矩阵为

$$A=\begin{pmatrix}0&1&0&0\\0&0&2&0\\0&0&0&3\\0&0&0&0\end{pmatrix}$$

（2）相似法. 取 $\mathbf{R}[x]_4$ 的标准基 $1,x,x^2,x^3$. 则有 $[g_1(x),g_2(x),g_3(x),g_4(x)]=(1,x,x^2,x^3)\boldsymbol{C}$，其中

$$\boldsymbol{C}=\begin{pmatrix}1&1&1&1\\0&1&1&1\\0&0&1&1\\0&0&0&1\end{pmatrix}$$

由于 $T[1]=0$，$T[x]=1$，$T[x^2]=2x$，$T[x^3]=3x^2$，所以 T 在基 $1,x,x^2,x^3$ 下的矩阵即为（1）中的矩阵 $\boldsymbol{A}$. 故 T 在基 $g_1(x),g_2(x),g_3(x),g_4(x)$ 下的矩阵为

$$\boldsymbol{B}=\boldsymbol{C}^{-1}\boldsymbol{A}\boldsymbol{C}=\begin{pmatrix}1&1&1&1\\0&1&1&1\\0&0&1&1\\0&0&0&1\end{pmatrix}^{-1}\begin{pmatrix}0&1&0&0\\0&0&2&0\\0&0&0&3\\0&0&0&0\end{pmatrix}\begin{pmatrix}1&1&1&1\\0&1&1&1\\0&0&1&1\\0&0&0&1\end{pmatrix}=\begin{pmatrix}0&1&-1&-1\\0&0&2&-1\\0&0&0&3\\0&0&0&0\end{pmatrix}$$

例 1.43 给定矩阵 $\boldsymbol{A}=\begin{pmatrix}a&b\\c&d\end{pmatrix}$，在 $\mathbf{R}^{2\times2}$ 中的线性变换 T 定义为

$$T(\boldsymbol{X})=\boldsymbol{AX}-\boldsymbol{XA}\quad(\forall\boldsymbol{X}\in\mathbf{R}^{2\times2})$$

求线性变换 T 在标准基 $\boldsymbol{E}_{11},\boldsymbol{E}_{12},\boldsymbol{E}_{21},\boldsymbol{E}_{22}$ 下的矩阵.

解 由定义计算可得

$$T(\boldsymbol{E}_{11})=\begin{pmatrix}a&b\\c&d\end{pmatrix}\begin{pmatrix}1&0\\0&0\end{pmatrix}-\begin{pmatrix}1&0\\0&0\end{pmatrix}\begin{pmatrix}a&b\\c&d\end{pmatrix}=\begin{pmatrix}0&-b\\c&0\end{pmatrix}=-b\boldsymbol{E}_{12}+c\boldsymbol{E}_{21}$$

$$T(\boldsymbol{E}_{12})=\begin{pmatrix}-c&a-d\\0&c\end{pmatrix}=-c\boldsymbol{E}_{11}+(a-d)\boldsymbol{E}_{12}+c\boldsymbol{E}_{22}$$

$$T(\boldsymbol{E}_{21})=\begin{pmatrix}b&0\\d-a&-b\end{pmatrix}=b\boldsymbol{E}_{11}+(d-a)\boldsymbol{E}_{21}-b\boldsymbol{E}_{22}$$

$$T(\boldsymbol{E}_{22})=\begin{pmatrix}0&b\\-c&0\end{pmatrix}=b\boldsymbol{E}_{12}-c\boldsymbol{E}_{21}$$

故 T 在基 $\boldsymbol{E}_{11},\boldsymbol{E}_{12},\boldsymbol{E}_{21},\boldsymbol{E}_{22}$ 下的矩阵为

$$\boldsymbol{B}=\begin{pmatrix}0&-c&b&0\\-b&a-d&0&b\\c&0&d-a&-c\\0&c&-b&0\end{pmatrix}$$

例 1.44 在 $\mathbf{R}^{2\times2}$ 中的线性变换 T 定义为

$$T(\boldsymbol{X})=\begin{pmatrix}1&2\\2&1\end{pmatrix}\boldsymbol{X}\begin{pmatrix}-4&0\\1&4\end{pmatrix}\quad(\forall\boldsymbol{X}\in\mathbf{R}^{2\times2})$$

求线性变换T在基$\boldsymbol{A}_1=\begin{pmatrix}1&0\\0&0\end{pmatrix}$，$\boldsymbol{A}_2=\begin{pmatrix}1&1\\0&0\end{pmatrix}$，$\boldsymbol{A}_3=\begin{pmatrix}1&1\\1&0\end{pmatrix}$，$\boldsymbol{A}_4=\begin{pmatrix}1&1\\1&1\end{pmatrix}$下的矩阵.

解法一　相似法. 取标准基$\boldsymbol{E}_{11},\boldsymbol{E}_{12},\boldsymbol{E}_{21},\boldsymbol{E}_{22}$，经计算可得

$$T(\boldsymbol{E}_{11})=\begin{pmatrix}1&2\\2&1\end{pmatrix}\begin{pmatrix}1&0\\0&0\end{pmatrix}\begin{pmatrix}-4&0\\1&4\end{pmatrix}=\begin{pmatrix}-4&0\\-8&0\end{pmatrix},\qquad T(\boldsymbol{E}_{12})=\begin{pmatrix}1&2\\2&1\end{pmatrix}\begin{pmatrix}0&1\\0&0\end{pmatrix}\begin{pmatrix}-4&0\\1&4\end{pmatrix}=\begin{pmatrix}1&4\\2&8\end{pmatrix}$$

$$T(\boldsymbol{E}_{21})=\begin{pmatrix}1&2\\2&1\end{pmatrix}\begin{pmatrix}0&0\\1&0\end{pmatrix}\begin{pmatrix}-4&0\\1&4\end{pmatrix}=\begin{pmatrix}-8&0\\-4&0\end{pmatrix},\qquad T(\boldsymbol{E}_{22})=\begin{pmatrix}1&2\\2&1\end{pmatrix}\begin{pmatrix}0&0\\0&1\end{pmatrix}\begin{pmatrix}-4&0\\1&4\end{pmatrix}=\begin{pmatrix}2&8\\1&4\end{pmatrix}$$

故T在基$\boldsymbol{E}_{11},\boldsymbol{E}_{12},\boldsymbol{E}_{21},\boldsymbol{E}_{22}$下的矩阵为

$$\boldsymbol{A}=\begin{pmatrix}-4&1&-8&2\\0&4&0&8\\-8&2&-4&1\\0&8&0&4\end{pmatrix}$$

又易知从基$\boldsymbol{E}_{11},\boldsymbol{E}_{12},\boldsymbol{E}_{21},\boldsymbol{E}_{22}$到基$\boldsymbol{A}_1,\boldsymbol{A}_2,\boldsymbol{A}_3,\boldsymbol{A}_4$的过渡矩阵为

$$\boldsymbol{C}=\begin{pmatrix}1&1&1&1\\0&1&1&1\\0&0&1&1\\0&0&0&1\end{pmatrix}$$

故T在基$\boldsymbol{A}_1,\boldsymbol{A}_2,\boldsymbol{A}_3,\boldsymbol{A}_4$下的矩阵为

$$\boldsymbol{B}=\boldsymbol{C}^{-1}\boldsymbol{A}\boldsymbol{C}=\begin{pmatrix}1&1&1&1\\0&1&1&1\\0&0&1&1\\0&0&0&1\end{pmatrix}^{-1}\begin{pmatrix}-4&1&-8&2\\0&4&0&8\\-8&2&-4&1\\0&8&0&4\end{pmatrix}\begin{pmatrix}1&1&1&1\\0&1&1&1\\0&0&1&1\\0&0&0&1\end{pmatrix}=\begin{pmatrix}-4&-7&-15&-21\\8&10&14&21\\-8&-14&-18&-21\\0&8&8&12\end{pmatrix}$$

解法二　中介法. 经计算可得

$$T(\boldsymbol{A}_1)=\begin{pmatrix}1&2\\2&1\end{pmatrix}\begin{pmatrix}1&0\\0&0\end{pmatrix}\begin{pmatrix}-4&0\\1&4\end{pmatrix}=\begin{pmatrix}-4&0\\-8&0\end{pmatrix},\qquad T(\boldsymbol{A}_2)=\begin{pmatrix}1&2\\2&1\end{pmatrix}\begin{pmatrix}1&1\\0&0\end{pmatrix}\begin{pmatrix}-4&0\\1&4\end{pmatrix}=\begin{pmatrix}-3&4\\-6&8\end{pmatrix}$$

$$T(\boldsymbol{A}_3)=\begin{pmatrix}1&2\\2&1\end{pmatrix}\begin{pmatrix}1&1\\1&0\end{pmatrix}\begin{pmatrix}-4&0\\1&4\end{pmatrix}=\begin{pmatrix}-11&4\\-10&8\end{pmatrix},\qquad T(\boldsymbol{A}_4)=\begin{pmatrix}1&2\\2&1\end{pmatrix}\begin{pmatrix}1&1\\1&1\end{pmatrix}\begin{pmatrix}-4&0\\1&4\end{pmatrix}=\begin{pmatrix}-9&12\\-9&12\end{pmatrix}$$

则由它们在标准基$\boldsymbol{E}_{11},\boldsymbol{E}_{12},\boldsymbol{E}_{21},\boldsymbol{E}_{22}$下的坐标可得$[T(\boldsymbol{A}_1),T(\boldsymbol{A}_2),T(\boldsymbol{A}_3),T(\boldsymbol{A}_4)]=(\boldsymbol{E}_{11},\boldsymbol{E}_{12},\boldsymbol{E}_{21},\boldsymbol{E}_{22})\boldsymbol{C}_1$，其中

$$\boldsymbol{C}_1=\begin{pmatrix}-4&-3&-11&-9\\0&4&4&12\\-8&-6&-10&-9\\0&8&8&12\end{pmatrix}$$

又有$(\boldsymbol{A}_1,\boldsymbol{A}_2,\boldsymbol{A}_3,\boldsymbol{A}_4)=(\boldsymbol{E}_{11},\boldsymbol{E}_{12},\boldsymbol{E}_{21},\boldsymbol{E}_{22})\boldsymbol{C}$，则有

$$[T(A_1),T(A_2),T(A_3),T(A_4)]=(A_1,A_2,A_3,A_4)C^{-1}C_1$$

故有T在基A_1,A_2,A_3,A_4下的矩阵为

$$B=C^{-1}C_1=\begin{pmatrix}1&1&1&1\\0&1&1&1\\0&0&1&1\\0&0&0&1\end{pmatrix}^{-1}\begin{pmatrix}-4&-3&-11&-9\\0&4&4&12\\-8&-6&-10&-9\\0&8&8&12\end{pmatrix}=\begin{pmatrix}-4&-7&-15&-21\\8&10&14&21\\-8&-14&-18&-21\\0&8&8&12\end{pmatrix}$$

例 1.45　设T是线性空间V上的线性变换，它在基$\boldsymbol{\alpha}_1,\boldsymbol{\alpha}_2,\boldsymbol{\alpha}_3$下的矩阵为$A=\begin{pmatrix}1&2&3\\-1&0&3\\2&1&5\end{pmatrix}$. 求：(1) T在基$\boldsymbol{\beta}_1=\boldsymbol{\alpha}_1,\boldsymbol{\beta}_2=\boldsymbol{\alpha}_1+\boldsymbol{\alpha}_2,\boldsymbol{\beta}_3=\boldsymbol{\alpha}_1+\boldsymbol{\alpha}_2+\boldsymbol{\alpha}_3$下的矩阵$B$；(2) T的核$N(T)$与值域$R(T)$.

解　(1) 由题意知$T(\boldsymbol{\alpha}_1,\boldsymbol{\alpha}_2,\boldsymbol{\alpha}_3)=(\boldsymbol{\alpha}_1,\boldsymbol{\alpha}_2,\boldsymbol{\alpha}_3)A$. $(\boldsymbol{\beta}_1,\boldsymbol{\beta}_2,\boldsymbol{\beta}_3)=(\boldsymbol{\alpha}_1,\boldsymbol{\alpha}_2,\boldsymbol{\alpha}_3)C$，其中

$$C=\begin{pmatrix}1&1&1\\0&1&1\\0&0&1\end{pmatrix}$$

则T在基$\boldsymbol{\beta}_1,\boldsymbol{\beta}_2,\boldsymbol{\beta}_3$下的矩阵为

$$B=C^{-1}AC=\begin{pmatrix}1&1&1\\0&1&1\\0&0&1\end{pmatrix}^{-1}\begin{pmatrix}1&2&3\\-1&0&3\\2&1&5\end{pmatrix}\begin{pmatrix}1&1&1\\0&1&1\\0&0&1\end{pmatrix}=\begin{pmatrix}2&4&4\\-3&-4&-6\\2&3&8\end{pmatrix}$$

(2) 由于$|A|=16\neq 0$，所以$AX=0$仅有零解，即T的核$N(T)$是零空间.又$\dim R(T)=r(A)=3$，而由题意$\dim V=3$，故T的值域$R(T)$即为线性空间V本身.

例 1.46　在实多项式空间$\mathbf{R}[x]_3$中有两个基：$f_1(x)=1+2x^2$，$f_2(x)=x+2x^2$，$f_3(x)=1+2x+5x^2$与$g_1(x)=1-x$，$g_2(x)=1+x^2$，$g_3(x)=x+2x^2$. 设线性变换T满足：$T[f_1(x)]=2+x^2$，$T[f_2(x)]=x$，$T[f_3(x)]=1+x+x^2$.

(1) 求T在基$g_1(x),g_2(x),g_3(x)$下的矩阵A.

(2) 设$f(x)=1+2x+3x^2$，求$T[f(x)]$.

解　(1) 中介法. 取$\mathbf{R}[x]_3$的标准基$1,x,x^2$. 则有$[f_1(x),f_2(x),f_3(x)]=(1,x,x^2)C_1$，$[g_1(x),g_2(x),g_3(x)]=(1,x,x^2)C_2$，其中

$$C_1=\begin{pmatrix}1&0&1\\0&1&2\\2&2&5\end{pmatrix},\qquad C_2=\begin{pmatrix}1&1&0\\-1&0&1\\0&1&2\end{pmatrix}$$

又由题意可知$T[f_1(x),f_2(x),f_3(x)]=(1,x,x^2)B$，其中

$$B=\begin{pmatrix}2&0&1\\0&1&1\\1&0&1\end{pmatrix}$$

则有

$$\begin{aligned}T[g_1(x),g_2(x),g_3(x)]&=T(1,x,x^2)\boldsymbol{C}_2=T[f_1(x),f_2(x),f_3(x)]\boldsymbol{C}_1^{-1}\boldsymbol{C}_2\\&=(1,x,x^2)\boldsymbol{B}\boldsymbol{C}_1^{-1}\boldsymbol{C}_2=[g_1(x),g_2(x),g_3(x)]\boldsymbol{C}_2^{-1}\boldsymbol{B}\boldsymbol{C}_1^{-1}\boldsymbol{C}_2\end{aligned}$$

故T在基$g_1(x),g_2(x),g_3(x)$下的矩阵为

$$\boldsymbol{A}=\boldsymbol{C}_2^{-1}\boldsymbol{B}\boldsymbol{C}_1^{-1}\boldsymbol{C}_2=\begin{pmatrix}1&1&0\\-1&0&1\\0&1&2\end{pmatrix}^{-1}\begin{pmatrix}2&0&1\\0&1&1\\1&0&1\end{pmatrix}\begin{pmatrix}1&0&1\\0&1&2\\2&2&5\end{pmatrix}^{-1}\begin{pmatrix}1&1&0\\-1&0&1\\0&1&2\end{pmatrix}=\begin{pmatrix}1&2&-2\\1&-1&2\\0&1&-1\end{pmatrix}$$

（2）由于

$$f(x)=(1,x,x^2)\begin{pmatrix}1\\2\\3\end{pmatrix}=[f_1(x),f_2(x),f_3(x)]\boldsymbol{C}_1^{-1}\begin{pmatrix}1\\2\\3\end{pmatrix}=[f_1(x),f_2(x),f_3(x)]\begin{pmatrix}-2\\-4\\3\end{pmatrix}$$

所以

$$T[f(x)]=T[f_1(x),f_2(x),f_3(x)]\begin{pmatrix}-2\\-4\\3\end{pmatrix}=(1,x,x^2)\boldsymbol{B}\begin{pmatrix}-2\\-4\\3\end{pmatrix}=(1,x,x^2)\begin{pmatrix}-1\\-1\\1\end{pmatrix}=-1-x+x^2$$

例 1.47　在线性空间V中有两个基：$\boldsymbol{\alpha}_1,\boldsymbol{\alpha}_2,\boldsymbol{\alpha}_3$与$\boldsymbol{\beta}_1,\boldsymbol{\beta}_2,\boldsymbol{\beta}_3$. 从基$\boldsymbol{\alpha}_1,\boldsymbol{\alpha}_2,\boldsymbol{\alpha}_3$到基$\boldsymbol{\beta}_1,\boldsymbol{\beta}_2,\boldsymbol{\beta}_3$的过渡矩阵为$\boldsymbol{C}=\begin{pmatrix}1&0&1\\0&-1&0\\-1&0&1\end{pmatrix}$. 设线性变换$T$满足$\begin{cases}T(\boldsymbol{\alpha}_1+2\boldsymbol{\alpha}_2+3\boldsymbol{\alpha}_3)=\boldsymbol{\beta}_1+\boldsymbol{\beta}_2\\T(2\boldsymbol{\alpha}_1+\boldsymbol{\alpha}_2+2\boldsymbol{\alpha}_3)=\boldsymbol{\beta}_2+\boldsymbol{\beta}_3\\T(\boldsymbol{\alpha}_1+3\boldsymbol{\alpha}_2+4\boldsymbol{\alpha}_3)=\boldsymbol{\beta}_1+\boldsymbol{\beta}_3\end{cases}$. 求：（1）$T$在基$\boldsymbol{\alpha}_1,\boldsymbol{\alpha}_2,\boldsymbol{\alpha}_3$下的矩阵$\boldsymbol{A}$；（2）$T$在基$\boldsymbol{\beta}_1,\boldsymbol{\beta}_2,\boldsymbol{\beta}_3$下的矩阵$\boldsymbol{B}$；（3）$T(\boldsymbol{\beta}_1)$在基$\boldsymbol{\alpha}_1,\boldsymbol{\alpha}_2,\boldsymbol{\alpha}_3$下的坐标.

解　（1）由题设可知

$$\begin{cases}T(\boldsymbol{\alpha}_1)+2T(\boldsymbol{\alpha}_2)+3T(\boldsymbol{\alpha}_3)=\boldsymbol{\beta}_1+\boldsymbol{\beta}_2\\2T(\boldsymbol{\alpha}_1)+T(\boldsymbol{\alpha}_2)+2T(\boldsymbol{\alpha}_3)=\boldsymbol{\beta}_2+\boldsymbol{\beta}_3\\T(\boldsymbol{\alpha}_1)+3T(\boldsymbol{\alpha}_2)+4T(\boldsymbol{\alpha}_3)=\boldsymbol{\beta}_1+\boldsymbol{\beta}_3\end{cases}$$

即有

$$[T(\boldsymbol{\alpha}_1),T(\boldsymbol{\alpha}_2),T(\boldsymbol{\alpha}_3)]\begin{pmatrix}1&2&1\\2&1&3\\3&2&4\end{pmatrix}=(\boldsymbol{\beta}_1,\boldsymbol{\beta}_2,\boldsymbol{\beta}_3)\begin{pmatrix}1&0&1\\1&1&0\\0&1&1\end{pmatrix}$$

则有

$$T(\boldsymbol{\alpha}_1,\boldsymbol{\alpha}_2,\boldsymbol{\alpha}_3)=(\boldsymbol{\beta}_1,\boldsymbol{\beta}_2,\boldsymbol{\beta}_3)\begin{pmatrix}1&0&1\\1&1&0\\0&1&1\end{pmatrix}\begin{pmatrix}1&2&1\\2&1&3\\3&2&4\end{pmatrix}^{-1}=(\boldsymbol{\beta}_1,\boldsymbol{\beta}_2,\boldsymbol{\beta}_3)\begin{pmatrix}-1&-2&2\\-1&-5&4\\2&5&-4\end{pmatrix}$$

$$=(\boldsymbol{\alpha}_1,\boldsymbol{\alpha}_2,\boldsymbol{\alpha}_3)\boldsymbol{C}\begin{pmatrix}-1&-2&2\\-1&-5&4\\2&5&-4\end{pmatrix}=(\boldsymbol{\alpha}_1,\boldsymbol{\alpha}_2,\boldsymbol{\alpha}_3)\begin{pmatrix}1&3&-2\\1&5&-4\\3&7&-6\end{pmatrix}$$

即求得T在基$\boldsymbol{\alpha}_1,\boldsymbol{\alpha}_2,\boldsymbol{\alpha}_3$下的矩阵为

$$\boldsymbol{A}=\begin{pmatrix}1&3&-2\\1&5&-4\\3&7&-6\end{pmatrix}$$

（2）由（1）可知T在基$\boldsymbol{\beta}_1,\boldsymbol{\beta}_2,\boldsymbol{\beta}_3$下的矩阵为

$$\boldsymbol{B}=\boldsymbol{C}^{-1}\boldsymbol{A}\boldsymbol{C}=\begin{pmatrix}1&0&1\\0&-1&0\\-1&0&1\end{pmatrix}^{-1}\begin{pmatrix}1&3&-2\\1&5&-4\\3&7&-6\end{pmatrix}\begin{pmatrix}1&0&1\\0&-1&0\\-1&0&1\end{pmatrix}=\begin{pmatrix}-3&2&1\\-5&5&3\\6&-5&-2\end{pmatrix}$$

（3）由（2）和题设可知

$$T(\boldsymbol{\beta}_1)=[T(\boldsymbol{\beta}_1),T(\boldsymbol{\beta}_2),T(\boldsymbol{\beta}_3)]\begin{pmatrix}1\\0\\0\end{pmatrix}=T(\boldsymbol{\beta}_1,\boldsymbol{\beta}_2,\boldsymbol{\beta}_3)\begin{pmatrix}1\\0\\0\end{pmatrix}$$

$$=(\boldsymbol{\beta}_1,\boldsymbol{\beta}_2,\boldsymbol{\beta}_3)\boldsymbol{B}\begin{pmatrix}1\\0\\0\end{pmatrix}=(\boldsymbol{\alpha}_1,\boldsymbol{\alpha}_2,\boldsymbol{\alpha}_3)\boldsymbol{C}\boldsymbol{B}\begin{pmatrix}1\\0\\0\end{pmatrix}$$

即有$T(\boldsymbol{\beta}_1)$在基$\boldsymbol{\alpha}_1,\boldsymbol{\alpha}_2,\boldsymbol{\alpha}_3$下的坐标为

$$\boldsymbol{C}\boldsymbol{B}\begin{pmatrix}1\\0\\0\end{pmatrix}=\begin{pmatrix}1&0&1\\0&-1&0\\-1&0&1\end{pmatrix}\begin{pmatrix}-3&2&1\\-5&5&3\\6&-5&-2\end{pmatrix}\begin{pmatrix}1\\0\\0\end{pmatrix}=\begin{pmatrix}3\\5\\9\end{pmatrix}$$

例 1.48　在线性空间$\mathbf{R}^3$中，定义线性变换为$T(\boldsymbol{x})=(x_1+x_2-x_3,x_2+x_3,x_1+2x_2)$，对任意的$\boldsymbol{x}=(x_1,x_2,x_3)\in\mathbf{R}^3$. 求：（1）线性变换$T$的值域$R(T)$的维数与一个基；（2）线性变换$T$的核$N(T)$的维数与一个基.

解　（1）取$\mathbf{R}^3$的标准基$\boldsymbol{e}_1=(1,0,0)$，$\boldsymbol{e}_2=(0,1,0)$，$\boldsymbol{e}_3=(0,0,1)$，经计算可得

$$T(\boldsymbol{e}_1)=(1,0,1),\quad T(\boldsymbol{e}_2)=(1,1,2),\quad T(\boldsymbol{e}_3)=(-1,1,0)$$

则有

$$T(\boldsymbol{e}_1,\boldsymbol{e}_2,\boldsymbol{e}_3)=(\boldsymbol{e}_1,\boldsymbol{e}_2,\boldsymbol{e}_3)\begin{pmatrix}1&1&-1\\0&1&1\\1&2&0\end{pmatrix}$$

即T在基$\boldsymbol{e}_1,\boldsymbol{e}_2,\boldsymbol{e}_3$下的矩阵为

$$A=\begin{pmatrix}1&1&-1\\0&1&1\\1&2&0\end{pmatrix}$$

易知矩阵 $\boldsymbol{A}$ 的列向量组的极大无关组为

$$\boldsymbol{\xi}_1=\begin{pmatrix}1\\0\\1\end{pmatrix},\qquad \boldsymbol{\xi}_2=\begin{pmatrix}1\\1\\2\end{pmatrix}$$

所以 $\dim R(T)=2$，且值域 $R(T)$ 的基可取为

$$\boldsymbol{\beta}_1=(\boldsymbol{e}_1,\boldsymbol{e}_2,\boldsymbol{e}_3)\boldsymbol{\xi}_1=\boldsymbol{e}_1+\boldsymbol{e}_3=(1,0,1),\qquad \boldsymbol{\beta}_2=(\boldsymbol{e}_1,\boldsymbol{e}_2,\boldsymbol{e}_3)\boldsymbol{\xi}_2=\boldsymbol{e}_1+\boldsymbol{e}_2+2\boldsymbol{e}_3=(1,1,2)$$

（2）由于矩阵 $\boldsymbol{A}$ 的核空间是 $\boldsymbol{AX}=\boldsymbol{0}$ 的解空间，可求得 $\boldsymbol{AX}=\boldsymbol{0}$ 的基础解系为 $\boldsymbol{\xi}=(2,-1,1)^{\mathrm{T}}$. 所以 $N(T)$ 的维数为 1，且 $N(T)$ 的基可取为 $\boldsymbol{\beta}=(\boldsymbol{e}_1,\boldsymbol{e}_2,\boldsymbol{e}_3)\boldsymbol{\xi}=(2,-1,1)$.

例 1.49　设 $\mathbf{R}^{2\times2}$ 中的线性变换 T 定义为

$$T(\boldsymbol{X})=\begin{pmatrix}t&t\\t&t\end{pmatrix}\left(\forall\boldsymbol{X}=\begin{pmatrix}a&b\\c&d\end{pmatrix}\in\mathbf{R}^{2\times2}\right)$$

其中 t 表示矩阵 $\boldsymbol{X}$ 的迹 $\mathrm{tr}(\boldsymbol{X})=a+d$. 求：

（1）T 在标准基 $\boldsymbol{E}_{11},\boldsymbol{E}_{12},\boldsymbol{E}_{21},\boldsymbol{E}_{22}$ 下的矩阵 $\boldsymbol{A}$;

（2）T 的值域 $R(T)$ 的维数与一个基;

（3）T 的核 $N(T)$ 的维数与一个基.

解　（1）由于 $\mathrm{tr}(\boldsymbol{E}_{11})=\mathrm{tr}(\boldsymbol{E}_{22})=1$，$\mathrm{tr}(\boldsymbol{E}_{12})=\mathrm{tr}(\boldsymbol{E}_{21})=0$，所以

$$T(\boldsymbol{E}_{11})=T(\boldsymbol{E}_{22})=\begin{pmatrix}1&1\\1&1\end{pmatrix},\qquad T(\boldsymbol{E}_{12})=T(\boldsymbol{E}_{21})=\begin{pmatrix}0&0\\0&0\end{pmatrix}$$

故 T 在基 $\boldsymbol{E}_{11},\boldsymbol{E}_{12},\boldsymbol{E}_{21},\boldsymbol{E}_{22}$ 下的矩阵为

$$\boldsymbol{A}=\begin{pmatrix}1&0&0&1\\1&0&0&1\\1&0&0&1\\1&0&0&1\end{pmatrix}$$

（2）易知矩阵 $\boldsymbol{A}$ 的列向量组的极大无关组为 $\boldsymbol{\xi}=(1,1,1,1)^{\mathrm{T}}$，所以 $\dim R(T)=1$，且 T 的值域 $R(T)$ 的基可取为

$$\boldsymbol{B}=(\boldsymbol{E}_{11},\boldsymbol{E}_{12},\boldsymbol{E}_{21},\boldsymbol{E}_{22})\boldsymbol{\xi}=\boldsymbol{E}_{11}+\boldsymbol{E}_{12}+\boldsymbol{E}_{21}+\boldsymbol{E}_{22}=\begin{pmatrix}1&1\\1&1\end{pmatrix}$$

（3）由于矩阵 $\boldsymbol{A}$ 的核空间是 $\boldsymbol{AX}=\boldsymbol{0}$ 的解空间，可求得 $\boldsymbol{AX}=\boldsymbol{0}$ 的基础解系为

$$\boldsymbol{\xi}_1=\begin{pmatrix}0\\1\\0\\0\end{pmatrix},\quad \boldsymbol{\xi}_2=\begin{pmatrix}0\\0\\1\\0\end{pmatrix},\quad \boldsymbol{\xi}_3=\begin{pmatrix}-1\\0\\0\\1\end{pmatrix}$$

所以 $N(T)$ 的维数为 3，且 $N(T)$ 的基可取为

$$B_1=(E_{11},E_{12},E_{21},E_{22})\xi_1=\begin{pmatrix}0&1\\0&0\end{pmatrix}$$

$$B_2=(E_{11},E_{12},E_{21},E_{22})\xi_2=\begin{pmatrix}0&0\\1&0\end{pmatrix}$$

$$B_3=(E_{11},E_{12},E_{21},E_{22})\xi_3=\begin{pmatrix}-1&0\\0&1\end{pmatrix}$$

例 1.50 设 $\mathbf{R}^{n\times n}$ 中的线性变换 T 定义为

$$T(X)=X-X^{\mathrm{T}}\quad(\forall X\in\mathbf{R}^{n\times n})$$

求 T 的值域 $R(T)$ 的基与维数.

解 设 $E_{ij}\ (i=1,2,\cdots,n;j=1,2,\cdots,n)$ 表示第 i 行第 j 列的元素为 1，其余元素为 0 的 n 阶矩阵. 选取下列矩阵：

$$G_{ij}=E_{ij}-E_{ji}\quad(i,j=1,2,\cdots,n;i<j)$$

任取 $X=(x_{ij})_{n\times n}\in\mathbf{R}^{n\times n}$，则有

$$\begin{aligned}T(X)=X-X^{\mathrm{T}}&=\begin{pmatrix}0&x_{12}-x_{21}&x_{13}-x_{31}&\cdots&x_{1n}-x_{n1}\\x_{21}-x_{12}&0&x_{23}-x_{32}&\cdots&x_{2n}-x_{n2}\\x_{31}-x_{13}&x_{32}-x_{23}&0&\cdots&x_{3n}-x_{n3}\\\vdots&\vdots&\vdots&&\vdots\\x_{n1}-x_{1n}&x_{n2}-x_{2n}&x_{n3}-x_{3n}&\cdots&0\end{pmatrix}\\&=(x_{12}-x_{21})G_{12}+\cdots+(x_{1n}-x_{n1})G_{1n}+(x_{23}-x_{32})G_{23}\\&\quad+\cdots+(x_{2n}-x_{n2})G_{2n}+\cdots+(x_{n-1,n}-x_{n,n-1})G_{n-1,n}\\&=\sum_{i<j}(x_{ij}-x_{ji})G_{ij}\end{aligned}$$

易知 $G_{12},\cdots,G_{1n},G_{23},\cdots,G_{2n},\cdots,G_{n-1,n}$ 线性无关，从而它们构成 $R(T)$ 的一个基，且有 $\dim V=\dfrac{n(n-1)}{2}$.

例 1.51 在实多项式空间 $\mathbf{R}[x]_4$ 中的线性变换 T 定义为 $T[f(x)]=(a_0-a_1)+(a_1-a_2)x+(a_2-a_3)x^2+(a_3-a_0)x^3\ (\forall f(x)=a_0+a_1x+a_2x^2+a_3x^3\in\mathbf{R}[x]_4)$. 求：

（1）T 的值域 $R(T)$ 的维数与一个基；

（2）T 的核 $N(T)$ 的维数与一个基.

解 （1）取 $\mathbf{R}[x]_4$ 的标准基 $1,x,x^2,x^3$. 由于

$$T[1]=1-x^3,\quad T[x]=-1+x,\quad T[x^2]=-x+x^2,\quad T[x^3]=-x^2+x^3$$

于是有

$$T[1,x,x^2,x^3]=[1,x,x^2,x^3]\begin{pmatrix}1&-1&0&0\\0&1&-1&0\\0&0&1&-1\\-1&0&0&1\end{pmatrix}$$

即 T 在基 $1,x,x^2,x^3$ 下的矩阵为

$$A=\begin{pmatrix}1&-1&0&0\\0&1&-1&0\\0&0&1&-1\\-1&0&0&1\end{pmatrix}$$

（2）易知矩阵 $\boldsymbol{A}$ 的列向量组的极大无关组为

$$\boldsymbol{\xi}_1=\begin{pmatrix}1\\0\\0\\-1\end{pmatrix},\quad \boldsymbol{\xi}_2=\begin{pmatrix}-1\\1\\0\\0\end{pmatrix},\quad \boldsymbol{\xi}_3=\begin{pmatrix}0\\-1\\1\\0\end{pmatrix}$$

所以 $\dim R(T)=3$，且值域 $R(T)$ 的基可取为

$$f_1(x)=[1,x,x^2,x^3]\boldsymbol{\xi}_1=1-x^3,\quad f_2(x)=[1,x,x^2,x^3]\boldsymbol{\xi}_2=-1+x,\quad f_3(x)=[1,x,x^2,x^3]\boldsymbol{\xi}_3=-x+x^2$$

（2）由于矩阵 $\boldsymbol{A}$ 的核空间是 $\boldsymbol{AX}=\boldsymbol{0}$ 的解空间，可求得 $\boldsymbol{AX}=\boldsymbol{0}$ 的基础解系为 $\boldsymbol{\xi}=(1,1,1,1)^{\mathrm{T}}$. 所以 $N(T)$ 的维数为 1，且 $N(T)$ 的基可取为 $g(x)=[1,x,x^2,x^3]\xi=1+x+x^2+x^3$.

例 1.52　设 V_1 与 V_2 是线性空间 V 上线性变换 T 的两个不变子空间，证明 $V_1\cap V_2$，V_1+V_2 也是线性变换 T 的不变子空间.

证（1）对于任意的 $\boldsymbol{\alpha}\in V_1\cap V_2$，有 $\boldsymbol{\alpha}\in V_1$ 且 $\boldsymbol{\alpha}\in V_2$，则有 $T(\boldsymbol{\alpha})\in V_1$ 且 $T(\boldsymbol{\alpha})\in V_2$，即有 $T(\boldsymbol{\alpha})\in V_1\cap V_2$，故 $V_1\cap V_2$ 是 T 的不变子空间.

（2）对于任意的 $\boldsymbol{\alpha}\in V_1+V_2$，有 $\boldsymbol{\alpha}=\boldsymbol{\alpha}_1+\boldsymbol{\alpha}_2$，其中 $\boldsymbol{\alpha}_1\in V_1$，$\boldsymbol{\alpha}_2\in V_2$. 则有 $T(\boldsymbol{\alpha}_1)\in V_1$，$T(\boldsymbol{\alpha}_2)\in V_2$，于是有

$$T(\boldsymbol{\alpha})=T(\boldsymbol{\alpha}_1)+T(\boldsymbol{\alpha}_2)\in V_1+V_2$$

故 V_1+V_2 是 T 的不变子空间.

例 1.53　设 W 是线性空间 V 上线性变换 T 的不变子空间，$f(x)$ 是 x 的多项式，证明 W 是线性变换 $f(T)$ 的不变子空间.

证　设 $f(x)=a_0+a_1x+a_2x^2+\cdots+a_mx^m$. 由于 W 是 T 的不变子空间，则对于任意的 $\boldsymbol{\alpha}\in W$，$\boldsymbol{\beta}=T\boldsymbol{\alpha}\in W$，从而 $T^2\boldsymbol{\alpha}=T(T\boldsymbol{\alpha})=T\boldsymbol{\beta}\in W$，类似递推可知，$T^k\boldsymbol{\alpha}\in W(k=1,2,\cdots,m)$. 于是有

$$f(T)\boldsymbol{\alpha}=a_0\boldsymbol{\alpha}+a_1T\boldsymbol{\alpha}+a_2T^2\boldsymbol{\alpha}+\cdots+a_mT^m\boldsymbol{\alpha}\in W$$

即得 W 是线性变换 $f(T)$ 的不变子空间.

例 1.54　设 $\boldsymbol{AB}\in\mathbf{R}^{n\times n}$，且有 $\boldsymbol{AB}=\boldsymbol{BA}$，线性变换 $T(\boldsymbol{X})=\boldsymbol{BX}$ $(\forall\boldsymbol{X}\in\mathbf{R}^n)$. 证明 $\boldsymbol{A}$ 的特征子空间是线性变换 T 的不变子空间.

证　设矩阵 $\boldsymbol{A}$ 的特征子空间为 $V_\lambda=\{\boldsymbol{X}\mid\boldsymbol{AX}=\lambda\boldsymbol{X},\boldsymbol{X}\in\mathbf{R}^n\}$. 对于任意的 $\boldsymbol{X}\in V_\lambda$，由于 $\boldsymbol{AX}=\lambda\boldsymbol{X}$，则有

$$\boldsymbol{A}T(\boldsymbol{X})=\boldsymbol{ABX}=\boldsymbol{BAX}=\boldsymbol{B}(\lambda\boldsymbol{X})=\lambda\boldsymbol{BX}=\lambda T(\boldsymbol{X})$$

即有 $T(\boldsymbol{X})\in V_\lambda$. 故 V_λ 是线性变换 T 的不变子空间.

例 1.55　设 T 是线性空间 V 上的线性变换，T 在基 $\boldsymbol{\alpha}_1,\boldsymbol{\alpha}_2,\boldsymbol{\alpha}_3$ 下的矩阵为

$\boldsymbol{A}=\begin{pmatrix}1&2&2\\2&1&2\\2&2&1\end{pmatrix}$. 证明：生成子空间$W=L(\boldsymbol{\alpha}_2-\boldsymbol{\alpha}_1,\boldsymbol{\alpha}_3-\boldsymbol{\alpha}_1)$是线性变换$T$的不变子空间.

证　由题设知$T(\boldsymbol{\alpha}_1,\boldsymbol{\alpha}_2,\boldsymbol{\alpha}_3)=(\boldsymbol{\alpha}_1,\boldsymbol{\alpha}_2,\boldsymbol{\alpha}_3)\boldsymbol{A}$，即有

$$T(\boldsymbol{\alpha}_1)=\boldsymbol{\alpha}_1+2\boldsymbol{\alpha}_2+2\boldsymbol{\alpha}_3,\quad T(\boldsymbol{\alpha}_2)=2\boldsymbol{\alpha}_1+\boldsymbol{\alpha}_2+2\boldsymbol{\alpha}_3,\quad T(\boldsymbol{\alpha}_3)=2\boldsymbol{\alpha}_1+2\boldsymbol{\alpha}_2+\boldsymbol{\alpha}_3$$

记$\boldsymbol{\beta}_1=\boldsymbol{\alpha}_2-\boldsymbol{\alpha}_1$，$\boldsymbol{\beta}_2=\boldsymbol{\alpha}_3-\boldsymbol{\alpha}_1$，则有$W=L(\boldsymbol{\beta}_1,\boldsymbol{\beta}_2)$. 于是有

$$T(\boldsymbol{\beta}_1)=T(\boldsymbol{\alpha}_2)-T(\boldsymbol{\alpha}_1)=\boldsymbol{\alpha}_1-\boldsymbol{\alpha}_2=-\boldsymbol{\beta}_1\in W$$
$$T(\boldsymbol{\beta}_2)=T(\boldsymbol{\alpha}_3)-T(\boldsymbol{\alpha}_1)=\boldsymbol{\alpha}_1-\boldsymbol{\alpha}_3=-\boldsymbol{\beta}_2\in W$$

故子空间$W=L(\boldsymbol{\alpha}_2-\boldsymbol{\alpha}_1,\boldsymbol{\alpha}_3-\boldsymbol{\alpha}_1)$是$T$的不变子空间.

例 1.56　设矩阵$\boldsymbol{A}=\begin{pmatrix}1&1\\1&1\end{pmatrix}$，在$\mathbf{R}^{2\times2}$中的线性变换$T$定义为$T(\boldsymbol{X})=\boldsymbol{AX}-\boldsymbol{XA}$ $(\forall\boldsymbol{X}\in\mathbf{R}^{2\times2})$. 证明：子空间$W=\left\{\boldsymbol{X}=\begin{pmatrix}x_{11}&x_{12}\\x_{21}&x_{22}\end{pmatrix}\middle| x_{12}+x_{21}=0,\boldsymbol{X}\in\mathbf{R}^{2\times2}\right\}$是线性变换$T$的不变子空间.

证　对任意的$\boldsymbol{X}=\begin{pmatrix}x_{11}&x_{12}\\x_{21}&x_{22}\end{pmatrix}\in W$，有

$$T(\boldsymbol{X})=\begin{pmatrix}1&1\\1&1\end{pmatrix}\begin{pmatrix}x_{11}&x_{12}\\x_{21}&x_{22}\end{pmatrix}-\begin{pmatrix}x_{11}&x_{12}\\x_{21}&x_{22}\end{pmatrix}\begin{pmatrix}1&1\\1&1\end{pmatrix}=\begin{pmatrix}x_{21}-x_{12}&x_{22}-x_{11}\\x_{11}-x_{22}&x_{12}-x_{21}\end{pmatrix}\in W$$

故W是T的不变子空间.

例 1.57　设T_1与T_2是线性空间V中的两个线性变换，且满足$T_1T_2=T_2T_1$，证明T_2的值域$R(T_2)$是T_1的不变子空间，T_2的核$N(T_2)$也是T_1的不变子空间.

证　对任意的$\boldsymbol{\beta}\in R(T_2)$，存在$\boldsymbol{\alpha}\in V$，使得$\boldsymbol{\beta}=T_2\boldsymbol{\alpha}$. 于是有

$$T_1\boldsymbol{\beta}=T_1(T_2\boldsymbol{\alpha})=(T_1T_2)\boldsymbol{\alpha}=(T_2T_1)\boldsymbol{\alpha}=T_2(T_1\boldsymbol{\alpha})\in R(T_2)$$

故$R(T_2)$是T_1的不变子空间.

对任意的$\boldsymbol{\alpha}\in N(T_2)$，有$T_2\boldsymbol{\alpha}=0$. 于是有

$$T_2(T_1\boldsymbol{\alpha})=(T_2T_1)\boldsymbol{\alpha}=(T_1T_2)\boldsymbol{\alpha}=T_1(T_2\boldsymbol{\alpha})=T_1(0)=0$$

所以$T_2\boldsymbol{\alpha}\in N(T_2)$.故$N(T_2)$是$T_1$的不变子空间.

五、自　测　题

1. 填空题（10 小题，每题 3 分，共 30 分）

（1）在$\mathbf{R}^3$中，V_1是过原点的平面的$\boldsymbol{\Pi}$，V_2是平面$\boldsymbol{\Pi}$上过原点的直线L，则$\dim(V_1+V_2)=$____________.

（2）设V为数域P上n维线性空间，$\boldsymbol{\alpha}_1,\boldsymbol{\alpha}_2,\cdots,\boldsymbol{\alpha}_n$是$V$的一个基，若$\boldsymbol{\alpha}$在基$\boldsymbol{\alpha}_1,\boldsymbol{\alpha}_2,\cdots,\boldsymbol{\alpha}_n$下的坐标为$(n,n-1,\cdots,2,1)^{\mathrm{T}}$，则$\boldsymbol{\alpha}$在基$\boldsymbol{\alpha}_1,\boldsymbol{\alpha}_1+\boldsymbol{\alpha}_2,\cdots,\boldsymbol{\alpha}_1+\boldsymbol{\alpha}_2+\cdots+\boldsymbol{\alpha}_n$下的坐标为____________.

（3）设$\boldsymbol{\alpha}_1,\boldsymbol{\alpha}_2,\boldsymbol{\alpha}_3$是线性空间$V$的一个基，令$\boldsymbol{\beta}_1=\boldsymbol{\alpha}_1-2\boldsymbol{\alpha}_2+3\boldsymbol{\alpha}_3$，$\boldsymbol{\beta}_2=2\boldsymbol{\alpha}_1+3\boldsymbol{\alpha}_2+2\boldsymbol{\alpha}_3$，$\boldsymbol{\beta}_3=4\boldsymbol{\alpha}_1+13\boldsymbol{\alpha}_3$，$W=L(\boldsymbol{\beta}_1,\boldsymbol{\beta}_2,\boldsymbol{\beta}_3)$，则$\dim W=$____________.

（4）已知数域P上线性空间V是对角元素之和为零的数域P上n阶对称方阵的全体按通常矩阵的加法及数与矩阵的乘法构成的集合，则其维数是____________.

（5）已知$\mathbf{R}^4$的子空间：$V_1=\{(x_1,x_2,x_3,x_4)\mid x_1+x_2+x_3+x_4=0\}$，$V_2=\{(x_1,x_2,x_3,x_4)\mid x_1-x_2+x_3-x_4=0,x_1+x_2+x_3-x_4=0\}$. 则$V_1\cap V_2$的基可取为____________.

（6）已知$\mathbf{R}^3$的两个基：$\boldsymbol{\alpha}_1=(1,0,1)$，$\boldsymbol{\alpha}_2=(0,1,0)$，$\boldsymbol{\alpha}_3=(1,2,2)$与$\boldsymbol{\beta}_1=(1,0,0)$，$\boldsymbol{\beta}_2=(1,1,1)$，$\boldsymbol{\beta}_3=(1,1,2)$，则从基$\boldsymbol{\alpha}_1,\boldsymbol{\alpha}_2,\boldsymbol{\alpha}_3$到基$\boldsymbol{\beta}_1,\boldsymbol{\beta}_2,\boldsymbol{\beta}_3$的过渡矩阵为____________.

（7）在$\mathbf{R}[x]_3$中取定两个基$\boldsymbol{\varepsilon}_1=1,\boldsymbol{\varepsilon}_2=x,\boldsymbol{\varepsilon}_3=x^2$和$\boldsymbol{\eta}_1=1,\boldsymbol{\eta}_2=x-3$，$\boldsymbol{\eta}_3=(x-3)^2$，则从基$\eta_1,\eta_2,\eta_3$到基$\varepsilon_1,\varepsilon_2,\varepsilon_3$的过渡矩阵$\boldsymbol{A}=$__________.

（8）设$\boldsymbol{\alpha}_1,\boldsymbol{\alpha}_2$是线性空间$V$的一个基，$V$上的线性变换$T$满足：$T(\boldsymbol{\alpha}_1-2\boldsymbol{\alpha}_2)=-\boldsymbol{\alpha}_1+3\boldsymbol{\alpha}_2$，$T(\boldsymbol{\alpha}_1)=-\boldsymbol{\alpha}_1+\boldsymbol{\alpha}_2$，则$T$在基$\boldsymbol{\alpha}_1,\boldsymbol{\alpha}_2$下的矩阵为$\boldsymbol{A}=$__________.

（9）设$\boldsymbol{A}=\begin{pmatrix}1&0&-1\\0&-1&0\\1&1&-1\end{pmatrix}$，在$\mathbf{R}^3$上定义变换$T$：$T\boldsymbol{x}=\boldsymbol{A}\boldsymbol{x}$，$\forall\boldsymbol{x}\in R^3$，则$T$在基$\boldsymbol{\alpha}_1=(1,0,0)$，$\boldsymbol{\alpha}_2=(1,1,0)$，$\boldsymbol{\alpha}_3=(1,1,1)$下的矩阵为__________.

（10）在线性空间$\mathbf{R}^{2\times2}$中，定义线性变换T为$T\left[\begin{pmatrix}a&b\\c&d\end{pmatrix}\right]=\begin{pmatrix}d&c\\c&d\end{pmatrix}$，则有$\ker(T)=$__________.

2.（12分）设$\mathbf{R}^4$的两个子空间为$V_1=\{\boldsymbol{\alpha}=(x_1,x_2,x_3,x_4)\mid x_1+2x_2-x_4=0,\boldsymbol{\alpha}\in\mathbf{R}^4\}$，$V_2=L(\boldsymbol{\beta}_1,\boldsymbol{\beta}_2)$，$\boldsymbol{\beta}_1=(0,1,1,1)$，$\boldsymbol{\beta}_2=(1,1,1,0)$. 求：

（1）V_1的基与维数；

（2）V_1+V_2的基与维数；

（3）$V_1\cap V_2$的基与维数.

3.（12分）在$\mathbf{R}^{2\times2}$中有两个基：$\boldsymbol{A}_1=\begin{pmatrix}2&1\\0&1\end{pmatrix}$，$\boldsymbol{A}_2=\begin{pmatrix}0&1\\2&2\end{pmatrix}$，$\boldsymbol{A}_3=\begin{pmatrix}-2&1\\1&2\end{pmatrix}$，$\boldsymbol{A}_4=\begin{pmatrix}1&3\\1&2\end{pmatrix}$与$\boldsymbol{B}_1=\begin{pmatrix}1&2\\-1&0\end{pmatrix}$，$\boldsymbol{B}_2=\begin{pmatrix}1&-1\\1&1\end{pmatrix}$，$\boldsymbol{B}_3=\begin{pmatrix}-1&2\\1&1\end{pmatrix}$，$\boldsymbol{B}_4=\begin{pmatrix}-1&-1\\0&1\end{pmatrix}$. 求：

（1）从基$\boldsymbol{A}_1,\boldsymbol{A}_2,\boldsymbol{A}_3,\boldsymbol{A}_4$到基$\boldsymbol{B}_1,\boldsymbol{B}_2,\boldsymbol{B}_3,\boldsymbol{B}_4$的过渡矩阵；

（2）$\boldsymbol{A}=\boldsymbol{B}_1+2\boldsymbol{B}_2+3\boldsymbol{B}_3+4\boldsymbol{B}_4$在基$\boldsymbol{A}_1,\boldsymbol{A}_2,\boldsymbol{A}_3,\boldsymbol{A}_4$下的坐标.

4.（10分）在线性空间$\mathbf{R}^3$中，定义线性变换为$T(\boldsymbol{x})=(2x_2+x_3,x_1-4x_2,3x_1)$，对任意的$\boldsymbol{x}=(x_1,x_2,x_3)\in\mathbf{R}^3$. 求$T$在基$\boldsymbol{\alpha}_1=(1,1,1)$，$\boldsymbol{\alpha}_2=(1,1,0)$，$\boldsymbol{\alpha}_3=(1,0,0)$下的矩阵.

5.（10分）求$f(x)=(x-1)^n$在实多项式空间$\mathbf{R}[x]_{n+1}$的一个基$1,x+1,(x+1)^2,\cdots,(x+1)^n$下的坐标.

6.（12分）在线性空间V中有两个基：$\boldsymbol{\alpha}_1,\boldsymbol{\alpha}_2,\boldsymbol{\alpha}_3,\boldsymbol{\alpha}_4$与$\boldsymbol{\beta}_1,\boldsymbol{\beta}_2,\boldsymbol{\beta}_3,\boldsymbol{\beta}_4$满足$\begin{cases}\boldsymbol{\alpha}_1=\boldsymbol{\beta}_1-2\boldsymbol{\beta}_2+\boldsymbol{\beta}_3\\ \boldsymbol{\alpha}_2=\boldsymbol{\beta}_2-2\boldsymbol{\beta}_3+\boldsymbol{\beta}_4\\ \boldsymbol{\alpha}_3=\boldsymbol{\beta}_3-2\boldsymbol{\beta}_4\\ \boldsymbol{\alpha}_4=\boldsymbol{\beta}_4\end{cases}$.

设T是线性空间V上的线性变换，T在基$\boldsymbol{\alpha}_1,\boldsymbol{\alpha}_2,\boldsymbol{\alpha}_3,\boldsymbol{\alpha}_4$下的矩阵为$\boldsymbol{A}=\begin{pmatrix}1&2&0&0\\2&4&0&0\\0&0&1&2\\0&0&2&4\end{pmatrix}$. 求$T$在基$\boldsymbol{\beta}_1,\boldsymbol{\beta}_2,\boldsymbol{\beta}_3,\boldsymbol{\beta}_4$下的矩阵$\boldsymbol{B}$.

7.（8分）设T是线性空间V上的线性变换，T在基$\boldsymbol{\alpha}_1,\boldsymbol{\alpha}_2,\boldsymbol{\alpha}_3$下的矩阵为$\boldsymbol{A}=\begin{pmatrix}1&1&1\\-1&3&1\\1&-1&1\end{pmatrix}$，令$\boldsymbol{\beta}_1=\boldsymbol{\alpha}_1+\boldsymbol{\alpha}_2$，$\boldsymbol{\beta}_2=\alpha_1+\alpha_2+\alpha_3$. 证明：子空间$W=L(\boldsymbol{\beta}_1,\boldsymbol{\beta}_2)$是线性变换$T$的不变子空间.

8.（6分）设线性空间V^n上的线性变换T满足$T^2=T$. 证明：（1）$R(T)\cap N(T)=\{\mathbf{0}\}$；（2）$R(T)\oplus N(T)=V^n$.

自测题答案

1. （1）2；（2）$(1,1,\cdots,1,1)^{\mathrm{T}}$；（3）2；（4）$\dfrac{(n+2)(n-1)}{2}$；（5）$(1,0,-1,0)$；

（6）$\begin{pmatrix}1&0&1\\0&1&2\\1&0&2\end{pmatrix}^{-1}\begin{pmatrix}1&1&1\\0&1&1\\0&1&2\end{pmatrix}=\begin{pmatrix}2&1&0\\2&1&-1\\-1&0&1\end{pmatrix}$；（7）$\begin{pmatrix}1&3&9\\0&1&6\\0&0&1\end{pmatrix}$；（8）$\begin{pmatrix}-1&0\\1&-1\end{pmatrix}$；

（9）$\begin{pmatrix}1&2&1\\-1&-3&-2\\1&2&1\end{pmatrix}$；（10）$\ker(T)=\left\{\begin{pmatrix}a&b\\0&0\end{pmatrix}\middle|\,a,b\in\mathbf{R}\right\}$.

2.（1）V_1的基为$\boldsymbol{\alpha}_1=(2,-1,0,0)$，$\boldsymbol{\alpha}_2=(0,0,1,0)$，$\boldsymbol{\alpha}_3=(1,0,0,1)$，维数为3；

（2）V_1+V_2的基为$\boldsymbol{\alpha}_1,\boldsymbol{\alpha}_2,\boldsymbol{\alpha}_3,\boldsymbol{\beta}_1$，维数为4；

（3）$V_1\cap V_2$的基为$(1,-2,-2,-3)$，维数为1.

3. （1）$\begin{pmatrix}0&1&-1&1\\-1&1&0&0\\0&0&0&1\\1&-1&1&-1\end{pmatrix}$；（2）$(3,1,4,-2)^{\mathrm{T}}$.

4. $\begin{pmatrix}3&3&3\\-6&-6&-2\\6&5&-1\end{pmatrix}$.

5. 坐标为$\left[(-2)^n, n(-2)^{n-1}, \frac{n(n-1)(-2)^{n-2}}{2!}, \cdots, 1\right)^{\mathrm{T}}$.

6. $\boldsymbol{B}=\begin{pmatrix} 5 & 2 & 0 & 0 \\ 0 & 0 & 0 & 0 \\ -4 & 2 & 5 & 2 \\ 10 & 4 & 0 & 0 \end{pmatrix}$.

7. $T\boldsymbol{\beta}_1=2\boldsymbol{\beta}_1\in W$，$T\boldsymbol{\beta}_2=2\boldsymbol{\beta}_1+\boldsymbol{\beta}_2\in W$，结论成立.

8.（1）$\forall\boldsymbol{\alpha}\in R(T)\cap N(T)=\{\mathbf{0}\}$，则有$\boldsymbol{\beta}\in V^n$使$\boldsymbol{\alpha}=T\boldsymbol{\beta}$且$T\boldsymbol{\alpha}=\mathbf{0}$，于是$\boldsymbol{\alpha}=T\boldsymbol{\beta}=T(T\alpha)=T^2\alpha=T\alpha=\mathbf{0}$，即有$R(T)\cap N(T)=\{\mathbf{0}\}$.

（2）由维数公式

$$\dim(R(T)+N(T))=\dim R(T)+\dim N(T)-\dim(R(T)\cap N(T))=\dim R(T)+\dim N(T)=n$$

$$R(T)+N(T)\subset V^n，所以 R(T)+N(T)=V^n$$

再由（1），故$R(T)\oplus N(T)=V^n$.

第二章　内 积 空 间

一、知识结构框图

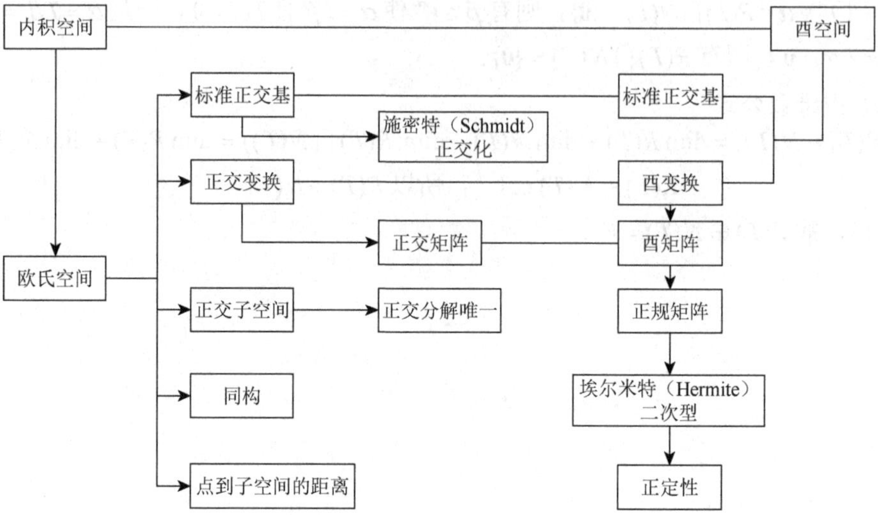

二、内 容 提 要

1. 实内积空间

设 V 是数域 $\mathbf{R}$ 上的线性空间，如果按照某种对应法则，使得 V 中任意两个向量都可以确定一个实数，且这个对应法则满足：对任意 $\boldsymbol{\alpha},\boldsymbol{\beta},\boldsymbol{\gamma}\in V$，$k\in\mathbf{R}$，有

（1）共轭对称性：$(\boldsymbol{\alpha},\boldsymbol{\beta})=(\boldsymbol{\beta},\boldsymbol{\alpha})$；

（2）齐次性：$(k\boldsymbol{\alpha},\boldsymbol{\beta})=k(\boldsymbol{\alpha},\boldsymbol{\beta})$；

（3）可加性：$(\boldsymbol{\alpha}+\boldsymbol{\gamma},\boldsymbol{\beta})=(\boldsymbol{\alpha},\boldsymbol{\beta})+(\boldsymbol{\gamma},\boldsymbol{\beta})$；

（4）正定性：$(\boldsymbol{\alpha},\boldsymbol{\alpha})\geqslant 0$，当且仅当 $\boldsymbol{\alpha}=0$ 时，$(\boldsymbol{\alpha},\boldsymbol{\alpha})=0$，

数 $(\boldsymbol{\alpha},\boldsymbol{\beta})$ 称为 $\boldsymbol{\alpha}$ 与 $\boldsymbol{\beta}$ 的内积.定义了内积的实线性空间称为实内积空间，有限维实内积空间称为欧几里得空间，也简称为欧氏空间.

在实线性空间 $\mathbf{R}^n$ 中，对任意两个向量 $\boldsymbol{\alpha}=(a_1,a_2,\cdots,a_n)^{\mathrm{T}}$，$\boldsymbol{\beta}=(b_1,b_2,\cdots,b_n)^{\mathrm{T}}$，通常定义内积为

$$(\boldsymbol{\alpha},\boldsymbol{\beta})=a_1b_1+a_2b_2+\cdots+a_nb_n=\sum_{i=1}^{n}a_ib_i=\boldsymbol{\alpha}^{\mathrm{T}}\boldsymbol{\beta}$$

2. 长度与夹角

设 $\boldsymbol{\alpha}$ 在内积空间 V 的任一向量，称非负实数 $\sqrt{(\boldsymbol{\alpha},\boldsymbol{\alpha})}$ 为向量 $\boldsymbol{\alpha}$ 的长度，记为 $|\boldsymbol{\alpha}|$，亦即定义向量 $\boldsymbol{\alpha}$ 的长度为

$$|\boldsymbol{\alpha}|=\sqrt{(\boldsymbol{\alpha},\boldsymbol{\alpha})}$$

向量的长度具有下列性质

$$|\boldsymbol{\alpha}+\boldsymbol{\beta}|\leqslant|\boldsymbol{\alpha}|+|\boldsymbol{\beta}|,\qquad |\boldsymbol{\alpha}-\boldsymbol{\beta}|\geqslant|\boldsymbol{\alpha}|-|\boldsymbol{\beta}|$$

对于任一非零向量 $\boldsymbol{\alpha}$，取 $\boldsymbol{\beta}=\dfrac{\boldsymbol{\alpha}}{|\boldsymbol{\alpha}|}$，则 $\boldsymbol{\beta}$ 是与 $\boldsymbol{\alpha}$ 线性相关的单位向量.这种做法称为向量的单位化.

柯西-施瓦茨（Cauchy-Schwarz）不等式：设 V 是内积空间，对 $\forall\boldsymbol{\alpha},\boldsymbol{\beta}\in V$，有

$$|(\boldsymbol{\alpha},\boldsymbol{\beta})|\leqslant\|\boldsymbol{\alpha}\|\|\boldsymbol{\beta}\|$$

其中等号当且仅当 $\boldsymbol{\alpha}$ 与 $\boldsymbol{\beta}$ 是线性相关时成立.

对欧氏空间 V 中任意非零向量 $\boldsymbol{\alpha}$ 与 $\boldsymbol{\beta}$，可以用等式

$$\cos\varphi=\frac{(\boldsymbol{\alpha},\boldsymbol{\beta})}{\|\boldsymbol{\alpha}\|\cdot\|\boldsymbol{\beta}\|}$$

来定义二者夹角 φ，且限制 φ 的取值范围为 $0\leqslant\varphi\leqslant\pi$. 当 $(\boldsymbol{\alpha},\boldsymbol{\beta})=0$ 时，则称 $\boldsymbol{\alpha},\boldsymbol{\beta}$ 是正交的，且记为 $\boldsymbol{\alpha}\perp\boldsymbol{\beta}$.

3. 度量矩阵

设 $\boldsymbol{\alpha}_1,\boldsymbol{\alpha}_2,\cdots\boldsymbol{\alpha}_n$ 是 n 维欧氏空间 V 的一组基，令 $a_{ij}=(\boldsymbol{\alpha}_i,\boldsymbol{\alpha}_j)(i,j=1,2,\cdots,n)$，称 $\boldsymbol{A}=(a_{ij})$ 是基 $\boldsymbol{\alpha}_1,\boldsymbol{\alpha}_2,\cdots\boldsymbol{\alpha}_n$ 的度量矩阵.

度量矩阵具有如下性质.

（1）度量矩阵是正定矩阵；

（2）不同基的度量矩阵是合同的，即假设 $\boldsymbol{\alpha}_1,\boldsymbol{\alpha}_2,\cdots\boldsymbol{\alpha}_n$ 与 $\boldsymbol{\beta}_1,\boldsymbol{\beta}_2,\cdots\boldsymbol{\beta}_n$ 是 V 的两组基，度量矩阵分别是 $\boldsymbol{A},\boldsymbol{B}$，且从基 $\boldsymbol{\alpha}_1,\boldsymbol{\alpha}_2,\cdots\boldsymbol{\alpha}_n$ 到基 $\boldsymbol{\beta}_1,\boldsymbol{\beta}_2,\cdots\boldsymbol{\beta}_n$ 的过渡矩阵是 $\boldsymbol{C}$，则 $\boldsymbol{B}=\boldsymbol{C}^{\mathrm{T}}\boldsymbol{A}\boldsymbol{C}$；

（3）假设 $\boldsymbol{\alpha}_1,\boldsymbol{\alpha}_2,\cdots\boldsymbol{\alpha}_n$ 是欧氏空间 V 的一组基，度量矩阵为 $\boldsymbol{A}$，且

$$\boldsymbol{\xi}=x_1\boldsymbol{\alpha}_1+x_2\boldsymbol{\alpha}_2+\cdots+x_n\boldsymbol{\alpha}_n$$
$$\boldsymbol{\eta}=y_1\boldsymbol{\alpha}_1+y_2\boldsymbol{\alpha}_2+\cdots+y_n\boldsymbol{\alpha}_n$$

则

$$(\boldsymbol{\xi},\boldsymbol{\eta})=(x_1,x_2,\cdots,x_n)\boldsymbol{A}\begin{bmatrix}y_1\\y_2\\\vdots\\y_n\end{bmatrix}=\boldsymbol{x}^{\mathrm{T}}\boldsymbol{A}\boldsymbol{y}$$

其中

$$\boldsymbol{x}=(x_1,x_2,\cdots,x_n)^{\mathrm{T}},\qquad \boldsymbol{y}=(y_1,y_2,\cdots,y_n)^{\mathrm{T}}$$

4. 正交基及施密特正交化方法

内积空间中两两正交的一组非零向量，称为正交组. 正交组是线性无关的. 在 n 维欧氏空间中，由正交组构成的基称为正交基，如果正交基中每个向量的长度都等于单位长度，那么此正交基便称为标准正交基.

由定义知，$\boldsymbol{\alpha}_1,\boldsymbol{\alpha}_2,\cdots,\boldsymbol{\alpha}_n$ 是 n 维欧氏空间 V 的标准正交基的充要条件是

$$(\boldsymbol{\alpha}_i,\boldsymbol{\alpha}_j)=\begin{cases}1, & \text{当} i=j \text{时}\\ 0, & \text{当} i\neq j \text{时}\end{cases}$$

线性无关向量组 $\boldsymbol{\alpha}_1,\boldsymbol{\alpha}_2,\cdots,\boldsymbol{\alpha}_n$ 通过 Schmidt 正交化化为标准正交基方法.

① 正交化：

$$\boldsymbol{\beta}_1=\boldsymbol{\alpha}_1,\quad \boldsymbol{\beta}_2=\boldsymbol{\alpha}_2-\frac{(\boldsymbol{\alpha}_2,\boldsymbol{\beta}_1)}{(\boldsymbol{\beta}_1,\boldsymbol{\beta}_1)}\boldsymbol{\beta}_1,\cdots,\quad \boldsymbol{\beta}_n=\boldsymbol{\alpha}_n-\frac{(\boldsymbol{\alpha}_n,\boldsymbol{\beta}_1)}{(\boldsymbol{\beta}_1,\boldsymbol{\beta}_1)}\boldsymbol{\beta}_1-\cdots-\frac{(\boldsymbol{\alpha}_n,\boldsymbol{\beta}_{n-1})}{(\boldsymbol{\beta}_{n-1},\boldsymbol{\beta}_{n-1})}\boldsymbol{\beta}_{n-1}$$

② 单位化：

$$\gamma_1=\frac{\boldsymbol{\beta}_1}{\|\boldsymbol{\beta}_1\|},\gamma_2=\frac{\boldsymbol{\beta}_2}{\|\boldsymbol{\beta}_2\|},\cdots,\gamma_n=\frac{\boldsymbol{\beta}_n}{\|\boldsymbol{\beta}_n\|}$$

5. 正交子空间

设 V_1 和 V_2 是内积空间 V 的两个子空间. 若对任意的 $\boldsymbol{\alpha}\in V_1$， $\boldsymbol{\beta}\in V_2$ 都有

$$(\boldsymbol{\alpha},\boldsymbol{\beta})=0$$

则称 V_1 和 V_2 是正交的，并记为 $V_1\perp V_2$. 若 V_1 中某个向量 $\boldsymbol{\alpha}$ 与子空间 V_1 中的每个向量都正交，则称 $\boldsymbol{\alpha}$ 与子空间 V_1 正交，记为 $\boldsymbol{\alpha}\perp V_1$.

由定义知，若 V_1 和 V_2 是内积空间两个互相正交的子空间，即 $V_1\perp V_2$，则必有 $V_1\cap V_2=\{0\}$，所以两个互相正交的子空间之和必为直和.

设 V_1 和 V_2 是内积空间 V 的两个子空间，且满足条件

$$V_1\perp V_2,\quad V_1+V_2=V$$

则称 V_2 是 V_1 的正交补空间，简称正交补.可以证明，n 维空间 V 的任一子空间 V_1 都有唯一的正交补.

6. 内积空间的同构

两个内积空间 V 和 V' 称为同构的，如果两者之间存在一个一一对应 σ，并且对任何 $\boldsymbol{\alpha},\boldsymbol{\beta}\in V$， $k\in\mathbf{R}$，下列条件都满足：

（1） $\sigma(\boldsymbol{\alpha}+\boldsymbol{\beta})=\sigma(\boldsymbol{\alpha})+\sigma(\boldsymbol{\beta})$；

（2） $\sigma(k\boldsymbol{\alpha})=k\sigma(\boldsymbol{\alpha})$；

（3） $(\sigma(\boldsymbol{\alpha}),\sigma(\boldsymbol{\beta}))=(\boldsymbol{\alpha},\boldsymbol{\beta})$.

同构的线性空间具有相同的维数，所有 n 维欧氏空间都同构.

7. 正交变换

设 T 是内积空间 V 上的一个线性变换，若对 $\forall \boldsymbol{\alpha},\boldsymbol{\beta}\in V$ 成立

$$(T(\boldsymbol{\alpha}),T(\boldsymbol{\beta}))=(\boldsymbol{\alpha},\boldsymbol{\beta})$$

则称 T 为 V 上的一个正交变换. 换言之，正交变换就是内积空间中保持内积不变的线性变换.

设 T 是内积空间 V 上的一个线性变换，则下列命题是等价的：

（1）T 是正交变换；

（2）T 保持向量的长度不变，即对任一 $\boldsymbol{\alpha}\in V$，都有 $|T\boldsymbol{\alpha}|=|\boldsymbol{\alpha}|$；

（3）若 $\boldsymbol{\varepsilon}_1,\boldsymbol{\varepsilon}_2,\cdots,\boldsymbol{\varepsilon}_n$ 是 V 的一个标准正交基，则 $T\boldsymbol{\varepsilon}_1,T\boldsymbol{\varepsilon}_2,\cdots,T\boldsymbol{\varepsilon}_n$ 也是 V 的一个标准正交基；

（4）T 在 V 的任一标准正交基下的矩阵是正交矩阵.

8. 点到子空间的距离与最小二乘法

设 V 是欧氏空间，又 $\boldsymbol{\alpha},\boldsymbol{\beta}\in V$，则向量 $\boldsymbol{\alpha}-\boldsymbol{\beta}$ 的长度 $|\boldsymbol{\alpha}-\boldsymbol{\beta}|$ 称为向量 $\boldsymbol{\alpha}$ 与 $\boldsymbol{\beta}$ 的距离，并记为 $d(\boldsymbol{\alpha},\boldsymbol{\beta})$.

设 $W=L(\boldsymbol{\alpha}_1,\boldsymbol{\alpha}_2,\cdots,\boldsymbol{\alpha}_s)$，又 $\boldsymbol{\alpha}\in V$ 为任一指定向量. 易知

$$\boldsymbol{\alpha}\perp W \Leftrightarrow \boldsymbol{\alpha}\perp\boldsymbol{\alpha}_i$$

设 $\boldsymbol{\beta}\in W$ 且满足条件 $(\boldsymbol{\alpha}-\boldsymbol{\beta})\perp W$，则对任一 $\boldsymbol{\gamma}\in W$，都有

$$|\boldsymbol{\alpha}-\boldsymbol{\beta}|\leqslant|\boldsymbol{\alpha}-\boldsymbol{\gamma}|$$

即向量 $\boldsymbol{\alpha}$ 到 W 的各个向量间的距离以“垂线” $|\boldsymbol{\alpha}-\boldsymbol{\beta}|$ 最短.

对于不相容实系数线性方程组（即无解的线性方程组）

$$\boldsymbol{AX}=\boldsymbol{B}$$

令 $\boldsymbol{Y}=\boldsymbol{AX}$，则使得 $|\boldsymbol{Y}-\boldsymbol{B}|$ 最小的解向量 $\boldsymbol{X}$ 即为最小二乘解.

求 $\boldsymbol{X}$ 使 $|\boldsymbol{Y}-\boldsymbol{B}|$ 最小，即在 $\boldsymbol{A}=(\boldsymbol{\alpha}_1,\boldsymbol{\alpha}_2,\cdots,\boldsymbol{\alpha}_n)$ 的列向量组构成的子空间 $L(\boldsymbol{\alpha}_1,\boldsymbol{\alpha}_2,\cdots,\boldsymbol{\alpha}_n)$ 中找一向量 $\boldsymbol{Y}$，使得向量 $\boldsymbol{B}$ 到它的距离比到子空间 $L(\boldsymbol{\alpha}_1,\boldsymbol{\alpha}_2,\cdots,\boldsymbol{\alpha}_n)$ 中其他向量的距离都短，即 $(\boldsymbol{Y}-\boldsymbol{B})\perp L(\boldsymbol{\alpha}_1,\boldsymbol{\alpha}_2,\cdots,\boldsymbol{\alpha}_n)$. 则得

$$\boldsymbol{\alpha}_1^{\mathrm{T}}(\boldsymbol{Y}-\boldsymbol{B})=\boldsymbol{\alpha}_2^{\mathrm{T}}(\boldsymbol{Y}-\boldsymbol{B})=\cdots=\boldsymbol{\alpha}_n^{\mathrm{T}}(\boldsymbol{Y}-\boldsymbol{B})=0$$

这组等式相当于

$$\boldsymbol{A}^{\mathrm{T}}(\boldsymbol{AX}-\boldsymbol{B})=0$$

即

$$\boldsymbol{A}^{\mathrm{T}}\boldsymbol{AX}=\boldsymbol{A}^{\mathrm{T}}\boldsymbol{B}$$

这就是最小二乘解所满足的代数方程.

9. 酉空间

设 V 是复数域 $\mathbf{C}$ 上的线性空间，如果按照某种对应法则，使得 V 中任意两个向量都可以确定一个复数，且这个对应法则满足：对任意 $\boldsymbol{\alpha},\boldsymbol{\beta},\boldsymbol{\gamma}\in V$， $k\in\mathbf{C}$，有

（1）共轭对称性：$(\boldsymbol{\alpha},\boldsymbol{\beta})=\overline{(\boldsymbol{\beta},\boldsymbol{\alpha})}$；

（2）齐次性：$(k\boldsymbol{\alpha},\boldsymbol{\beta})=k(\boldsymbol{\alpha},\boldsymbol{\beta})$；

（3）可加性：$(\boldsymbol{\alpha}+\boldsymbol{\beta},\boldsymbol{\gamma})=(\boldsymbol{\alpha},\boldsymbol{\gamma})+(\boldsymbol{\beta},\boldsymbol{\gamma})$；

（4）正定性：$(\boldsymbol{\alpha},\boldsymbol{\alpha})\geqslant 0$，当且仅当 $\boldsymbol{\alpha}=0$ 时，$(\boldsymbol{\alpha},\boldsymbol{\alpha})=0$，

数 $(\boldsymbol{\alpha},\boldsymbol{\beta})$ 称为 $\boldsymbol{\alpha}$ 与 $\boldsymbol{\beta}$ 的内积.定义了内积的复线性空间 V 称为复内积空间，或酉空间.

在酉空间 $\mathbf{C}^n$ 中通常定义内积为

$$(\boldsymbol{\alpha},\boldsymbol{\beta})=a_1\overline{b_1}+a_2\overline{b_2}+\cdots+a_n\overline{b_n}=\sum_{i=1}^{n}a_i\overline{b_i}=\boldsymbol{\alpha}\boldsymbol{\beta}^{\mathrm{H}}$$

10. 酉矩阵和酉变换

若 $\boldsymbol{A}\in\mathbf{C}^{n\times n}$，且 $\boldsymbol{A}^{\mathrm{H}}\boldsymbol{A}=\boldsymbol{A}\boldsymbol{A}^{\mathrm{H}}=\boldsymbol{E}$，则称 $\boldsymbol{A}$ 为酉矩阵.

酉矩阵具有如下性质.

（1）$\boldsymbol{A}$ 的行列式的模等于 1；

（2）$\boldsymbol{A}^{-1}=\boldsymbol{A}^{\mathrm{H}}$，$(\boldsymbol{A}^{-1})^{\mathrm{H}}=(\boldsymbol{A}^{\mathrm{H}})^{-1}$；

（3）$\boldsymbol{A}^{-1}$ 也是酉矩阵，两个 n 阶酉矩阵的乘积也是酉矩阵.

（4）$\boldsymbol{A}$ 的每个列（行）向量是单位向量；不同的两个列（行）向量是酉正交的.

设 T 是酉空间 V 上的一个线性变换，若对 $\forall\boldsymbol{\alpha},\boldsymbol{\beta}\in V$，成立

$$(T(\boldsymbol{\alpha}),T(\boldsymbol{\beta}))=(\boldsymbol{\alpha},\boldsymbol{\beta})$$

则称 T 是酉变换. 换言之，酉变换就是酉空间中保持内积不变的线性变换.

设 T 是酉空间 V 上的一个线性变换，则下列命题等价：

（1）T 是酉变换；

（2）T 保持向量的长度不变，即对任一 $\boldsymbol{\alpha}\in V$，都有 $|T\boldsymbol{\alpha}|=|\boldsymbol{\alpha}|$；

（3）若 $\boldsymbol{\varepsilon}_1,\boldsymbol{\varepsilon}_2,\cdots,\boldsymbol{\varepsilon}_n$ 是 V 的一个标准正交基，则 $T\boldsymbol{\varepsilon}_1,T\boldsymbol{\varepsilon}_2,\cdots,T\boldsymbol{\varepsilon}_n$ 也是 V 的一个标准正交基；

（4）T 在 V 的任一标准正交基下的矩阵是酉矩阵.

11. 正规矩阵

设 $\boldsymbol{A}\in\mathbf{C}^{n\times n}$，且 $\boldsymbol{A}^{\mathrm{H}}\boldsymbol{A}=\boldsymbol{A}\boldsymbol{A}^{\mathrm{H}}$，则称 $\boldsymbol{A}$ 为正规矩阵.

矩阵 $\boldsymbol{A}$ 为正规矩阵的充要条件是矩阵 $\boldsymbol{A}$ 酉相似于对角矩阵

$$Q^{\mathrm{H}}AQ = Q^{-1}AQ = \begin{bmatrix} \lambda_2 & & & \\ & \lambda_2 & & \\ & & \ddots & \\ & & & \lambda_n \end{bmatrix}$$

其中：Q 为酉矩阵；$\lambda_1,\lambda_2,\cdots,\lambda_n$ 为 A 的特征值.

正规矩阵具有如下的性质：设 A 为正规矩阵，其特征值为 $\lambda_1,\lambda_2,\cdots,\lambda_n$，则

（1）A 是 Hermite 矩阵的充要条件是 A 的特征值全为实数；

（2）A 是反 Hermite 矩阵的充要条件是 A 的特征值为零或纯虚数；

（3）A 是酉矩阵的充要条件是 A 的每个特征值的模为 1；

（4）Hermite 矩阵 A 的任两个不同特征值所对应的特征向量是正交的.

12. Hermite 二次型

若 $X=(x_1,x_2,\cdots,x_n)^{\mathrm{T}}\in\mathbf{C}^n$，又 $A=(a_{ij})\in\mathbf{C}^{n\times n}$ 为 Hermite 矩阵，则二次型

$$f(X)=\sum_{i,j=1}^{n} a_{ij}\bar{x}_i x_j$$

即

$$f(X)=X^{\mathrm{H}}AX$$

称为 Hermitet 二次型，A 的秩称为二次型的秩.

若对任一 $X\neq 0$，Hermite 二次型 $f(X)=X^{\mathrm{H}}AX$ 恒为正（负）数，则称它是正（负）定的，这时 Hermite 矩阵 A 也称为正（负）定的；若 f 不恒为负（正）数，则 f 叫作半正（负）定的，相应地 A 也叫作半正（负）定的.

若 A 是 Hermite 矩阵，则以下条件等价：

（1）A 是正定矩阵；

（2）存在满秩矩阵 C，使得 $C^{\mathrm{H}}AC=E$；

（3）存在满秩矩阵 B，使得 $A=B^{\mathrm{H}}B$.

Hermite 二次型具有如下性质.

（1）Hermite 二次型 $f(X)=X^{\mathrm{H}}AX$ 经满秩线性变换 $X=CY$，仍为 Hermite 二次型，且秩不变；

（2）每个 Hermite 二次型 $f(X)=X^{\mathrm{H}}AX$，都存在酉变换 $X=QY$（Q 是酉矩阵），使其化为标准形

$$f=\lambda_1\bar{y}_1y_1+\lambda_2\bar{y}_2y_2+\cdots+\lambda_n\bar{y}_ny_n$$

其中：$\lambda_1,\lambda_2,\cdots,\lambda_n$ 是 A 的特征值；

（3）Hermite 二次型 $f(X)=X^{\mathrm{H}}AX$ 为正定的充要条件是 A 的特征值全为正数；Hermite 二次型 $f(X)=X^{\mathrm{H}}AX$ 为半正定的充要条件是 A 的特征值 $\lambda_i\geqslant 0$；

（4）Hermite 二次型 $f(X)=X^{\mathrm{H}}AX$ 为正定的充要条件为 A 的各阶顺序主子式全大于零.

三、解题方法归纳

1. 判断线性空间上的函数是否为内积

只需验证内积定义中的 4 条条件即可.

2. 证明向量组是标准正交组

只需验证向量组中任意两个向量满足 $(\boldsymbol{\alpha}_i,\boldsymbol{\alpha}_j)=\begin{cases}1, & 当 i=j 时\\ 0, & 当 i\neq j 时\end{cases}$.

3. 化二次型为标准形的方法（酉变换法）

（1）写出二次型的矩阵 $\boldsymbol{A}$，并求出 $\boldsymbol{A}$ 的全部互异特征值 λ_1（n_1 重），λ_2（n_2 重），…，λ_s（n_s 重），其中 $n_1+n_2+\cdots+n_s=n$；

（2）求出 $\boldsymbol{A}$ 属于特征值 λ_i 的线性无关的特征向量 $\boldsymbol{\eta}_{i1},\boldsymbol{\eta}_{i2},\cdots,\boldsymbol{\eta}_{in_i}$ $(i=1,2,\cdots,s)$；

（3）将 $\boldsymbol{\eta}_{i1},\boldsymbol{\eta}_{i2},\cdots,\boldsymbol{\eta}_{in_i}$ 正交化后再单位化，得到标准正交的特征向量 $\boldsymbol{\gamma}_{i1},\boldsymbol{\gamma}_{i2},\cdots,\boldsymbol{\gamma}_{in_i}$ $(i=1,2,\cdots,s)$；

（4）作酉矩阵 $\boldsymbol{U}=(\boldsymbol{\gamma}_{11},\boldsymbol{\gamma}_{12},\cdots,\boldsymbol{\gamma}_{1n_1},\boldsymbol{\gamma}_{21},\boldsymbol{\gamma}_{22},\cdots,\boldsymbol{\gamma}_{2n_2},\cdots,\boldsymbol{\gamma}_{s1},\boldsymbol{\gamma}_{s2},\cdots,\boldsymbol{\gamma}_{sn_s})$，则

$$\boldsymbol{U}^{\mathrm{H}}\boldsymbol{A}\boldsymbol{U}=\begin{bmatrix}\lambda_1 & & & & & & \\ & \ddots & & & & & \\ & & \lambda_1 & & & & \\ & & & \ddots & & & \\ & & & & \lambda_s & & \\ & & & & & \ddots & \\ & & & & & & \lambda_s\end{bmatrix}$$

（5）作酉变换 $\boldsymbol{x}=\boldsymbol{U}\boldsymbol{y}$，化二次型为标准形

$$f(x_1,x_2,\cdots,x_n)=\lambda_1\overline{y}_1y_1+\cdots+\lambda_1\overline{y}_{n_1}y_{n_1}+\lambda_2\overline{y}_{n_1+1}y_{n_1+1}+\cdots+\lambda_s\overline{y}_ny_n$$

4. 判别矩阵正定的方法

（1）如果矩阵或二次型是抽象的，可用逆线性变换先将二次型化为标准形再证明.

（2）若给出矩阵的特征值，则证明各特征值都大于零.

（3）正定判别法，即设 n 元 Hermite 二次型

$$f(x_1,x_2,\cdots,x_n)=\boldsymbol{X}^{\mathrm{H}}\boldsymbol{A}\boldsymbol{X}$$

则下述命题等价.

① $f(x_1,x_2,\cdots,x_n)=\boldsymbol{X}^{\mathrm{H}}\boldsymbol{A}\boldsymbol{X}$ 正定；

② $f(x_1,x_2,\cdots,x_n)=\boldsymbol{X}^{\mathrm{H}}\boldsymbol{AX}$ 的正惯性指数为 n；

③ $f(x_1,x_2,\cdots,x_n)=\boldsymbol{X}^{\mathrm{H}}\boldsymbol{AX}$ 的规范型是 $\overline{y}_1y_1+\overline{y}_2y_2+\cdots+\overline{y}_ny_n$；

④ $\boldsymbol{A}$ 是正定矩阵；

⑤ $\boldsymbol{A}$ 的特征值均为正实数；

⑥ $\boldsymbol{A}$ 酉合同于单位矩阵 $\boldsymbol{I}_n$；

⑦ $\boldsymbol{A}=\boldsymbol{C}^{\mathrm{H}}\boldsymbol{C}$，其中 $\boldsymbol{C}$ 是 n 阶可逆矩阵；

⑧ $\boldsymbol{A}=\boldsymbol{S}^{\mathrm{H}}\boldsymbol{S}=\boldsymbol{S}^2$，其中 $\boldsymbol{S}$ 是 n 阶 Hermite 正定矩阵；

⑨ $\boldsymbol{A}$ 的各阶顺序主子式全大于零.

（4）当二次型化为标准形

$$f(x_1,x_2,\cdots,x_n)=d_1\overline{y}_1y_1+d_2\overline{y}_2y_2+\cdots+d_n\overline{y}_ny_n$$

则 $f(x_1,x_2,\cdots,x_n)$ 正定当且仅当 $d_i>0\ (i=1,2,\cdots,n)$.

四、典型例题解析

例 2.1 设 $\boldsymbol{A}=(a_{ij})$ 是一个 n 阶正定矩阵，而 $\boldsymbol{\alpha}=(x_1,x_2,\cdots,x_n),\boldsymbol{\beta}=(y_1,y_2,\cdots,y_n)$，证明 $\mathbf{R}^n$ 中的实函数 $(\boldsymbol{\alpha},\boldsymbol{\beta})=\boldsymbol{\alpha A\beta}^{\mathrm{T}}$ 是内积.

证 （1）$(\boldsymbol{\alpha},\boldsymbol{\beta})=\boldsymbol{\alpha A\beta}^{\mathrm{T}}=\sum\limits_{i,j=1}^{n}a_{ij}x_iy_j=\sum\limits_{j,i=1}^{n}a_{ji}y_jx_i=(\boldsymbol{\beta},\boldsymbol{\alpha})$；

（2）$(a\boldsymbol{\alpha}+b\boldsymbol{\beta},\boldsymbol{\gamma})=(a\boldsymbol{\alpha}+b\boldsymbol{\beta})\boldsymbol{A\gamma}^{\mathrm{T}}=a(\boldsymbol{\alpha A\gamma}^{\mathrm{T}})+b(\boldsymbol{\beta A\gamma}^{\mathrm{T}})=a(\boldsymbol{\alpha},\boldsymbol{\gamma})+b(\boldsymbol{\beta},\boldsymbol{\gamma})$；

（3）又由于 $\boldsymbol{A}$ 正定，对 $\boldsymbol{\alpha}\neq 0$，正定二次型 $\boldsymbol{\alpha A\alpha}^{\mathrm{T}}>0$，所以 $(\boldsymbol{\alpha},\boldsymbol{\alpha})=\boldsymbol{\alpha A\alpha}^{\mathrm{T}}>0$.

综上所述，上述定义为内积.

例 2.2 设 $\boldsymbol{x}=(\xi_1,\xi_2)^{\mathrm{T}}\in\mathbf{C}^2$，$\boldsymbol{y}=(\eta_1,\eta_2)^{\mathrm{T}}\in\mathbf{C}^2$，验证：$(\boldsymbol{x},\boldsymbol{y})=\xi_1\overline{\eta}_1+(1+\mathrm{i})\xi_1\overline{\eta}_2+(1-\mathrm{i})\xi_2\overline{\eta}_1+3\xi_2\overline{\eta}_2$ 是 $\mathbf{C}^2$ 上的内积.

证 （1）因为 $(\boldsymbol{y},\boldsymbol{x})=\eta_1\overline{\xi}_1+(1+\mathrm{i})\eta_1\overline{\xi}_2+(1-\mathrm{i})\eta_2\overline{\xi}_1+3\eta_2\overline{\xi}_2$，所以

$$\overline{(\boldsymbol{y},\boldsymbol{x})}=\xi_1\overline{\eta}_1+(1+\mathrm{i})\xi_1\overline{\eta}_2+(1-\mathrm{i})\xi_2\overline{\eta}_1+3\xi_2\overline{\eta}_2=(\boldsymbol{x},\boldsymbol{y})$$

（2）$\forall\alpha,\beta\in\mathbf{C}$，$\boldsymbol{z}=(\gamma_1,\gamma_2)^{\mathrm{T}}\in\mathbf{C}^2$，有

$$\begin{aligned}(\alpha\boldsymbol{x}+\beta\boldsymbol{y},\boldsymbol{z})&=(\alpha\xi_1+\beta\eta_1)\overline{\gamma}_1+(1+\mathrm{i})(\alpha\xi_1+\beta\eta_1)\overline{\gamma}_2+(1-\mathrm{i})(\alpha\xi_2+\beta\eta_2)\overline{\gamma}_1+3(\alpha\xi_2+\beta\eta_2)\overline{\gamma}_2\\&=[\alpha\xi_1\overline{\gamma}_1+(1+\mathrm{i})\alpha\xi_1\overline{\gamma}_2+(1-\mathrm{i})\alpha\xi_2\overline{\gamma}_1+3\alpha\xi_2\overline{\gamma}_2]\\&\quad+[\beta\eta_1\overline{\gamma}_1+(1+\mathrm{i})\beta\eta_1\overline{\gamma}_2+(1-\mathrm{i})\beta\eta_2\overline{\gamma}_1+3\beta\eta_2\overline{\gamma}_2]\\&=\alpha(\boldsymbol{x},\boldsymbol{z})+\beta(\boldsymbol{y},\boldsymbol{z})\end{aligned}$$

（3）因为

$$\begin{aligned}(\boldsymbol{x},\boldsymbol{x})&=\xi_1\overline{\xi}_1+(1+\mathrm{i})\xi_1\overline{\xi}_2+(1-\mathrm{i})\xi_2\overline{\xi}_1+3\xi_2\overline{\xi}_2\\&=(\xi_1,\xi_2)\begin{pmatrix}1&1+\mathrm{i}\\1-\mathrm{i}&3\end{pmatrix}\begin{pmatrix}\overline{\xi}_1\\\overline{\xi}_2\end{pmatrix}=\boldsymbol{x}^{\mathrm{T}}\boldsymbol{A}\overline{\boldsymbol{x}}\end{aligned}$$

由 $\boldsymbol{A}^{\mathrm{H}}=\boldsymbol{A}$ 为正定矩阵，知 $(\boldsymbol{x},\boldsymbol{x})\geqslant 0$，当且仅当 $\boldsymbol{x}=0$ 时，$(\boldsymbol{x},\boldsymbol{x})=0$.

综上所述，上述定义为内积.

例 2.3 在欧氏空间 $\mathbf{R}[x]_4$ 中定义内积为

$$(f,g)=\int_{-1}^{1}f(x)g(x)\mathrm{d}x$$

求 $\mathbf{R}[x]_4$ 的一个标准正交基.

解 用 Schmidt 正交化方法，先正交化再单位化. 选择 $\mathbf{R}[x]_4$ 中最简基：

$$\boldsymbol{\alpha}_1=1,\boldsymbol{\alpha}_2=x,\boldsymbol{\alpha}_3=x^2,\boldsymbol{\alpha}_4=x^3$$

先按定义的内积算出

$$(x,1)=\int_{-1}^{1}x\cdot 1\mathrm{d}x=\frac{1}{2}x^2\Big|_{-1}^{1}=0$$

类似可以算出

$$(1,1)=2,(x^2,1)=(x,x)=\frac{2}{3},(x^2,x)=0,(x^3,1)=0,(x^3,x)=\frac{2}{5}$$

先正交化，令

$$\boldsymbol{\beta}_1=\boldsymbol{\alpha}_1=1$$

$$\boldsymbol{\beta}_2=\boldsymbol{\alpha}_2-\frac{(\boldsymbol{\alpha}_2,\boldsymbol{\beta}_1)}{(\boldsymbol{\beta}_1,\boldsymbol{\beta}_1)}\boldsymbol{\beta}_1=x-\frac{(x,1)}{(1,1)}\cdot 1=x$$

$$\boldsymbol{\beta}_3=\boldsymbol{\alpha}_3-\frac{(\boldsymbol{\alpha}_3,\boldsymbol{\beta}_1)}{(\boldsymbol{\beta}_1,\boldsymbol{\beta}_1)}\boldsymbol{\beta}_1-\frac{(\boldsymbol{\alpha}_3,\boldsymbol{\beta}_2)}{(\boldsymbol{\beta}_2,\boldsymbol{\beta}_2)}\boldsymbol{\beta}_2=x^2-\frac{(x^2,1)}{(1,1)}\cdot 1-\frac{(x^2,x)}{(x,x)}\cdot x=x^2-\frac{1}{3}$$

$$\boldsymbol{\beta}_4=\boldsymbol{\alpha}_4-\frac{(\boldsymbol{\alpha}_4,\boldsymbol{\beta}_1)}{(\boldsymbol{\beta}_1,\boldsymbol{\beta}_1)}\boldsymbol{\beta}_1-\frac{(\boldsymbol{\alpha}_4,\boldsymbol{\beta}_2)}{(\boldsymbol{\beta}_2,\boldsymbol{\beta}_2)}\boldsymbol{\beta}_2-\frac{(\boldsymbol{\alpha}_4,\boldsymbol{\beta}_3)}{(\boldsymbol{\beta}_3,\boldsymbol{\beta}_3)}\boldsymbol{\beta}_3$$

$$=x^3-\frac{(x^3,1)}{(1,1)}\cdot 1-\frac{(x^3,x)}{(x,x)}\cdot x-\frac{\left(x^3,x^2-\frac{1}{3}\right)}{\left(x^2-\frac{1}{3},x^2-\frac{1}{3}\right)}\cdot\left(x^2-\frac{1}{3}\right)=x^3-\frac{3}{5}x$$

再单位化，得

$$\gamma_1=\frac{\sqrt{2}}{2},\quad \gamma_2=\frac{\sqrt{6}}{2}x,\quad \gamma_3=\frac{\sqrt{10}}{4}(3x^2-1),\quad \gamma_4=\frac{\sqrt{14}}{4}(5x^3-3x)$$

例 2.4 设 $\boldsymbol{\varepsilon}_1,\boldsymbol{\varepsilon}_2,\boldsymbol{\varepsilon}_3$ 是三维欧氏空间中一组标准正交基，证明：

$$\boldsymbol{\alpha}_1=\frac{1}{3}(2\boldsymbol{\varepsilon}_1+2\boldsymbol{\varepsilon}_2-\boldsymbol{\varepsilon}_3),\quad \boldsymbol{\alpha}_2=\frac{1}{3}(2\boldsymbol{\varepsilon}_1-\boldsymbol{\varepsilon}_2+2\boldsymbol{\varepsilon}_3),\quad \boldsymbol{\alpha}_3=\frac{1}{3}(\boldsymbol{\varepsilon}_1-2\boldsymbol{\varepsilon}_2-2\boldsymbol{\varepsilon}_3)$$

也是一组标准正交基.

证 因为

$$(\boldsymbol{\varepsilon}_i,\boldsymbol{\varepsilon}_j)=\begin{cases}1, & \text{当} i=j \text{时}\\ 0, & \text{当} i\neq j \text{时}\end{cases}\quad (i,j=1,2,3)$$

$$(\boldsymbol{\alpha}_1,\boldsymbol{\alpha}_2)=\left(\frac{1}{3}(2\boldsymbol{\varepsilon}_1+2\boldsymbol{\varepsilon}_2-\boldsymbol{\varepsilon}_3),\frac{1}{3}(2\boldsymbol{\varepsilon}_1-\boldsymbol{\varepsilon}_2+2\boldsymbol{\varepsilon}_3)\right)=\frac{4}{9}-\frac{2}{9}-\frac{2}{9}=0$$

$$(\boldsymbol{\alpha}_1,\boldsymbol{\alpha}_3)=\left(\frac{1}{3}(2\boldsymbol{\varepsilon}_1+2\boldsymbol{\varepsilon}_2-\boldsymbol{\varepsilon}_3),\frac{1}{3}(\boldsymbol{\varepsilon}_1-2\boldsymbol{\varepsilon}_2-2\boldsymbol{\varepsilon}_3)\right)=\frac{2}{9}-\frac{4}{9}+\frac{2}{9}=0$$

$$(\boldsymbol{\alpha}_1,\boldsymbol{\alpha}_3)=\left(\frac{1}{3}(2\boldsymbol{\varepsilon}_1-\boldsymbol{\varepsilon}_2+2\boldsymbol{\varepsilon}_3),\frac{1}{3}(\boldsymbol{\varepsilon}_1-2\boldsymbol{\varepsilon}_2-2\boldsymbol{\varepsilon}_3)\right)=\frac{2}{9}+\frac{2}{9}-\frac{4}{9}=0$$

同理可证$(\boldsymbol{\alpha}_i,\boldsymbol{\alpha}_i)=1\ (i=1,2,3)$.所以$\boldsymbol{\alpha}_1,\boldsymbol{\alpha}_2,\boldsymbol{\alpha}_3$也是标准正交基.

例 2.5　设$\mathbf{R}[x]_3$表示实数域$\mathbf{R}$上次数不大于 3 的多项式，再添上零多项式构成的线性空间（按通常多项式的加法和数与多项式的乘法）.

（1）在$\mathbf{R}[x]_3$中定义线性变换T:

$$\begin{cases}T(1+x+x^2)=4+x^2\\T(x+x^2)=3-x+2x^2\\T(x^2)=x^2\end{cases}$$

求变换T在基$1,x,x^2$下的矩阵；

（2）求T的值域$R(T)$和$\ker(T)$的维数和基；

（3）在$\mathbf{R}[x]_3$中定义内积$(f,g)=\int_{-1}^{1}f(x)g(x)\mathrm{d}x(f(x),g(x)\in\mathbf{R}[x]_3)$，求出$\mathbf{R}[x]_3$的一组标准正交基.

解　（1）由

$$\begin{cases}T(1+x+x^2)=4+x^2\\T(x+x^2)=3-x+2x^2\\T(x^2)=x^2\end{cases},\qquad\begin{cases}T(1)+T(x)+T(x^2)=4+x^2\\T(x)+T(x^2)=3-x+2x^2\\T(x^2)=x^2\end{cases}$$

所以

$$T(x^2)=x^2$$

$$T(x)=3-x+2x^2-T(x^2)=3-x+x^2$$

$$T(1)=4+x^2-(T(x)+T(x^2))=4+x^2-3+x-2x^2=1+x-x^2$$

所以T在基$1,x,x^2$下的矩阵是

$$\boldsymbol{A}=\begin{bmatrix}1&3&0\\1&-1&0\\-1&1&1\end{bmatrix}$$

（2）$R(T)=\operatorname{span}\{T(1),T(x),T(x^2)\}$, 而$T$在基$1,x,x^2$下的矩阵$\boldsymbol{A}$可逆，故向量组

$$T(1)=1+x-x^2,\quad T(x)=3-x+x^2,\quad T(x^2)=x^2$$

线性无关，所以构成$\mathbf{R}[x]_3$的一组基，故$R(T)=\mathbf{R}[x]_3$.

这表明T是满射，所以是可逆映射，故$\ker(T)=\{0\}$, 此时$\ker(T)$没有基.

（3）取 $\mathbf{R}[x]_3$ 的一组基 $\boldsymbol{\alpha}_1=1,\ \boldsymbol{\alpha}_2=x,\ \boldsymbol{\alpha}_3=x^2$.

先正交化. 令

$$\boldsymbol{\beta}_1=\boldsymbol{\alpha}_1=1$$

$$\boldsymbol{\beta}_2=\boldsymbol{\alpha}_2-\frac{(\boldsymbol{\alpha}_2,\boldsymbol{\beta}_1)}{(\boldsymbol{\beta}_1,\boldsymbol{\beta}_1)}\boldsymbol{\beta}_1=x-\frac{\int_{-1}^{1}x\cdot 1\mathrm{d}x}{\int_{-1}^{1}1\cdot 1\mathrm{d}x}\cdot 1=x$$

$$\boldsymbol{\beta}_3=\boldsymbol{\alpha}_3-\frac{(\boldsymbol{\alpha}_3,\boldsymbol{\beta}_1)}{(\boldsymbol{\beta}_1,\boldsymbol{\beta}_1)}\boldsymbol{\beta}_1-\frac{(\boldsymbol{\alpha}_3,\boldsymbol{\beta}_2)}{(\boldsymbol{\beta}_2,\boldsymbol{\beta}_2)}\boldsymbol{\beta}_2=x^2-\frac{\int_{-1}^{1}x^2\cdot 1\mathrm{d}x}{\int_{-1}^{1}1\cdot 1\mathrm{d}x}\cdot 1-\frac{\int_{-1}^{1}x^2\cdot x\mathrm{d}x}{\int_{-1}^{1}x\cdot x\mathrm{d}x}\cdot x=x^2-\frac{1}{3}$$

再单位化，因为

$$|\boldsymbol{\beta}_1|=\sqrt{\int_{-1}^{1}1^2\mathrm{d}x}=\sqrt{2},\quad |\boldsymbol{\beta}_2|=\sqrt{\int_{-1}^{1}x^2\mathrm{d}x}=\sqrt{\frac{2}{3}},\quad |\boldsymbol{\beta}_3|=\sqrt{\int_{-1}^{1}\left(x^2-\frac{1}{3}\right)^2\mathrm{d}x}=\frac{2\sqrt{2}}{3\sqrt{5}}$$

令

$$\boldsymbol{e}_1=\frac{\boldsymbol{\beta}_1}{|\boldsymbol{\beta}_1|}=\frac{\sqrt{2}}{2},\quad \boldsymbol{e}_2=\frac{\boldsymbol{\beta}_2}{|\boldsymbol{\beta}_2|}=\frac{\sqrt{6}}{2}x,\quad \boldsymbol{e}_3=\frac{\boldsymbol{\beta}_3}{|\boldsymbol{\beta}_3|}=\frac{3\sqrt{10}}{4}\left(x^2-\frac{1}{3}\right)$$

则 $\boldsymbol{e}_1,\boldsymbol{e}_2,\boldsymbol{e}_3$ 就是 $\mathbf{R}[x]_3$ 的一组标准正交基.

例 2.6　在 $\mathbf{R}^{2\times 2}$ 中，对任意的 $\boldsymbol{A}=(a_{ij})$，$\boldsymbol{B}=(b_{ij})\in\mathbf{R}^{2\times 2}$，定义 $(\boldsymbol{A},\boldsymbol{B})=\sum_{i=1}^{2}\sum_{j=1}^{2}a_{ij}b_{ij}$.

（1）验证 $\mathbf{R}^{2\times 2}$ 是欧氏空间；

（2）由 $\mathbf{R}^{2\times 2}$ 的基

$$\boldsymbol{G}_1=\begin{bmatrix}0&1\\1&1\end{bmatrix},\quad \boldsymbol{G}_2=\begin{bmatrix}1&0\\1&1\end{bmatrix},\quad \boldsymbol{G}_3=\begin{bmatrix}1&1\\0&1\end{bmatrix},\quad \boldsymbol{G}_4=\begin{bmatrix}1&1\\1&0\end{bmatrix}$$

构造 $\mathbf{R}^{2\times 2}$ 的一组正交基.

解　（1）因为

$$(\boldsymbol{A},\boldsymbol{B})=\sum_{i=1}^{2}\sum_{j=1}^{2}a_{ij}b_{ij}=(\boldsymbol{B},\boldsymbol{A})$$

$$(k\boldsymbol{A},\boldsymbol{B})=\sum_{i=1}^{2}\sum_{j=1}^{2}ka_{ij}b_{ij}=k\sum_{i=1}^{2}\sum_{j=1}^{2}a_{ij}b_{ij}=k(\boldsymbol{A},\boldsymbol{B})$$

又 $\boldsymbol{C}=(c_{ij})\in\mathbf{R}^{2\times 2}$，则

$$(\boldsymbol{A}+\boldsymbol{B},\boldsymbol{C})=\sum_{i=1}^{2}\sum_{j=1}^{2}(a_{ij}+b_{ij})c_{ij}=\sum_{i=1}^{2}\sum_{j=1}^{2}a_{ij}c_{ij}+\sum_{i=1}^{2}\sum_{j=1}^{2}b_{ij}c_{ij}=(\boldsymbol{A},\boldsymbol{C})+(\boldsymbol{B},\boldsymbol{C})$$

$$(\boldsymbol{A},\boldsymbol{A})=\sum_{i=1}^{2}\sum_{j=1}^{2}a_{ij}^2\geqslant 0,\quad (\boldsymbol{A},\boldsymbol{A})=0\Leftrightarrow a_{ij}=0\quad (i,j=1,2)\Leftrightarrow \boldsymbol{A}=\boldsymbol{O}$$

所以 $\mathbf{R}^{2\times 2}$ 是欧氏空间.

（2）根据题意，有

$$\boldsymbol{H}_1=\begin{bmatrix}0&1\\1&1\end{bmatrix}$$

$$H_2 = G_2 - \frac{(G_2, H_1)}{(H_1, H_1)} H_1 = \begin{bmatrix} 1 & 0 \\ 1 & 1 \end{bmatrix} - \frac{2}{3} \begin{bmatrix} 0 & 1 \\ 1 & 1 \end{bmatrix} = \begin{bmatrix} 1 & -\frac{2}{3} \\ \frac{1}{3} & \frac{1}{3} \end{bmatrix}$$

$$H_3 = G_3 - \frac{(G_3, H_1)}{(H_1, H_1)} H_1 - \frac{(G_3, H_2)}{(H_2, H_2)} H_2 = \begin{bmatrix} 1 & 1 \\ 0 & 1 \end{bmatrix} - \frac{2}{3} \begin{bmatrix} 0 & 1 \\ 1 & 1 \end{bmatrix} - \frac{2}{5} \begin{bmatrix} 1 & -\frac{2}{3} \\ \frac{1}{3} & \frac{1}{3} \end{bmatrix} = \begin{bmatrix} \frac{3}{5} & \frac{3}{5} \\ -\frac{4}{5} & \frac{1}{5} \end{bmatrix}$$

$$H_4 = G_4 - \frac{(G_4, H_1)}{(H_1, H_1)} H_1 - \frac{(G_4, H_2)}{(H_2, H_2)} H_2 - \frac{(G_4, H_3)}{(H_3, H_3)} H_3$$

$$= \begin{bmatrix} 1 & 1 \\ 0 & 1 \end{bmatrix} - \frac{2}{3} \begin{bmatrix} 0 & 1 \\ 1 & 1 \end{bmatrix} - \frac{2}{5} \begin{bmatrix} 1 & -\frac{2}{3} \\ \frac{1}{3} & \frac{1}{3} \end{bmatrix} - \frac{2}{7} \begin{bmatrix} \frac{3}{5} & \frac{3}{5} \\ -\frac{4}{5} & \frac{1}{5} \end{bmatrix} = \begin{bmatrix} \frac{3}{7} & \frac{3}{7} \\ \frac{3}{7} & -\frac{6}{7} \end{bmatrix}$$

则 H_1, H_2, H_3, H_4 即为所求的一组正交基.

例 2.7　给定欧氏空间 $\mathbf{R}^{2\times 2}$ 中矩阵 $A_1 = \begin{pmatrix} 1 & 0 \\ 0 & 2 \end{pmatrix}$，$A_2 = \begin{pmatrix} 0 & 1 \\ -1 & 0 \end{pmatrix}$，

（1）求 $\mathbf{R}^{2\times 2}$ 中所有同时与 A_1, A_2 正交的矩阵构成的集合 V；

（2）将 A_1，A_2 扩充为 $\mathbf{R}^{2\times 2}$ 的一组标准正交基.

解　（1）设 $X = \begin{pmatrix} x_1 & x_2 \\ x_3 & x_4 \end{pmatrix} \in V$，解方程

$$(X, A_1) = x_1 + 2x_4 = 0, \qquad (X, A_2) = x_2 - x_3 = 0$$

得 V 的基

$$B_1 = \begin{pmatrix} 0 & 1 \\ 1 & 0 \end{pmatrix}, \qquad B_2 = \begin{pmatrix} -2 & 0 \\ 0 & 1 \end{pmatrix}$$

即有 $V = \text{span}\ (B_1, B_2)$.

（2）因 $(A_i, B_j) = 0\ (i, j = 1,2)$，$(A_1, A_2) = 0$，$(B_1, B_2) = 0$，故 A_1, A_2, B_1, B_2 两两正交，将它们单位化，即得 $\mathbf{R}^{2\times 2}$ 的一组标准正交基：

$$\frac{1}{\sqrt{5}} A_1, \quad \frac{1}{\sqrt{2}} A_2, \quad \frac{1}{\sqrt{2}} B_1, \quad \frac{1}{\sqrt{5}} B_2$$

例 2.8　用向量 $\alpha_1 = (1,0,2,1)^{\mathrm{T}}, \alpha_2 = (2,1,2,3)^{\mathrm{T}}, \alpha_3 = (0,1,-2,1)^{\mathrm{T}}$ 生成 R^4 的子空间 W，求 W 的正交补 $W^{\perp}$ 的一组基及正交补空间 $W^{\perp}$.

解　因向量组 $\alpha_1, \alpha_2, \alpha_3$ 中，$\alpha_3 = \alpha_2 - 2\alpha_1$，且 α_1, α_2 线性无关，故 α_1, α_2 是向量组 $\alpha_1, \alpha_2, \alpha_3$ 的极大无关组，则 $W = \text{span}\{\alpha_1, \alpha_2, \alpha_3\} = \text{span}\{\alpha_1, \alpha_2\}$，即 α_1, α_2 是 W 的一组基.

若向量 β 与 α_1, α_2 正交，则 β 与 W 正交；反之，若 β 与 W 正交，则 β 与 α_1, α_2 均正交. 故 W 的正交补 $W^{\perp}$ 由满足方程组

$$\begin{cases} (\beta, \alpha_1) = 0 \\ (\beta, \alpha_2) = 0 \end{cases}$$

所有向量 $\boldsymbol{\beta}$ 组成. 设 $\boldsymbol{\beta}=(x_1,x_2,x_3,x_4)^{\mathrm{T}}$，则 $W^{\perp}$ 就是方程组

$$\begin{cases} x_1 \quad + 2x_3 + x_4 = 0 \\ 2x_1 + x_2 + 2x_3 + 3x_4 = 0 \end{cases}$$

的解空间. 该方程组的一个基础解系，即 $W^{\perp}$ 的基底为

$$\boldsymbol{\beta}_1 = (-2,2,1,0)^{\mathrm{T}}, \qquad \boldsymbol{\beta}_2 = (-1,-1,0,1)^{\mathrm{T}}$$

而 $W=\operatorname{span}\{\boldsymbol{\beta}_1,\boldsymbol{\beta}_2\}$.

例 2.9　设 $\boldsymbol{P}[x]_4$ 中，两个子空间 $W_1=\operatorname{span}\{1,x\}$, $W_2=\operatorname{span}\left\{x^2-\frac{1}{3},x^3-\frac{3}{5}x\right\}$，定义 $\boldsymbol{P}[x]_4$ 的内积为 $(f(x),g(x))=\int_{-1}^{1}f(x)g(x)\mathrm{d}x$. 证明：$W_1$ 与 W_2 互为正交补.

证　向量组 $1,x,x^2-\frac{1}{3},x^3-\frac{3}{5}x$ 显然线性无关，因此构成 $\boldsymbol{P}[x]_4$ 的一组基，从而

$$\boldsymbol{P}[x]_4=\operatorname{span}\left\{1,x,x^2-\frac{1}{3},x^3-\frac{3}{5}x\right\}=W_1\oplus W_2$$

再根据上述内积的定义得到

$$\left(1,x^2-\frac{1}{3}\right)=\int_{-1}^{1}\left(x^2-\frac{1}{3}\right)\mathrm{d}x=0$$

$$\left(x,x^2-\frac{1}{3}\right)=\int_{-1}^{1}\left(x^3-\frac{1}{3}x\right)\mathrm{d}x=0$$

$$\left(1,x^3-\frac{3}{5}x\right)=\int_{-1}^{1}\left(x^3-\frac{3}{5}x\right)\mathrm{d}x=0$$

$$\left(x,x^3-\frac{3}{5}x\right)=\int_{-1}^{1}\left(x^4-\frac{3}{5}x^2\right)\mathrm{d}x=0$$

从而 $W_1\perp W_2$, 故 $W_2=W_1^{\perp}$.

例 2.10　设 $\boldsymbol{\eta}$ 是欧氏空间 V 中一单位向量.

（1）定义 $T(\boldsymbol{\alpha})=\boldsymbol{\alpha}-2(\boldsymbol{\eta},\boldsymbol{\alpha})\boldsymbol{\eta}$, $\forall\boldsymbol{\alpha}\in V$, 证明：$T$ 是正交变换；

（2）若定义 $T(\boldsymbol{\alpha})=\boldsymbol{\alpha}-k(\boldsymbol{\eta},\boldsymbol{\alpha})\boldsymbol{\eta}$, 问 T 是正交变换的充要条件是什么？

解　（1）$\forall\boldsymbol{\alpha},\boldsymbol{\beta}\in V,k\in\mathbf{R}$, 有

$$\begin{aligned}T(\boldsymbol{\alpha}+\boldsymbol{\beta})&=(\boldsymbol{\alpha}+\boldsymbol{\beta})-2(\boldsymbol{\eta},\boldsymbol{\alpha}+\boldsymbol{\beta})\boldsymbol{\eta}=\boldsymbol{\alpha}-2(\boldsymbol{\eta},\boldsymbol{\alpha})\boldsymbol{\eta}+\boldsymbol{\beta}-2(\boldsymbol{\eta},\boldsymbol{\beta})\boldsymbol{\eta}\\&=T(\boldsymbol{\alpha})+T(\boldsymbol{\beta})\end{aligned}$$

$$T(k\boldsymbol{\alpha})=k\boldsymbol{\alpha}-2(\boldsymbol{\eta},k\boldsymbol{\alpha})\boldsymbol{\eta}=k\boldsymbol{\alpha}-2k(\boldsymbol{\eta},\boldsymbol{\alpha})\boldsymbol{\eta}=k(\boldsymbol{\alpha}-2(\boldsymbol{\eta},\boldsymbol{\alpha})\boldsymbol{\eta})=kT(\boldsymbol{\alpha})$$

所以 T 是线性变换. 又

$$\begin{aligned}(T(\boldsymbol{\alpha}),T(\boldsymbol{\beta}))&=(\boldsymbol{\alpha}-2(\boldsymbol{\eta},\boldsymbol{\alpha})\boldsymbol{\eta},\boldsymbol{\beta}-2(\boldsymbol{\eta},\boldsymbol{\beta})\boldsymbol{\eta})\\&=(\boldsymbol{\alpha},\boldsymbol{\beta})-2(\boldsymbol{\eta},\boldsymbol{\alpha})(\boldsymbol{\eta},\boldsymbol{\beta})-2(\boldsymbol{\eta},\boldsymbol{\beta})(\boldsymbol{\alpha},\boldsymbol{\eta})+4(\boldsymbol{\eta},\boldsymbol{\alpha})(\boldsymbol{\eta},\boldsymbol{\beta})(\boldsymbol{\eta},\boldsymbol{\eta})\\&=(\boldsymbol{\alpha},\boldsymbol{\beta})-2(\boldsymbol{\eta},\boldsymbol{\alpha})(\boldsymbol{\eta},\boldsymbol{\beta})-2(\boldsymbol{\eta},\boldsymbol{\beta})(\boldsymbol{\alpha},\boldsymbol{\eta})+4(\boldsymbol{\eta},\boldsymbol{\alpha})(\boldsymbol{\eta},\boldsymbol{\beta})\\&=(\boldsymbol{\alpha},\boldsymbol{\beta})\end{aligned}$$

所以 T 是正交变换.

（2）同（1）一样可以证明 T 是正交变换. 要证明 T 是正交变换，则要保持向量的长度不变. 因为

$$T(\boldsymbol{\eta})=\boldsymbol{\eta}-k(\boldsymbol{\eta},\boldsymbol{\eta})\boldsymbol{\eta}=(1-k)\boldsymbol{\eta}$$

所以

$$|T(\boldsymbol{\eta})|^2=(T(\boldsymbol{\eta}),T(\boldsymbol{\eta}))=(1-k)^2=1$$

解得 $k=0$ 或 $k=2$.

① $k=0$ 时是恒等变换，因此是正交变换.

② 当 $k=2$ 时就是（1）中的正交变换，通常称为镜面反射.

例 2.11　设 n 维酉空间 V 上的线性变换 T 满足条件 $(T(\boldsymbol{\alpha}),\boldsymbol{\beta})=(\boldsymbol{\alpha},T(\boldsymbol{\beta}))$，证明：线性变换 T 在酉空间的标准正交基 $\boldsymbol{\varepsilon}_1,\boldsymbol{\varepsilon}_2,\cdots,\boldsymbol{\varepsilon}_n$ 下的矩阵 $\boldsymbol{A}$ 是 Hermite 矩阵.

证　设

$$\boldsymbol{\alpha}=x_1\boldsymbol{\varepsilon}_1+x_2\boldsymbol{\varepsilon}_2+\cdots+x_n\boldsymbol{\varepsilon}_n,\qquad \boldsymbol{\beta}=y_1\boldsymbol{\varepsilon}_1+y_2\boldsymbol{\varepsilon}_2+\cdots+y_n\boldsymbol{\varepsilon}_n$$

且

$$T(\boldsymbol{\varepsilon}_1,\boldsymbol{\varepsilon}_2,\cdots,\boldsymbol{\varepsilon}_n)=(\boldsymbol{\varepsilon}_1,\boldsymbol{\varepsilon}_2,\cdots,\boldsymbol{\varepsilon}_n)\boldsymbol{A}$$

令

$$\boldsymbol{X}=(x_1,x_2,\cdots,x_n)^{\mathrm{T}},\qquad \boldsymbol{Y}=(y_1,y_2,\cdots,y_n)^{\mathrm{T}}$$

于是由 $(T(\boldsymbol{\alpha}),\boldsymbol{\beta})=(\boldsymbol{\alpha},T(\boldsymbol{\beta}))$ 得到

$$\boldsymbol{Y}^{\mathrm{H}}(\boldsymbol{AX})=(\boldsymbol{AY})^{\mathrm{H}}\boldsymbol{X}$$

即

$$\boldsymbol{Y}^{\mathrm{H}}\boldsymbol{AX}=\boldsymbol{Y}^{\mathrm{H}}\boldsymbol{A}^{\mathrm{H}}\boldsymbol{X}$$

由 $\boldsymbol{X},\boldsymbol{Y}$ 的任意性得到 $\boldsymbol{A}^{\mathrm{H}}=\boldsymbol{A}$，所以 $\boldsymbol{A}$ 是 Hermite 矩阵.

例 2.12　设 V 是一个 n 维欧氏空间，$\boldsymbol{\alpha}\neq\boldsymbol{0}$ 是 V 中一个固定向量，证明：

（1）$V_1=\{\boldsymbol{\beta}\,|\,(\boldsymbol{\beta},\boldsymbol{\alpha})=0,\boldsymbol{\beta}\in V\}$ 是 V 的一个子空间；

（2）V_1 的维数是 $n-1$.

证（1）由于 $\boldsymbol{0}\in V_1$，所以 V_1 非空. 下面证明 V_1 对两种运算封闭. 事实上，任取 $\boldsymbol{x}_1,\boldsymbol{x}_2\in V_1$, 则有

$$(\boldsymbol{x}_1,\boldsymbol{\alpha})=(\boldsymbol{x}_2,\boldsymbol{\alpha})=0$$

于是又有

$$(\boldsymbol{x}_1+\boldsymbol{x}_2,\boldsymbol{\alpha})=(\boldsymbol{x}_1,\boldsymbol{\alpha})+(\boldsymbol{x}_2,\boldsymbol{\alpha})=0$$

所以 $\boldsymbol{x}_1+\boldsymbol{x}_2\in V_1$.

另一方面，也有

$$(k\boldsymbol{x}_1,\boldsymbol{\alpha})=k(\boldsymbol{x}_1,\boldsymbol{\alpha})=0$$

即 $k\boldsymbol{x}_1\in V_1$.

综上所述，V_1 是 V 的一个子空间.

（2）因 $\boldsymbol{\alpha}\neq\boldsymbol{0}$ 是线性无关的，可将其扩充为 V 的一组正交基 $\boldsymbol{\alpha},\boldsymbol{\eta}_2,\cdots,\boldsymbol{\eta}_n$, 则

$$(\boldsymbol{\eta}_i,\boldsymbol{\alpha})=0\quad(\boldsymbol{\eta}_i\in V_1;i=2,3,\cdots,n)$$

下面只要证明：对任意的$\boldsymbol{\beta}\in V_1$，$\boldsymbol{\beta}$可以由$\boldsymbol{\eta}_2,\cdots,\boldsymbol{\eta}_n$线性表出，则$V_1$的维数是$n-1$.

事实上，对任意的$\boldsymbol{\beta}\in V_1$，都有$\boldsymbol{\beta}\in V$，于是有线性关系

$$\boldsymbol{\beta}=k_1\boldsymbol{\alpha}+k_2\boldsymbol{\eta}_2+\cdots+k_n\boldsymbol{\eta}_n$$

且

$$(\boldsymbol{\beta},\boldsymbol{\alpha})=k_1(\boldsymbol{\alpha},\boldsymbol{\alpha})+k_2(\boldsymbol{\eta}_2,\boldsymbol{\alpha})+\cdots+k_n(\boldsymbol{\eta}_n,\boldsymbol{\alpha})$$

又由上可知

$$(\boldsymbol{\beta},\boldsymbol{\alpha})=(\boldsymbol{\eta}_i,\boldsymbol{\alpha})=0\quad(i=2,3,\cdots,n)$$

所以$k_1(\boldsymbol{\alpha},\boldsymbol{\alpha})=0$，又因$\boldsymbol{\alpha}\neq\mathbf{0}$，故$k_1=0$，从而有

$$\boldsymbol{\beta}=k_2\boldsymbol{\eta}_2+\cdots+k_n\boldsymbol{\eta}_n$$

再由$\boldsymbol{\beta}$的任意性，即得结论.

例 2.13　设V是一个欧氏空间，$\boldsymbol{\varepsilon}_1,\boldsymbol{\varepsilon}_2,\boldsymbol{\varepsilon}_3,\boldsymbol{\varepsilon}_4$是$V$的一组基，已知基$\boldsymbol{\alpha}_1=\boldsymbol{\varepsilon}_1-\boldsymbol{\varepsilon}_2$，$\boldsymbol{\alpha}_2=-\boldsymbol{\varepsilon}_1+2\boldsymbol{\varepsilon}_2$，$\boldsymbol{\alpha}_3=\boldsymbol{\varepsilon}_2+2\boldsymbol{\varepsilon}_3+\boldsymbol{\varepsilon}_4,\boldsymbol{\alpha}_4=\boldsymbol{\varepsilon}_1+\boldsymbol{\varepsilon}_3+\boldsymbol{\varepsilon}_4$的度量矩阵为

$$\boldsymbol{A}=\begin{bmatrix}2&-3&0&1\\-3&6&0&-1\\0&0&13&9\\1&-1&9&7\end{bmatrix}$$

（1）求$\boldsymbol{\varepsilon}_1,\boldsymbol{\varepsilon}_2,\boldsymbol{\varepsilon}_3,\boldsymbol{\varepsilon}_4$的度量矩阵$\boldsymbol{B}$；

（2）求一个向量$\boldsymbol{\xi}_4$与$\boldsymbol{\xi}_1=\boldsymbol{\varepsilon}_1+\boldsymbol{\varepsilon}_2-\boldsymbol{\varepsilon}_3+\boldsymbol{\varepsilon}_4$，$\boldsymbol{\xi}_2=\boldsymbol{\varepsilon}_1-\boldsymbol{\varepsilon}_2-\boldsymbol{\varepsilon}_3+\boldsymbol{\varepsilon}_4,\boldsymbol{\xi}_3=2\boldsymbol{\varepsilon}_1+\boldsymbol{\varepsilon}_2+\boldsymbol{\varepsilon}_3+3\boldsymbol{\varepsilon}_4$都正交；

（3）求$\boldsymbol{\xi}_1,\boldsymbol{\xi}_2,\boldsymbol{\xi}_3,\boldsymbol{\xi}_4$的度量矩阵.

解　（1）由$\boldsymbol{\varepsilon}_1,\boldsymbol{\varepsilon}_2,\boldsymbol{\varepsilon}_3,\boldsymbol{\varepsilon}_4$到$\boldsymbol{\alpha}_1,\boldsymbol{\alpha}_2,\boldsymbol{\alpha}_3,\boldsymbol{\alpha}_4$的过渡矩阵为

$$\boldsymbol{C}=\begin{bmatrix}1&-1&0&1\\-1&2&1&0\\0&0&2&1\\0&0&1&1\end{bmatrix}$$

所以由$\boldsymbol{\alpha}_1,\boldsymbol{\alpha}_2,\boldsymbol{\alpha}_3,\boldsymbol{\alpha}_4$到$\boldsymbol{\varepsilon}_1,\boldsymbol{\varepsilon}_2,\boldsymbol{\varepsilon}_3,\boldsymbol{\varepsilon}_4$的过渡矩阵为$\boldsymbol{C}^{-1}$，于是基$\boldsymbol{\varepsilon}_1,\boldsymbol{\varepsilon}_2,\boldsymbol{\varepsilon}_3,\boldsymbol{\varepsilon}_4$的度量矩阵为

$$\boldsymbol{B}=(\boldsymbol{C}^{-1})^{\mathrm{T}}\begin{bmatrix}2&-3&0&1\\-3&6&0&-1\\0&0&13&9\\1&-1&9&7\end{bmatrix}\boldsymbol{C}^{-1}=\begin{bmatrix}2&1&0&-1\\1&2&-1&0\\0&-1&2&1\\-1&0&1&3\end{bmatrix}$$

（2）设$\boldsymbol{\xi}_4=x_1\boldsymbol{\varepsilon}_1+x_2\boldsymbol{\varepsilon}_2+x_3\boldsymbol{\varepsilon}_3+x_4\boldsymbol{\varepsilon}_4$与$\boldsymbol{\xi}_1,\boldsymbol{\xi}_2,\boldsymbol{\xi}_3$均正交，则有

$$(x_1,x_2,x_3,x_4)\boldsymbol{B}\begin{bmatrix}1\\1\\-1\\1\end{bmatrix}=0,\quad(x_1,x_2,x_3,x_4)\boldsymbol{B}\begin{bmatrix}1\\-1\\-1\\1\end{bmatrix}=0,\quad(x_1,x_2,x_3,x_4)\boldsymbol{B}\begin{bmatrix}2\\1\\1\\3\end{bmatrix}=0$$

解之得一个非零解$(11,-6,-1,0)^{\mathrm{T}}$，令$\boldsymbol{\xi}_4=11\boldsymbol{\varepsilon}_1-6\boldsymbol{\varepsilon}_2-\boldsymbol{\varepsilon}_3$，则其与$\boldsymbol{\xi}_1,\boldsymbol{\xi}_2,\boldsymbol{\xi}_3$均正交.

（3）$\boldsymbol{\xi}_1,\boldsymbol{\xi}_2,\boldsymbol{\xi}_3,\boldsymbol{\xi}_4$的度量矩阵为

$$\begin{bmatrix} 1 & 1 & 2 & 11 \\ 1 & -1 & 1 & -6 \\ -1 & -1 & 1 & -1 \\ 1 & 1 & 3 & 0 \end{bmatrix}^{\mathrm{T}} \boldsymbol{B} \begin{bmatrix} 1 & 1 & 2 & 11 \\ 1 & -1 & 1 & -6 \\ -1 & -1 & 1 & -1 \\ 1 & 1 & 3 & 0 \end{bmatrix} = \begin{bmatrix} 9 & 1 & 9 & 0 \\ 1 & 1 & 3 & 0 \\ 9 & 3 & 35 & 0 \\ 0 & 0 & 0 & 172 \end{bmatrix}$$

例 2.14　给定 $\mathbf{R}^3$ 的两组基：

$$\begin{cases} \boldsymbol{\xi}_1 = (-1,0,2) \\ \boldsymbol{\xi}_2 = (0,1,1) \\ \boldsymbol{\xi}_3 = (3,-1,0) \end{cases} \quad \text{和} \quad \begin{cases} \boldsymbol{\eta}_1 = (-5,0,3) \\ \boldsymbol{\eta}_2 = (0,-1,3) \\ \boldsymbol{\eta}_3 = (-3,-1,4) \end{cases}$$

若定义线性变换 T 为 $\boldsymbol{T}(\boldsymbol{\xi}_i) = \boldsymbol{\eta}_i \ (i=1,2,3)$，且有内积 $(\boldsymbol{\alpha},\boldsymbol{\beta}) = \boldsymbol{\alpha}\boldsymbol{\beta}^{\mathrm{T}}$. 求：

（1）两组基间的过渡矩阵；

（2）T 在基 $\boldsymbol{\eta}_1,\boldsymbol{\eta}_2,\boldsymbol{\eta}_3$ 下的矩阵；

（3）基 $\boldsymbol{\eta}_1,\boldsymbol{\eta}_2,\boldsymbol{\eta}_3$ 的度量矩阵 $\boldsymbol{P} = (a_{ij})_{3\times 3}$，其中 $a_{ij} = (\boldsymbol{\eta}_i,\boldsymbol{\eta}_j)$.

解　（1）取 $\mathbf{R}^3$ 的标准基

$$\boldsymbol{\varepsilon}_1 = (1,0,0), \quad \boldsymbol{\varepsilon}_2 = (0,1,0), \quad \boldsymbol{\varepsilon}_3 = (0,0,1)$$

则 $\boldsymbol{\varepsilon}_1,\boldsymbol{\varepsilon}_2,\boldsymbol{\varepsilon}_3$ 到 $\boldsymbol{\xi}_1,\boldsymbol{\xi}_2,\boldsymbol{\xi}_3$ 及 $\boldsymbol{\eta}_1,\boldsymbol{\eta}_2,\boldsymbol{\eta}_3$ 的过渡矩阵分别是

$$\boldsymbol{A} = \begin{bmatrix} -1 & 0 & 3 \\ 0 & 1 & -1 \\ 2 & 1 & 0 \end{bmatrix}, \qquad \boldsymbol{B} = \begin{bmatrix} -5 & 0 & -3 \\ 0 & -1 & -1 \\ 3 & 3 & 4 \end{bmatrix}$$

则 $\boldsymbol{\xi}_1,\boldsymbol{\xi}_2,\boldsymbol{\xi}_3$ 到 $\boldsymbol{\eta}_1,\boldsymbol{\eta}_2,\boldsymbol{\eta}_3$ 的过渡矩阵是

$$\boldsymbol{C} = \boldsymbol{A}^{-1}\boldsymbol{B} = \begin{bmatrix} 2 & \frac{12}{7} & \frac{18}{7} \\ -1 & -\frac{3}{7} & -\frac{8}{7} \\ -1 & \frac{4}{7} & -\frac{1}{7} \end{bmatrix}$$

（2）由 $T(\boldsymbol{\xi}_i) = \boldsymbol{\eta}_i \ (i=1,2,3)$ 及（1）得到

$$(T(\boldsymbol{\eta}_1),T(\boldsymbol{\eta}_2),T(\boldsymbol{\eta}_3)) = T(\boldsymbol{\eta}_1,\boldsymbol{\eta}_2,\boldsymbol{\eta}_3) = T(\boldsymbol{\xi}_1,\boldsymbol{\xi}_2,\boldsymbol{\xi}_3)\ \boldsymbol{C} = (\boldsymbol{\eta}_1,\boldsymbol{\eta}_2,\boldsymbol{\eta}_3)\boldsymbol{C}$$

即 T 在基 $\boldsymbol{\eta}_1,\boldsymbol{\eta}_2,\boldsymbol{\eta}_3$ 下的矩阵是 $\boldsymbol{C}$.

（3）由内积定义为 $(\boldsymbol{\alpha},\boldsymbol{\beta}) = \boldsymbol{\alpha}\boldsymbol{\beta}^{\mathrm{T}}$ 得到

$$(\boldsymbol{\eta}_1,\boldsymbol{\eta}_1) = (-5)^2 + 0 + 3^2 = 34$$
$$(\boldsymbol{\eta}_1,\boldsymbol{\eta}_2) = (-5)\times 0 + 0\times(-1) + 3\times 3 = 9$$

同理

$$(\boldsymbol{\eta}_1,\boldsymbol{\eta}_3) = 27, \qquad (\boldsymbol{\eta}_2,\boldsymbol{\eta}_2) = 10$$
$$(\boldsymbol{\eta}_2,\boldsymbol{\eta}_3) = 13, \qquad (\boldsymbol{\eta}_3,\boldsymbol{\eta}_3) = 26$$

因此基 $\boldsymbol{\eta}_1,\boldsymbol{\eta}_2,\boldsymbol{\eta}_3$ 的度量矩阵为

$$P=\begin{bmatrix}34 & 9 & 27\\ 9 & 10 & 13\\ 27 & 13 & 26\end{bmatrix}$$

例 2.15　设欧氏空间 V 的基 $\boldsymbol{\varepsilon}_1,\boldsymbol{\varepsilon}_2,\boldsymbol{\varepsilon}_3,\boldsymbol{\varepsilon}_4$ 的度量矩阵为 $\boldsymbol{G}$，正交变换 T 在该基下的矩阵为 $\boldsymbol{A}$，证明：$\boldsymbol{A}^{\mathrm{T}}\boldsymbol{G}\boldsymbol{A}=\boldsymbol{G}$.

证　因为 T 是正交变换，所以 $\boldsymbol{A}$ 可逆，由

$$(T(\boldsymbol{\varepsilon}_1),T(\boldsymbol{\varepsilon}_2),\cdots,T(\boldsymbol{\varepsilon}_n))=(\boldsymbol{\varepsilon}_1,\boldsymbol{\varepsilon}_2,\cdots,\boldsymbol{\varepsilon}_n)\boldsymbol{A}$$

知 $T(\boldsymbol{\varepsilon}_1),T(\boldsymbol{\varepsilon}_2),\cdots,T(\boldsymbol{\varepsilon}_n)$ 也是 V 的一组基，它的度量矩阵为 $\boldsymbol{A}^{\mathrm{T}}\boldsymbol{G}\boldsymbol{A}$；再由 T 是正交变换，即有 $(T(\boldsymbol{\varepsilon}_i),T(\boldsymbol{\varepsilon}_i))=(\boldsymbol{\varepsilon}_i,\boldsymbol{\varepsilon}_j)$，这表明基 $T(\boldsymbol{\varepsilon}_1),T(\boldsymbol{\varepsilon}_2),\cdots,T(\boldsymbol{\varepsilon}_n)$ 的度量矩阵也是 $\boldsymbol{G}$，则有 $\boldsymbol{A}^{\mathrm{T}}\boldsymbol{G}\boldsymbol{A}=\boldsymbol{G}$.

例 2.16　在 $\mathbf{R}_3[\boldsymbol{x}]$ 中，定义内积 $(f(x),g(x))=\int_{-1}^{1}f(x)g(x)\mathrm{d}x$.

（1）求 $\mathbf{R}_3[\boldsymbol{x}]$ 的一组标准正交基；

（2）求基 $1,x,x^2$ 的度量矩阵；

（3）利用度量矩阵计算 $f(x)=1-x+x^2, g(x)=1-4x-5x^2$ 的内积.

解　（1）取 $\mathbf{R}_3[\boldsymbol{x}]$ 的一组正交基 $1,x,x^2$，先将其正交化，有

$$\boldsymbol{\xi}_1=1,\qquad \boldsymbol{\xi}_2=x-\frac{(x,1)}{(1,1)}\boldsymbol{\xi}_1=x-0\boldsymbol{\xi}_1=x$$

$$\boldsymbol{\xi}_3=x^2-\frac{(x^2,1)}{(1,1)}\boldsymbol{\xi}_1-\frac{(x^2,x)}{(x,x)}\boldsymbol{\xi}_2=x^2-\frac{\int_{-1}^{1}x^2\mathrm{d}x}{\int_{-1}^{1}\mathrm{d}x}-\frac{\int_{-1}^{1}x^3\mathrm{d}x}{\int_{-1}^{1}x^2\mathrm{d}x}\cdot x=x^2-\frac{1}{3}$$

且

$$|\boldsymbol{\xi}_1|=\sqrt{\int_{-1}^{1}1^2\mathrm{d}x}=\sqrt{2},\qquad |\boldsymbol{\xi}_2|=\sqrt{\int_{-1}^{1}x^2\mathrm{d}x}=\sqrt{\frac{2}{3}}=\frac{2}{\sqrt{6}}$$

$$|\boldsymbol{\xi}_3|=\sqrt{\int_{-1}^{1}\left(x^2-\frac{1}{3}\right)^2\mathrm{d}x}=\sqrt{\frac{8}{45}}=\frac{2\sqrt{10}}{15}$$

再单位化，得 $\mathbf{R}_3[\boldsymbol{x}]$ 的一组标准正交基为

$$\boldsymbol{\eta}_1=\frac{1}{\sqrt{2}}\boldsymbol{\xi}_1=\frac{\sqrt{2}}{2},\quad \boldsymbol{\eta}_2=\frac{1}{\sqrt{\frac{2}{3}}}\boldsymbol{\xi}_2=\frac{\sqrt{6}}{2}x,\quad \boldsymbol{\eta}_3=\frac{1}{\frac{2\sqrt{10}}{15}}\boldsymbol{\xi}_3=\frac{3\sqrt{10}}{4}\left(x^2-\frac{1}{3}\right)$$

（2）设基 $1,x,x^2$ 的度量矩阵为 $\boldsymbol{A}=(a_{ij})_{3\times3}$，则 $\boldsymbol{A}$ 是实对称矩阵，因此只要计算 $a_{ij}\,(i\leqslant j)$. 因为

$$a_{11}=(1,1)=\int_{-1}^{1}1\cdot1\mathrm{d}x=2,\qquad a_{12}=(1,x)=\int_{-1}^{1}1\cdot x\mathrm{d}x=0$$

$$a_{13}=(1,x^2)=\int_{-1}^{1}1\cdot x^2\mathrm{d}x=\frac{2}{3},\qquad a_{22}=(x,x)=\int_{-1}^{1}x\cdot x\mathrm{d}x=\frac{2}{3}$$

$$a_{23}=(x,x^2)=0,\qquad a_{33}=(x^2,x^2)=\int_{-1}^{1}x^2\cdot x^2\mathrm{d}x=\frac{2}{5}$$

于是

$$A=\begin{bmatrix}2 & 0 & \frac{2}{3}\\ 0 & \frac{2}{3} & 0\\ \frac{2}{3} & 0 & \frac{2}{5}\end{bmatrix}$$

（3） $f(x),g(x)$ 在基 $1,x,x^2$ 下的坐标分别是

$$\boldsymbol{\alpha}=(1,-1,1)^{\mathrm{T}},\qquad \boldsymbol{\beta}=(1,-4,-5)^{\mathrm{T}}$$

于是

$$(f(x),g(x))=[1,-1,1]\begin{bmatrix}2 & 0 & \frac{2}{3}\\ 0 & \frac{2}{3} & 0\\ \frac{2}{3} & 0 & \frac{2}{5}\end{bmatrix}\begin{bmatrix}1\\ -4\\ -5\end{bmatrix}=0$$

例 2.17 设 $\boldsymbol{\alpha}_1,\boldsymbol{\alpha}_2,\boldsymbol{\alpha}_3$ 是欧氏空间 V 的一组基，该基的度量矩阵为

$$A=\begin{bmatrix}1 & -1 & 1\\ -1 & 2 & 0\\ 1 & 0 & 4\end{bmatrix}$$

（1）计算内积 $(\boldsymbol{\alpha}_1+\boldsymbol{\alpha}_2,\boldsymbol{\alpha}_1),(\boldsymbol{\alpha}_2,\boldsymbol{\alpha}_3),(\boldsymbol{\alpha}_1+\boldsymbol{\alpha}_2-\boldsymbol{\alpha}_3,2\boldsymbol{\alpha}_2+\boldsymbol{\alpha}_3)$；

（2）求 V 的一组标准正交基.

解 记 $A=(a_{ij})_{3\times3}$，则 $(\boldsymbol{\alpha}_i,\boldsymbol{\alpha}_j)=a_{ij}$，于是有

$$(\boldsymbol{\alpha}_1+\boldsymbol{\alpha}_2,\boldsymbol{\alpha}_1)=(\boldsymbol{\alpha}_1,\boldsymbol{\alpha}_1)+(\boldsymbol{\alpha}_2,\boldsymbol{\alpha}_1)=1+(-1)=0$$

$$(\boldsymbol{\alpha}_2,\boldsymbol{\alpha}_3)=\boldsymbol{a}_{23}=0$$

$$\begin{aligned}&(\boldsymbol{\alpha}_1+\boldsymbol{\alpha}_2-\boldsymbol{\alpha}_3,2\boldsymbol{\alpha}_2+\boldsymbol{\alpha}_3)\\ &=2(\boldsymbol{\alpha}_1,\boldsymbol{\alpha}_2)+(\boldsymbol{\alpha}_1,\boldsymbol{\alpha}_3)+4(\boldsymbol{\alpha}_2,\boldsymbol{\alpha}_2)+2(\boldsymbol{\alpha}_2,\boldsymbol{\alpha}_3)-2(\boldsymbol{\alpha}_3,\boldsymbol{\alpha}_2)-(\boldsymbol{\alpha}_3,\boldsymbol{\alpha}_3)\\ &=2\times(-1)+1+4\times2+0-0-4=3\end{aligned}$$

（2）用 Schmidt 正交化方法.令 $\boldsymbol{\beta}_1=\boldsymbol{\alpha}_1$，则

$$\boldsymbol{\beta}_2=\boldsymbol{\alpha}_2-\frac{(\boldsymbol{\alpha}_2,\boldsymbol{\beta}_1)}{(\boldsymbol{\beta}_1,\boldsymbol{\beta}_1)}\boldsymbol{\beta}_1=\boldsymbol{\alpha}_2-\frac{-1}{1}\boldsymbol{\beta}_1=\boldsymbol{\alpha}_1+\boldsymbol{\alpha}_2$$

$$\boldsymbol{\beta}_3=\boldsymbol{\alpha}_3-\frac{(\boldsymbol{\alpha}_3,\boldsymbol{\beta}_1)}{(\boldsymbol{\beta}_1,\boldsymbol{\beta}_1)}\boldsymbol{\beta}_1-\frac{(\boldsymbol{\alpha}_3,\boldsymbol{\beta}_2)}{(\boldsymbol{\beta}_2,\boldsymbol{\beta}_2)}\boldsymbol{\beta}_2=\boldsymbol{\alpha}_3-\boldsymbol{\alpha}_1-\frac{(\boldsymbol{\alpha}_3,\boldsymbol{\alpha}_2+\boldsymbol{\alpha}_1)}{(\boldsymbol{\alpha}_2+\boldsymbol{\alpha}_1,\boldsymbol{\alpha}_2+\boldsymbol{\alpha}_1)}(\boldsymbol{\alpha}_2+\boldsymbol{\alpha}_1)=-2\boldsymbol{\alpha}_1-\boldsymbol{\alpha}_2+\boldsymbol{\alpha}_3$$

再单位化，有

$$\|\boldsymbol{\beta}_1\|=\sqrt{(\boldsymbol{\alpha}_1,\boldsymbol{\alpha}_1)}=1$$

$$\|\boldsymbol{\beta}_2\|=\sqrt{(\boldsymbol{\alpha}_1+\boldsymbol{\alpha}_2,\boldsymbol{\alpha}_1+\boldsymbol{\alpha}_2)}=1$$

$$\|\boldsymbol{\beta}_3\|=\sqrt{(-2\boldsymbol{\alpha}_1-\boldsymbol{\alpha}_2+\boldsymbol{\alpha}_3,-2\boldsymbol{\alpha}_1-\boldsymbol{\alpha}_2+\boldsymbol{\alpha}_3)}=\sqrt{2}$$

于是所求的标准正交基是

$$e_1=\boldsymbol{\alpha}_1,\quad e_2=\frac{\boldsymbol{\alpha}_1+\boldsymbol{\alpha}_2}{1}=\boldsymbol{\alpha}_1+\boldsymbol{\alpha}_2,\quad e_3=\frac{-2\boldsymbol{\alpha}_1-\boldsymbol{\alpha}_2+\boldsymbol{\alpha}_3}{\sqrt{2}}$$

例 2.18　设 V 是一个 3 维欧氏空间，$\boldsymbol{\alpha}_1,\boldsymbol{\alpha}_2,\boldsymbol{\alpha}_3$ 是 V 的一组基，内积在这组基下的度量矩阵为

$$\boldsymbol{A}=\begin{bmatrix}1&1&0\\1&2&-1\\0&-1&3\end{bmatrix}$$

（1）设 $\boldsymbol{\beta}_1=\boldsymbol{\alpha}_1,\boldsymbol{\beta}_2=\boldsymbol{\alpha}_1+\boldsymbol{\alpha}_2,\boldsymbol{\beta}_3=\boldsymbol{\alpha}_1+\boldsymbol{\alpha}_2+\boldsymbol{\alpha}_3$，证明 $\boldsymbol{\beta}_1,\boldsymbol{\beta}_2,\boldsymbol{\beta}_3$ 也是 V 的一组基，并求向量 $\boldsymbol{\alpha}=\boldsymbol{\alpha}_1-\boldsymbol{\alpha}_2+\boldsymbol{\alpha}_3$ 在基 $\boldsymbol{\beta}_1,\boldsymbol{\beta}_2,\boldsymbol{\beta}_3$ 下的坐标；

（2）将 $\boldsymbol{\beta}_1,\boldsymbol{\beta}_2,\boldsymbol{\beta}_3$ 正交化，并由此求出 V 的一组标准正交基.

解（1）设 $k_1\boldsymbol{\beta}_1+k_2\boldsymbol{\beta}_2+k_3\boldsymbol{\beta}_3=0$，则

$$(k_1+k_2+k_3)\boldsymbol{\alpha}_1+(k_2+k_3)\boldsymbol{\alpha}_2+k_3\boldsymbol{\alpha}_3=0$$

因 $\boldsymbol{\alpha}_1,\boldsymbol{\alpha}_2,\boldsymbol{\alpha}_3$ 是 V 的一组基，故线性无关，所以

$$\begin{cases}k_1+k_2+k_3=0\\k_2+k_3=0\\k_3=0\end{cases}$$

解得 $k_1=k_2=k_3=0$，所以 $\boldsymbol{\beta}_1,\boldsymbol{\beta}_2,\boldsymbol{\beta}_3$ 线性无关，从而也构成 V 的一组基. 又

$$\boldsymbol{\alpha}=\boldsymbol{\alpha}_1-\boldsymbol{\alpha}_2+\boldsymbol{\alpha}_3=\boldsymbol{\beta}_1-(\boldsymbol{\beta}_2-\boldsymbol{\beta}_1)+(\boldsymbol{\beta}_3-\boldsymbol{\beta}_2)=2\boldsymbol{\beta}_1-2\boldsymbol{\beta}_2+\boldsymbol{\beta}_3$$

故向量 $\boldsymbol{\alpha}$ 在基 $\boldsymbol{\beta}_1,\boldsymbol{\beta}_2,\boldsymbol{\beta}_3$ 下的坐标为 $\boldsymbol{x}=(2,-2,1)^{\mathrm{T}}$.

（2）令 $\boldsymbol{\gamma}_1=\boldsymbol{\beta}_1=\boldsymbol{\alpha}_1$，则

$$\boldsymbol{\gamma}_2=\boldsymbol{\beta}_2-\frac{(\boldsymbol{\beta}_2,\boldsymbol{\gamma}_1)}{(\boldsymbol{\gamma}_1,\boldsymbol{\gamma}_1)}\boldsymbol{\gamma}_1=-\boldsymbol{\alpha}_1+\boldsymbol{\alpha}_2$$

$$\boldsymbol{\gamma}_3=\boldsymbol{\beta}_3-\frac{(\boldsymbol{\beta}_3,\boldsymbol{\gamma}_1)}{(\boldsymbol{\gamma}_1,\boldsymbol{\gamma}_1)}\boldsymbol{\gamma}_1-\frac{(\boldsymbol{\beta}_3,\boldsymbol{\gamma}_2)}{(\boldsymbol{\gamma}_2,\boldsymbol{\gamma}_2)}\boldsymbol{\gamma}_2=-\boldsymbol{\alpha}_1+\boldsymbol{\alpha}_2+\boldsymbol{\alpha}_3$$

再单位化，有

$$e_1=\frac{\boldsymbol{\gamma}_1}{\|\boldsymbol{\gamma}_1\|}=\frac{\boldsymbol{\alpha}_1}{\|\boldsymbol{\alpha}_1\|}=\boldsymbol{\alpha}_1$$

$$e_2=\frac{\boldsymbol{\gamma}_2}{\|\boldsymbol{\gamma}_2\|}=\frac{-\boldsymbol{\alpha}_1+\boldsymbol{\alpha}_2}{\|-\boldsymbol{\alpha}_1+\boldsymbol{\alpha}_2\|}=-\boldsymbol{\alpha}_1+\boldsymbol{\alpha}_2$$

$$e_3=\frac{\boldsymbol{\gamma}_3}{\|\boldsymbol{\gamma}_3\|}=\frac{-\boldsymbol{\alpha}_1+\boldsymbol{\alpha}_2+\boldsymbol{\alpha}_3}{\|-\boldsymbol{\alpha}_1+\boldsymbol{\alpha}_2+\boldsymbol{\alpha}_3\|}=\frac{-\boldsymbol{\alpha}_1+\boldsymbol{\alpha}_2+\boldsymbol{\alpha}_3}{\sqrt{2}}$$

则 e_1,e_2，e_3 即为所求的标准正交基.

例 2.19　设 $\boldsymbol{A}^{\mathrm{H}}=-\boldsymbol{A}$，试证：$\boldsymbol{U}=(\boldsymbol{A}+\boldsymbol{E})(\boldsymbol{A}-\boldsymbol{E})^{-1}$ 是酉矩阵.

证　由于 $\boldsymbol{A}^{\mathrm{H}}=-\boldsymbol{A}$，所以有

$$\begin{aligned}\boldsymbol{U}^{\mathrm{H}}&=[(\boldsymbol{A}-\boldsymbol{E})^{\mathrm{H}}]^{-1}(\boldsymbol{A}+\boldsymbol{E})^{\mathrm{H}}=(-\boldsymbol{A}-\boldsymbol{E})^{-1}(-\boldsymbol{A}+\boldsymbol{E})\\&=(\boldsymbol{A}+\boldsymbol{E})^{-1}(\boldsymbol{A}-\boldsymbol{E})\end{aligned}$$

故

$$U^{\mathrm{H}}U=(A+E)^{-1}(A-E)(A+E)(A-E)^{-1}$$
$$=(A+E)^{-1}(A+E)(A-E)(A-E)^{-1}=E$$

即 U 是酉矩阵.

例 2.20　设 A 为正定 Hermite 矩阵，B 为反 Hermite 矩阵，试证 AB 与 BA 的特征值实部为零.

证　设 AB 的特征值为 λ，则 $|\lambda I-AB|=0$. 由于 A 正定，所以存在可逆矩阵 P，使得 $A=P^{\mathrm{H}}P$，于是

$$|\lambda I-AB|=|\lambda I-P^{\mathrm{H}}PB|=|\lambda P^{\mathrm{H}}(P^{\mathrm{H}})^{-1}-P^{\mathrm{H}}PB|$$
$$=|P^{\mathrm{H}}||\lambda I-PBP^{\mathrm{H}}||(P^{\mathrm{H}})^{-1}|=0$$

从而有 $|\lambda I-PBP^{\mathrm{H}}|=0$，表明 λ 也是 PBP^{H} 的特征值. 因为 $B^{\mathrm{H}}=-B$，所以

$$(PBP^{\mathrm{H}})^{\mathrm{H}}=PB^{\mathrm{H}}P^{\mathrm{H}}=-PBP^{\mathrm{H}}$$

即 PBP^{H} 是反 Hermite 矩阵，则它的特征值 λ 为纯虚数，也就是 AB 的特征值实部为零. 同理也可证明 BA 的特征值实部为零.

例 2.21　证明：n 阶方阵 A 为酉矩阵的充要条件是对任何行向量 $\alpha\in\mathbf{C}^n$，都有 $|\alpha A|=|\alpha|$.

证　设 A 为酉矩阵，则 $(\alpha A)(\alpha A)^{\mathrm{H}}=\alpha(AA^{\mathrm{H}})\alpha^{\mathrm{H}}=\alpha\alpha^{\mathrm{H}}$，即 $|\alpha A|^2=|\alpha|^2$，故 $|\alpha A|=|\alpha|$. 反之，由 $|\alpha A|=|\alpha|$，可得 $(\alpha A)(\alpha A)^{\mathrm{H}}=\alpha\alpha^{\mathrm{H}}$，于是 $\alpha(AA^{\mathrm{H}}-I)\alpha^{\mathrm{H}}=0$. 令 $B=AA^{\mathrm{H}}-I$，可得

$$f=\alpha B\alpha^{\mathrm{H}}=\sum_{i,j=1}^{n}b_{ij}x_i\overline{x}_j=0$$

取 α 满足条件：$x_i=1,x_j=1$，其他的 $x_k=0$，得 $b_{ij}=0$. 因为 i,j 的任意性，故知 $B=(b_{ij})=0$，所以有 $AA^{\mathrm{H}}=I$，即 A 为酉矩阵.

例 2.22　设 $A\in\mathbf{C}^{n\times n}$，满足条件 $\forall x\in\mathbf{C}^n$，有 $x^{\mathrm{H}}Ax\in\mathbf{R}$，即 $x^{\mathrm{H}}Ax$ 是实数，证明 A 是 Hermite 矩阵.

证法一　$\forall x,y\in\mathbf{C}^n$，$(x+y)^{\mathrm{H}}A(x+y)=(x^{\mathrm{H}}+y^{\mathrm{H}})A(x+y)$

$$=x^{\mathrm{H}}Ax+y^{\mathrm{H}}Ay+x^{\mathrm{H}}Ay+y^{\mathrm{H}}Ax\in\mathbf{R}$$

因 $x^{\mathrm{H}}Ax,y^{\mathrm{H}}Ay\in\mathbf{R}$，故 $x^{\mathrm{H}}Ay+y^{\mathrm{H}}Ax\in\mathbf{R}$，设 $A=(a_{ij})_{n\times n}$，取

$$x=(0,\cdots,0,1,0,\cdots,0)^{\mathrm{T}}=e_k,\ y=e_j$$

则

$$e_k^{\mathrm{H}}Ae_j+e_j^{\mathrm{H}}Ae_k=a_{kj}+a_{jk}\in\mathbf{R}$$

于是 $\mathrm{Im}\,a_{kj}=-\mathrm{Im}\,a_{jk}$，取 $x=\mathrm{i}e_k,y=e_j,\mathrm{i}=\sqrt{-1}$，则

$$-\mathrm{i}e_k^{\mathrm{H}}Ae_j+\mathrm{i}e_j^{\mathrm{H}}Ae_k=-\mathrm{i}a_{kj}+\mathrm{i}a_{jk}\in\mathbf{R}$$

于是 $\mathrm{Re}\,a_{kj}=\mathrm{Re}\,a_{jk}$，所以 $a_{jk}=\overline{a}_{kj}$，从而 $A^{\mathrm{H}}=A$，即 A 是 Hermite 矩阵.

证法二　由于 $\forall x\in\mathbf{C}^n$，$x^{\mathrm{H}}Ax\in\mathbf{R}$，于是有

$$x^{\mathrm{H}}A^{\mathrm{H}}x=(x^{\mathrm{H}}Ax)^{\mathrm{H}}=x^{\mathrm{H}}Ax$$

故有

$$x^{\mathrm{H}}(A^{\mathrm{H}}-A)x=x^{\mathrm{H}}A^{\mathrm{H}}x-x^{\mathrm{H}}Ax=0 \tag{1}$$

令 $\boldsymbol{B}=\boldsymbol{A}^{\mathrm{H}}-\boldsymbol{A}$，设有 $\boldsymbol{B\alpha}=\lambda\boldsymbol{\alpha}$（$\boldsymbol{\alpha}\neq 0$），由式（1）有

$$\boldsymbol{\alpha}^{\mathrm{H}}\boldsymbol{B\alpha}=\lambda\boldsymbol{\alpha}^{\mathrm{H}}\boldsymbol{\alpha}=0$$

而 $\boldsymbol{\alpha}^{\mathrm{H}}\boldsymbol{\alpha}\neq 0$，从而 $\lambda=0$，即 $\boldsymbol{B}$ 的特征值全为 0.

由 $\boldsymbol{B}^{\mathrm{H}}=(\boldsymbol{A}^{\mathrm{H}}-\boldsymbol{A})^{\mathrm{H}}=\boldsymbol{A}-\boldsymbol{A}^{\mathrm{H}}$，可知 $\boldsymbol{B}$ 为 Hermite 矩阵，即为正规矩阵，所以存在酉矩阵 $\boldsymbol{Q}$，使得 $\boldsymbol{Q}^{-1}\boldsymbol{BQ}=\mathrm{diag}(\lambda_1,\lambda_2,\cdots,\lambda_n)$，$\lambda_1,\lambda_2,\cdots,\lambda_n$ 为 $\boldsymbol{B}$ 的特征值，由于 $\lambda_1,\lambda_2,\cdots,\lambda_n$ 全为 0，于是有 $\boldsymbol{B}=\boldsymbol{O}$.故有 $\boldsymbol{A}^{\mathrm{H}}=\boldsymbol{A}$，即 $\boldsymbol{A}$ 是反 Hermite 矩阵.

例 2.23　设 $\boldsymbol{A}$，$\boldsymbol{B}\in\mathbf{C}^{n\times n}$ 均为 n 阶 Hermite 矩阵，其中 $\boldsymbol{A}$ 为正定的，证明：

（1）$\boldsymbol{A}$ 中模最大的元素必位于 $\boldsymbol{A}$ 的主对角线上；

（2）矩阵 $\boldsymbol{AB}$ 的特征值均为实数.

证　（1）任取正定矩阵 $\boldsymbol{A}$ 中模最大的元素 $a_{i_0j_0}$（注意 $\boldsymbol{A}$ 中模最大的元素可能不唯一），假设 $i_0\neq j_0$，即 $a_{i_0j_0}$ 不位于 $\boldsymbol{A}$ 的主对角线上.

首先，作为正定矩阵 $\boldsymbol{A}$ 的一个二阶主子式（行指标与列指标均为 i_0，j_0），应有

$$\begin{vmatrix} a_{i_0i_0} & a_{i_0j_0} \\ \overline{a}_{i_0j_0} & a_{j_0j_0}\end{vmatrix}>0 \tag{1}$$

但另一方面，由于 $a_{i_0j_0}$ 是 $\boldsymbol{A}$ 中模最大的元素，故又有

$$\begin{vmatrix} a_{i_0i_0} & a_{i_0j_0} \\ \overline{a}_{i_0j_0} & a_{j_0j_0}\end{vmatrix}=a_{i_0i_0}a_{j_0j_0}-|a_{i_0j_0}|^2\leqslant|a_{i_0i_0}||a_{j_0j_0}|-|a_{i_0j_0}|^2\leqslant 0 \tag{2}$$

注意，其中元素 $a_{i_0i_0}$，$a_{j_0j_0}$ 均为实数，且不排除它们也是 $\boldsymbol{A}$ 中模（即绝对值）最大的元素，式（1）与式（2）矛盾，故 $i_0=j_0$，即 $\boldsymbol{A}$ 中模最大的元素必位于 $\boldsymbol{A}$ 的主对角线上.

（2）由于 $\boldsymbol{A}$ 为正定的 Hermite 矩阵，故存在满秩矩阵 $\boldsymbol{P}$，使得 $\boldsymbol{A}=\boldsymbol{PP}^{\mathrm{H}}$，所以

$$\boldsymbol{AB}=(\boldsymbol{PP}^{\mathrm{H}})\boldsymbol{B}=(\boldsymbol{PP}^{\mathrm{H}})\boldsymbol{B}(\boldsymbol{PP}^{-1})=\boldsymbol{P}(\boldsymbol{P}^{\mathrm{H}}\boldsymbol{BP})\boldsymbol{P}^{-1}$$

即 $\boldsymbol{AB}$ 与 $\boldsymbol{P}^{\mathrm{H}}\boldsymbol{BP}$ 相似.

由于 $(\boldsymbol{P}^{\mathrm{H}}\boldsymbol{BP})^{\mathrm{H}}=\boldsymbol{P}^{\mathrm{H}}\boldsymbol{B}^{\mathrm{H}}(\boldsymbol{P}^{\mathrm{H}})^{\mathrm{H}}=\boldsymbol{P}^{\mathrm{H}}\boldsymbol{BP}$，故 $\boldsymbol{P}^{\mathrm{H}}\boldsymbol{BP}$ 为 Hermite 矩阵，所以其特征值均为实数，故 $\boldsymbol{AB}$ 的特征值也均为实数.

例 2.24　设 $\boldsymbol{A}$ 是 n 阶 Hermite 矩阵，

（1）证明：$\boldsymbol{A}$ 半正定的充分必要条件是 $\boldsymbol{A}$ 的特征值均为非负实数；

（2）若 $\boldsymbol{A}$ 半正定，证明：$|\boldsymbol{A}+\boldsymbol{I}_n|\geqslant 1$，且等号成立的充分条件为 $\boldsymbol{A}=\boldsymbol{O}$.

解　（1）设 λ 是 $\boldsymbol{A}$ 的任一特征值，$\boldsymbol{\alpha}\neq\boldsymbol{0}$ 是 $\boldsymbol{A}$ 属于 λ 的任一特征向量，则 λ 是实数，且 $\boldsymbol{A\alpha}=\lambda\boldsymbol{\alpha}$，得 $\boldsymbol{\alpha}^{\mathrm{H}}\boldsymbol{A\alpha}=\lambda\boldsymbol{\alpha}^{\mathrm{H}}\boldsymbol{\alpha}$.

若 $\boldsymbol{A}$ 半正定，则 $\boldsymbol{\alpha}^{\mathrm{H}}\boldsymbol{A\alpha}=\lambda\boldsymbol{\alpha}^{\mathrm{H}}\boldsymbol{\alpha}\geqslant 0$，又 $\boldsymbol{\alpha}^{\mathrm{H}}\boldsymbol{\alpha}>0$，因此 $\lambda\geqslant 0$；若 $\lambda\geqslant 0$，因 $\boldsymbol{\alpha}^{\mathrm{H}}\boldsymbol{\alpha}>0$，所以 $\boldsymbol{\alpha}^{\mathrm{H}}\boldsymbol{A\alpha}\geqslant 0$，即 $\boldsymbol{A}$ 半正定.

（2）由 $\boldsymbol{A}$ 为 Hermite 矩阵且半正定，故存在 n 阶酉矩阵 $\boldsymbol{U}$ 使得

$$\boldsymbol{U}^{\mathrm{H}}\boldsymbol{AU}=\mathrm{diag}(\lambda_1,\lambda_2,\cdots,\lambda_n)\quad(\lambda_i\geqslant 0;i=1,2,\cdots,n)$$

于是

$$\boldsymbol{U}^{\mathrm{H}}(\boldsymbol{A}+\boldsymbol{I}_n)\boldsymbol{U}=\mathrm{diag}(1+\lambda_1,1+\lambda_2,\cdots,1+\lambda_n)$$

则

$$|\boldsymbol{A}+\boldsymbol{I}_n|=|\boldsymbol{U}^{\mathrm{H}}(\boldsymbol{A}+\boldsymbol{I}_n)\boldsymbol{U}|=(1+\lambda_1)(1+\lambda_2)\cdots(1+\lambda_n)\geqslant 1$$

等号成立当且仅当$\lambda_1=\lambda_2=\cdots=\lambda_n=0$，即仅当$\boldsymbol{A}=\boldsymbol{O}$.

例 2.25　已知$\boldsymbol{A}$是 Hermite 矩阵，且$\boldsymbol{A}^k=\boldsymbol{O}$（$k$为正整数），试证$\boldsymbol{A}=\boldsymbol{O}$.

证　因为$\boldsymbol{A}$是 Hermite 矩阵，所以存在酉矩阵$\boldsymbol{U}$，使得

$$\boldsymbol{U}^{\mathrm{H}}\boldsymbol{A}\boldsymbol{U}=\begin{bmatrix}\lambda_1 & 0 & \cdots & 0\\ 0 & \lambda_2 & \cdots & 0\\ \vdots & \vdots & & \vdots\\ 0 & 0 & \cdots & \lambda_n\end{bmatrix}\quad(\lambda_i\text{ 为 }\boldsymbol{A}\text{ 的特征值，且为实数})$$

于是

$$\boldsymbol{A}=\boldsymbol{U}\begin{bmatrix}\lambda_1 & 0 & \cdots & 0\\ 0 & \lambda_2 & \cdots & 0\\ \vdots & \vdots & & \vdots\\ 0 & 0 & \cdots & \lambda_n\end{bmatrix}\boldsymbol{U}^{\mathrm{H}}$$

从而

$$\boldsymbol{A}^k=\boldsymbol{U}\begin{bmatrix}\lambda_1^k & 0 & \cdots & 0\\ 0 & \lambda_2^k & \cdots & 0\\ \vdots & \vdots & & \vdots\\ 0 & 0 & \cdots & \lambda_n^k\end{bmatrix}\boldsymbol{U}^{\mathrm{H}}=\boldsymbol{O}$$

所以$\lambda_1=\lambda_2=\cdots=\lambda_n=0$，故$\boldsymbol{A}=\boldsymbol{O}$.

例 2.26　设$\boldsymbol{A}=\begin{bmatrix}0 & \mathrm{i} & 1\\ -\mathrm{i} & 0 & 0\\ 1 & 0 & 0\end{bmatrix}$，求酉矩阵$\boldsymbol{U}$使得$\boldsymbol{U}^{\mathrm{H}}\boldsymbol{A}\boldsymbol{U}$是对角阵.

解　因

$$|\lambda\boldsymbol{I}-\boldsymbol{A}|=\begin{bmatrix}\lambda & -\mathrm{i} & -1\\ \mathrm{i} & \lambda & 0\\ -1 & 0 & \lambda\end{bmatrix}=\lambda(\lambda^2-2)$$

故$\boldsymbol{A}$的特征值为$\lambda_1=\sqrt{2},\lambda_2=-\sqrt{2},\lambda_3=0,$对应的线性无关的特征向量分别是

$$\boldsymbol{\alpha}_1=(\sqrt{2},-\mathrm{i},1)^{\mathrm{T}},\quad \boldsymbol{\alpha}_2=(-\sqrt{2},-\mathrm{i},1)^{\mathrm{T}},\quad \boldsymbol{\alpha}_3=(0,\mathrm{i},1)^{\mathrm{T}}$$

它们两两正交，将其单位化得到

$$\boldsymbol{e}_1=\left(\frac{1}{\sqrt{2}},-\frac{\mathrm{i}}{2},\frac{1}{2}\right)^{\mathrm{T}},\quad \boldsymbol{e}_2=\left(-\frac{1}{\sqrt{2}},-\frac{\mathrm{i}}{2},\frac{1}{2}\right)^{\mathrm{T}},\quad \boldsymbol{e}_3=\left(0,\frac{\mathrm{i}}{\sqrt{2}},\frac{1}{\sqrt{2}}\right)^{\mathrm{T}}$$

则酉矩阵为

$$U=\begin{bmatrix}\frac{1}{\sqrt{2}} & -\frac{1}{\sqrt{2}} & 0\\ -\frac{i}{2} & -\frac{i}{2} & \frac{i}{\sqrt{2}}\\ \frac{1}{2} & \frac{1}{2} & \frac{1}{\sqrt{2}}\end{bmatrix}$$

使 $U^{H}AU=\begin{bmatrix}\sqrt{2} & 0 & 0\\ 0 & -\sqrt{2} & 0\\ 0 & 0 & 0\end{bmatrix}$.

例 2.27　设 $A\in\mathbf{C}^{n\times n}$，酉空间 $\mathbf{C}^n$ 的内积是通常的，证明：$(R(A))^{\perp}=N(A^{H})$，其中，$R(A)$ 是 $A\in\mathbf{C}^{n\times n}$ 的列空间，$N(A^{H})$ 是 A^{H} 的零空间.

证　将 A 按照列分块为 $A=(\alpha_1,\alpha_2,\cdots,\alpha_n)$，则

$$R(A)=\mathrm{span}\{\alpha_1,\alpha_2,\cdots,\alpha_n\}$$

$$(R(A))^{\perp}=N(A^{H})=\left\{\beta\middle|\beta\perp(k_1\alpha_1+k_2\alpha_2+\cdots+k_n\alpha_n),k_i\in\mathbf{C},\beta\in\mathbf{C}^n\right\}$$

$$\Leftrightarrow\left\{\beta\middle|\beta\perp\alpha_i,i=1,2,\cdots,n,\beta\in\mathbf{C}^n\right\}$$

$$\Leftrightarrow\left\{\beta\middle|\alpha_i^{H}\beta=0,i=1,2,\cdots,n,\beta\in\mathbf{C}^n\right\}$$

$$\Leftrightarrow\left\{\beta\middle|A^{H}\beta=0,i=1,2,\cdots,n,\beta\in\mathbf{C}^n\right\}=N(A^{H})$$

例 2.28　用酉变换将 Hermite 二次型

$$f(x_1,x_2,x_3)=x_1\overline{x_1}-ix_1\overline{x_2}+x_1\overline{x_3}+i\overline{x_1}x_2+2ix_2\overline{x_3}+\overline{x_1}x_3-2i\overline{x_2}x_3$$

化为标准形.

解　该二次型的矩阵为

$$A=\begin{bmatrix}1 & i & 1\\ -i & 0 & -2i\\ 1 & 2i & 0\end{bmatrix}$$

则

$$|\lambda I-A|=\begin{bmatrix}\lambda-1 & -i & -1\\ i & \lambda & 2i\\ -1 & -2i & \lambda\end{bmatrix}=\lambda(\lambda+2)(\lambda-3)$$

故 A 的特征值为

$$\lambda_1=3,\quad \lambda_2=-2,\quad \lambda_3=0$$

对应的线性无关的特征向量分别为

$$\alpha_1=(1,-i,1)^{T},\quad \alpha_2=(0,i,1)^{T},\quad \alpha_3=(-2,-i,1)^{T}$$

它们两两正交，将其单位化得到

$$e_1=\left(\frac{1}{\sqrt{3}},-\frac{i}{\sqrt{3}},\frac{1}{\sqrt{3}}\right)^{T},\quad e_2=\left(0,\frac{i}{\sqrt{2}},\frac{1}{\sqrt{2}}\right)^{T},\quad e_3=\left(-\frac{2}{\sqrt{6}},-\frac{i}{\sqrt{6}},\frac{1}{\sqrt{6}}\right)^{T}$$

则酉矩阵为

$$U=\begin{bmatrix} \frac{1}{\sqrt{3}} & 0 & -\frac{2}{\sqrt{6}} \\ -\frac{\mathrm{i}}{\sqrt{3}} & -\frac{\mathrm{i}}{\sqrt{2}} & -\frac{\mathrm{i}}{\sqrt{6}} \\ \frac{1}{\sqrt{3}} & \frac{1}{\sqrt{2}} & \frac{1}{\sqrt{6}} \end{bmatrix}$$

使 $U^{\mathrm{H}}AU=\begin{bmatrix} 3 & 0 & 0 \\ 0 & -2 & 0 \\ 0 & 0 & 0 \end{bmatrix}$，即作酉变换 $x=Uy$ 化二次型为标准形，即

$$f(x_1,x_2,x_3)=y^{\mathrm{H}}U^{\mathrm{H}}AUy=3y_1\bar{y}_1-2y_2\bar{y}_2=3|y_1|^2-2|y_2|^2$$

例 2.29 设 A 是 n 阶 Hermite 矩阵，$r(A)=r$，且 $A^2=A$，证明：存在酉矩阵 U 使得

$$U^{\mathrm{H}}AU=\begin{bmatrix} I_r & O \\ O & O \end{bmatrix}$$

证 因 A 是 n 阶 Hermite 矩阵，则存在 $U\in\mathbf{C}^{n\times n}$，使得

$$U^{\mathrm{H}}AU=\mathrm{diag}(\lambda_1,\lambda_2,\cdots,\lambda_n)$$

$$A=U\begin{bmatrix} \lambda_1 & 0 & \cdots & 0 \\ 0 & \lambda_2 & \cdots & 0 \\ \vdots & \vdots & & \vdots \\ 0 & 0 & \cdots & \lambda_n \end{bmatrix}U^{\mathrm{H}}$$

由 $A^2=A$ 可得

$$A^2=U\begin{bmatrix} \lambda_1 & 0 & \cdots & 0 \\ 0 & \lambda_2 & \cdots & 0 \\ \vdots & \vdots & & \vdots \\ 0 & 0 & \cdots & \lambda_n \end{bmatrix}U^{\mathrm{H}}U\begin{bmatrix} \lambda_1 & 0 & \cdots & 0 \\ 0 & \lambda_2 & \cdots & 0 \\ \vdots & \vdots & & \vdots \\ 0 & 0 & \cdots & \lambda_n \end{bmatrix}U^{\mathrm{H}}$$

$$=U\begin{bmatrix} \lambda_1^2 & 0 & \cdots & 0 \\ 0 & \lambda_2^2 & \cdots & 0 \\ \vdots & \vdots & & \vdots \\ 0 & 0 & \cdots & \lambda_n^2 \end{bmatrix}U^{\mathrm{H}}=U\begin{bmatrix} \lambda_1 & 0 & \cdots & 0 \\ 0 & \lambda_2 & \cdots & 0 \\ \vdots & \vdots & & \vdots \\ 0 & 0 & \cdots & \lambda_n \end{bmatrix}U^{\mathrm{H}}$$

则 $\lambda_1^2=\lambda_1,\cdots,\lambda_n^2=\lambda_n$.从而可知 1，0 是 A 的特征值，且有 r 个 1，$n-r$ 个 0.不失一般性，可设前 r 个特征值不为 0，所以

$$U^{\mathrm{H}}AU=\begin{bmatrix} I_r & O \\ O & O \end{bmatrix}$$

例 2.30 设 A 是 n 阶 Hermite 矩阵，证明 A 是正定矩阵当且仅当存在 n 阶正定的 Hermite 矩阵 B，使得 $A=B^2$.

证 因 A 是 n 阶 Hermite 矩阵，故存在 n 阶酉矩阵 U，使得

$$U^{\mathrm{H}}AU=\begin{bmatrix}\lambda_1 & 0 & \cdots & 0\\ 0 & \lambda_2 & \cdots & 0\\ \vdots & \vdots & & \vdots\\ 0 & 0 & \cdots & \lambda_n\end{bmatrix}\quad(\lambda_i\geqslant 0;i=1,2,\cdots,n)$$

于是

$$\begin{aligned}A&=U\begin{bmatrix}\lambda_1 & 0 & \cdots & 0\\ 0 & \lambda_2 & \cdots & 0\\ \vdots & \vdots & & \vdots\\ 0 & 0 & \cdots & \lambda_n\end{bmatrix}U^{\mathrm{H}}\\ &=U\begin{bmatrix}\sqrt{\lambda_1} & 0 & \cdots & 0\\ 0 & \sqrt{\lambda_2} & \cdots & 0\\ \vdots & \vdots & & \vdots\\ 0 & 0 & \cdots & \sqrt{\lambda_n}\end{bmatrix}U^{\mathrm{H}}U\begin{bmatrix}\sqrt{\lambda_1} & 0 & \cdots & 0\\ 0 & \sqrt{\lambda_2} & \cdots & 0\\ \vdots & \vdots & & \vdots\\ 0 & 0 & \cdots & \sqrt{\lambda_n}\end{bmatrix}U^{\mathrm{H}}\end{aligned}$$

令

$$B=U\begin{bmatrix}\sqrt{\lambda_1} & 0 & \cdots & 0\\ 0 & \sqrt{\lambda_2} & \cdots & 0\\ \vdots & \vdots & & \vdots\\ 0 & 0 & \cdots & \sqrt{\lambda_n}\end{bmatrix}U^{\mathrm{H}}$$

则 B 正定且 $A=B^2$.

反之，当 $A=B^2$ 且 B 是 Hermite 正定矩阵时，$B^{\mathrm{H}}=B$，故 $A=B^2=B^{\mathrm{H}}B$. 因此，$\forall x\in\mathbf{C}^n$ 且 $x\neq 0$，有

$$x^{\mathrm{H}}Ax=(Bx)^{\mathrm{H}}(Bx)>0$$

故 A 是 Hermite 正定矩阵.

例 2.31　设 A 是 Hermite 矩阵，且 $A^2=I$，则存在酉矩阵 U，使得

$$U^{\mathrm{H}}AU=\begin{bmatrix}I_r & O\\ O & -I_{n-r}\end{bmatrix}$$

证　因 A 是 Hermite 矩阵，故存在 $U\in\mathbf{C}^{n\times n}$，使得

$$U^{\mathrm{H}}AU=\mathrm{diag}(\lambda_1,\lambda_2,\cdots,\lambda_n)\Rightarrow A^2=U\begin{bmatrix}\lambda_1^2 & 0 & \cdots & 0\\ 0 & \lambda_2^2 & \cdots & 0\\ \vdots & \vdots & & \vdots\\ 0 & 0 & \cdots & \lambda_n^2\end{bmatrix}U^{\mathrm{H}}=I$$

则

$$\lambda_1^2=\lambda_2^2=\cdots=\lambda_n^2=1$$

故-1 或 1 为 A 的特征值，不失一般性，可设 $\lambda_1=\lambda_2=\cdots=\lambda_r=1,\lambda_{r+1}=\cdots=\lambda_n=-1$，即有

$$U^{\mathrm{H}}AU=\begin{bmatrix}I_r & O\\ O & -I_{n-r}\end{bmatrix}$$

例 2.32 设 $\boldsymbol{A}$ 为 n 阶正规矩阵，$\lambda_1,\lambda_2,\cdots,\lambda_n$ 为 $\boldsymbol{A}$ 的特征值，试证：$\boldsymbol{A}^{\mathrm{H}}\boldsymbol{A}$ 的特征值为 $|\lambda_1|^2,|\lambda_2|^2,\cdots,|\lambda_n|^2$.

证 因为 $\boldsymbol{A}$ 为 n 阶正规矩阵，所以存在 n 阶酉矩阵 $\boldsymbol{U}$，使得

$$\boldsymbol{U}^{\mathrm{H}}\boldsymbol{A}\boldsymbol{U}=\mathrm{diag}(\lambda_1,\lambda_2,\cdots,\lambda_n)$$

从而

$$\boldsymbol{U}^{\mathrm{H}}\boldsymbol{A}^{\mathrm{H}}\boldsymbol{A}\boldsymbol{U}=\mathrm{diag}(|\lambda_1|^2,|\lambda_2|^2,\cdots,|\lambda_n|^2)$$

所以 $\boldsymbol{A}^{\mathrm{H}}\boldsymbol{A}$ 的特征值为 $|\lambda_1|^2,|\lambda_2|^2,\cdots,|\lambda_n|^2$.

例 2.33 证明：正规矩阵属于不同特征值的特征向量是互相正交的.

证 设 $\boldsymbol{A}$ 为 n 阶正规矩阵，故存在 n 阶酉矩阵 $\boldsymbol{U}=(\boldsymbol{\alpha}_1,\boldsymbol{\alpha}_2,\cdots,\boldsymbol{\alpha}_n)$，使得

$$\boldsymbol{U}^{\mathrm{H}}\boldsymbol{A}\boldsymbol{U}=\begin{bmatrix}\lambda_1 & 0 & \cdots & 0\\ 0 & \lambda_2 & \cdots & 0\\ \vdots & \vdots & & \vdots\\ 0 & 0 & \cdots & \lambda_n\end{bmatrix}$$

故

$$\boldsymbol{A}\boldsymbol{\alpha}_i=\lambda_i\boldsymbol{\alpha}_i \quad (i=1,2,\cdots,n)$$

两边取共轭转置得

$$\boldsymbol{U}^{\mathrm{H}}\boldsymbol{A}^{\mathrm{H}}\boldsymbol{U}=\begin{bmatrix}\overline{\lambda}_1 & 0 & \cdots & 0\\ 0 & \overline{\lambda}_2 & \cdots & 0\\ \vdots & \vdots & & \vdots\\ 0 & 0 & \cdots & \overline{\lambda}_n\end{bmatrix}$$

则

$$\boldsymbol{A}^{\mathrm{H}}\boldsymbol{\alpha}_i=\overline{\lambda}_i\boldsymbol{\alpha}_i \quad (i=1,2,\cdots,n)$$

上述结果表明对正规矩阵 $\boldsymbol{A}$，若 λ 是阵 $\boldsymbol{A}$ 的特征值，则 $\overline{\lambda}$ 是阵 $\boldsymbol{A}^{\mathrm{H}}$ 的特征值，且 λ 和 $\overline{\lambda}$ 对应相同的特征向量.

设 λ 和 μ 是 $\boldsymbol{A}$ 的任意两不同特征值，$\boldsymbol{\alpha}$ 和 $\boldsymbol{\beta}$ 分别是 $\boldsymbol{A}$ 属于 λ 和 μ 的特征向量，则

$$\boldsymbol{A}\boldsymbol{\alpha}=\lambda\boldsymbol{\alpha},\qquad \boldsymbol{A}\boldsymbol{\beta}=\mu\boldsymbol{\beta}$$

从而

$$\boldsymbol{A}^{\mathrm{H}}\boldsymbol{\alpha}=\overline{\lambda}\boldsymbol{\alpha},\qquad \boldsymbol{A}^{\mathrm{H}}\boldsymbol{\beta}=\overline{\mu}\boldsymbol{\beta}$$

所以

$$\begin{aligned}\lambda(\boldsymbol{\alpha},\boldsymbol{\beta})&=(\lambda\boldsymbol{\alpha},\boldsymbol{\beta})=(\boldsymbol{A}\boldsymbol{\alpha},\boldsymbol{\beta})=\boldsymbol{\beta}^{\mathrm{H}}(\boldsymbol{A}\boldsymbol{\alpha})\\&=(\boldsymbol{A}^{\mathrm{H}}\boldsymbol{\beta})^{\mathrm{H}}\boldsymbol{\alpha}=(\overline{\mu}\boldsymbol{\beta})^{\mathrm{H}}\boldsymbol{\alpha}=(\boldsymbol{\alpha},\overline{\mu}\boldsymbol{\beta})\\&=\mu(\boldsymbol{\alpha},\boldsymbol{\beta})\end{aligned}$$

得

$$(\lambda-\mu)(\boldsymbol{\alpha},\boldsymbol{\beta})=0$$

而 $\lambda-\mu\neq 0$，故 $(\boldsymbol{\alpha},\boldsymbol{\beta})=0$，$\boldsymbol{\alpha}$ 和 $\boldsymbol{\beta}$ 是相互正交.

例 2.34　若 $\boldsymbol{A}$ 和 $\boldsymbol{B}$ 是两个 n 阶酉矩阵，且 $(\boldsymbol{A}^{\mathrm{H}}\boldsymbol{B})^{\mathrm{H}}=-\boldsymbol{A}^{\mathrm{H}}\boldsymbol{B}$，证明 $\frac{1}{\sqrt{2}}(\boldsymbol{A}+\boldsymbol{B})$ 也是酉矩阵.

证　由于 $\boldsymbol{A}$ 和 $\boldsymbol{B}$ 是 n 阶酉矩阵，所以 $\boldsymbol{A}^{\mathrm{H}}\boldsymbol{A}=\boldsymbol{B}^{\mathrm{H}}\boldsymbol{B}=\boldsymbol{E}$. 由于 $(\boldsymbol{A}^{\mathrm{H}}\boldsymbol{B})^{\mathrm{H}}=-\boldsymbol{A}^{\mathrm{H}}\boldsymbol{B}$，所以 $\boldsymbol{B}^{\mathrm{H}}\boldsymbol{A}=-\boldsymbol{A}^{\mathrm{H}}\boldsymbol{B}$. 于是

$$\frac{1}{\sqrt{2}}(\boldsymbol{A}+\boldsymbol{B})^{\mathrm{H}}\frac{1}{\sqrt{2}}(\boldsymbol{A}+\boldsymbol{B})=\frac{1}{2}(\boldsymbol{A}^{\mathrm{H}}\boldsymbol{A}+\boldsymbol{B}^{\mathrm{H}}\boldsymbol{B}+\boldsymbol{B}^{\mathrm{H}}\boldsymbol{A}+\boldsymbol{A}^{\mathrm{H}}\boldsymbol{B})=\boldsymbol{E}$$

所以 $\frac{1}{\sqrt{2}}(\boldsymbol{A}+\boldsymbol{B})$ 也是酉矩阵.

例 2.35　设 $\boldsymbol{A}$ 为 n 阶实反对称矩阵，证明：

（1）$\boldsymbol{A}$ 的特征值为 0 或纯虚数，且 $\boldsymbol{E}-\boldsymbol{A}$ 是可逆的；

（2）$\boldsymbol{S}=(\boldsymbol{E}+\boldsymbol{A})(\boldsymbol{E}-\boldsymbol{A})^{-1}$ 是正交矩阵.

证　由 $\boldsymbol{A}$ 为 n 阶实反对称矩阵，故为正规矩阵，存在酉矩阵 $\boldsymbol{Q}$，使得

$$\boldsymbol{Q}^{\mathrm{H}}\boldsymbol{A}\boldsymbol{Q}=\begin{bmatrix}\lambda_1 & 0 & \cdots & 0\\ 0 & \lambda_2 & \cdots & 0\\ \vdots & \vdots & & \vdots\\ 0 & 0 & \cdots & \lambda_n\end{bmatrix}$$

两边同时取共轭转置得

$$\boldsymbol{Q}^{\mathrm{H}}\boldsymbol{A}^{\mathrm{H}}\boldsymbol{Q}=\begin{bmatrix}\bar{\lambda}_1 & 0 & \cdots & 0\\ 0 & \bar{\lambda}_2 & \cdots & 0\\ \vdots & \vdots & & \vdots\\ 0 & 0 & \cdots & \bar{\lambda}_n\end{bmatrix}$$

由于 $\boldsymbol{A}^{\mathrm{H}}=-\boldsymbol{A}$，上式可变为

$$-\boldsymbol{Q}^{\mathrm{H}}\boldsymbol{A}\boldsymbol{Q}=\begin{bmatrix}\bar{\lambda}_1 & 0 & \cdots & 0\\ 0 & \bar{\lambda}_2 & \cdots & 0\\ \vdots & \vdots & & \vdots\\ 0 & 0 & \cdots & \bar{\lambda}_n\end{bmatrix}$$

所以有 $\lambda_i=\bar{\lambda}_i\ (i=1,2,\cdots,n)$，即 $\boldsymbol{A}$ 的特征值为零或纯虚数，因此 $|\boldsymbol{E}-\boldsymbol{A}|\neq 0$，故 $\boldsymbol{E}-\boldsymbol{A}$ 是可逆的.

（2）
$$\begin{aligned}\boldsymbol{S}\boldsymbol{S}^{\mathrm{T}}&=(\boldsymbol{E}+\boldsymbol{A})(\boldsymbol{E}-\boldsymbol{A})^{-1}[(\boldsymbol{E}+\boldsymbol{A})(\boldsymbol{E}-\boldsymbol{A})^{-1}]^{\mathrm{T}}=(\boldsymbol{E}+\boldsymbol{A})(\boldsymbol{E}-\boldsymbol{A})^{-1}[(\boldsymbol{E}-\boldsymbol{A})^{-1}]^{\mathrm{T}}[(\boldsymbol{E}+\boldsymbol{A})]^{\mathrm{T}}\\&=(\boldsymbol{E}+\boldsymbol{A})(\boldsymbol{E}-\boldsymbol{A})^{-1}(\boldsymbol{E}+\boldsymbol{A})^{-1}(\boldsymbol{E}-\boldsymbol{A})\\&=(\boldsymbol{E}+\boldsymbol{A})(\boldsymbol{E}+\boldsymbol{A})^{-1}(\boldsymbol{E}-\boldsymbol{A})^{-1}(\boldsymbol{E}-\boldsymbol{A})=\boldsymbol{E}\end{aligned}$$

所以 $\boldsymbol{S}$ 是正交矩阵.

例 2.36　设 n 阶 Hermite 矩阵 $\boldsymbol{A}$，$\boldsymbol{B}$ 均是正定的，且 $\boldsymbol{AB}=\boldsymbol{BA}$，证明：$\boldsymbol{AB}$ 是正定矩阵.

证　因 $\boldsymbol{A}$，$\boldsymbol{B}$ 均是正定的 Hermite 阵，故

$$\boldsymbol{A}^{\mathrm{H}}=\boldsymbol{A},\qquad \boldsymbol{B}^{\mathrm{H}}=\boldsymbol{B}$$

且存在 n 阶可逆矩阵 $\boldsymbol{P}$，有 $\boldsymbol{A}=\boldsymbol{P}^{\mathrm{H}}\boldsymbol{P}$.

要证明 $\boldsymbol{AB}$ 是正定矩阵，首先证 $\boldsymbol{AB}$ 是 Hermite 矩阵.因为

$$(\boldsymbol{AB})^{\mathrm{H}}=\boldsymbol{B}^{\mathrm{H}}\boldsymbol{A}^{\mathrm{H}}=\boldsymbol{BA}=\boldsymbol{AB}$$

所以 $\boldsymbol{AB}$ 是 Hermite 矩阵. 又

$$\boldsymbol{AB}=\boldsymbol{P}^{\mathrm{H}}(\boldsymbol{PBP}^{\mathrm{H}})(\boldsymbol{P}^{\mathrm{H}})^{-1}$$

即 $\boldsymbol{AB}$ 相似于 $\boldsymbol{PBP}^{\mathrm{H}}$，从而有相同的特征值.

又 $\boldsymbol{B}$ 正定，$\boldsymbol{P}$ 可逆，故 $\boldsymbol{PBP}^{\mathrm{H}}$ 正定，因而特征值均大于 0，所以 $\boldsymbol{AB}$ 的特征值也均大于 0，即 $\boldsymbol{AB}$ 正定.

例 2.37 设 $\boldsymbol{A}$ 为 m 阶 Hermite 正定矩阵，$\boldsymbol{B}$ 为 $m\times n$ 矩阵，试证：$\boldsymbol{B}^{\mathrm{H}}\boldsymbol{AB}$ 为正定矩阵的充分必要条件是 $r(\boldsymbol{B})=n$.

证 因为

$$(\boldsymbol{B}^{\mathrm{H}}\boldsymbol{AB})^{\mathrm{H}}=\boldsymbol{B}^{\mathrm{H}}\boldsymbol{A}^{\mathrm{H}}\boldsymbol{B}=\boldsymbol{B}^{\mathrm{H}}\boldsymbol{AB}$$

所以 $\boldsymbol{B}^{\mathrm{H}}\boldsymbol{AB}$ 是 n 阶 Hermite 矩阵.

设 $r(\boldsymbol{B})=n$，则齐次线性方程组 $\boldsymbol{Bx}=\boldsymbol{0}$ 只有零解，因此对于任何 n 维非零列向量 $\boldsymbol{X}$, $\boldsymbol{BX}\neq\boldsymbol{0}$，而 $\boldsymbol{A}$ 是正定矩阵，故

$$\boldsymbol{X}^{\mathrm{H}}(\boldsymbol{B}^{\mathrm{H}}\boldsymbol{AB})\boldsymbol{X}=(\boldsymbol{BX})^{\mathrm{H}}\boldsymbol{A}(\boldsymbol{BX})>0$$

即 $\boldsymbol{B}^{\mathrm{H}}\boldsymbol{AB}$ 是正定矩阵.

反之，若 $r(\boldsymbol{B})<n$，则齐次方程组 $\boldsymbol{Bx}=\boldsymbol{0}$ 有非零解 $\boldsymbol{X}_0$，于是

$$\boldsymbol{X}_0^{\mathrm{H}}(\boldsymbol{B}^{\mathrm{H}}\boldsymbol{AB})\boldsymbol{X}_0=(\boldsymbol{BX}_0)^{\mathrm{H}}\boldsymbol{A}(\boldsymbol{BX}_0)=0$$

因此 $\boldsymbol{B}^{\mathrm{H}}\boldsymbol{AB}$ 不是正定矩阵.

例 2.38 若 n 维列向量 $\boldsymbol{\alpha}\in\mathbf{C}^n$ 的长度小于 2，证明：$4\boldsymbol{E}-\boldsymbol{\alpha\alpha}^{\mathrm{H}}$ 是正定矩阵.

证 若 $\boldsymbol{\alpha}=\boldsymbol{0}$，则结论显然正确；若 $\boldsymbol{\alpha}\neq\boldsymbol{0}$，则 $\boldsymbol{\alpha\alpha}^{\mathrm{H}}$ 是 n 阶 Hermite 矩阵，且 $r(\boldsymbol{\alpha\alpha}^{\mathrm{H}})=1$，故存在 n 阶酉矩阵 $\boldsymbol{U}$ 使得

$$\boldsymbol{U}^{\mathrm{H}}(\boldsymbol{\alpha\alpha}^{\mathrm{H}})\boldsymbol{U}=\mathrm{diag}(|\boldsymbol{\alpha}|^2,0,\cdots,0)$$

所以

$$\boldsymbol{U}^{\mathrm{H}}(4\boldsymbol{E}-\boldsymbol{\alpha\alpha}^{\mathrm{H}})\boldsymbol{U}=\mathrm{diag}(4-|\boldsymbol{\alpha}|^2,4,\cdots,4)$$

又因为 $4-|\boldsymbol{\alpha}|^2>0$，所以 $4\boldsymbol{E}-\boldsymbol{\alpha\alpha}^{\mathrm{H}}$ 的特征值均为正实数，从而是正定矩阵.

例 2.39 设 $\boldsymbol{A}\in\mathbf{C}^{n\times n}$，证明 $\boldsymbol{A}^{\mathrm{H}}\boldsymbol{A}$ 和 $\boldsymbol{AA}^{\mathrm{H}}$ 都是半正定的 Hermite 矩阵.

证 因为

$$\boldsymbol{x}^{\mathrm{H}}(\boldsymbol{A}^{\mathrm{H}}\boldsymbol{A})\boldsymbol{x}=(\boldsymbol{x}^{\mathrm{H}}\boldsymbol{A}^{\mathrm{H}})\boldsymbol{Ax}=(\boldsymbol{Ax})^{\mathrm{H}}\boldsymbol{Ax}\geqslant 0\quad(\forall\boldsymbol{x}\in\mathbf{C}^n)$$

$$\boldsymbol{x}^{\mathrm{H}}(\boldsymbol{AA}^{\mathrm{H}})\boldsymbol{x}=(\boldsymbol{x}^{\mathrm{H}}\boldsymbol{A})(\boldsymbol{A}^{\mathrm{H}}\boldsymbol{x})=(\boldsymbol{A}^{\mathrm{H}}\boldsymbol{x})^{\mathrm{H}}\boldsymbol{A}^{\mathrm{H}}\boldsymbol{x}\geqslant 0\quad(\forall\boldsymbol{x}\in\mathbf{C}^m)$$

所以 $\boldsymbol{A}^{\mathrm{H}}\boldsymbol{A}$ 和 $\boldsymbol{AA}^{\mathrm{H}}$ 都是半正定的 Hermite 矩阵.

例 2.40 设 $\boldsymbol{A}$ 为 Hermite 矩阵，证明：存在 $t>0$，使得 $\boldsymbol{A}+t\boldsymbol{E}$ 是正定 Hermite 矩阵，$\boldsymbol{A}-t\boldsymbol{E}$ 是负定 Hermite 矩阵.

证 由 $\boldsymbol{A}$ 为 Hermite 矩阵，其特征值 $\lambda(\boldsymbol{A})$ 均为实数. 注意到 $\boldsymbol{A}+t\boldsymbol{E}$ 的特征值为 $\lambda(\boldsymbol{A}+t\boldsymbol{E})=\lambda(\boldsymbol{A})+t>0$，因此，总存在 $t>0$，使得 $\lambda_{\min}(\boldsymbol{A})+t>0$.

因 $(\boldsymbol{A}+t\boldsymbol{E})^{\mathrm{H}}=\boldsymbol{A}^{\mathrm{H}}+t\boldsymbol{E}=\boldsymbol{A}+t\boldsymbol{E}$，故总存在 $t>0$，使得 $\boldsymbol{A}+t\boldsymbol{E}$ 是正定 Hermite 矩阵.

同理，注意到 $\boldsymbol{A}-t\boldsymbol{E}$ 的特征值为 $\lambda(\boldsymbol{A}-t\boldsymbol{E})=\lambda(\boldsymbol{A})-t>0$，因此，总存在 $t>0$，使得 $\lambda_{\min}(\boldsymbol{A})-t<0$.

因 $(\boldsymbol{A}-t\boldsymbol{E})^{\mathrm{H}}=\boldsymbol{A}^{\mathrm{H}}-t\boldsymbol{E}=\boldsymbol{A}-t\boldsymbol{E}$，故总存在 $t>0$，使得 $\boldsymbol{A}-t\boldsymbol{E}$ 是负定 Hermite 矩阵.

例 2.41　设 n 阶 Hermite 矩阵 $\boldsymbol{A}=\begin{bmatrix}\boldsymbol{A}_{11} & \boldsymbol{A}_{12}\\ \boldsymbol{A}_{12}^{\mathrm{H}} & \boldsymbol{A}_{22}\end{bmatrix}$ 正定，其中 $\boldsymbol{A}_{11}\in\mathbf{C}^{k\times k}$，证明 $\boldsymbol{A}_{11}$ 及 $\boldsymbol{A}_{22}-\boldsymbol{A}_{12}^{\mathrm{H}}\boldsymbol{A}_{11}^{-1}\boldsymbol{A}_{12}$ 都正定.

证　因 $\begin{bmatrix}\boldsymbol{A}_{11} & \boldsymbol{A}_{12}\\ \boldsymbol{A}_{12}^{\mathrm{H}} & \boldsymbol{A}_{22}\end{bmatrix}$ 正定，$|\boldsymbol{A}_{11}|$ 为 $\boldsymbol{A}$ 的前 k 阶顺序主子式，故 $\boldsymbol{A}_{11}$ 正定，所以可逆.

由于存在可逆矩阵

$$\boldsymbol{P}=\begin{bmatrix}\boldsymbol{E}_k & \boldsymbol{O}\\ -\boldsymbol{A}_{12}^{\mathrm{H}}\boldsymbol{A}_{11}^{-1} & \boldsymbol{E}_{n-k}\end{bmatrix}$$

使得

$$\boldsymbol{P}\boldsymbol{A}\boldsymbol{P}^{\mathrm{H}}=\begin{bmatrix}\boldsymbol{A}_{11} & \boldsymbol{O}\\ \boldsymbol{O} & \boldsymbol{A}_{22}-\boldsymbol{A}_{12}^{\mathrm{H}}\boldsymbol{A}_{11}^{-1}\boldsymbol{A}_{12}\end{bmatrix}=\boldsymbol{M}$$

由于 $\boldsymbol{A}$ 正定，所以 $\boldsymbol{M}$ 正定，因而 $\boldsymbol{A}_{22}-\boldsymbol{A}_{12}^{\mathrm{H}}\boldsymbol{A}_{11}^{-1}\boldsymbol{A}_{12}$ 正定.

例 2.42　已知 Hermite 矩阵 $\boldsymbol{A}=(a_{ij})\in\mathbf{C}^{n\times n}$，且 $a_{ii}>\sum\limits_{j\neq i}|a_{ij}|\,(i=1,2,\cdots,n)$，证明：$\boldsymbol{A}$ 正定.

证　设 λ 是矩阵 $\boldsymbol{A}$ 的任一特征值，相应的特征向量为 $\boldsymbol{x}=(x_1,x_2,\cdots,x_n)^{\mathrm{T}}$，令 $|x_{i_0}|=\max\limits_i|x_i|$，则 $|x_{i_0}|>0$. 由 $\boldsymbol{A}\boldsymbol{x}=\lambda\boldsymbol{x}$，有

$$(\lambda-a_{i_0i_0})x_{i_0}=\sum_{j=1,j\neq i_0}^{n}a_{i_0j}x_j$$

从而

$$|\lambda-a_{i_0i_0}|=\sum_{j\neq i_0}a_{i_0j}\frac{|x_j|}{|x_{i_0}|}\leqslant\sum_{j\neq i_0}a_{i_0j}$$

又因为

$$a_{ii}>\sum_{j\neq i}|a_{ij}|\quad(i=1,2,\cdots,n)$$

所以 $\lambda>0$.

由 λ 的任意性，可知 $\boldsymbol{A}$ 的所有特征值均为正数，所以 $\boldsymbol{A}$ 正定.

五、自　测　题

1. 填空题（6 小题，每题 4 分，共 24 分）

（1）设 $(\boldsymbol{\alpha},\boldsymbol{\beta})$ 按通常定义，则向量 $\boldsymbol{\alpha}=(1,2,2,3)$ 与 $\boldsymbol{\beta}=(3,1,5,1)$ 的夹角为__________.

（2）与向量 $\boldsymbol{\alpha}_1=(1,1,-1,1),\boldsymbol{\alpha}_2=(1,-1,-1,1),\boldsymbol{\alpha}_3=(2,1,1,3)$ 正交的单位向量是__________.

（3）已知 $\boldsymbol{\alpha}_1,\boldsymbol{\alpha}_2,\cdots,\boldsymbol{\alpha}_n$ 为 n 维实内积空间 V 中的一组标准正交基，向量 $\boldsymbol{\alpha}\in V$ 在该基下的坐标为 $(1,1,\cdots,1)^{\mathrm{T}}$，则 $\|\boldsymbol{\alpha}\|=$__________.

（4）由向量 $\boldsymbol{\alpha}_1=(1,2,1)^{\mathrm{T}}$ 与 $\boldsymbol{\alpha}_2=(1,-1,2)^{\mathrm{T}}$ 生成的 $\mathbf{R}^3$ 的子空间 $V=\operatorname{span}\{\boldsymbol{\alpha}_1,\boldsymbol{\alpha}_2\}$ 的正交补 $V^{\perp}$ 的基是__________.

（5）在二维线性空间 $\mathbf{R}^2$ 中，任意两个向量 $\boldsymbol{\alpha}=(x_1,x_2),\boldsymbol{\beta}=(y_1,y_2)$，任意两个实数 t,s，定义 $(\boldsymbol{\alpha},\boldsymbol{\beta})=tx_1y_1+sx_2y_2$，则当____________时，上式是内积，$\mathbf{R}^2$ 的此内积下构成欧氏空间.

（6）设 $\mathbf{P}_3[x]$ 是内积空间，$\forall f(x),g(x)\in\mathbf{P}_3[x]$，定义内积 $(f(x),g(x))=\int_0^2 f(x)g(x)\mathrm{d}x$，则内积在基 $1,x-1,(x-1)^2$ 下的度量矩阵为__________.

2.（12 分）已知矩阵空间 $\mathbf{R}^{2\times2}$ 的子空间 $V=\left\{\boldsymbol{X}=\begin{bmatrix}x_1 & x_2\\ x_3 & x_4\end{bmatrix}\middle| x_3-x_4=0\right\}$，$\mathbf{R}^{2\times2}$ 中的内积为 $(\boldsymbol{A},\boldsymbol{B})=\sum\limits_{i=1}^{2}\sum\limits_{j=1}^{2}a_{ij}b_{ij}$，其中 $\boldsymbol{A}=\begin{bmatrix}a_{11} & a_{12}\\ a_{21} & a_{22}\end{bmatrix},\boldsymbol{B}=\begin{bmatrix}b_{11} & b_{12}\\ b_{21} & b_{22}\end{bmatrix}$，$V$ 中的线性变换为 $T(\boldsymbol{X})=\boldsymbol{X}\boldsymbol{B}_0(\forall\boldsymbol{X}\in V)$，$\boldsymbol{B}_0=\begin{bmatrix}1 & 2\\ 2 & 1\end{bmatrix}$. 求：

（1）子空间 V 的一个标准正交基；

（2）V 的一个标准正交基，使 T 在该基下的矩阵为对角阵.

3.（8 分）在 $\mathbf{R}^{2\times2}$ 中，定义 $(\boldsymbol{A},\boldsymbol{B})=\sum\limits_{i=1}^{2}\sum\limits_{j=1}^{2}a_{ij}b_{ij}$，其中 $\boldsymbol{A}=(a_{ij})_{2\times2},\boldsymbol{B}=(b_{ij})_{2\times2}$，证明：$\boldsymbol{E}_{11},\boldsymbol{E}_{12}$，$\boldsymbol{E}_{21},\boldsymbol{E}_{22}$ 是 $\mathbf{R}^{2\times2}$ 的一个标准正交基.

4.（10 分）设 $\boldsymbol{A}=(a_{ij})\in\mathbf{R}^{n\times n}$，记 a_{ij} 的代数余子式是 $\boldsymbol{A}_{ij}$，证明：$\boldsymbol{A}$ 是正交矩阵的充要条件是

$$a_{ij}=\frac{\boldsymbol{A}_{ij}}{\det\boldsymbol{A}}\quad(i,j=1,2,\cdots,n)$$

5.（12 分）求齐次线性方程组 $\boldsymbol{A}\boldsymbol{x}=0$ 的解空间 $N(\boldsymbol{A})$ 的一组标准正交基及 $N^{\perp}(\boldsymbol{A})$ 的一组标准正交基，其中 $\boldsymbol{A}=\begin{bmatrix}1 & 1 & 1 & 1\\ 1 & 0 & 0 & 1\\ 0 & 1 & 1 & 0\end{bmatrix}$.

6.（12 分）设 $\boldsymbol{A}$，$\boldsymbol{B}$ 均为 n 阶酉矩阵，证明：（1）$\boldsymbol{AB}$ 是酉矩阵；（2）$\boldsymbol{A}^{-1}$ 是酉矩阵.

7.（12 分）设 $\boldsymbol{A}$ 为 $m\times n$ 实矩阵，且 $n<m$，证明：$\boldsymbol{A}^{\mathrm{T}}\boldsymbol{A}$ 为正定矩阵的充分必要条件是 $r(\boldsymbol{A})=n$.

8.（10 分）设矩阵 $\boldsymbol{A}\in\mathbf{C}^{n\times n}$ 可对角化，证明：$\boldsymbol{A}$ 的特征值都是实数的充分必要条件是存在正定矩阵 $\boldsymbol{H}\in\mathbf{C}^{n\times n}$，使得 $\boldsymbol{HA}$ 为 Hermite 矩阵.

自测题答案

1. （1）$\dfrac{\pi}{4}$；（2）$\dfrac{1}{\sqrt{26}}(4,0,1,-3)$；（3）$\sqrt{n}$；（4）$(-5,1,3)^{\mathrm{T}}$；（5）$t>0$且$s>0$；

（6）$\boldsymbol{A}=\begin{bmatrix}2 & 0 & \dfrac{2}{3}\\ 0 & \dfrac{2}{3} & 0\\ \dfrac{2}{3} & 0 & \dfrac{2}{5}\end{bmatrix}$

2. （1）标准正交基为$\boldsymbol{X}_1=\begin{bmatrix}1 & 0\\ 0 & 0\end{bmatrix}, \boldsymbol{X}_2=\begin{bmatrix}0 & 1\\ 0 & 0\end{bmatrix}, \boldsymbol{X}_3=\dfrac{1}{\sqrt{2}}\begin{bmatrix}0 & 0\\ 1 & 1\end{bmatrix}$；

（2）V的一个标准正交基为$\boldsymbol{Y}_1=\dfrac{1}{\sqrt{2}}\begin{bmatrix}0 & 0\\ 1 & 1\end{bmatrix}, \boldsymbol{Y}_2=\dfrac{1}{\sqrt{2}}\begin{bmatrix}1 & 1\\ 0 & 0\end{bmatrix}, \boldsymbol{Y}_3=\dfrac{1}{\sqrt{2}}\begin{bmatrix}-1 & 1\\ 0 & 0\end{bmatrix}$.

3. 利用题中给出的内积定义易证$\boldsymbol{E}_{11},\boldsymbol{E}_{12},\boldsymbol{E}_{21},\boldsymbol{E}_{22}$是$\mathbf{R}^{2\times 2}$的一个标准正交基.

4. 先证必要性. 设$\boldsymbol{A}$为正交矩阵，则$\boldsymbol{A}^{\mathrm{T}}=(a_{ji})_{n\times n}=\boldsymbol{A}^{-1}=\dfrac{\boldsymbol{A}^*}{\det\boldsymbol{A}}=\dfrac{1}{\det\boldsymbol{A}}(\boldsymbol{A}_{ji})_{n\times n}$，比较两边元素得到$a_{ij}=\dfrac{\boldsymbol{A}_{ij}}{\det\boldsymbol{A}}\ (i,j=1,2,\cdots,n)$. 再证充分性. 若$a_{ij}=\dfrac{\boldsymbol{A}_{ij}}{\det\boldsymbol{A}}\ (i,j=1,2,\cdots,n)$，则$\boldsymbol{A}$可逆，且$\boldsymbol{A}^{\mathrm{T}}=\boldsymbol{A}^{-1}$, 即$\boldsymbol{A}^{\mathrm{T}}\boldsymbol{A}=\boldsymbol{I}_n$，所以$\boldsymbol{A}$为正交矩阵.

5. $N(\boldsymbol{A})$的一组标准正交基为$\boldsymbol{\varepsilon}_1=\left(\dfrac{1}{\sqrt{2}},0,0,-\dfrac{1}{\sqrt{2}}\right)^{\mathrm{T}},\boldsymbol{\varepsilon}_2=\left(0,\dfrac{1}{\sqrt{2}},-\dfrac{1}{\sqrt{2}},0\right)^{\mathrm{T}}$，$N^{\perp}(\boldsymbol{A})$的一组标准正交基为$\boldsymbol{\varepsilon}_3=\dfrac{1}{\sqrt{2}}(1,0,0,1)^{\mathrm{T}},\boldsymbol{\varepsilon}_4=\dfrac{1}{\sqrt{2}}(0,1,1,0)^{\mathrm{T}}$.

6. （1）因为$\boldsymbol{A}\boldsymbol{A}^{\mathrm{H}}=\boldsymbol{I}$，$\boldsymbol{B}\boldsymbol{B}^{\mathrm{H}}=\boldsymbol{I}$，所以$(\boldsymbol{AB})^{\mathrm{H}}=\boldsymbol{B}^{\mathrm{H}}\boldsymbol{A}^{\mathrm{H}}=\boldsymbol{B}^{-1}\boldsymbol{A}^{-1}=(\boldsymbol{AB})^{-1}$. 因此$\boldsymbol{AB}(\boldsymbol{AB})^{\mathrm{H}}=\boldsymbol{I}$，所以$\boldsymbol{AB}$是酉矩阵；

（2）因为$(\boldsymbol{A}^{-1})^{\mathrm{H}}=(\boldsymbol{A}^{\mathrm{H}})^{\mathrm{H}}=\boldsymbol{A}=(\boldsymbol{A}^{-1})^{-1}$，所以$\boldsymbol{A}^{-1}$是酉矩阵.

7. 因为$(\boldsymbol{A}^{\mathrm{T}}\boldsymbol{A})^{\mathrm{T}}=\boldsymbol{A}^{\mathrm{T}}(\boldsymbol{A}^{\mathrm{T}})^{\mathrm{T}}=\boldsymbol{A}^{\mathrm{T}}\boldsymbol{A}$，所以$\boldsymbol{A}^{\mathrm{T}}\boldsymbol{A}$为实对称矩阵.

设$r(\boldsymbol{A})=n$，则齐次线性方程组$\boldsymbol{Ax}=\boldsymbol{0}$只有零解，因此对于任意$n$维非零列向量$\boldsymbol{X}$，有

$$\boldsymbol{X}^{\mathrm{T}}\boldsymbol{A}^{\mathrm{T}}\boldsymbol{A}\boldsymbol{X}=\|\boldsymbol{AX}\|^2>0$$

故$\boldsymbol{A}^{\mathrm{T}}\boldsymbol{A}$为正定矩阵.

反之，若$r(\boldsymbol{A})<n$，则齐次线性方程组$\boldsymbol{Ax}=\boldsymbol{0}$有非零解$\boldsymbol{X}_0$，且$\boldsymbol{X}_0^{\mathrm{T}}\boldsymbol{A}^{\mathrm{T}}\boldsymbol{A}\boldsymbol{X}_0=\boldsymbol{X}_0^{\mathrm{T}}\boldsymbol{A}^{\mathrm{T}}\boldsymbol{0}=\boldsymbol{0}$，故$\boldsymbol{A}^{\mathrm{T}}\boldsymbol{A}$不是正定矩阵.

8. 先证充分性. 设λ是$\boldsymbol{A}$的任意特征值，则存在n维复向量$\boldsymbol{x}$，使得$\boldsymbol{Ax}=\lambda\boldsymbol{x}\ (\boldsymbol{x}\neq\boldsymbol{0})$，从而$\boldsymbol{x}^{\mathrm{H}}\boldsymbol{HAx}=\lambda\boldsymbol{x}^{\mathrm{H}}\boldsymbol{Hx}\in\mathbf{R}\ (\boldsymbol{x}^{\mathrm{H}}\boldsymbol{Hx}>0)$，所以$\lambda\in\mathbf{R}$.

再证必要性. 因为矩阵 $\boldsymbol{A}$ 可对角化，故存在 n 阶可逆矩阵 $\boldsymbol{P}$ 使得 $\boldsymbol{A}=\boldsymbol{P}^{-1}\boldsymbol{D}\boldsymbol{P}$ ，其中

$$\boldsymbol{D}=\mathrm{diag}(\lambda_1,\cdots,\lambda_n)\quad(\lambda_i\in R)$$

令 $\boldsymbol{H}=\boldsymbol{P}^{\mathrm{H}}\boldsymbol{P}$ ，则

$$\boldsymbol{H}\boldsymbol{A}=\boldsymbol{P}^{\mathrm{H}}\boldsymbol{P}\boldsymbol{P}^{-1}\boldsymbol{D}\boldsymbol{P}=\boldsymbol{P}^{\mathrm{H}}\boldsymbol{D}\boldsymbol{P}$$

为 Hermite 矩阵.

第三章　矩阵的标准形

一、知识结构框图

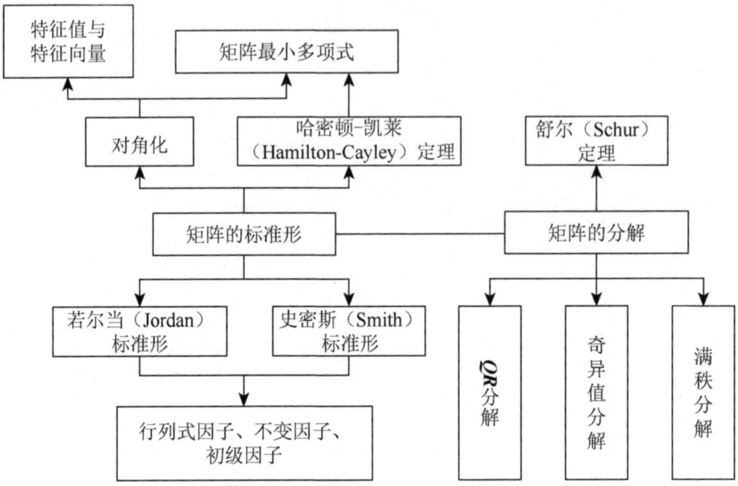

二、内 容 提 要

1. 特征值与特征向量

（1）线性变换的特征值与特征向量的定义.

设 T 是线性空间 $V_n(\mathbf{P})$ 的线性变换，若有

$$T(\boldsymbol{\alpha})=\lambda\boldsymbol{\alpha},\qquad \boldsymbol{\alpha}\in V_n(\mathbf{P})\quad(\boldsymbol{\alpha}\neq 0)$$

称数 λ 为 T 的特征值，$\boldsymbol{\alpha}$ 为 T 对应于 λ 的特征向量. 在 $V_n(\mathbf{P})$ 中取定基 $\boldsymbol{\varepsilon}_1,\boldsymbol{\varepsilon}_2,\cdots,\boldsymbol{\varepsilon}_n$ 下，T 在基下的矩阵为 $\boldsymbol{A}$，则特征问题转化为 $\mathbf{C}^n(\mathbf{R}^n)$ 空间来研究.

$$\boldsymbol{A}\boldsymbol{x}=\lambda\boldsymbol{x}\qquad(\boldsymbol{x}\neq 0\in\mathbf{C}^n)$$

非零向量 $\boldsymbol{x}$ 为矩阵 $\boldsymbol{A}$ 对应于特征值 λ 的特征向量.

（2）特征值的性质.

设 $\lambda_1,\lambda_2,\cdots,\lambda_n$ 是矩阵 $\boldsymbol{A}$ 的 n 个特征值，则

① $\operatorname{tr}\boldsymbol{A}=\sum_{i=1}^{n}a_{ii}=\sum_{i=1}^{n}\lambda_i$.

② $|\boldsymbol{A}|=\prod_{i=1}^{n}\lambda_i$.

③ 矩阵 $\boldsymbol{A}$ 可逆 $\Leftrightarrow |\boldsymbol{A}| \neq 0 \Leftrightarrow \lambda_i \neq 0\ (i=1,2,\cdots,n)$.

④ 相似矩阵有相同的特征多项式，有相同的特征值，有相同的迹，有相同的行列式.

（3）特征向量的性质.

设 λ_0 是 $\boldsymbol{A}$ 的一个特征值，则

$$V_{\lambda_0} = \{\boldsymbol{x} \mid \boldsymbol{A}\boldsymbol{x} = \lambda_0 \boldsymbol{x}\}$$

称为 λ_0 的特征子空间，V_{λ_0} 是 $\boldsymbol{A}$ 的不变子空间.

① 矩阵 $\boldsymbol{A}$ 的对应于不同特征值的特征向量线性无关.

② $V_{\lambda_i} \cap V_{\lambda_j} = \{\boldsymbol{0}\}(i \neq j)$，即不同特征子空间的交为零空间.

③ $\dim V_{\lambda_i} \leqslant k_i$，$k_i$ 为 $\boldsymbol{A}$ 的特征值 λ_i 的重根数.

2. 矩阵可对角化的判别

（1）矩阵对角化的定义.

对于 n 阶矩阵 $\boldsymbol{A}$，若存在可逆矩阵 $\boldsymbol{P}$，使得

$$\boldsymbol{P}^{-1}\boldsymbol{A}\boldsymbol{P} = \begin{pmatrix} \lambda_1 & & & \\ & \lambda_2 & & \\ & & \ddots & \\ & & & \lambda_n \end{pmatrix}$$

则称矩阵 $\boldsymbol{A}$ 可对角化. 若矩阵 $\boldsymbol{A}$ 相似于对角矩阵，则对角元是 $\boldsymbol{A}$ 的特征值，可逆矩阵 $\boldsymbol{P}$ 的列向量是对应于特征值 $\lambda_i(i=1,2,\cdots,n)$ 的线性无关的特征向量.

（2）矩阵可对角化的相关结论.

① n 阶方阵 $\boldsymbol{A}$ 可对角化的充要条件是 $\boldsymbol{A}$ 有 n 个线性无关的特征向量.

② n 阶方阵 $\boldsymbol{A}$ 可对角化 $\Leftrightarrow \boldsymbol{A}$ 的每个 k_i 重特征值有 k_i 个线性无关的特征向量 $\Leftrightarrow (\lambda_i\boldsymbol{E}-\boldsymbol{A})\boldsymbol{x} = \boldsymbol{0}$ 有 k_i 个线性无关的解 $\Leftrightarrow$ 秩 $(\lambda_i\boldsymbol{E}-\boldsymbol{A}) = n-k_i \Leftrightarrow \dim V_{\lambda_i} = k_i$.

③ n 阶方阵 $\boldsymbol{A}$ 有 n 个互异的特征值，则 $\boldsymbol{A}$ 可对角化.

④ 实对称矩阵必可对角化.

⑤ n 阶方阵 $\boldsymbol{A}$ 可对角化的充要条件是 $\boldsymbol{A}$ 的最小多项式无重根.

⑥ n 阶方阵 $\boldsymbol{A}$ 酉相似于对角阵的充要条件是 $\boldsymbol{A}$ 为正规矩阵.

3. 行列式因子、不变因子、初级因子

（1）行列式因子：多项式矩阵为 $\boldsymbol{A}(\lambda)$，设 $D_k(\lambda)$ 为 $\boldsymbol{A}(\lambda)$ 的所有 k 级子式的首项系数为 1 的最大公因式，$D_k(\lambda)$ 称为 $\boldsymbol{A}(\lambda)$ 的 k 级行列式因子.

（2）不变因子：由 $\boldsymbol{A}(\lambda)$ 的行列式因子得到其不变因子

$$d_1(\lambda) = D_1(\lambda), \qquad d_i(\lambda) = \frac{D_i(\lambda)}{D_{i-1}(\lambda)} \quad (i=2,3,\cdots,n)$$

（3）初级因子：将次数大于零的不变因子分解为互不相同的一次因式的方幂的乘积：

$$(\lambda-\lambda_1)^{k_1},(\lambda-\lambda_2)^{k_2},\cdots,(\lambda-\lambda_s)^{k_s}$$

分解得到的一次因式的方幂称为初级因子.

注　矩阵 $\boldsymbol{A}$ 的特征矩阵 $\lambda\boldsymbol{E}-\boldsymbol{A}$ 为多项式矩阵，特征矩阵的行列式因子、不变因子、初级因子也称为矩阵 $\boldsymbol{A}$ 的行列式因子、不变因子、初级因子.

4. Jordan 标准形

设 n 阶复数矩阵 $\boldsymbol{A}$ 的初级因子为 $(\lambda-\lambda_1)^{k_1},(\lambda-\lambda_2)^{k_2},\cdots,(\lambda-\lambda_s)^{k_s}$.

矩阵

$$\boldsymbol{J}_i=\begin{bmatrix}\lambda_i & 1 & & & \\ & \lambda_i & 1 & & \\ & & \ddots & \ddots & \\ & & & \lambda_i & 1 \\ & & & & \lambda_i\end{bmatrix}_{k_i\times k_i}$$

称为矩阵 $\boldsymbol{A}$ 的初级因子 $(\lambda-\lambda_i)^{k_i}$ 对应的 Jordan 块，λ_i 为矩阵 $\boldsymbol{A}$ 的特征值.

Jordan 块拼成的分块对角阵 $\boldsymbol{J}$ 为矩阵 $\boldsymbol{A}$ 的 Jordan 形矩阵（或 Jordan 标准形），$\boldsymbol{J}$ 为

$$\boldsymbol{J}=\begin{bmatrix}\boldsymbol{J}_1 & & & \\ & \boldsymbol{J}_2 & & \\ & & \ddots & \\ & & & \boldsymbol{J}_s\end{bmatrix}$$

矩阵 $\boldsymbol{A}$ 与 Jordan 标准形 $\boldsymbol{J}$ 相似，除去 Jordan 块的排列次序外，Jordan 形矩阵 $\boldsymbol{J}$ 是被矩阵 $\boldsymbol{A}$ 唯一决定的.

5. 矩阵的最小多项式

（1）零化多项式.

若 $\varphi(\lambda)$ 是一个多项式，$\boldsymbol{A}$ 是一个方阵，若有 $\varphi(\boldsymbol{A})=\boldsymbol{0}$，则称 $\varphi(\lambda)$ 是矩阵 $\boldsymbol{A}$ 的零化多项式.

（2）Hamilton-Cayley 定理.

n 阶方阵 $\boldsymbol{A}$ 是它的特征多项式的根，若

$$f(\lambda)=|\lambda\boldsymbol{E}-\boldsymbol{A}|=\lambda^n+a_1\lambda^{n-1}+\cdots+a_{n-1}\lambda+a_n$$

则 $f(\lambda)$ 为方阵 $\boldsymbol{A}$ 的零化多项式.

（3）最小多项式的定义.

矩阵 $\boldsymbol{A}$ 的首项系数为 1 的次数最小的零化多项式称为矩阵 $\boldsymbol{A}$ 的最小多项式.

（4）最小多项式的性质.

① 矩阵 $\boldsymbol{A}$ 的最小多项式是唯一的.

② 相似矩阵最小多项式相同.

③ 矩阵 $\boldsymbol{A}$ 的最小多项式的根必定是 $\boldsymbol{A}$ 的特征值；反之，$\boldsymbol{A}$ 的特征值必定是 $\boldsymbol{A}$ 的最小多项式的根.

④ 最小多项式是第 n 个不变因子.

6. 多项式矩阵的 Smith 标准形

（1）多项式矩阵的定义.

多项式矩阵 $\boldsymbol{A}(\lambda)$ 是指矩阵的元素都是 λ 的多项式.数字矩阵 $\boldsymbol{A}$ 的特征矩阵 $\lambda\boldsymbol{E}-\boldsymbol{A}$ 就是多项式矩阵.

（2）多项式矩阵的可逆.

对于多项式矩阵 $\boldsymbol{A}(\lambda)$，如果存在多项式矩阵 $\boldsymbol{B}(\lambda)$，使得

$$\boldsymbol{A}(\lambda)\boldsymbol{B}(\lambda)=\boldsymbol{B}(\lambda)\boldsymbol{A}(\lambda)=\boldsymbol{E}$$

那么称多项式矩阵 $\boldsymbol{A}(\lambda)$ 可逆.

n 阶多项式矩阵 $\boldsymbol{A}(\lambda)$ 可逆的充要条件是 $\boldsymbol{A}(\lambda)$ 的行列式等于非零常数. 可逆矩阵也称为单模矩阵. 在多项式矩阵中满秩矩阵未必是可逆的.

（3）多项式矩阵 $\boldsymbol{A}(\lambda)$ 的初等变换.

互换 $\boldsymbol{A}(\lambda)$ 的任意两行（列）；以非零数乘 $\boldsymbol{A}(\lambda)$ 的某一行（列）；以多项式 $\varphi(\lambda)$ 乘 $\boldsymbol{A}(\lambda)$ 的某一行（列）并加到另一行（列）上.

（4）多项式矩阵的等价.

① 经过有限次初等变换能把 $\boldsymbol{A}(\lambda)$ 化为 $\boldsymbol{B}(\lambda)$，则称多项式矩阵 $\boldsymbol{A}(\lambda)$ 与多项式矩阵 $\boldsymbol{B}(\lambda)$ 等价.

② 两个多项式矩阵 $\boldsymbol{A}(\lambda)$ 与 $\boldsymbol{B}(\lambda)$ 等价的充要条件是 $\boldsymbol{A}(\lambda)$ 与 $\boldsymbol{B}(\lambda)$ 有相同的行列式因子或相同的不变因子.

③ 两个多项式矩阵 $\boldsymbol{A}(\lambda)$ 与 $\boldsymbol{B}(\lambda)$ 等价则 $\boldsymbol{A}(\lambda)$ 与 $\boldsymbol{B}(\lambda)$ 有相同的初级因子.

④ 两个多项式矩阵 $\boldsymbol{A}(\lambda)$ 与 $\boldsymbol{B}(\lambda)$ 等价的充要条件是 $\boldsymbol{A}(\lambda)$ 与 $\boldsymbol{B}(\lambda)$ 有相同的秩和相同的初级因子.

⑤ 两个 n 阶方阵 $\boldsymbol{A}$ 与 $\boldsymbol{B}$ 相似的充要条件是 $\boldsymbol{A}$ 与 $\boldsymbol{B}$ 的特征矩阵 $\lambda\boldsymbol{E}-\boldsymbol{A}$ 与 $\lambda\boldsymbol{E}-\boldsymbol{B}$ 等价或 $\boldsymbol{A}$ 与 $\boldsymbol{B}$ 有相同的不变因子或 $\boldsymbol{A}$ 与 $\boldsymbol{B}$ 有相同的初级因子.

（5）多项式矩阵的 Smith 标准形.

任一非零的多项式矩阵 $\boldsymbol{A}(\lambda)$ 都等价于一个如下形式的标准对角形

$$\boldsymbol{A}(\lambda)\cong\boldsymbol{J}(\lambda)=\begin{bmatrix} d_1(\lambda) & & & & & & \\ & d_2(\lambda) & & & & & \\ & & \ddots & & & & \\ & & & d_r(\lambda) & & & \\ & & & & 0 & & \\ & & & & & \ddots & \\ & & & & & & 0 \end{bmatrix}$$

其中：r 是 $\boldsymbol{A}(\lambda)$ 的秩；$d_i(\lambda)\ (i=1,2,\cdots,r)$ 是首项系数为 1 的多项式，且

$$d_i(\lambda) \mid d_{i+1}(\lambda) \quad (i = 1, 2, \cdots, r-1)$$

$\boldsymbol{J}(\lambda)$ 称为 $\boldsymbol{A}(\lambda)$ 的 Smith 标准形.

（6）Smith 标准形的性质.

多项式矩阵 $\boldsymbol{A}(\lambda)$ 的 Smith 标准形中多项式 $d_i(\lambda)\ (i=1,2,\cdots,r)$ 是 $\boldsymbol{A}(\lambda)$ 的不变因子. 则行列式因子为 $D_1(\lambda)=d_1(\lambda), D_2(\lambda)=d_1(\lambda)d_2(\lambda), \cdots, D_r(\lambda)=d_1(\lambda)\cdots d_r(\lambda)$，对不变因子 $d_i(\lambda)\ (i=1,2,\cdots,r)$ 进行分解就可以得到初级因子.

7. Schur 定理

（1）Schur 定理.

若 $\boldsymbol{A} \in \mathbf{C}^{n \times n}$，则存在酉矩阵 $\boldsymbol{U}$，使得 $\boldsymbol{U}^{\mathrm{H}} \boldsymbol{A} \boldsymbol{U} = \boldsymbol{T}$，其中 $\boldsymbol{T}$ 为上三角矩阵，其主对角线上的元素都是 $\boldsymbol{A}$ 的特征值.

（2）由 Schur 定理得到的矩阵元素与特征值之间的关系.

矩阵 $\boldsymbol{A}=(a_{ij})$ 的元素与特征值 $\lambda_1, \lambda_2, \cdots, \lambda_n$ 有如下关系：

$$\sum_{i=1}^{n} |\lambda_i|^2 \leqslant \sum_{j=1}^{n} \sum_{i=1}^{n} |a_{ij}|^2$$

8. 矩阵的分解

（1）矩阵的 $\boldsymbol{QR}$ 分解.

若方阵 $\boldsymbol{A} \in \mathbf{C}^{n \times n}$ 可以分解成一个酉矩阵 $\boldsymbol{Q}$ 及上三角矩阵 $\boldsymbol{R}$ 的乘积，即

$$\boldsymbol{A} = \boldsymbol{QR}$$

则称上式为矩阵 $\boldsymbol{A}$ 的一个 $\boldsymbol{QR}$ 分解.

方阵的 $\boldsymbol{QR}$ 分解一定存在.

（2）矩阵的奇异值分解.

设 $\boldsymbol{A} \in \mathbf{C}^{m \times n}$，$r(\boldsymbol{A}) = r$，若存在 m 阶酉矩阵 $\boldsymbol{P}$ 及 n 阶酉矩阵 $\boldsymbol{Q}$，使得

$$\boldsymbol{P}^{\mathrm{H}} \boldsymbol{A} \boldsymbol{Q} = \begin{bmatrix} \boldsymbol{D} & 0 \\ 0 & 0 \end{bmatrix}$$

其中：$\boldsymbol{D} = \operatorname{diag}\{d_1, d_2, \cdots, d_r\}$，且 $d_1 \geqslant d_2 \geqslant \cdots \geqslant d_r > 0$，则 $d_i\ (i=1,2,\cdots,r)$ 称为 $\boldsymbol{A}$ 的奇异值，

$$\boldsymbol{A} = \boldsymbol{P} \begin{bmatrix} \boldsymbol{D} & 0 \\ 0 & 0 \end{bmatrix} \boldsymbol{Q}^{\mathrm{H}}$$

称为矩阵 $\boldsymbol{A}$ 的奇异值分解.

矩阵的奇异值分解一定存在.

（3）矩阵的满秩分解.

设 $\boldsymbol{A} \in \mathbf{C}^{n \times n}$，$r(\boldsymbol{A}) = r$，若存在满秩矩阵 $\boldsymbol{B} \in \mathbf{C}^{m \times r}$ 和 $\boldsymbol{C} \in \mathbf{C}^{r \times n}$ 使得 $\boldsymbol{A} = \boldsymbol{BC}$，则称该等式为矩阵 $\boldsymbol{A}$ 的满秩分解.

满秩分解存在且不唯一.

三、解题方法归纳

1. 线性变换的特征值与特征向量的计算

（1）选定线性空间的一组基 $\boldsymbol{\alpha}_1,\boldsymbol{\alpha}_2,\cdots,\boldsymbol{\alpha}_n$.

（2）求出线性变换 T 在基 $\boldsymbol{\alpha}_1,\boldsymbol{\alpha}_2,\cdots,\boldsymbol{\alpha}_n$ 下的矩阵 $\boldsymbol{A}$.

（3）求出矩阵 $\boldsymbol{A}$ 的所有不同特征值 $\lambda_1,\lambda_2,\cdots,\lambda_s$.

（4）对于每个特征值 λ_i，计算对应的线性无关特征向量 $\boldsymbol{\xi}_{i1},\boldsymbol{\xi}_{i2},\cdots,\boldsymbol{\xi}_{in_i}$ $(i=1,2,\cdots,s)$.

（5）线性变换 T 的特征值为 λ_i $(i=1,2,\cdots,s)$，对应的特征向量为 $(\boldsymbol{\alpha}_1,\boldsymbol{\alpha}_2,\cdots,\boldsymbol{\alpha}_n)\boldsymbol{\xi}_{ij}$ $(j=1,2,\cdots,n_i)$.

2. Jordan 标准形的计算方法

方法一　使用初级行列式因子进行计算.

（1）计算矩阵 $\boldsymbol{A}$ 的特征矩阵 $\lambda\boldsymbol{E}-\boldsymbol{A}$ 的行列式因子.

（2）由行列式因子得到其不变因子 $d_i(\lambda)$ $(i=1,2,\cdots,n)$.

（3）由不变因子得到初级因子 $(\lambda-\lambda_1)^{k_1},(\lambda-\lambda_2)^{k_2},\cdots,(\lambda-\lambda_s)^{k_s}$.

（4）对每个初级因子 $(\lambda-\lambda_i)^{k_i}$ 构造一个 k_i 阶矩阵（Jordan 块）.

$$\boldsymbol{J}_i=\begin{bmatrix}\lambda_i & & & & \\ 1 & \lambda_i & & & \\ & 1 & \ddots & & \\ & & \ddots & \lambda_i & \\ & & & 1 & \lambda_i\end{bmatrix}_{k_i\times k_i}$$

（5）由 Jordan 块构成的分块对角矩阵

$$\boldsymbol{J}=\begin{bmatrix}\boldsymbol{J}_1 & & & \\ & \boldsymbol{J}_2 & & \\ & & \ddots & \\ & & & \boldsymbol{J}_m\end{bmatrix}$$

即为矩阵 $\boldsymbol{A}$ 的 Jordan 矩阵或 $\boldsymbol{A}$ 的 Jordan 标准形.

方法二　使用 Smith 标准形的方法进行计算.

将矩阵 $\boldsymbol{A}$ 的特征矩阵 $\lambda\boldsymbol{E}-\boldsymbol{A}$ 转化为 Smith 标准形，由 Smith 标准形求出不变因子，进而求出初级因子得到矩阵 $\boldsymbol{A}$ 的 Jordan 标准形.

3. Smith 标准形的计算方法

方法一 通过初等变换法求多项式矩阵的 Smith 标准形.

(1) 通过初等行变换和初等列变换使得多项式矩阵 $\boldsymbol{A}(\lambda)$ 的左上角元素 $a_{11}(\lambda)\neq 0$.

(2) 若 $a_{11}(\lambda)$ 不能整除 $\boldsymbol{A}(\lambda)$ 的所有元素，则可以通过初等变换得到与 $\boldsymbol{A}(\lambda)$ 等价的多项式矩阵 $\boldsymbol{B}_1(\lambda)$，使得其左上角元素 $b_1(\lambda)\neq 0$，且 $b_1(\lambda)$ 的次数低于 $a_{11}(\lambda)$ 的次数.

(3) 若 $b_1(\lambda)$ 不能整除 $\boldsymbol{B}_1(\lambda)$ 的所有元素，则可以找到与 $\boldsymbol{B}_1(\lambda)$ 等价的多项式矩阵 $\boldsymbol{B}_2(\lambda)$，使得其左上角元素 $b_2(\lambda)\neq 0$，且 $b_2(\lambda)$ 的次数低于 $b_1(\lambda)$ 的次数；有限步后，得到多项式矩阵 $\boldsymbol{B}_s(\lambda)$，使得其左上角元素 $b_s(\lambda)\neq 0$，且能整除 $\boldsymbol{B}_s(\lambda)$ 的所有元素.

(4) 通过初等行变换和初等列变换使得 $\boldsymbol{B}_s(\lambda)$ 的第一行和第一列除了 $b_s(\lambda)$ 外，其余元素全为 0，即

$$\boldsymbol{B}_s(\lambda)\cong\begin{bmatrix} b_s(\lambda) & 0 & \cdots & 0 \\ 0 & & & \\ \vdots & & \boldsymbol{A}_1(\lambda) & \\ 0 & & & \end{bmatrix}$$

(5) 对 $\boldsymbol{A}_1(\lambda)$ 重复上述过程把矩阵 $\boldsymbol{A}(\lambda)$ 转化为 Smith 标准形.

方法二 通过计算多项式矩阵的行列式因子和不变因子，进而得到 Smith 标准形.

多项式矩阵 $\boldsymbol{A}(\lambda)$ 的 Smith 标准形中主对角线上的非零元素即为 $\boldsymbol{A}(\lambda)$ 的不变因子，因此可以通过计算 $\boldsymbol{A}(\lambda)$ 的不变因子得到 Smith 标准形.

4. Jordan 标准形中可逆矩阵的计算方法

设可逆矩阵为 $\boldsymbol{P}$，由 $\boldsymbol{P}^{-1}\boldsymbol{AP}=\boldsymbol{J}$ 得 $\boldsymbol{AP}=\boldsymbol{PJ}$，设由初级因子 $(\lambda-\lambda_i)^{k_i}$ 得到的 Jordan 块 $\boldsymbol{J}_i$ 所对应的 $\boldsymbol{P}$ 中的列向量为 $(\boldsymbol{X}_1,\boldsymbol{X}_2,\cdots,\boldsymbol{X}_{k_i})$，则有

$$\begin{cases}(\lambda_i\boldsymbol{E}-\boldsymbol{A})\boldsymbol{X}_1=-\boldsymbol{X}_2\\(\lambda_i\boldsymbol{E}-\boldsymbol{A})\boldsymbol{X}_2=-\boldsymbol{X}_3\\\quad\cdots\cdots\\(\lambda_i\boldsymbol{E}-\boldsymbol{A})\boldsymbol{X}_{k_i}=\boldsymbol{0}\end{cases}$$

由下往上依次对方程组进行求解，得到可逆矩阵 $\boldsymbol{P}$ 中的列向量.计算得到每个 Jordan 块所对应的可逆矩阵中的列向量就可以得到可逆矩阵 $\boldsymbol{P}$.

5. 最小多项式的计算方法

方法一 利用最小多项式与特征多项式有相同的根计算.

矩阵 $\boldsymbol{A}$ 的最小多项式的根必定是 $\boldsymbol{A}$ 的特征值；反之，$\boldsymbol{A}$ 的特征值必定是 $\boldsymbol{A}$ 的最小多项式的根.

若 $$f(\lambda)=|\lambda\boldsymbol{E}-\boldsymbol{A}|=(\lambda-\lambda_1)^{k_1}\cdots(\lambda-\lambda_i)^{k_i}\cdots(\lambda-\lambda_s)^{k_s}$$
则最小多项式为 $m(\lambda)=(\lambda-\lambda_1)^{n_1}\cdots(\lambda-\lambda_i)^{n_i}\cdots(\lambda-\lambda_s)^{n_s}(1\leqslant n_i\leqslant k_i)$.

对 n_i 的可能取值，验证多项式是否为矩阵 $\boldsymbol{A}$ 的零化多项式，确定最小多项式.

方法二　利用最小多项式是矩阵的最后一个不变因子计算.

通过计算矩阵的行列式因子，计算矩阵的不变因子，从而得到最小多项式.

6. 矩阵的 *QR* 分解方法

对可逆矩阵 $\boldsymbol{A}$ 的列向量组 $\boldsymbol{\alpha}_1,\boldsymbol{\alpha}_2,\cdots,\boldsymbol{\alpha}_n$ Schmidt 正交化得正交向量组 $\boldsymbol{\beta}_1,\boldsymbol{\beta}_2,\cdots,\boldsymbol{\beta}_n$，再单位化得到标准正交组 $\boldsymbol{\varepsilon}_1,\boldsymbol{\varepsilon}_2,\cdots,\boldsymbol{\varepsilon}_n$，则酉矩阵 $\boldsymbol{Q}=(\boldsymbol{\varepsilon}_1,\boldsymbol{\varepsilon}_2,\cdots,\boldsymbol{\varepsilon}_n)$，上三角矩阵 $\boldsymbol{R}$ 为

$$\boldsymbol{R}=\begin{bmatrix}|\boldsymbol{\beta}_1| & (\boldsymbol{\varepsilon}_1,\boldsymbol{\alpha}_2) & \cdots & (\boldsymbol{\varepsilon}_1,\boldsymbol{\alpha}_n)\\ & |\boldsymbol{\beta}_2| & \cdots & (\boldsymbol{\varepsilon}_2,\boldsymbol{\alpha}_n)\\ & & \ddots & \vdots\\ & & & |\boldsymbol{\beta}_n|\end{bmatrix}$$

则有 $\boldsymbol{A}=\boldsymbol{QR}$.

若矩阵 $\boldsymbol{A}$ 不可逆，标准正交组 $\boldsymbol{\varepsilon}_1,\boldsymbol{\varepsilon}_2,\cdots,\boldsymbol{\varepsilon}_n$ 中一定有零向量，上三角矩阵 $\boldsymbol{R}$ 由上式计算得到，将 $\boldsymbol{\varepsilon}_1,\boldsymbol{\varepsilon}_2,\cdots,\boldsymbol{\varepsilon}_n$ 中的所有非零向量扩充成一组标准正交基，构成酉矩阵 $\boldsymbol{Q}$，扩充得到的新列与 $\boldsymbol{R}$ 中的零行相对应.

7. 矩阵的奇异值分解方法

设矩阵 $\boldsymbol{A}\in\mathbf{C}^{m\times n}$.

（1）计算 $\boldsymbol{A}^{\mathrm{H}}\boldsymbol{A}$ 的特征值 $d_1^2,d_2^2,\cdots,d_n^2$，其中 $d_1\geqslant d_2\geqslant\cdots\geqslant d_r>0$，其余 d_i 均为零，令 $\boldsymbol{D}=\mathrm{diag}\{d_1,d_2,\cdots,d_r\}$；

（2）计算 $\boldsymbol{A}^{\mathrm{H}}\boldsymbol{A}$ 的对应于 $d_1^2,d_2^2,\cdots,d_n^2$ 的特征向量，并标准正交化为 $\boldsymbol{q}_1,\boldsymbol{q}_2,\cdots,\boldsymbol{q}_n$，可得 n 阶酉矩阵 $\boldsymbol{Q}=(\boldsymbol{q}_1,\boldsymbol{q}_2,\cdots,\boldsymbol{q}_n)$；

（3）取 $\boldsymbol{Q}_1=(\boldsymbol{q}_1,\boldsymbol{q}_2,\cdots,\boldsymbol{q}_r)$，令 $\boldsymbol{P}_1=\boldsymbol{AQ}_1\boldsymbol{D}^{-1}$，对 $\boldsymbol{P}_1$ 的列向量进行扩充得到 $\mathbf{C}^m$ 的一组标准正交基，得到 m 阶酉矩阵 $\boldsymbol{P}$；

（4）矩阵 $\boldsymbol{A}$ 的奇异值分解为 $\boldsymbol{A}=\boldsymbol{P}\begin{bmatrix}\boldsymbol{D} & 0\\ 0 & 0\end{bmatrix}\boldsymbol{Q}^{\mathrm{H}}$.

8. 矩阵的满秩分解方法

设矩阵 $\boldsymbol{A}\in\mathbf{C}^{m\times n}$，$r(\boldsymbol{A})=r$.

（1）对矩阵 $\boldsymbol{A}$ 进行初等行变换，将矩阵 $\boldsymbol{A}$ 转换为行最简形（每一行的首非零元为 1，其所在的列除首非零元外均为零）$\begin{bmatrix}\boldsymbol{C}\\ \boldsymbol{0}\end{bmatrix}$；

（2）行最简形的非零行构成满秩矩阵 $\boldsymbol{C}$；

（3）行最简形中首非零元所在的列对应的矩阵 $\boldsymbol{A}$ 中的列向量 $\boldsymbol{\alpha}_{j_1},\boldsymbol{\alpha}_{j_2},\cdots,\boldsymbol{\alpha}_{j_r}$，构成满秩矩阵 $\boldsymbol{B}=(\boldsymbol{\alpha}_{j_1},\boldsymbol{\alpha}_{j_2},\cdots,\boldsymbol{\alpha}_{j_r})$；

（4）矩阵 $\boldsymbol{A}$ 的满秩分解为 $\boldsymbol{A}=\boldsymbol{BC}$.

四、典型例题解析

例 3.1 设 T 是 $\mathbf{R}^3$ 的线性变换，它在基 $\boldsymbol{\alpha}_1,\boldsymbol{\alpha}_2,\boldsymbol{\alpha}_3$ 下的矩阵为

$$\boldsymbol{A}=\begin{pmatrix}5&6&-3\\-1&0&1\\1&2&-1\end{pmatrix}$$

求 T 的特征值与特征向量.

解 由于 $|\lambda\boldsymbol{E}-\boldsymbol{A}|=(\lambda-2)(\lambda-1-\sqrt{3})(\lambda-1+\sqrt{3})$，所以 $\boldsymbol{A}$ 的特征值为 $\lambda_1=2,\lambda_2=1+\sqrt{3}$, $\lambda_3=1-\sqrt{3}$.

解齐次线性方程组 $(\lambda_1\boldsymbol{E}-\boldsymbol{A})x=0$，得对应于 $\lambda_1=2$ 的线性无关的特征向量为

$$\boldsymbol{\xi}_1=\begin{bmatrix}-2\\1\\0\end{bmatrix}$$

则对应于 $\lambda_1=2$ 的全部的特征向量为 $k_1\boldsymbol{\xi}_1(k_1\neq 0)$.

解齐次线性方程组 $(\lambda_2\boldsymbol{E}-\boldsymbol{A})x=0$，得对应于 $\lambda_2=1+\sqrt{3}$ 的线性无关的特征向量为

$$\boldsymbol{\xi}_2=\begin{bmatrix}3\\-1\\2-\sqrt{3}\end{bmatrix}$$

则对应于 $\lambda_2=1+\sqrt{3}$ 的全部的特征向量为 $k_2\boldsymbol{\xi}_2\ (k_2\neq 0)$.

解齐次线性方程组 $(\lambda_3\boldsymbol{E}-\boldsymbol{A})x=0$，得对应于 $\lambda_3=1-\sqrt{3}$ 的线性无关的特征向量为

$$\boldsymbol{\xi}_3=\begin{bmatrix}3\\-1\\2+\sqrt{3}\end{bmatrix}$$

则对应于 $\lambda_3=1-\sqrt{3}$ 的全部的特征向量为 $k_3\boldsymbol{\xi}_3(k_3\neq 0)$.

故 T 的特征值为 $\lambda_1=2,\lambda_2=1+\sqrt{3},\lambda_3=1-\sqrt{3}$，对应的 T 的特征向量分别为

$$\boldsymbol{\gamma}_1=(\boldsymbol{\alpha}_1,\boldsymbol{\alpha}_2,\boldsymbol{\alpha}_3)\boldsymbol{\xi}_1=-2\boldsymbol{\alpha}_1+\boldsymbol{\alpha}_2,\qquad \boldsymbol{\gamma}_2=(\boldsymbol{\alpha}_1,\boldsymbol{\alpha}_2,\boldsymbol{\alpha}_3)\boldsymbol{\xi}_2=3\boldsymbol{\alpha}_1-\boldsymbol{\alpha}_2+(2-\sqrt{3})\boldsymbol{\alpha}_3$$

$$\boldsymbol{\gamma}_3=(\boldsymbol{\alpha}_1,\boldsymbol{\alpha}_2,\boldsymbol{\alpha}_3)\boldsymbol{\xi}_3=3\boldsymbol{\alpha}_1-\boldsymbol{\alpha}_2+(2+\sqrt{3})\boldsymbol{\alpha}_3$$

例 3.2 设欧氏空间 $\mathbf{R}^4$ 上的线性变换 T 在标准正交基 $\boldsymbol{\varepsilon}_1=(1,0,0,0),\boldsymbol{\varepsilon}_2=(0,1,0,0)$, $\boldsymbol{\varepsilon}_3=(0,0,1,0)$, $\boldsymbol{\varepsilon}_4=(0,0,0,1)$ 下的矩阵是

$$A=\begin{bmatrix}5&-1&-2&0\\-1&5&0&-2\\-2&0&5&-1\\0&-2&-1&5\end{bmatrix}$$

（1）求T的特征值与特征向量；

（2）求一组标准正交基使T在该基下的矩阵为对角矩阵.

解　（1）$\boldsymbol{A}$的特征值为

$$\lambda_1=2,\quad \lambda_2=4,\quad \lambda_3=6,\quad \lambda_4=8$$

对应于特征值的线性无关的特征向量分别是

$$\boldsymbol{p}_1=\begin{pmatrix}1\\1\\1\\1\end{pmatrix},\quad \boldsymbol{p}_2=\begin{pmatrix}1\\-1\\1\\-1\end{pmatrix},\quad \boldsymbol{p}_3=\begin{pmatrix}1\\1\\-1\\-1\end{pmatrix},\quad \boldsymbol{p}_4=\begin{pmatrix}1\\-1\\-1\\1\end{pmatrix}$$

因此，T的特征值为

$$\lambda_1=2,\quad \lambda_2=4,\quad \lambda_3=6,\quad \lambda_4=8$$

T的对应于特征值的线性无关的特征向量分别是$\boldsymbol{\xi}_i=(\boldsymbol{\varepsilon}_1,\boldsymbol{\varepsilon}_2,\boldsymbol{\varepsilon}_3,\boldsymbol{\varepsilon}_4)\boldsymbol{p}_i\ (i=1,2,3,4)$，即

$$\boldsymbol{\xi}_1=(1,1,1,1),\quad \boldsymbol{\xi}_2=(1,-1,1,-1),\quad \boldsymbol{\xi}_3=(1,1,-1,-1),\quad \boldsymbol{\xi}_4=(1,-1,-1,1)$$

（2）对矩阵$\boldsymbol{A}$的特征向量单位化就得到正交矩阵

$$\boldsymbol{Q}=\frac{1}{2}\begin{bmatrix}1&-1&-1&1\\1&1&-1&-1\\1&-1&1&-1\\1&1&1&1\end{bmatrix}$$

则有

$$\boldsymbol{Q}^{-1}\boldsymbol{AQ}=\boldsymbol{\Lambda}=\mathrm{diag}(2,4,6,8)$$

取

$$(\boldsymbol{\eta}_1,\boldsymbol{\eta}_2,\boldsymbol{\eta}_3,\boldsymbol{\eta}_4)=(\boldsymbol{\varepsilon}_1,\boldsymbol{\varepsilon}_2,\boldsymbol{\varepsilon}_3,\boldsymbol{\varepsilon}_4)\boldsymbol{Q}$$

即

$$\boldsymbol{\eta}_1=\left(\frac{1}{2},\frac{1}{2},\frac{1}{2},\frac{1}{2}\right),\quad \boldsymbol{\eta}_2=\left(-\frac{1}{2},\frac{1}{2},-\frac{1}{2},\frac{1}{2}\right),\quad \boldsymbol{\eta}_3=\left(-\frac{1}{2},-\frac{1}{2},\frac{1}{2},\frac{1}{2}\right),\quad \boldsymbol{\eta}_4=\left(\frac{1}{2},-\frac{1}{2},-\frac{1}{2},\frac{1}{2}\right)$$

T在基$\boldsymbol{\eta}_1,\boldsymbol{\eta}_2,\boldsymbol{\eta}_3,\boldsymbol{\eta}_4$下的矩阵是对角矩阵$\boldsymbol{\Lambda}$，基$\boldsymbol{\eta}_1,\boldsymbol{\eta}_2,\boldsymbol{\eta}_3,\boldsymbol{\eta}_4$为标准正交基.

例 3.3　设$\mathbf{R}^3$的向量为$\boldsymbol{\alpha}=(x_1,x_2,x_3)$，$T\boldsymbol{\alpha}=(-2x_2-2x_3,-2x_1+3x_2-x_3,-2x_1-x_2+3x_3)$为线性变换，求$\mathbf{R}^3$的一组基，使$T$在该基下的矩阵为对角矩阵.

解　取$\mathbf{R}^3$的一组标准基为$\boldsymbol{\varepsilon}_1=(1,0,0)$，$\boldsymbol{\varepsilon}_2=(0,1,0)$，$\boldsymbol{\varepsilon}_3=(0,0,1)$，计算得到$T\boldsymbol{\varepsilon}_1=(0,-2,-2)$，$T\boldsymbol{\varepsilon}_2=(-2,3,-1)$，$T\boldsymbol{\varepsilon}_3=(-2,-1,3)$，则$T$在$\boldsymbol{\varepsilon}_1,\boldsymbol{\varepsilon}_2,\boldsymbol{\varepsilon}_3$下的矩阵为

$$A=\begin{bmatrix}0&-2&-2\\-2&3&-1\\-2&-1&3\end{bmatrix}$$

计算得到 A 的特征值为 $\lambda_1=\lambda_2=4,\ \lambda_3=-2$, 与之对应的线性无关的特征向量依次为

$$\begin{bmatrix}-1\\2\\0\end{bmatrix},\quad\begin{bmatrix}-1\\0\\2\end{bmatrix},\quad\begin{bmatrix}2\\1\\1\end{bmatrix}$$

令

$$P=\begin{bmatrix}-1&-1&2\\2&0&1\\0&2&1\end{bmatrix},\qquad \Lambda=\begin{bmatrix}4&&\\&4&\\&&-2\end{bmatrix}$$

则有 $P^{-1}AP=\Lambda$. 由 $(\alpha_1,\alpha_2,\alpha_3)=(\varepsilon_1,\varepsilon_2,\varepsilon_3)P$，求得 $\mathbf{R}^3$ 的另一组基为

$$\alpha_1=-\varepsilon_1+2\varepsilon_2=(-1,2,0),\quad \alpha_2=-\varepsilon_1+2\varepsilon_3=(-1,0,2),\quad \alpha_3=2\varepsilon_1+\varepsilon_2+\varepsilon_3=(2,1,1)$$

T 在该基下的矩阵为对角矩阵 Λ.

例 3.4　设矩阵空间 $\mathbf{R}^{2\times2}$ 的子空间 $V=\{X=(x_{ij})_{2\times2}\mid x_{11}+x_{22}=0\}$，$T$ 为 V 上的线性变换，定义为 $T(X)=B^{\mathrm{T}}X-X^{\mathrm{T}}B\quad(\forall X\in V)$，其中 $B=\begin{pmatrix}1&1\\0&1\end{pmatrix}$. 求：

（1）T 在基 $A_1=\begin{pmatrix}1&0\\0&-1\end{pmatrix},A_2=\begin{pmatrix}0&1\\0&0\end{pmatrix},A_3=\begin{pmatrix}0&0\\1&0\end{pmatrix}$ 下的矩阵；

（2）V 的一个基，使 T 在该基下的矩阵为对角矩阵.

解　（1）$T(A_1)=B^{\mathrm{T}}A_1-A_1^{\mathrm{T}}B=\begin{pmatrix}0&-1\\1&0\end{pmatrix}=-A_2+A_3$

$$T(A_2)=B^{\mathrm{T}}A_2-A_2^{\mathrm{T}}B=\begin{pmatrix}0&1\\-1&0\end{pmatrix}=A_2-A_3$$

$$T(A_3)=B^{\mathrm{T}}A_3-A_3^{\mathrm{T}}B=\begin{pmatrix}0&-1\\1&0\end{pmatrix}=-A_2+A_3$$

于是 T 在 A_1,A_2,A_3 下的矩阵为

$$C=\begin{pmatrix}0&0&0\\-1&1&-1\\1&-1&1\end{pmatrix}$$

（2）C 的特征多项式为 $|\lambda E-C|=\lambda^2(\lambda-2)$，$C$ 的特征值为 $\lambda_1=\lambda_2=0,\ \lambda_3=2$. 对于 $\lambda_1=\lambda_2=0$，求得特征向量为

$$p_1=\begin{pmatrix}1\\1\\0\end{pmatrix},\qquad p_2=\begin{pmatrix}-1\\0\\1\end{pmatrix}$$

对于 $\lambda_3 = 2$ 求得特征向量为

$$p_3 = \begin{pmatrix} 0 \\ -1 \\ 1 \end{pmatrix}$$

设 $P = (p_1, p_2, p_3)$，则由 $(B_1, B_2, B_3) = (A_1, A_2, A_3)P$ 求得 $\mathbf{R}^{2\times 2}$ 中一个基为

$$B_1 = \begin{pmatrix} 1 & 1 \\ 0 & -1 \end{pmatrix}, \quad B_2 = \begin{pmatrix} -1 & 0 \\ 1 & 1 \end{pmatrix}, \quad B_3 = \begin{pmatrix} 0 & -1 \\ 1 & 0 \end{pmatrix}$$

T 在该基下的矩阵为对角矩阵 $D = \mathrm{diag}\{0,0,2\}$.

例 3.5　在多项式空间 $\mathbf{R}[x]_n$ 中，T 是 $\mathbf{R}[x]_n$ 的一个导数变换，证明：T 在任一基下的矩阵是不可对角化的.

证　取 $\mathbf{R}[x]_n$ 的基 $1, x, x^2, \cdots, x^{n-1}$，在此基下的变换为

$$\begin{cases} T(1) = 0 \\ T(x) = 1 \\ \quad\vdots \\ T(x^{n-1}) = (n-1)x^{n-2} \end{cases}$$

对应的矩阵为

$$A = \begin{bmatrix} 0 & 1 & & & \\ 0 & 0 & 2 & & \\ \vdots & \vdots & \vdots & \ddots & n-1 \\ 0 & 0 & 0 & \cdots & 0 \end{bmatrix}$$

则 A 的特征值为 $\lambda_1 = \lambda_2 = \cdots = \lambda_n = 0$，而 $r(0E - A) \neq 0$，故 A 不可对角化. 因 T 在不同基下的矩阵是相似的，故 T 在任一基下的矩阵均不可对角化.

例 3.6　设三阶矩阵 $A = \begin{pmatrix} 1 & 1 & -1 \\ -3 & 5 & -3 \\ a & b & 4 \end{pmatrix}$，对应于 A 矩阵的特征值 $\lambda = 2$ 的线性无关的特征向量有两个. 求：

（1）a, b；

（2）可逆矩阵 P，使 $P^{-1}AP$ 为对角矩阵.

解　（1）特征值 $\lambda = 2$ 对应的线性无关的特征向量有两个，故 $(2E - A)x = 0$ 的基础解系含两个解向量，所以 $r(2E - A) = 1$.

$$2E - A = \begin{pmatrix} 1 & -1 & 1 \\ 3 & -3 & 3 \\ -a & -b & -2 \end{pmatrix} \to \begin{pmatrix} 1 & -1 & 1 \\ 0 & 0 & 0 \\ 0 & -b-a & -2+a \end{pmatrix}$$

故 $a - 2 = 0$，$a + b = 0$，所以 $a = 2$，$b = -2$.

（2）由 a, b 的计算结果有

$$|\lambda \boldsymbol{E}-\boldsymbol{A}|=\begin{vmatrix}\lambda-1 & -1 & 1\\ 3 & \lambda-5 & 3\\ -2 & 2 & \lambda-4\end{vmatrix}=(\lambda-2)^2(\lambda-6)$$

解得 $\boldsymbol{A}$ 的特征值为 $\lambda_1=\lambda_2=2,\ \lambda_3=6$.

对应于 $\lambda_1=\lambda_2=2$ 的线性无关的特征向量为

$$\boldsymbol{p}_1=\begin{pmatrix}1\\1\\0\end{pmatrix},\qquad \boldsymbol{p}_2=\begin{pmatrix}-1\\0\\1\end{pmatrix}$$

对应于 $\lambda_3=6$ 的线性无关的特征向量为

$$\boldsymbol{p}_3=\begin{pmatrix}1\\3\\-2\end{pmatrix}$$

令

$$\boldsymbol{P}=(\boldsymbol{p}_1,\boldsymbol{p}_2,\boldsymbol{p}_3)=\begin{pmatrix}1 & -1 & 1\\ 1 & 0 & 3\\ 0 & 1 & -2\end{pmatrix}$$

则 $\boldsymbol{P}$ 可逆，且

$$\boldsymbol{P}^{-1}\boldsymbol{A}\boldsymbol{P}=\boldsymbol{\Lambda}=\begin{pmatrix}2 & 0 & 0\\ 0 & 2 & 0\\ 0 & 0 & 6\end{pmatrix}$$

例 3.7　设 $\boldsymbol{A}=\begin{pmatrix}3 & -1 & 0\\ 0 & 2 & 0\\ 1 & -1 & 2\end{pmatrix}$，证明：$(\boldsymbol{A}-\boldsymbol{E})^{2011}+\boldsymbol{A}^{2010}\neq\boldsymbol{O}$（这里 $\boldsymbol{E}$ 为三阶单位矩阵，$\boldsymbol{O}$ 为零矩阵）.

证　因 $|\lambda\boldsymbol{E}-\boldsymbol{A}|=(\lambda-2)^2(\lambda-3)$，故 $\lambda=2$ 是 $\boldsymbol{A}$ 的特征值. 所以，$(2-1)^{2011}+2^{2010}=1+2^{2010}$ 是 $(\boldsymbol{A}-\boldsymbol{E})^{2011}+\boldsymbol{A}^{2010}$ 的特征值. $(\boldsymbol{A}-\boldsymbol{E})^{2011}+\boldsymbol{A}^{2010}$ 有非零的特征值，因此不是零矩阵，即

$$(\boldsymbol{A}-\boldsymbol{E})^{2011}+\boldsymbol{A}^{2010}\neq\boldsymbol{O}$$

例 3.8　证明：非零 n 阶方阵 $\boldsymbol{A}$ 相似于对角矩阵的充要条件是，对任意常数 k，$r(k\boldsymbol{E}-\boldsymbol{A})=r(k\boldsymbol{E}-\boldsymbol{A})^2$.

证　必要性：存在可逆矩阵 $\boldsymbol{P}$ 使得

$$\boldsymbol{P}^{-1}\boldsymbol{A}\boldsymbol{P}=\begin{pmatrix}\lambda_1 & & \\ & \ddots & \\ & & \lambda_n\end{pmatrix}$$

$$kE-A=P\left(kE-P^{-1}AP\right)P^{-1}=P\begin{pmatrix}k-\lambda_1 & & \\ & \ddots & \\ & & k-\lambda_n\end{pmatrix}P^{-1}$$

$$(kE-A)^2=P\begin{pmatrix}(k-\lambda_1)^2 & & \\ & \ddots & \\ & & (k-\lambda_n)^2\end{pmatrix}P^{-1}$$

因而 $r(kE-A)=r(kE-A)^2$.

充分性：设 $P^{-1}AP=J$，则

$$A=PJP^{-1}=P\begin{pmatrix}J_1 & & \\ & \ddots & \\ & & J_m\end{pmatrix}P^{-1},\quad J_i=\begin{pmatrix}\lambda_i & & & \\ 1 & \ddots & & \\ & \ddots & \ddots & \\ & & 1 & \lambda_i\end{pmatrix}_{n_i}$$

下证 $n_1=1$，即证得 A 相似于对角矩阵. 用反证法，为简单起见，设 $n_1>1$，由 k 的任意性可取 $k=\lambda_1$，有 $r(\lambda_1E-A)=r(\lambda_1E-A)^2$，从而有 $r(\lambda_1E-J_i)=r(\lambda_1E-J_i)^2$ $(i=1,2,\cdots,m)$. 但

$$\lambda_1E-J_1=\begin{pmatrix}0 & & & & \\ -1 & 0 & & & \\ & -1 & \ddots & & \\ & & \ddots & \ddots & \\ & & & -1 & 0\end{pmatrix}$$

$$(\lambda_1E-J_1)^2=\begin{pmatrix}0 & & & & \\ 0 & \ddots & & & \\ 1 & \ddots & \ddots & & \\ & \ddots & \ddots & \ddots & \\ & & 1 & 0 & 0\end{pmatrix}$$

可见 $r(\lambda_1E-J_1)\neq r(\lambda_1E-J_1)^2$，与条件矛盾，所以 $n_1=1$，同理 $n_i=1$ $(i=2,3,\cdots,m)$. 即证得 A 相似于对角矩阵.

例 3.9　设 $A\in\mathbf{R}^{n\times n}$，$A^2=A$ 且 $r(A)=r$.

（1）证明 A 可对角化；

（2）证明 $\mathbf{R}^n$ 可分解成 A 的两个特征子空间的直和；

（3）求 $|2E-A|$.

证　（1）因 $A^2=A$，$A(E-A)=0$，由秩不等式得

$$r(A)+r(E-A)\leqslant n$$

又由 $n=r(E)=r(A+E-A)\leqslant r(A)+r(E-A)$，可得

$$r(A)+r(E-A)=n$$

所以，A 可对角化.

或者利用 $A(E-A)=0$ 知，A 的最小多项式无重根，证得 A 可相似于对角矩阵.

（2）对于 A 的特征值 $\lambda_1=0$，$(0E-A)x=0$，$r(A)=r$，则 $\lambda_1=0$ 有 $n-r$ 个线性无关的特征向量.

对于 $\lambda_2=1$，因 $r(E-A)=n-r$，解 $(E-A)x=0$，得 $\lambda_2=1$ 有 r 个线性无关的特征向量.

$$V_{\lambda_1}=\{x\mid(0E-A)x=0\},\quad \dim V_{\lambda_1}=n-r$$
$$V_{\lambda_2}=\{x\mid(E-A)x=0\},\quad \dim V_{\lambda_2}=r$$

故 $\mathbf{R}^n=V_{\lambda_1}\oplus V_{\lambda_2}$.

（3）因 $A^2=A$，A 的特征值为 1 或者 0，由 $r(A)=r$ 知特征值为 1 的个数为 r 个. 因为 $|\lambda E-A|=(\lambda-\lambda_1)(\lambda-\lambda_2)\cdots(\lambda-\lambda_n)$，而 $\lambda_1=\lambda_2=\cdots=\lambda_r=1$，$\lambda_{r+1}=\lambda_{r+2}=\cdots=\lambda_n=0$，得 $|2E-A|=(2-1)^r(2-0)^{n-r}=2^{n-r}$.

例 3.10　已知 $A=\begin{pmatrix}-1&0&1\\1&2&0\\-4&0&3\end{pmatrix}$，求矩阵 A 的行列式因子、不变因子与初级因子及 Jordan 标准形.

解
$$|\lambda E-A|=\begin{vmatrix}\lambda+1&0&-1\\-1&\lambda-2&0\\4&0&\lambda-3\end{vmatrix}=(\lambda-1)^2(\lambda-2)$$

观察可知

$$D_1(\lambda)=1,\quad D_2(\lambda)=1,\quad D_3(\lambda)=(\lambda-1)^2(\lambda-2)$$

所以

$$d_1(\lambda)=1,\quad d_2(\lambda)=1,\quad d_3(\lambda)=\frac{D_3(\lambda)}{D_2(\lambda)}=(\lambda-1)^2(\lambda-2)$$

从而初级因子为

$$(\lambda-1)^2,\qquad \lambda-2$$

故 A 的 Jordan 标准形为

$$J=\begin{pmatrix}1&0&0\\1&1&0\\0&0&2\end{pmatrix}$$

例 3.11　设

$$A=\begin{pmatrix}2&-1&-1\\2&-1&-2\\-1&1&2\end{pmatrix}$$

求矩阵的初级因子和 Jordan 标准形.

解　使用 Smith 标准形求 Jordan 标准形.

$$\lambda E-A=\begin{pmatrix}\lambda-2&1&1\\-2&\lambda+1&2\\1&-1&\lambda-2\end{pmatrix}\to\begin{pmatrix}1&-1&\lambda-2\\-2&\lambda+1&2\\\lambda-2&1&1\end{pmatrix}\to\begin{pmatrix}1&-1&\lambda-2\\0&\lambda-1&2(\lambda-1)\\0&\lambda-1&(-\lambda+3)(\lambda-1)\end{pmatrix}$$

$$\to\begin{pmatrix}1&0&0\\0&\lambda-1&2(\lambda-1)\\0&\lambda-1&(-\lambda+3)(\lambda-1)\end{pmatrix}\to\begin{pmatrix}1&0&0\\0&\lambda-1&2(\lambda-1)\\0&0&-(\lambda-1)^2\end{pmatrix}$$

$$\to\begin{pmatrix}1&0&0\\0&\lambda-1&0\\0&0&-(\lambda-1)^2\end{pmatrix}\to\begin{pmatrix}1&0&0\\0&\lambda-1&0\\0&0&(\lambda-1)^2\end{pmatrix}$$

$\boldsymbol{A}$ 的不变因子为 $\lambda-1,\ (\lambda-1)^2$. 由不变因子得到 $\boldsymbol{A}$ 的初级因子为 $\lambda-1,(\lambda-1)^2$.

$\boldsymbol{A}$ 的 Jordan 标准形为

$$J=\begin{pmatrix}1&0&0\\0&1&0\\0&1&1\end{pmatrix}$$

例 3.12　已知矩阵

$$A=\begin{pmatrix}-1&1&0\\-4&3&0\\1&0&2\end{pmatrix}$$

求 $\boldsymbol{A}$ 的 Jordan 标准形以及所用矩阵 $\boldsymbol{P}$.

解　$$|\lambda E-A|=\begin{vmatrix}\lambda+1&-1&0\\4&\lambda-3&0\\-1&0&\lambda-2\end{vmatrix}=(\lambda-2)(\lambda-1)^2$$

$$D_3(\lambda)=(\lambda-2)(\lambda-1)^2,\qquad D_2(\lambda)=D_1(\lambda)=1$$

$\boldsymbol{A}$ 的 Jordan 标准形为

$$J=\begin{pmatrix}2&0&0\\0&1&0\\0&1&1\end{pmatrix}$$

设 $P=(\alpha_1,\alpha_2,\alpha_3)$，由 $AP=PA$，即得

$$\begin{cases}A\alpha_1=2\alpha_1&(1)\\A\alpha_2=\alpha_2+\alpha_3&(2)\\A\alpha_3=\alpha_3&(3)\end{cases}$$

方程组（1）的系数矩阵

$$\begin{pmatrix}-3&1&0\\-4&1&0\\1&0&0\end{pmatrix}\to\begin{pmatrix}0&1&0\\1&0&0\\0&0&0\end{pmatrix}$$

解得 $\boldsymbol{\alpha}_1=(0,0,1)^{\mathrm{T}}$.

方程组（3）的系数矩阵

$$\begin{pmatrix}-2&1&0\\-4&2&0\\1&0&1\end{pmatrix}\to\begin{pmatrix}-2&1&0\\1&0&1\\0&0&0\end{pmatrix}$$

解得 $\boldsymbol{\alpha}_2=(1,2,-1)^{\mathrm{T}}$.

方程组（2）的增广矩阵为

$$\begin{pmatrix}-2&1&0&1\\-4&2&0&2\\1&0&1&-1\end{pmatrix}\to\begin{pmatrix}-2&1&0&1\\0&0&0&0\\1&0&1&-1\end{pmatrix}$$

解得 $\boldsymbol{\alpha}_3=(0,1,-1)^{\mathrm{T}}$.

从而矩阵

$$\boldsymbol{P}=(\boldsymbol{\alpha}_1,\boldsymbol{\alpha}_2,\boldsymbol{\alpha}_3)=\begin{pmatrix}0&0&1\\0&1&2\\1&-1&-1\end{pmatrix}$$

使得 $\boldsymbol{P}^{-1}\boldsymbol{A}\boldsymbol{P}=\boldsymbol{J}$.

例 3.13　已知矩阵

$$\boldsymbol{A}=\begin{pmatrix}1&0&0&1\\1&1&0&2\\0&0&1&3\\0&0&0&2\end{pmatrix}$$

求 $\boldsymbol{A}$ 的 Jordan 标准形及可逆矩阵 $\boldsymbol{P}$.

解　因为

$$\lambda\boldsymbol{E}-\boldsymbol{A}=\begin{bmatrix}\lambda-1&0&0&-1\\-1&\lambda-1&0&-2\\0&0&\lambda-1&-3\\0&0&0&\lambda-2\end{bmatrix}\to\begin{bmatrix}1&0&0&0\\0&1&0&0\\0&0&\lambda-1&0\\0&0&0&(\lambda-1)^2(\lambda-2)\end{bmatrix}$$

所以 $\boldsymbol{A}$ 的初级因子是 $\lambda-1$，$(\lambda-1)^2$，$\lambda-2$，则 $\boldsymbol{A}$ 的 Jordan 标准形为

$$\boldsymbol{J}=\begin{pmatrix}1&0&0&0\\0&1&0&0\\0&1&1&0\\0&0&0&2\end{pmatrix}$$

设可逆矩阵 $\boldsymbol{P}=(\boldsymbol{\alpha}_1,\boldsymbol{\alpha}_2,\boldsymbol{\alpha}_3,\boldsymbol{\alpha}_4)$，使 $\boldsymbol{P}^{-1}\boldsymbol{A}\boldsymbol{P}=\boldsymbol{J}$，则

$$\begin{cases}\boldsymbol{A}\boldsymbol{\alpha}_1=\boldsymbol{\alpha}_1\\\boldsymbol{A}\boldsymbol{\alpha}_2=\boldsymbol{\alpha}_2+\boldsymbol{\alpha}_3\\\boldsymbol{A}\boldsymbol{\alpha}_3=\boldsymbol{\alpha}_3\\\boldsymbol{A}\boldsymbol{\alpha}_4=2\boldsymbol{\alpha}_4\end{cases}$$

即
$$\begin{cases}(\boldsymbol{E}-\boldsymbol{A})\boldsymbol{\alpha}_1=0\\(\boldsymbol{E}-\boldsymbol{A})\boldsymbol{\alpha}_2=-\boldsymbol{\alpha}_3\\(\boldsymbol{E}-\boldsymbol{A})\boldsymbol{\alpha}_3=0\\(2\boldsymbol{E}-\boldsymbol{A})\boldsymbol{\alpha}_4=0\end{cases}$$
其中：$\boldsymbol{\alpha}_1,\boldsymbol{\alpha}_3$ 是 $(\boldsymbol{E}-\boldsymbol{A})\boldsymbol{x}=0$ 的解；$\boldsymbol{\alpha}_2$ 是 $(\boldsymbol{E}-\boldsymbol{A})\boldsymbol{x}=-\boldsymbol{\alpha}_3$ 的解；$\boldsymbol{\alpha}_4$ 是 $(2\boldsymbol{E}-\boldsymbol{A})\boldsymbol{x}=0$ 的解.

由 $(\boldsymbol{E}-\boldsymbol{A})\boldsymbol{x}=0$ 解得基础解系
$$\boldsymbol{X}_1=\begin{pmatrix}0\\1\\0\\0\end{pmatrix},\quad \boldsymbol{X}_2=\begin{pmatrix}0\\0\\1\\0\end{pmatrix}$$
要使 $(\boldsymbol{E}-\boldsymbol{A})\boldsymbol{x}=-\boldsymbol{\alpha}_3$ 有解，则 $(\boldsymbol{E}-\boldsymbol{A})\boldsymbol{x}=-(k_1\boldsymbol{X}_1+k_2\boldsymbol{X}_2)$.

增广矩阵为
$$\begin{pmatrix}0&0&0&-1&0\\-1&0&0&-2&-k_1\\0&0&0&-3&-k_2\\0&0&0&-1&0\end{pmatrix}\to\begin{pmatrix}0&0&0&1&0\\1&0&0&0&k_1\\0&0&0&0&k_2\\0&0&0&0&0\end{pmatrix}$$
则 $k_2=0$，令 $k_1=1$，此时有解 $\boldsymbol{\alpha}_2=(1,0,0,0)^{\mathrm{T}}$，而 $\boldsymbol{\alpha}_3=X_1=(0,1,0,0)^{\mathrm{T}}$.

由 $(2\boldsymbol{E}-\boldsymbol{A})\boldsymbol{x}=0$ 可得 $\boldsymbol{\alpha}_4=(1,3,3,1)^{\mathrm{T}}$，取 $\boldsymbol{\alpha}_1=X_2=(0,0,1,0)^{\mathrm{T}}$，则
$$\boldsymbol{P}=\begin{pmatrix}0&1&0&1\\0&0&1&3\\1&0&0&3\\0&0&0&1\end{pmatrix}$$
使得 $\boldsymbol{P}^{-1}\boldsymbol{A}\boldsymbol{P}=\boldsymbol{J}$.

例 3.14　设矩阵 $\boldsymbol{A}$ 的特征多项式 $f(\lambda)=(\lambda-2)(\lambda-1)^4$，且 $r(\boldsymbol{E}-\boldsymbol{A})=3$，请写出矩阵 $\boldsymbol{A}$ 的所有可能的 Jordan 标准形.

解　因 $f(\lambda)=(\lambda-2)(\lambda-1)^4$，则
$$m(\lambda)=(\lambda-2)(\lambda-1)^j\quad(1\leqslant j\leqslant 4)$$
若 $j=1$，则 $\boldsymbol{A}$ 的初级因子都是一次的，所以 $\boldsymbol{A}$ 可以对角化，从而 $r(\boldsymbol{E}-\boldsymbol{A})=1$ 与题意不符.

若 $j=4$，则 $\boldsymbol{A}$ 的初级因子是 $\lambda-2$，$(\lambda-1)^4$，Jordan 标准形为
$$\boldsymbol{J}=\begin{pmatrix}2&0&0&0&0\\0&1&1&0&0\\0&0&1&1&0\\0&0&0&1&1\\0&0&0&0&1\end{pmatrix}$$
这时 $r(\boldsymbol{E}-\boldsymbol{A})=4$ 与题意不符.

若 $j=2$，则 $\boldsymbol{A}$ 的初级因子是 $\lambda-2$，$\lambda-1$，$\lambda-1$，$(\lambda-1)^2$ 或者 $\lambda-2$，$(\lambda-1)^2$，$(\lambda-1)^2$.若为前者，则 Jordan 标准形为

$$\boldsymbol{J}=\begin{pmatrix}2&0&0&0&0\\0&1&0&0&0\\0&0&1&0&0\\0&0&0&1&1\\0&0&0&0&1\end{pmatrix}$$

这时 $r(\boldsymbol{E}-\boldsymbol{A})=2$ 与题意不符；若为后者，则 Jordan 标准形为

$$\boldsymbol{J}=\begin{pmatrix}2&0&0&0&0\\0&1&1&0&0\\0&0&1&0&0\\0&0&0&1&1\\0&0&0&0&1\end{pmatrix}$$

这时 $r(\boldsymbol{E}-\boldsymbol{A})=3$，符合题意.

若 $j=3$，则 $\boldsymbol{A}$ 的初级因子是 $\lambda-2$，$\lambda-1$，$(\lambda-1)^3$，则 Jordan 标准形为

$$\boldsymbol{J}=\begin{pmatrix}2&0&0&0&0\\0&1&0&0&0\\0&0&1&1&0\\0&0&0&1&1\\0&0&0&0&1\end{pmatrix}$$

这时 $r(\boldsymbol{E}-\boldsymbol{A})=3$，符合题意.

例 3.15 设 V 是由函数 e^x,xe^x,x^2e^x,e^{2x} 的线性组合生成的线性空间，定义 V 的一个线性算子为 $T(f)=f'$，求 T 的 Jordan 标准形，并求一组基，使得 T 在该基下的矩阵为 Jordan 标准形.

解 由 T 的定义得

$$T(e^x,xe^x,x^2e^x,e^{2x})=(e^x,xe^x,x^2e^x,e^{2x})\begin{pmatrix}1&1&0&0\\0&1&2&0\\0&0&1&0\\0&0&0&2\end{pmatrix}$$

$$=(e^x,xe^x,x^2e^x,e^{2x})\boldsymbol{A}$$

则 $\boldsymbol{A}$ 的特征矩阵为

$$\lambda\boldsymbol{E}-\boldsymbol{A}=\begin{pmatrix}\lambda-1&-1&0&0\\0&\lambda-1&-2&0\\0&0&\lambda-1&0\\0&0&0&\lambda-2\end{pmatrix}$$

因特征矩阵中的两个三阶子式

$$\begin{vmatrix}\lambda-1 & -1 & 0\\ 0 & \lambda-1 & -2\\ 0 & 0 & \lambda-1\end{vmatrix}=(\lambda-1)^3,\qquad \begin{vmatrix}-1 & 0 & 0\\ \lambda-1 & -2 & 0\\ 0 & 0 & \lambda-2\end{vmatrix}=2(\lambda-2)$$

互素，故 $D_3(\lambda)=1$.

从而

$$D_1(\lambda)=D_2(\lambda)=D_3(\lambda)=1,\qquad D_4(\lambda)=|\lambda\boldsymbol{E}-\boldsymbol{A}|=(\lambda-1)^3(\lambda-2)$$

初等因子为 $(\lambda-1)^3$，$\lambda-2$，故 $\boldsymbol{A}$ 的 Jordan 标准形为

$$\boldsymbol{J}=\begin{pmatrix}1&0&0&0\\1&1&0&0\\0&1&1&0\\0&0&0&2\end{pmatrix}$$

设可逆矩阵 $\boldsymbol{P}=(\boldsymbol{\alpha}_1,\boldsymbol{\alpha}_2,\boldsymbol{\alpha}_3,\boldsymbol{\alpha}_4)$，使 $\boldsymbol{P}^{-1}\boldsymbol{A}\boldsymbol{P}=\boldsymbol{J}$，则

$$\begin{cases}\boldsymbol{A}\boldsymbol{\alpha}_1=\boldsymbol{\alpha}_1+\boldsymbol{\alpha}_2\\ \boldsymbol{A}\boldsymbol{\alpha}_2=\boldsymbol{\alpha}_2+\boldsymbol{\alpha}_3\\ \boldsymbol{A}\boldsymbol{\alpha}_3=\boldsymbol{\alpha}_3\\ \boldsymbol{A}\boldsymbol{\alpha}_4=2\boldsymbol{\alpha}_4\end{cases}$$

即

$$\begin{cases}(\boldsymbol{E}-\boldsymbol{A})\boldsymbol{\alpha}_1=-\boldsymbol{\alpha}_2\\ (\boldsymbol{E}-\boldsymbol{A})\boldsymbol{\alpha}_2=-\boldsymbol{\alpha}_3\\ (\boldsymbol{E}-\boldsymbol{A})\boldsymbol{\alpha}_3=\boldsymbol{0}\\ (2\boldsymbol{E}-\boldsymbol{A})\boldsymbol{\alpha}_4=\boldsymbol{0}\end{cases}$$

依次解得

$$\boldsymbol{\alpha}_3=\begin{pmatrix}1\\0\\0\\0\end{pmatrix},\quad \boldsymbol{\alpha}_2=\begin{pmatrix}0\\1\\0\\0\end{pmatrix},\quad \boldsymbol{\alpha}_1=\begin{pmatrix}0\\0\\\frac{1}{2}\\0\end{pmatrix},\quad \boldsymbol{\alpha}_4=\begin{pmatrix}0\\0\\0\\1\end{pmatrix}$$

故

$$\boldsymbol{P}=\begin{pmatrix}0&0&1&0\\0&1&0&0\\\frac{1}{2}&0&0&0\\0&0&0&1\end{pmatrix},\qquad \boldsymbol{P}^{-1}=\begin{pmatrix}0&0&2&0\\0&1&0&0\\1&0&0&0\\0&0&0&1\end{pmatrix}$$

使得 $\boldsymbol{P}^{-1}\boldsymbol{A}\boldsymbol{P}=\boldsymbol{J}$. 于是所求的基为

$$(e^x,xe^x,x^2e^x,e^{2x})\boldsymbol{P}=\left(\frac{1}{2}x^2e^x,xe^x,e^x,e^{2x}\right)$$

T 在该基下的矩阵为 $\boldsymbol{J}$.

例 3.16　设

$$A=\begin{pmatrix}1 & 0 & 2\\ 0 & 1 & 0\\ 0 & -1 & 1\end{pmatrix}$$

求矩阵多项式 $2A^6-3A^5+A^4+3A^3-A^2-4E$.

解　因为

$$|\lambda E-A|=\begin{vmatrix}\lambda-1 & 0 & -2\\ 0 & \lambda-1 & 0\\ 0 & 1 & \lambda-1\end{vmatrix}=(\lambda-1)^3$$

由 Hamiltion-Cayley 定理知

$$(A-E)^3=0$$

设

$$f(\lambda)=2\lambda^6-3\lambda^5+\lambda^4+3\lambda^3-\lambda^2-4,\qquad f(\lambda)=(\lambda-1)^3q(\lambda)+a\lambda^2+b\lambda+c$$

则

$$f(1)=a+b+c=-2,\quad f'(1)=2a+b=8,\quad f''(1)=2a=28$$

解得

$$a=14,\quad b=-20,\quad c=4$$

于是

$$f(A)=2A^6-3A^5+A^4+3A^3-A^2-4E=14A^2-20A+4E$$

$$=\begin{pmatrix}-2 & -28 & 16\\ 0 & -2 & 0\\ 0 & -8 & -2\end{pmatrix}$$

例 3.17　设 $A=\begin{pmatrix}1 & 0 & 2\\ 0 & -2 & -1\\ 0 & 1 & 0\end{pmatrix}$. 求矩阵多项式 $g(A)=2A^8-3A^5+A^4+A^2-4E$.

解　因为

$$f(\lambda)=|\lambda E-A|=(\lambda+1)^2(\lambda-1)$$

由 Hamiltion-Cayley 定理知 $f(A)=0$，令

$$g(\lambda)=2\lambda^8-3\lambda^5+\lambda^4+\lambda^2-4=f(\lambda)q(\lambda)+a+b\lambda+c\lambda^2$$

则

$$\begin{cases}g(-1)=a-b+c=3\\ g'(-1)=b-2c=-37\\ g(1)=a+b+c=-3\end{cases}$$

解得

$$a=-17,\quad b=-3,\quad c=17$$

于是

$$g(\boldsymbol{A})=17\boldsymbol{A}^2-3\boldsymbol{A}-17\boldsymbol{E}=\begin{bmatrix}-3 & 34 & 28\\ 0 & 40 & 37\\ 0 & -37 & -34\end{bmatrix}$$

例 3.18　设矩阵 $\boldsymbol{A}$ 的 Jordan 标准形为

$$\boldsymbol{J}=\begin{pmatrix}5&0&0&0&0&0\\0&5&1&0&0&0\\0&0&5&1&0&0\\0&0&0&5&0&0\\0&0&0&0&2&1\\0&0&0&0&0&2\end{pmatrix}$$

求 $\boldsymbol{A}$ 的最小多项式.

解　由矩阵 $\boldsymbol{A}$ 的 Jordan 标准形可知矩阵 $\boldsymbol{A}$ 的初级因子为

$$\lambda-5,\quad (\lambda-5)^3,\quad (\lambda-2)^2$$

最小多项式为初级因子的最小公倍式，即

$$m(\lambda)=(\lambda-5)^3(\lambda-2)^2$$

例 3.19　已知矩阵 $\boldsymbol{A}$ 的特征多项式与最小多项式分别为

$$f(\lambda)=(\lambda-2)^4(\lambda-3)^2,\qquad m(\lambda)=(\lambda-2)^2(\lambda-3)^2$$

求 $\boldsymbol{A}$ 的 Jordan 标准形.

解　由题意知 $\boldsymbol{A}$ 是 6 阶矩阵，且最后一个不变因子为

$$d_6(\lambda)=m(\lambda)=(\lambda-2)^2(\lambda-3)^2$$

于是

$$d_5(\lambda)=(\lambda-2)^2\quad 或\quad d_5(\lambda)=\lambda-2$$

若 $d_5(\lambda)=(\lambda-2)^2$，则

$$d_4(\lambda)=d_3(\lambda)=d_2(\lambda)=d_1(\lambda)=1$$

初级因子为 $(\lambda-3)^2$，$(\lambda-2)^2$，$(\lambda-2)^2$，Jordan 标准形为

$$\boldsymbol{J}=\begin{pmatrix}3&1&0&0&0&0\\0&3&0&0&0&0\\0&0&2&1&0&0\\0&0&0&2&0&0\\0&0&0&0&2&1\\0&0&0&0&0&2\end{pmatrix}$$

若 $d_5(\lambda)=\lambda-2$，则

$$d_4(\lambda)=\lambda-2,\qquad d_3(\lambda)=d_2(\lambda)=d_1(\lambda)=1$$

初级因子为 $(\lambda-3)^2$，$(\lambda-2)^2$，$\lambda-2$，$\lambda-2$，Jordan 标准形为

$$J=\begin{pmatrix}3&1&0&0&0&0\\0&3&0&0&0&0\\0&0&2&1&0&0\\0&0&0&2&0&0\\0&0&0&0&2&0\\0&0&0&0&0&2\end{pmatrix}$$

例 3.20　已知矩阵 $\boldsymbol{A}$ 的特征多项式 $f(\lambda)$ 及最小多项式 $m(\lambda)$ 相等，且等于 $(\lambda-1)\lambda^2$，若矩阵

$$\boldsymbol{B}=\begin{bmatrix}1&1&0\\0&0&1\\0&0&0\end{bmatrix}$$

分别求 $\boldsymbol{A}$ 和 $\boldsymbol{B}$ 的 Jordan 标准形. 矩阵 $\boldsymbol{A}$ 与 $\boldsymbol{B}$ 是否相似？为什么？

解　由矩阵 $\boldsymbol{A}$ 的特征多项式 $f(\lambda)$ 及最小多项式 $m(\lambda)$ 均为 $(\lambda-1)\lambda^2$，得

$$\boldsymbol{J}_A=\begin{bmatrix}1&0&0\\0&0&1\\0&0&0\end{bmatrix}$$

又

$$\lambda\boldsymbol{E}-\boldsymbol{B}=\begin{bmatrix}\lambda-1&-1&0\\0&\lambda&-1\\0&0&\lambda\end{bmatrix}\to\begin{bmatrix}1&0&0\\0&1&0\\0&0&\lambda^2(\lambda-1)\end{bmatrix}$$

所以 $\boldsymbol{B}$ 的初级因子为 $\lambda-1$，λ^2，故 Jordan 标准形为

$$\boldsymbol{J}_B=\begin{bmatrix}1&0&0\\0&0&1\\0&0&0\end{bmatrix}$$

因矩阵 $\boldsymbol{A}$ 和 $\boldsymbol{B}$ 有相同的 Jordan 标准形，故 $\boldsymbol{A}$ 和 $\boldsymbol{B}$ 相似.

例 3.21　求多项式矩阵

$$\boldsymbol{A}(\lambda)=\begin{pmatrix}0&\lambda(\lambda-1)&0\\\lambda&0&\lambda+1\\0&0&-\lambda+2\end{pmatrix}$$

的 Smith 标准形及其不变因子.

解

$$\boldsymbol{A}(\lambda)\to\begin{pmatrix}\lambda&0&\lambda+1\\0&\lambda(\lambda-1)&0\\0&0&-\lambda+2\end{pmatrix}\to\begin{pmatrix}\lambda&0&1\\0&\lambda(\lambda-1)&0\\0&0&-\lambda+2\end{pmatrix}$$

$$\to\begin{pmatrix}1&0&\lambda\\0&\lambda(\lambda-1)&0\\-\lambda+2&0&0\end{pmatrix}\to\begin{pmatrix}1&0&\lambda\\0&\lambda(\lambda-1)&0\\0&0&\lambda(\lambda-2)\end{pmatrix}$$

$$\to\begin{pmatrix}1&0&0\\0&\lambda(\lambda-1)&0\\0&0&\lambda(\lambda-2)\end{pmatrix}\to\begin{pmatrix}1&0&0\\0&\lambda(\lambda-1)&\lambda(\lambda-2)\\0&0&\lambda(\lambda-2)\end{pmatrix}$$

$$\to\begin{pmatrix}1&0&0\\0&\lambda(\lambda-1)&-\lambda\\0&0&\lambda(\lambda-2)\end{pmatrix}\to\begin{pmatrix}1&0&0\\0&-\lambda&\lambda(\lambda-1)\\0&\lambda(\lambda-2)&0\end{pmatrix}$$

$$\to\begin{pmatrix}1&0&0\\0&-\lambda&0\\0&\lambda(\lambda-2)&\lambda(\lambda-1)(\lambda-2)\end{pmatrix}\to\begin{pmatrix}1&0&0\\0&\lambda&0\\0&0&\lambda(\lambda-1)(\lambda-2)\end{pmatrix}$$

此即所求的 Smith 标准形. 同时 $A(\lambda)$ 的不变因子为 $d_1(\lambda)=1, d_2(\lambda)=\lambda, d_3(\lambda)=\lambda(\lambda-1)(\lambda-2)$.

例 3.22 若 A 满足 $A^3-6A^2+11A=6E$，证明 A 与对角阵相似.

证 因 $A^3-6A^2+11A=6E$，则 A 的零化多项式为

$$\varphi(\lambda)=\lambda^3-6\lambda^2+11\lambda-6=(\lambda-1)(\lambda-2)(\lambda-3)$$

$\varphi(\lambda)$ 无重根，而由于 A 的最小多项式可整除零化多项式，所以 A 的最小多项式无重根，故 A 可对角化，即 A 与对角阵相似.

例 3.23 求多项式矩阵

$$\begin{pmatrix}\lambda^2(\lambda+1)&0&0\\0&(\lambda+1)^2(\lambda+2)&0\\0&0&\lambda(\lambda+2)^2\end{pmatrix}$$

的 Smith 标准形、行列式因子与不变因子.

解 非零一阶子式为 $\lambda^2(\lambda+1),(\lambda+1)^2(\lambda+2),\lambda(\lambda+2)^2$，故一阶行列式因子 $D_1(\lambda)=1$.

非零二阶子式为 $\lambda^2(\lambda+1)^3(\lambda+2),\lambda(\lambda+1)^2(\lambda+2)^3,\lambda^3(\lambda+1)(\lambda+2)^2$，所以二阶行列式因子 $D_2(\lambda)=\lambda(\lambda+1)(\lambda+2)$，而三阶行列式因子 $D_3(\lambda)=\lambda^3(\lambda+1)^3(\lambda+2)^3$，故不变因子为

$$d_1(\lambda)=1$$

$$d_2(\lambda)=\frac{D_2(\lambda)}{D_1(\lambda)}=\lambda(\lambda+1)(\lambda+2)$$

$$d_3(\lambda)=\frac{D_3(\lambda)}{D_2(\lambda)}=\lambda^2(\lambda+1)^2(\lambda+2)^2$$

所求 Smith 标准形为 $\begin{pmatrix}1&&\\&\lambda(\lambda+1)(\lambda+2)&\\&&\lambda^2(\lambda+1)^2(\lambda+2)^2\end{pmatrix}$.

例 3.24 已知 $A=\begin{pmatrix}3&0&8\\3&-1&6\\-2&0&-5\end{pmatrix}$. 计算：

（1）矩阵 A 的最小多项式；

（2）线性空间 $\mathbf{R}^{3\times3}$ 中向量组 $E,A,A^2,\cdots,A^{2017}$ 的秩，其中 E 为三阶单位阵.

解 （1）$\lambda \boldsymbol{E}-\boldsymbol{A}$ 的 Smith 标准形为

$$\lambda \boldsymbol{E}-\boldsymbol{A}=\begin{pmatrix}\lambda-3 & 0 & -8\\ -3 & \lambda+1 & -6\\ 2 & 0 & \lambda+5\end{pmatrix}\to\begin{pmatrix}2 & 0 & \lambda+5\\ -3 & \lambda+1 & -6\\ \lambda-3 & 0 & -8\end{pmatrix}$$

$$\to\begin{pmatrix}1 & 0 & \dfrac{\lambda+5}{2}\\ 0 & \lambda+1 & \dfrac{3}{2}(\lambda+1)\\ 0 & 0 & -\dfrac{(\lambda+1)^2}{2}\end{pmatrix}\to\begin{pmatrix}1 & 0 & 0\\ 0 & \lambda+1 & 0\\ 0 & 0 & (\lambda+1)^2\end{pmatrix}$$

故矩阵 $\boldsymbol{A}$ 的最小多项式为 $(\lambda+1)^2$.

（2）因矩阵 $\boldsymbol{A}$ 的最小多项式为 2 次多项式，故 $\boldsymbol{A}^2,\boldsymbol{A}^3,\cdots,\boldsymbol{A}^{2017}$ 均可由 $\boldsymbol{E}$，$\boldsymbol{A}$ 线性表示，从而可得向量组 $\boldsymbol{E},\boldsymbol{A},\boldsymbol{A}^2,\cdots,\boldsymbol{A}^{2017}$ 的秩为 2.

例 3.25 求矩阵 $\boldsymbol{A}$ 的最小多项式，其中

$$\boldsymbol{A}=\begin{pmatrix}3 & -3 & 2\\ -1 & 5 & -2\\ -1 & 3 & 0\end{pmatrix}$$

解法一 $|\lambda \boldsymbol{E}-\boldsymbol{A}|=(\lambda-2)^2(\lambda-4)$.

对于 $\varphi(\lambda)=(\lambda-2)(\lambda-4)$，计算 $\varphi(\boldsymbol{A})=(\boldsymbol{A}-2\boldsymbol{E})(\boldsymbol{A}-4\boldsymbol{E})$.

$$\varphi(\boldsymbol{A})=\begin{pmatrix}1 & -3 & 2\\ -1 & 3 & -2\\ -1 & 3 & -2\end{pmatrix}\begin{pmatrix}-1 & -3 & 2\\ -1 & 1 & -2\\ -1 & 3 & -4\end{pmatrix}=\begin{pmatrix}0 & 0 & 0\\ 0 & 0 & 0\\ 0 & 0 & 0\end{pmatrix}$$

故最小多项式为 $m_A(\lambda)=(\lambda-2)(\lambda-4)$.

解法二 当 $\lambda=2$ 时，

$$2\boldsymbol{E}-\boldsymbol{A}=\begin{pmatrix}-1 & 3 & -2\\ 1 & -3 & 2\\ 1 & -3 & 2\end{pmatrix}\to\begin{pmatrix}-1 & 3 & -2\\ 0 & 0 & 0\\ 0 & 0 & 0\end{pmatrix}$$

$r(2\boldsymbol{E}-\boldsymbol{A})=1$，则 $\lambda=2$ 有两个线性无关的特征向量，即 $\boldsymbol{A}$ 可对角化. 故 $\boldsymbol{A}$ 的最小多项式为 $m_A(\lambda)=(\lambda-2)(\lambda-4)$.

例 3.26 设 $\boldsymbol{A}$ 为 n 阶方阵，$\boldsymbol{A}$ 的特征多项式为 $|\lambda \boldsymbol{E}-\boldsymbol{A}|=(\lambda-a)^n$，$a\neq 0$，证明 $\boldsymbol{A}$ 是可逆的，并求 $\boldsymbol{A}^{-1}$.

证 因为 $|\boldsymbol{A}|=\lambda_1\lambda_2\cdots\lambda_n=a^n\neq 0$，所以 $\boldsymbol{A}$ 可逆.

由 Hamiltion-Cayley 定理知

$$f(\boldsymbol{A})=(\boldsymbol{A}-a\boldsymbol{E})^n=\boldsymbol{0}$$

即

$$(\boldsymbol{A}-a\boldsymbol{E})^n=\boldsymbol{A}^n-C_n^1 a\boldsymbol{A}^{n-1}+\cdots+(-1)^{n-1}C_n^{n-1}a^{n-1}\boldsymbol{A}+(-1)^n a^n\boldsymbol{E}=\boldsymbol{0}$$

所以

$$A^{-1}=\frac{(-1)^{n-1}}{a^n}[A^{n-1}-C_n^1 aA^{n-2}+\cdots+(-1)^{n-1}C_n^{n-1}a^{n-1}E]$$

例 3.27　设$A\in\mathbf{R}^{n\times n}$，$A$的特征值为$\lambda_1,\lambda_2,\cdots,\lambda_n$，证明：$(|\lambda_1|^2+|\lambda_2|^2+\cdots+|\lambda_n|^2)^{\frac{1}{2}}\leqslant\|A\|_F$.

证　由 Schur 定理，存在酉矩阵U，使得

$$U^{\mathrm{H}}AU=T=\begin{pmatrix}\lambda_1 & t_{12} & t_{13} & \cdots & t_{1n-1} & t_{1n}\\ 0 & \lambda_2 & t_{23} & \cdots & t_{2n-1} & t_{2n}\\ 0 & 0 & \lambda_3 & \cdots & t_{3n-1} & t_{3n}\\ \vdots & \vdots & \vdots & & \vdots & \vdots\\ 0 & 0 & 0 & \cdots & \lambda_{n-1} & t_{n-1n}\\ 0 & 0 & 0 & \cdots & 0 & \lambda_n\end{pmatrix}$$

因$\|T\|_F^2=\sum\limits_{k=1}^{n}|\lambda_k|^2+\sum\limits_{i<j}|t_{ij}|^2\geqslant\sum\limits_{k=1}^{n}|\lambda_k|^2$，而$U$是酉矩阵，故

$$\|A\|_F=\|U^{\mathrm{H}}AU\|_F=\|T\|_F$$

从而$\|A\|_F^2\geqslant\sum\limits_{k=1}^{n}|\lambda_k|^2$，即有$(|\lambda_1|^2+|\lambda_2|^2+\cdots+|\lambda_n|^2)^{\frac{1}{2}}\leqslant\|A\|_F$.

例 3.28　设矩阵$A=(a_{ij})_{n\times n}$与$B=(b_{ij})_{n\times n}$酉相似，证明：

（1）$\sum\limits_{i=1}^{n}\sum\limits_{j=1}^{n}|a_{ij}|^2=\sum\limits_{i=1}^{n}\sum\limits_{j=1}^{n}|b_{ij}|^2$；

（2）设$\lambda_1,\lambda_2,\cdots,\lambda_n$为$A$的$n$个特征值，则

$$\sum_{i=1}^{n}|\lambda_i|^2\leqslant\sum_{i=1}^{n}\sum_{j=1}^{n}|a_{ij}|^2$$

（3）若A为正规矩阵，则

$$\sum_{i=1}^{n}|\lambda_i|^2=\sum_{i=1}^{n}\sum_{j=1}^{n}|a_{ij}|^2$$

证　（1）由A与B酉相似，则存在酉矩阵U，使得$U^{\mathrm{H}}AU=B$，从而$U^{\mathrm{H}}A^{\mathrm{H}}AU=B^{\mathrm{H}}B$. 故

$$\sum_{i=1}^{n}\sum_{j=1}^{n}|b_{ij}|^2=\mathrm{tr}(B^{\mathrm{H}}B)=\mathrm{tr}(U^{\mathrm{H}}A^{\mathrm{H}}AU)=\mathrm{tr}(A^{\mathrm{H}}A)=\sum_{i=1}^{n}\sum_{j=1}^{n}|a_{ij}|^2$$

（2）由 Schur 定理，存在酉矩阵U，使得

$$U^{\mathrm{H}}AU=\begin{pmatrix}t_{11} & t_{12} & \cdots & t_{1n}\\ 0 & t_{22} & \cdots & t_{2n}\\ \vdots & \vdots & & \vdots\\ 0 & 0 & \cdots & t_{nn}\end{pmatrix}\quad(t_{ii}=\lambda_i,\forall i)$$

则

$$U^{\mathrm{H}}A^{\mathrm{H}}AU=\begin{pmatrix}\sum_{i=1}^{n}|t_{i1}|^2 & * & \cdots & * \\ * & \sum_{i=1}^{n}|t_{i2}|^2 & \cdots & * \\ \vdots & \vdots & & \vdots \\ * & * & \cdots & \sum_{i=1}^{n}|t_{in}|^2\end{pmatrix}$$

所以

$$\sum_{i=1}^{n}\sum_{j=1}^{n}|a_{ij}|^2=\operatorname{tr}(A^{\mathrm{H}}A)=\operatorname{tr}(U^{\mathrm{H}}A^{\mathrm{H}}AU)=\sum_{j=1}^{n}\sum_{i=1}^{n}|t_{ij}|^2\geqslant\sum_{i=1}^{n}|\lambda_i|^2$$

（3）由 A 为正规矩阵，则存在酉矩阵 U，使得

$$U^{\mathrm{H}}AU=\begin{pmatrix}\lambda_1 & 0 & \cdots & 0 \\ 0 & \lambda_2 & \cdots & 0 \\ \vdots & \vdots & & \vdots \\ 0 & 0 & \cdots & \lambda_n\end{pmatrix}$$

由（2）得 $\sum_{i=1}^{n}|\lambda_i|^2=\sum_{i=1}^{n}\sum_{j=1}^{n}|a_{ij}|^2$.

例 3.29　设 $A=(\alpha_1,\alpha_2)$，其中 $\alpha_1=\begin{pmatrix}1\\1\end{pmatrix},\alpha_2=\begin{pmatrix}1\\2\end{pmatrix}$，试将向量组 α_1,α_2 正交化与单位化，并由此作矩阵 A 的 QR 分解：$A=QR$，这里 Q 为正交矩阵，R 为具有正对角元的上三角矩阵.

解　取 $\beta_1=\frac{1}{\sqrt{\alpha_1^{\mathrm{H}}\alpha_1}}\alpha_1=\frac{1}{\sqrt{2}}\begin{pmatrix}1\\1\end{pmatrix}$，令 $\gamma_2=\alpha_2-(\beta_1^{\mathrm{H}}\alpha_2)\beta_1=\frac{1}{2}\begin{pmatrix}-1\\1\end{pmatrix}$；取 $\beta_2=\frac{1}{\sqrt{\gamma_2^{\mathrm{H}}\gamma_2}}\gamma_2=\frac{1}{\sqrt{2}}\begin{pmatrix}-1\\1\end{pmatrix}$，故将 α_1,α_2 正交化与单位化的结果为 β_1,β_2，即

$$\alpha_1=\sqrt{2}\beta_1$$

$$\alpha_2=(\beta_1^{\mathrm{H}}\alpha_2)\beta_1+\sqrt{\gamma_2^{\mathrm{H}}\gamma_2}\beta_2=\frac{3}{\sqrt{2}}\beta_1+\frac{1}{\sqrt{2}}\beta_2$$

令

$$Q=(\beta_1,\beta_2),\qquad R=\frac{1}{\sqrt{2}}\begin{pmatrix}2 & 3\\0 & 1\end{pmatrix}$$

则 A 的 QR 分解为

$$A=QR=\begin{pmatrix}\frac{1}{\sqrt{2}} & -\frac{1}{\sqrt{2}}\\ \frac{1}{\sqrt{2}} & \frac{1}{\sqrt{2}}\end{pmatrix}\cdot\begin{pmatrix}\sqrt{2} & \frac{2}{\sqrt{2}}\\ 0 & \frac{1}{\sqrt{2}}\end{pmatrix}$$

例 3.30　设 $\boldsymbol{A}=\begin{pmatrix}0&0&1\\1&2&1\\1&2&1\end{pmatrix}$，求矩阵 $\boldsymbol{A}$ 的 $\boldsymbol{QR}$ 分解.

解　设 $\boldsymbol{A}=(\boldsymbol{\alpha}_1,\boldsymbol{\alpha}_2,\boldsymbol{\alpha}_3)$，$\boldsymbol{\alpha}_1=\begin{pmatrix}0\\1\\1\end{pmatrix}$，$\boldsymbol{\alpha}_2=\begin{pmatrix}0\\2\\2\end{pmatrix}$，$\boldsymbol{\alpha}_3=\begin{pmatrix}1\\1\\1\end{pmatrix}$. 取 $\boldsymbol{\beta}_1=\boldsymbol{\alpha}_1$，令

$$\boldsymbol{\varepsilon}_1=\frac{\boldsymbol{\beta}_1}{|\boldsymbol{\beta}_1|}=\frac{1}{\sqrt{2}}\boldsymbol{\beta}_1=\frac{1}{\sqrt{2}}\begin{pmatrix}0\\1\\1\end{pmatrix}$$

$$\boldsymbol{\beta}_2=\boldsymbol{\alpha}_2-\frac{(\boldsymbol{\alpha}_2,\boldsymbol{\beta}_1)}{(\boldsymbol{\beta}_1,\boldsymbol{\beta}_1)}\boldsymbol{\beta}_1=\boldsymbol{\alpha}_2-(\boldsymbol{\alpha}_2,\boldsymbol{\varepsilon}_1)\boldsymbol{\varepsilon}_1=\boldsymbol{\alpha}_2-2\sqrt{2}\boldsymbol{\varepsilon}_1=\boldsymbol{0},\quad \boldsymbol{\varepsilon}_2=\boldsymbol{0}$$

$$\boldsymbol{\beta}_3=\boldsymbol{\alpha}_3-(\boldsymbol{\alpha}_3,\boldsymbol{\varepsilon}_2)\boldsymbol{\varepsilon}_2-(\boldsymbol{\alpha}_3,\boldsymbol{\varepsilon}_1)\boldsymbol{\varepsilon}_1=\boldsymbol{\alpha}_3-0\boldsymbol{\varepsilon}_2-\sqrt{2}\boldsymbol{\varepsilon}_1=\begin{pmatrix}1\\0\\0\end{pmatrix},\quad \boldsymbol{\varepsilon}_3=\frac{\boldsymbol{\beta}_3}{|\boldsymbol{\beta}_3|}=\begin{pmatrix}1\\0\\0\end{pmatrix}$$

由于 $\boldsymbol{\varepsilon}_2$ 为零向量，不能构成正交矩阵 $\boldsymbol{Q}$，所以将 $\boldsymbol{\varepsilon}_1$，$\boldsymbol{\varepsilon}_3$ 扩充成标准正交基，即寻找与 $\boldsymbol{\varepsilon}_1$ 和 $\boldsymbol{\varepsilon}_3$ 都正交的单位向量 $\boldsymbol{\varepsilon}_2'$，解得

$$\boldsymbol{\varepsilon}_2'=\frac{1}{\sqrt{2}}\begin{pmatrix}0\\1\\-1\end{pmatrix}\quad 或\quad \boldsymbol{\varepsilon}_2'=\frac{1}{\sqrt{2}}\begin{pmatrix}0\\-1\\1\end{pmatrix}$$

所以，正交矩阵

$$\boldsymbol{Q}=(\boldsymbol{\varepsilon}_1,\boldsymbol{\varepsilon}_2',\boldsymbol{\varepsilon}_3)=\begin{pmatrix}0&0&1\\\frac{1}{\sqrt{2}}&\frac{1}{\sqrt{2}}&0\\\frac{1}{\sqrt{2}}&-\frac{1}{\sqrt{2}}&0\end{pmatrix}\quad 或\quad \boldsymbol{Q}=\begin{pmatrix}0&0&1\\\frac{1}{\sqrt{2}}&-\frac{1}{\sqrt{2}}&0\\\frac{1}{\sqrt{2}}&\frac{1}{\sqrt{2}}&0\end{pmatrix}$$

由内积计算结果知

$$\boldsymbol{R}=\begin{pmatrix}\sqrt{2}&2\sqrt{2}&\sqrt{2}\\0&0&0\\0&0&1\end{pmatrix}$$

例 3.31　设 $\boldsymbol{A}=\begin{pmatrix}2&0&1\\1&2&0\end{pmatrix}$，求 $\boldsymbol{A}$ 的奇异值分解.

解　计算 $\boldsymbol{A}^{\mathrm{T}}\boldsymbol{A}$ 的特征值及 $\boldsymbol{A}$ 的奇异值，

$$\boldsymbol{A}^{\mathrm{T}}\boldsymbol{A}=\begin{pmatrix}5&2&2\\2&4&0\\2&0&1\end{pmatrix}$$

$|\lambda\boldsymbol{E}-\boldsymbol{A}^{\mathrm{T}}\boldsymbol{A}|=\lambda(\lambda-3)(\lambda-7)$，故 $\boldsymbol{A}^{\mathrm{T}}\boldsymbol{A}$ 的特征值为 7，3，0，$\boldsymbol{A}$ 的奇异值为 $\sqrt{7}$，$\sqrt{3}$.

求 $\boldsymbol{A}^{\mathrm{T}}\boldsymbol{A}$ 的标准正交特征向量：

对于 $\lambda_1 = 7$，求得 $\boldsymbol{\alpha}_1 = (3,2,1)^{\mathrm{T}}$，则 $\boldsymbol{q}_1 = \frac{1}{\sqrt{14}}(3,2,1)^{\mathrm{T}}$；

对于 $\lambda_2 = 3$，求得 $\boldsymbol{\alpha}_2 = (1,-2,1)^{\mathrm{T}}$，则 $\boldsymbol{q}_2 = \frac{1}{\sqrt{6}}(1,-2,1)^{\mathrm{T}}$；

对于 $\lambda_3 = 0$，求得 $\boldsymbol{\alpha}_3 = (2,-1,-4)^{\mathrm{T}}$，则 $\boldsymbol{q}_3 = \frac{1}{\sqrt{21}}(2,-1,-4)^{\mathrm{T}}$.

可得酉矩阵

$$\boldsymbol{Q} = (\boldsymbol{q}_1, \boldsymbol{q}_2, \boldsymbol{q}_3) = \begin{pmatrix} \frac{3}{\sqrt{14}} & \frac{1}{\sqrt{6}} & \frac{2}{\sqrt{21}} \\ \frac{2}{\sqrt{14}} & -\frac{2}{\sqrt{6}} & -\frac{1}{\sqrt{21}} \\ \frac{1}{\sqrt{14}} & \frac{1}{\sqrt{6}} & -\frac{4}{\sqrt{21}} \end{pmatrix}$$

取

$$\boldsymbol{Q}_1 = (\boldsymbol{q}_1, \boldsymbol{q}_2) = \begin{pmatrix} \frac{3}{\sqrt{14}} & \frac{1}{\sqrt{6}} \\ \frac{2}{\sqrt{14}} & -\frac{2}{\sqrt{6}} \\ \frac{1}{\sqrt{14}} & \frac{1}{\sqrt{6}} \end{pmatrix}$$

则有

$$\boldsymbol{P}_1 = \boldsymbol{A}\boldsymbol{Q}_1\boldsymbol{D}^{-1} = \begin{pmatrix} 2 & 0 & 1 \\ 1 & 2 & 0 \end{pmatrix} \begin{pmatrix} \frac{3}{\sqrt{14}} & \frac{1}{\sqrt{6}} \\ \frac{2}{\sqrt{14}} & -\frac{2}{\sqrt{6}} \\ \frac{1}{\sqrt{14}} & \frac{1}{\sqrt{6}} \end{pmatrix} \begin{pmatrix} \frac{1}{\sqrt{7}} & 0 \\ 0 & \frac{1}{\sqrt{3}} \end{pmatrix} = \begin{pmatrix} \frac{1}{\sqrt{2}} & \frac{1}{\sqrt{2}} \\ \frac{1}{\sqrt{2}} & -\frac{1}{\sqrt{2}} \end{pmatrix}$$

$\boldsymbol{P}_1$ 为酉矩阵，不需要扩充，则 $\boldsymbol{P} = \boldsymbol{P}_1$，有

$$\boldsymbol{A} = \boldsymbol{P} \begin{pmatrix} \sqrt{7} & & \\ & \sqrt{3} & \\ & & 0 \end{pmatrix} \boldsymbol{Q}^{\mathrm{H}}$$

例 3.32　矩阵 $\boldsymbol{A} = \begin{pmatrix} 1 & 0 & 0 & -1 \\ 0 & 1 & 0 & 1 \\ 0 & 0 & 0 & 0 \end{pmatrix}$，求 $\boldsymbol{A}$ 的奇异值分解.

解　计算 $\boldsymbol{A}^{\mathrm{T}}\boldsymbol{A}$ 的特征值及 $\boldsymbol{A}$ 的奇异值，

$$A^{\mathrm{T}}A=\begin{pmatrix}1&0&0&-1\\0&1&0&1\\0&0&0&0\\-1&1&0&2\end{pmatrix}$$

$|\lambda E-A^{\mathrm{T}}A|=\lambda^2(\lambda-1)(\lambda-3)$，故 $A^{\mathrm{T}}A$ 的特征值为 3，1，0，0，A 的奇异值为 $\sqrt{3}$，1.

求 $A^{\mathrm{T}}A$ 的标准正交特征向量：

对于 $\lambda_1=3$，求得 $\alpha_1=(-1,1,0,2)^{\mathrm{T}}$，则 $q_1=\frac{1}{\sqrt{6}}(-1,1,0,2)^{\mathrm{T}}$；

对于 $\lambda_2=1$，求得 $\alpha_2=(1,1,0,0)^{\mathrm{T}}$，则 $q_2=\frac{1}{\sqrt{2}}(1,1,0,0)^{\mathrm{T}}$；

对于 $\lambda_3=0$，求得 $\alpha_3=(0,0,1,0)^{\mathrm{T}}$，$\alpha_4=(1,-1,0,1)^{\mathrm{T}}$，则 $q_3=(0,0,1,0)^{\mathrm{T}}$，$q_4=\frac{1}{\sqrt{3}}(1,-1,0,1)^{\mathrm{T}}$.

可得酉矩阵

$$Q=(q_1,q_2,q_3,q_4)=\begin{pmatrix}-\frac{1}{\sqrt{6}}&\frac{1}{\sqrt{2}}&0&\frac{1}{\sqrt{3}}\\\frac{1}{\sqrt{6}}&\frac{1}{\sqrt{2}}&0&-\frac{1}{\sqrt{3}}\\0&0&1&0\\\frac{2}{\sqrt{6}}&0&0&\frac{1}{\sqrt{3}}\end{pmatrix}$$

取

$$Q_1=(q_1,q_2)=\begin{pmatrix}-\frac{1}{\sqrt{6}}&\frac{1}{\sqrt{2}}\\\frac{1}{\sqrt{6}}&\frac{1}{\sqrt{2}}\\0&0\\\frac{2}{\sqrt{6}}&0\end{pmatrix}$$

则有

$$P_1=AQ_1D^{-1}=\begin{pmatrix}1&0&0&-1\\0&1&0&1\\0&0&0&0\end{pmatrix}\begin{pmatrix}-\frac{1}{\sqrt{6}}&\frac{1}{\sqrt{2}}\\\frac{1}{\sqrt{6}}&\frac{1}{\sqrt{2}}\\0&0\\\frac{2}{\sqrt{6}}&0\end{pmatrix}\begin{pmatrix}\frac{1}{\sqrt{3}}&0\\0&1\end{pmatrix}=\begin{pmatrix}-\frac{1}{\sqrt{2}}&\frac{1}{\sqrt{2}}\\\frac{1}{\sqrt{2}}&\frac{1}{\sqrt{2}}\\0&0\end{pmatrix}$$

将 P_1 扩充为酉矩阵

$$P=\begin{pmatrix} -\frac{1}{\sqrt{2}} & \frac{1}{\sqrt{2}} & 0 \\ \frac{1}{\sqrt{2}} & \frac{1}{\sqrt{2}} & 0 \\ 0 & 0 & 1 \end{pmatrix}$$

有

$$A=P\begin{pmatrix} \sqrt{3} & & \\ & 1 & \\ & & 0 \end{pmatrix}Q^{\mathrm{H}}$$

例 3.33　设 A 为 n 阶实可逆矩阵，证明：A 的行列式的绝对值是 A 的奇异值之积.

证　由奇异值分解知

$$A=U\begin{pmatrix} \sigma_1 & & \\ & \ddots & \\ & & \sigma_n \end{pmatrix}V^{\mathrm{H}}$$

其中：$\sigma_1,\cdots,\sigma_n$ 为 A 的奇异值；U,V 为酉矩阵.

因 $|A|=|U||V^{\mathrm{H}}|(\sigma_1\cdots\sigma_n)$，而 $|U|=|V^{\mathrm{H}}|=1$，故 $|A|=\sigma_1\cdots\sigma_n$.

例 3.34　设 $A\in\mathbf{C}^{m\times n}$，$A$ 的奇异值分解为 $A=P\begin{pmatrix} D & 0 \\ 0 & 0 \end{pmatrix}Q^{\mathrm{H}}$（这里 $\mathbf{0}$ 为零矩阵），证明 P 的列向量是 AA^{H} 的特征向量.

证　由于 $A^{\mathrm{H}}=Q\begin{pmatrix} D & 0 \\ 0 & 0 \end{pmatrix}P^{\mathrm{H}}$，所以 $AA^{\mathrm{H}}=P\begin{pmatrix} D^2 & 0 \\ 0 & 0 \end{pmatrix}P^{\mathrm{H}}$.

设 $D^2=\mathrm{diag}\{\lambda_1^2,\lambda_2^2,\cdots,\lambda_r^2\}$ 将 P 按列分块成 $P=(p_1,p_2,\cdots,p_m)$. 因 P 是酉矩阵，故

$$AA^{\mathrm{H}}(p_1,p_2,\cdots,p_m)=(p_1,p_2,\cdots,p_m)\begin{pmatrix} D^2 & 0 \\ 0 & 0 \end{pmatrix}$$

则

$$AA^{\mathrm{H}}p_j=\lambda_j^2 p_j$$

其中：当 $j>r$ 时，$\lambda_j=0$，故 p_j 是 AA^{H} 的特征向量.

例 3.35　设 $A\in\mathbf{C}^{m\times n}$，$E_m$ 为 m 阶单位矩阵，$r(A)$ 为 A 的秩，试用 A 的奇异值分解证明：存在 $B\in\mathbf{C}^{n\times m}$ 使得 $AB=E_m$ 的充分必要条件是 $r(A)=m$.

证　由奇异值分解定理，$A=Q\begin{pmatrix} D_r & 0 \\ 0 & 0 \end{pmatrix}R$，其中 Q,R 为酉矩阵，$D_r=\mathrm{diag}\{d_1,d_2,\cdots,d_r\}$，$d_j(1\leqslant j\leqslant r\leqslant m)$ 为 A 的奇异值.

必要性：设 $AB=E_m$，有

$$E_m=AB=Q\begin{pmatrix} D_r & 0 \\ 0 & 0 \end{pmatrix}RB$$

记

$$\boldsymbol{RB}=\begin{pmatrix}\boldsymbol{S}_{r,r} & \boldsymbol{S}_{r,(m-r)}\\ \boldsymbol{S}_{(n-r),r} & \boldsymbol{S}_{(n-r),(m-r)}\end{pmatrix}$$

则

$$\boldsymbol{E}_m=\boldsymbol{AB}=\boldsymbol{Q}\begin{pmatrix}\boldsymbol{D}_r & \boldsymbol{0}\\ \boldsymbol{0} & \boldsymbol{0}\end{pmatrix}\begin{pmatrix}\boldsymbol{S}_{r,r} & \boldsymbol{S}_{r,(m-r)}\\ \boldsymbol{S}_{(n-r),r} & \boldsymbol{S}_{(n-r),(m-r)}\end{pmatrix}=\boldsymbol{Q}\begin{pmatrix}\boldsymbol{D}_r\boldsymbol{S}_{r,r} & \boldsymbol{D}_r\boldsymbol{S}_{r,(m-r)}\\ \boldsymbol{0} & \boldsymbol{0}\end{pmatrix}$$

即有

$$\begin{pmatrix}\boldsymbol{D}_r\boldsymbol{S}_{r,r} & \boldsymbol{D}_r\boldsymbol{S}_{r,(m-r)}\\ \boldsymbol{0} & \boldsymbol{0}\end{pmatrix}=\boldsymbol{Q}^{\mathrm{H}}$$

得 $r=m$，即 $r(\boldsymbol{A})=m$.

充分性：设 $r(\boldsymbol{A})=m$，则 $\boldsymbol{A}=\boldsymbol{Q}(\boldsymbol{D}_m,\boldsymbol{0})\boldsymbol{R}$

$$\boldsymbol{AA}^{\mathrm{H}}=\boldsymbol{Q}(\boldsymbol{D}_m,\boldsymbol{0})\boldsymbol{RR}^{\mathrm{H}}\begin{pmatrix}\boldsymbol{D}_m\\ \boldsymbol{0}\end{pmatrix}\boldsymbol{Q}^{\mathrm{H}}=\boldsymbol{QD}_m^2\boldsymbol{Q}^{\mathrm{H}}$$

可知 $\boldsymbol{AA}^{\mathrm{H}}$ 可逆.

令

$$\boldsymbol{B}=\boldsymbol{A}^{\mathrm{H}}(\boldsymbol{AA}^{\mathrm{H}})^{-1}$$

则

$$\boldsymbol{AB}=\boldsymbol{AA}^{\mathrm{H}}(\boldsymbol{AA}^{\mathrm{H}})^{-1}=\boldsymbol{E}_m$$

例 3.36　已知 $\boldsymbol{A}=\begin{pmatrix}1 & 1 & -1\\ 1 & -1 & -1\\ 1 & 2 & -1\end{pmatrix}$，求 $\boldsymbol{A}$ 的满秩分解.

解　用初等行变换将 $\boldsymbol{A}$ 化为行最简形：

$$\boldsymbol{A}=\begin{pmatrix}1 & 1 & -1\\ 1 & -1 & -1\\ 1 & 2 & -1\end{pmatrix}\to\begin{pmatrix}1 & 1 & -1\\ 0 & -2 & 0\\ 0 & 1 & 0\end{pmatrix}\to\begin{pmatrix}1 & 1 & -1\\ 0 & 1 & 0\\ 0 & 0 & 0\end{pmatrix}\to\begin{pmatrix}1 & 0 & -1\\ 0 & 1 & 0\\ 0 & 0 & 0\end{pmatrix}$$

故 $\boldsymbol{A}$ 的列向量组 $\boldsymbol{\alpha}_1,\boldsymbol{\alpha}_2,\boldsymbol{\alpha}_3$ 的一个极大线性无关组为 $\boldsymbol{\alpha}_1,\boldsymbol{\alpha}_2$，且 $\boldsymbol{\alpha}_3=-\boldsymbol{\alpha}_1+0\cdot\boldsymbol{\alpha}_2$，从而 $\boldsymbol{A}$ 的一个满秩分解为

$$\boldsymbol{A}=\begin{pmatrix}1 & 1 & -1\\ 1 & -1 & -1\\ 1 & 2 & -1\end{pmatrix}=(\boldsymbol{\alpha}_1,\boldsymbol{\alpha},\boldsymbol{\alpha}_3)=(\boldsymbol{\alpha}_1,\boldsymbol{\alpha}_2)\begin{pmatrix}1 & 0 & -1\\ 0 & 1 & 0\end{pmatrix}=\begin{pmatrix}1 & 1\\ 1 & -1\\ 1 & 2\end{pmatrix}\begin{pmatrix}1 & 0 & -1\\ 0 & 1 & 0\end{pmatrix}$$

令

$$\boldsymbol{B}=\begin{pmatrix}1 & 1\\ 1 & -1\\ 1 & 2\end{pmatrix},\qquad \boldsymbol{C}=\begin{pmatrix}1 & 0 & -1\\ 0 & 1 & 0\end{pmatrix}$$

$\boldsymbol{B}$ 为列满秩矩阵，$\boldsymbol{C}$ 为行满秩矩阵，即 $\boldsymbol{A}$ 的满秩分解为 $\boldsymbol{A}=\boldsymbol{BC}$.

例 3.37　已知 $\boldsymbol{A}=\begin{pmatrix}1&1&1&1\\1&2&3&4\\0&1&2&3\end{pmatrix}$，求 $\boldsymbol{A}$ 的满秩分解.

解

$$\boldsymbol{A}=\begin{pmatrix}1&1&1&1\\1&2&3&4\\0&1&2&3\end{pmatrix}\to\begin{pmatrix}1&0&-1&-2\\0&1&2&3\\0&0&0&0\end{pmatrix}$$

因为首非零元对应的列为 1，2 列，从而

$$\boldsymbol{B}=\begin{pmatrix}1&1\\1&2\\0&1\end{pmatrix},\qquad \boldsymbol{C}=\begin{pmatrix}1&0&-1&-2\\0&1&2&3\end{pmatrix}$$

得矩阵 $\boldsymbol{A}$ 的满秩分解 $\boldsymbol{A}=\boldsymbol{BC}$.

例 3.38　设

$$\boldsymbol{A}=\begin{pmatrix}0&1&0&-1&5\\0&2&0&0&0\\2&-1&2&-4&0\\-2&1&-2&2&10\end{pmatrix}$$

求 $\boldsymbol{A}$ 的满秩分解.

解　对进行初等行变换，有

$$\boldsymbol{A}=\begin{pmatrix}0&1&0&-1&5\\0&2&0&0&0\\2&-1&2&-4&0\\-2&1&-2&2&10\end{pmatrix}\to\begin{pmatrix}1&0&1&0&-10\\0&1&0&0&0\\0&0&0&1&-5\\0&0&0&0&0\end{pmatrix}$$

因为首非零元对应的列为 1，2，4 列，从而

$$\boldsymbol{B}=\begin{pmatrix}0&1&-1\\0&2&0\\2&-1&-4\\-2&1&2\end{pmatrix},\qquad \boldsymbol{C}=\begin{pmatrix}1&0&1&0&-10\\0&1&0&0&0\\0&0&0&1&-5\end{pmatrix}$$

得矩阵 $\boldsymbol{A}$ 的满秩分解 $\boldsymbol{A}=\boldsymbol{BC}$.

五、自　测　题

1. 选择题（2 小题，每题 5 分，共 10 分）

（1）已知矩阵 $\boldsymbol{A}$ 的初级因子为 $\lambda,\lambda^2,\lambda+1,(\lambda+1)^2$, $\lambda-1,(\lambda-1)^2$，则 $\boldsymbol{A}$ 的阶数和最小多项式为（　　）.

A. 6 阶，$\lambda(\lambda+1)(\lambda-1)$　　B. 9 阶，$\lambda(\lambda+1)(\lambda-1)$

C. 6 阶，$\lambda^2(\lambda+1)^2(\lambda-1)^2$　　D. 9 阶，$\lambda^2(\lambda^2-1)^2$

（2）设两个 4 阶矩阵 $\boldsymbol{A}$ 与 $\boldsymbol{B}$ 的最小多项式分别为 $(\lambda-1)^2(\lambda-2)$ 与 $(\lambda-1)(\lambda-2)^2$，则矩阵 $\begin{pmatrix} \boldsymbol{A} & \boldsymbol{0} \\ \boldsymbol{0} & \boldsymbol{B} \end{pmatrix}$ 的最小多项式为（　　）.

A. $(\lambda-1)^2(\lambda-2)$　B. $(\lambda-1)(\lambda-2)^2$　C. $(\lambda-1)^2(\lambda-2)^2$　D. $(\lambda-1)^3(\lambda-2)^3$

2. 填空题（2 小题，每题 5 分，共 10 分）

（1）矩阵 $\boldsymbol{A}=\begin{pmatrix} 2 & 0 & 1 \\ 1 & 2 & 0 \end{pmatrix}$ 的奇异值为__________.

（2）已知 3 阶正规矩阵 $\boldsymbol{A}$ 的特征值为 $\lambda_1=-2$，$\lambda_2=1+2i$，$\lambda_3=1$，则 $\boldsymbol{A}$ 的奇异值为__________.

3.（15 分）已知矩阵空间 $\mathbf{R}^{2\times2}$ 的子空间 $V=\left\{\boldsymbol{X}=\begin{pmatrix} a & b \\ c & c \end{pmatrix} \middle| a,b,c\in\mathbf{R}\right\}$. 在 V 中定义内积：任意 $\boldsymbol{A}=\begin{pmatrix} a_{11} & a_{12} \\ a_{21} & a_{22} \end{pmatrix}\in V$，$\boldsymbol{B}=\begin{pmatrix} b_{11} & b_{12} \\ b_{21} & b_{22} \end{pmatrix}\in V$，$(\boldsymbol{A},\boldsymbol{B})=a_{11}b_{11}+a_{12}b_{12}+a_{21}b_{21}+a_{22}b_{22}$.

设 V 上的线性变换 T 定义为任意 $\boldsymbol{X}\in V$，$T(\boldsymbol{X})=\boldsymbol{X}\begin{pmatrix} 1 & 2 \\ 2 & 1 \end{pmatrix}$. 求 V 的一个标准正交基，使得 T 在该基下的矩阵为对角矩阵.

4.（12 分）求多项式矩阵 $\boldsymbol{A}(\lambda)=\begin{pmatrix} 0 & 0 & 0 & \lambda^2 \\ 0 & 0 & \lambda^2-\lambda & 0 \\ 0 & (\lambda-1)^2 & 0 & 0 \\ \lambda^2-\lambda & 0 & 0 & 0 \end{pmatrix}$ 的 Smith 标准形.

5.（13 分）已知矩阵 $\boldsymbol{A}=\begin{pmatrix} 3 & 3 & -2 \\ 0 & -1 & 0 \\ 8 & 6 & -5 \end{pmatrix}$，试求 $\boldsymbol{A}$ 的 Jordan 标准形及最小多项式.

6.（10 分）设矩阵 $\boldsymbol{A}=\begin{pmatrix} 0 & 4 & 1 \\ 1 & 1 & 1 \\ 0 & 3 & 2 \end{pmatrix}$，求 $\boldsymbol{A}$ 的 $\boldsymbol{QR}$ 分解.

7.（10 分）设 $\boldsymbol{A}$ 是 n 阶正规矩阵，证明：$\boldsymbol{A}$ 的奇异值是 $\boldsymbol{A}$ 的特征值的模.

8.（12 分）设矩阵 $\boldsymbol{A}=\begin{pmatrix} 1 & 0 \\ 0 & 1 \\ 2 & 0 \\ 0 & -1 \end{pmatrix}$，求 $\boldsymbol{A}$ 的奇异值分解.

9.（8 分）设矩阵 $\boldsymbol{A}=\begin{pmatrix}-1 & 0 & 1\\ 0 & 1 & 0\\ 1 & 0 & -1\end{pmatrix}$，对矩阵 $\boldsymbol{A}$ 进行满秩分解.

自测题答案

1.（1）D；（2）C.

2.（1）$\sqrt{7},\sqrt{3}$；（2）$2,\sqrt{5},1$.

3.（1）$\boldsymbol{Y}_1=\frac{1}{\sqrt{2}}\begin{pmatrix}0 & 0\\ 1 & 1\end{pmatrix}$，$\boldsymbol{Y}_2=\frac{1}{\sqrt{2}}\begin{pmatrix}1 & 1\\ 0 & 0\end{pmatrix}$，$\boldsymbol{Y}_3=\frac{1}{\sqrt{2}}\begin{pmatrix}-1 & 1\\ 0 & 0\end{pmatrix}$，$\boldsymbol{\Lambda}=\begin{pmatrix}3 & 0 & 0\\ 0 & 3 & 0\\ 0 & 0 & -1\end{pmatrix}$，$T$ 在该基下的矩阵为对角矩阵 $\boldsymbol{\Lambda}$.

4. $\boldsymbol{A}(\lambda)$ 的 Smith 标准形为 $\begin{pmatrix}1 & 0 & 0 & 0\\ 0 & \lambda(\lambda-1) & 0 & 0\\ 0 & 0 & \lambda(\lambda-1) & 0\\ 0 & 0 & 0 & \lambda^2(\lambda-1)^2\end{pmatrix}$.

5. Jordan 标准形为 $\begin{pmatrix}-1 & 0 & 0\\ 0 & -1 & 0\\ 0 & 1 & -1\end{pmatrix}$，最小多项式为 $(\lambda+1)^2$.

6. 正交矩阵 $\boldsymbol{Q}=(\boldsymbol{\varepsilon}_1,\boldsymbol{\varepsilon}_2,\boldsymbol{\varepsilon}_3)=\begin{pmatrix}0 & \frac{4}{5} & -\frac{3}{5}\\ 1 & 0 & 0\\ 0 & \frac{3}{5} & \frac{4}{5}\end{pmatrix}$，$\boldsymbol{R}=\begin{pmatrix}1 & 1 & 1\\ 0 & 5 & 2\\ 0 & 0 & 1\end{pmatrix}$.

7. 因为 $\boldsymbol{A}$ 是正规矩阵，所以酉相似于对角矩阵，即存在 n 阶酉矩阵 $\boldsymbol{U}$，使得

$$\boldsymbol{U}^{\mathrm{H}}\boldsymbol{A}\boldsymbol{U}=\operatorname{diag}(\lambda_1,\lambda_2,\cdots,\lambda_n)$$

其中 $\lambda_1,\lambda_2,\cdots,\lambda_n$ 是 $\boldsymbol{A}$ 的特征值，从而

$$\boldsymbol{U}^{\mathrm{H}}\boldsymbol{A}^{\mathrm{H}}\boldsymbol{A}\boldsymbol{U}=(\boldsymbol{U}^{\mathrm{H}}\boldsymbol{A}\boldsymbol{U})^{\mathrm{H}}(\boldsymbol{U}^{\mathrm{H}}\boldsymbol{A}\boldsymbol{U})=\operatorname{diag}(|\lambda_1|^2,|\lambda_2|^2,\cdots,|\lambda_n|^2)$$

由定义知 $\boldsymbol{A}$ 的奇异值为 $\sigma_i=\sqrt{|\lambda_i|^2}=|\lambda_i|\ (i=1,2,\cdots,n)$.

8. $\boldsymbol{Q}=(\boldsymbol{q}_1,\boldsymbol{q}_2)=\begin{pmatrix}1&0\\0&1\end{pmatrix}$，$\boldsymbol{P}=\begin{pmatrix}\frac{1}{\sqrt{5}}&0&\frac{2}{\sqrt{5}}&0\\0&\frac{1}{\sqrt{2}}&0&\frac{1}{\sqrt{2}}\\\frac{2}{\sqrt{5}}&0&-\frac{1}{\sqrt{5}}&0\\0&-\frac{1}{\sqrt{2}}&0&\frac{1}{\sqrt{2}}\end{pmatrix}$，$\boldsymbol{A}=\boldsymbol{P}\begin{pmatrix}\sqrt{5}&0\\0&\sqrt{2}\\0&0\\0&0\end{pmatrix}\boldsymbol{Q}^{\mathrm{H}}$.

9. $\boldsymbol{A}=\begin{pmatrix}-1&0\\0&1\\1&0\end{pmatrix}\begin{pmatrix}1&0&-1\\0&1&0\end{pmatrix}=\boldsymbol{BC}$.

第四章　矩阵函数及其应用

一、知识结构框图

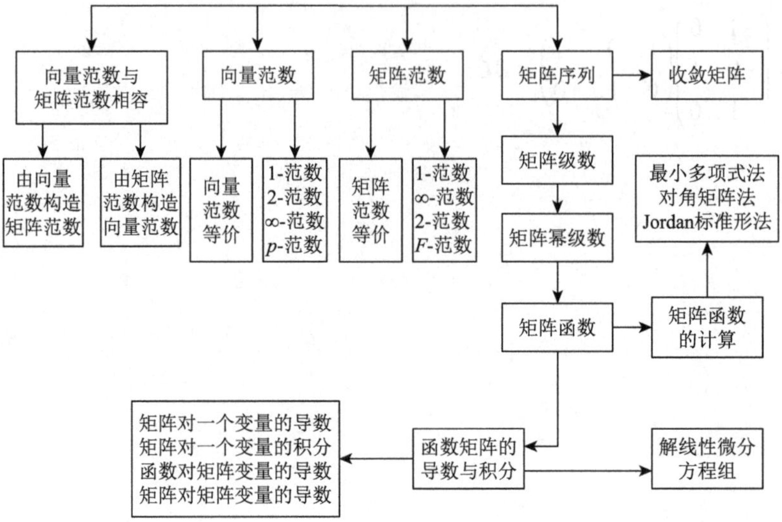

二、内 容 提 要

1. 向量范数

设V是数域P（P为$\mathbf{R}$或$\mathbf{C}$）上的线性空间，如果对任意向量$\boldsymbol{\alpha}\in V$，都有一非负实数$\|\boldsymbol{\alpha}\|$与之对应，且满足下列三条性质：

（1）正定性：$\forall\boldsymbol{\alpha}\in V$，$\|\boldsymbol{\alpha}\|\geqslant 0$，当且仅当$\boldsymbol{\alpha}=\mathbf{0}$时，都有$\|\boldsymbol{\alpha}\|=0$；

（2）齐次性：$\|k\boldsymbol{\alpha}\|=|k|\|\boldsymbol{\alpha}\|(\forall k\in P,\boldsymbol{\alpha}\in V)$；

（3）三角不等式：$\forall\boldsymbol{\alpha},\boldsymbol{\beta}\in V$，都有$\|\boldsymbol{\alpha}+\boldsymbol{\beta}\|\leqslant\|\boldsymbol{\alpha}\|+\|\boldsymbol{\beta}\|$，

则称$\|\boldsymbol{\alpha}\|$是V中向量$\boldsymbol{\alpha}$的范数，简称为向量范数，V称为赋范线性空间.

常用的几种列向量范数.

（1）列向量$\boldsymbol{\alpha}=(x_1,x_2,\cdots,x_n)^{\mathrm{T}}\in\mathbf{C}^n$的$\infty$-范数：$\|\boldsymbol{\alpha}\|_\infty=\max\limits_{1\leqslant i\leqslant n}|x_i|$.

（2）列向量$\boldsymbol{\alpha}=(x_1,x_2,\cdots,x_n)^{\mathrm{T}}\in\mathbf{C}^n$的$p$-范数：

$$\|\boldsymbol{\alpha}\|_p=\left(\sum_{i=1}^{n}|x_i|^p\right)^{\frac{1}{p}}\quad(1\leqslant p<+\infty)$$

（3）列向量$\boldsymbol{\alpha}=(x_1,x_2,\cdots,x_n)^{\mathrm{T}}\in\mathbf{C}^n$的2-范数：

$$\|\boldsymbol{\alpha}\|_2=\sqrt{\sum_{i=1}^{n}|x_i|^2}=\sqrt{\boldsymbol{\alpha}^{\mathrm{H}}\boldsymbol{\alpha}}$$

（4）列向量 $\boldsymbol{\alpha}=(x_1,x_2,\cdots,x_n)^{\mathrm{T}}\in\mathbf{C}^n$ 的1-范数：$\|\boldsymbol{\alpha}\|_1=\sum_{i=1}^{n}|x_i|$.

向量范数的等价性：

设 $\|\cdot\|_a$ 与 $\|\cdot\|_b$ 是线性空间 V 上定义的两种向量范数，若存在两个与向量 $\boldsymbol{\alpha}$ 无关的正常数 C_1，C_2，使得对 V 中任一向量 $\boldsymbol{\alpha}$，都有

$$C_1\|\boldsymbol{\alpha}\|_b\leqslant\|\boldsymbol{\alpha}\|_a\leqslant C_2\|\boldsymbol{\alpha}\|_b$$

则称向量范数 $\|\cdot\|_a$ 与 $\|\cdot\|_b$ 等价.

结论：有限维向量空间上的不同向量范数是等价的.

2. 矩阵范数

设 $\boldsymbol{A}\in\mathbf{C}^{m\times n}$，定义一个非负实值函数 $\|\boldsymbol{A}\|$ 满足下列条件：

（1）正定性：若 $\boldsymbol{A}\neq\mathbf{0}$ 时，则 $\|\boldsymbol{A}\|>0$；

（2）齐次性：$\|k\boldsymbol{A}\|=|k|\|\boldsymbol{A}\|(k\in\mathbf{C})$；

（3）三角不等式：$\|\boldsymbol{A}+\boldsymbol{B}\|\leqslant\|\boldsymbol{A}\|+\|\boldsymbol{B}\|(\boldsymbol{B}\in\mathbf{C}^{m\times n})$；

（4）相容性：$\|\boldsymbol{AB}\|\leqslant\|\boldsymbol{A}\|\|\boldsymbol{B}\|(\boldsymbol{B}\in\mathbf{C}^{n\times l})$，

则称 $\|\boldsymbol{A}\|$ 为 $\boldsymbol{A}$ 的矩阵范数.

矩阵范数的等价性：

若 $\|\boldsymbol{A}\|_a$ 与 $\|\boldsymbol{A}\|_b$ 满足不等式 $C_1\|\boldsymbol{A}\|_b\leqslant\|\boldsymbol{A}\|_a\leqslant C_2\|\boldsymbol{A}\|_b$，其中 C_1,C_2 是与 $\boldsymbol{A}$ 无关的常数，则称 $\|\boldsymbol{A}\|_a$ 与 $\|\boldsymbol{A}\|_b$ 等价.

设 $\|\boldsymbol{A}\|$ 是矩阵范数，$\|\boldsymbol{\alpha}\|$ 是向量范数，若满足关系式 $\|\boldsymbol{Ax}\|\leqslant\|\boldsymbol{A}\|\|\boldsymbol{x}\|$，则矩阵范数 $\|\boldsymbol{A}\|$ 与向量范数 $\|\boldsymbol{\alpha}\|$ 是相容的.

结论：（1）$\mathbf{C}^{n\times n}$ 上每一种矩阵范数，在 $\mathbf{C}^n$ 上都存在与它相容的向量范数.

（2）$\mathbf{C}^{n\times n}$ 上任意两种矩阵范数都是等价的.

矩阵的谱半径：

$\rho(\boldsymbol{A})$ 定义为 n 阶矩阵 $\boldsymbol{A}$ 的特征值最大模，即 $\rho(\boldsymbol{A})=\max\limits_{1\leqslant i\leqslant n}\{|\lambda_i(\boldsymbol{A})|\}$，其中 $\lambda_i(\boldsymbol{A})$ 是 $\boldsymbol{A}$ 的特征值，$i=1,2,\cdots,n$.

复数域上的任一 n 阶方阵 $\boldsymbol{A}=(a_{ij})$ 的谱半径 $\rho(\boldsymbol{A})$ 都不超过 $\boldsymbol{A}$ 的范数 $\|\boldsymbol{A}\|$，即 $\rho(\boldsymbol{A})\leqslant\|\boldsymbol{A}\|$，这里 $\|\boldsymbol{A}\|$ 是任一方阵范数.

常用的矩阵范数：设 $\boldsymbol{A}=(a_{ij})_{m\times n}$.

（1）列和范数：$\|\boldsymbol{A}\|_1=\max\limits_{1\leqslant j\leqslant n}\sum_{i=1}^{m}|a_{ij}|$（列模和最大者）；

（2）行和范数：$\|\boldsymbol{A}\|_\infty=\max\limits_{1\leqslant i\leqslant m}\sum_{j=1}^{n}|a_{ij}|$（行模和最大者）；

（3）谱范数：$\|\boldsymbol{A}\|_2=\sqrt{\lambda_{\boldsymbol{A}^{\mathrm{H}}\boldsymbol{A}}}$（$\lambda_{\boldsymbol{A}^{\mathrm{H}}\boldsymbol{A}}$ 是 $\boldsymbol{A}^{\mathrm{H}}\boldsymbol{A}$ 的最大特征值）；

（4）F-范数：$\|A\|_F=\left(\sum_{i=1}^{m}\sum_{j=1}^{n}|a_{ij}|^2\right)^{\frac{1}{2}}$.

3. 向量的极限

若 $\boldsymbol{\alpha}^{(m)}=(x_1^{(m)},x_2^{(m)},\cdots,x_n^{(m)})\in\mathbf{C}^n\ (m=1,2,\cdots)$，如果存在极限

$$\lim_{m\to\infty}x_i^{(m)}=x_i\quad(i=1,2,\cdots,n)$$

则称酉空间 $\mathbf{C}^n$ 的向量序列 $\{\boldsymbol{\alpha}^{(m)}\}$ 收敛于向量 $\boldsymbol{\alpha}=(x_1,x_2,\cdots,x_n)$，并记为

$$\lim_{m\to\infty}\{\boldsymbol{\alpha}^{(m)}\}=\boldsymbol{\alpha}\quad 或\quad \boldsymbol{\alpha}^{(m)}\to\boldsymbol{\alpha}\ (m\to\infty)$$

反之，向量序列的极限是按坐标序列的极限来定义的. 当向量序列不收敛时，叫作发散的.

$$\lim_{m\to\infty}\{\boldsymbol{\alpha}^{(m)}\}=\boldsymbol{\alpha}\Leftrightarrow\lim_{m\to\infty}\|\boldsymbol{\alpha}^{(m)}-\boldsymbol{\alpha}\|=0\ （对任一向量范数\|\cdot\|）$$

4. 矩阵的极限

若 $\boldsymbol{A}_m=(a_{ij}^{(m)})\in\mathbf{C}^{n\times n}\ (m=1,2,\cdots)$，如果存在极限

$$\lim_{m\to\infty}a_{ij}^{(m)}=a_{ij}\quad(i,j=1,2,\cdots,n)$$

那么称方阵序列 $\{\boldsymbol{A}_m\}$ 收敛于方阵 $\boldsymbol{A}=(a_{ij})\in\mathbf{C}^{n\times n}$，记为

$$\lim_{m\to\infty}\boldsymbol{A}_m=\boldsymbol{A}\quad 或\quad \boldsymbol{A}_m\to\boldsymbol{A}\ (m\to\infty)$$

当方阵序列不收敛时，也称为发散的.

由此可见，方阵序列 $\{\boldsymbol{A}_m\}$ 的收敛性，相当于 n^2 个数列 $\{a_{ij}^{(m)}\}\ (i,j=1,2,\cdots,n)$ 的收敛性.

$\mathbf{C}^{n\times n}$ 中收敛的方阵序列有下列结论：

（1）$\lim\limits_{m\to\infty}\boldsymbol{A}_m=\boldsymbol{A}\Leftrightarrow\lim\limits_{m\to\infty}\|\boldsymbol{A}_m-\boldsymbol{A}\|=\boldsymbol{0}$（对任一方阵范数$\|\cdot\|$）.

（2）若 $\|\boldsymbol{A}\|<1$，则 $\lim\limits_{m\to\infty}\boldsymbol{A}^m=\boldsymbol{0}$. 反之不成立.

（3）$\lim\limits_{m\to\infty}\boldsymbol{A}^m=\boldsymbol{0}\Leftrightarrow\boldsymbol{A}$ 的所有特征值的模都小于 1（即 $\boldsymbol{A}$ 的谱半径小于 1）.

5. 矩阵幂级数

若给定 $\mathbf{C}^{n\times n}$ 中一方阵序列 $\boldsymbol{A}_0,\boldsymbol{A}_1,\boldsymbol{A}_2,\cdots,\boldsymbol{A}_m,\cdots$，则和式 $\boldsymbol{A}_0+\boldsymbol{A}_1+\boldsymbol{A}_2+\cdots+\boldsymbol{A}_m+\cdots$ 称为方阵级数，也常缩写为 $\sum\limits_{m=0}^{\infty}\boldsymbol{A}_m$. 令 $\boldsymbol{S}_N=\sum\limits_{m=0}^{N}\boldsymbol{A}_m$，若方阵序列 $\{\boldsymbol{S}_N\}$ 收敛于方阵 $\boldsymbol{S}$，则称方阵级数收敛，且其和为 $\boldsymbol{S}$，记为 $\boldsymbol{S}=\sum\limits_{m=0}^{\infty}\boldsymbol{A}_m$.

当 $\sum\limits_{m=0}^{\infty}\boldsymbol{A}_m$ 收敛 $\Leftrightarrow\sum\limits_{m=0}^{\infty}a_{ij}^{(m)}\ (i,j=1,2,\cdots,n)$ 均收敛. 当 $\sum\limits_{m=0}^{\infty}a_{ij}^{(m)}$ 均绝对收敛时，称 $\sum\limits_{m=0}^{\infty}\boldsymbol{A}_m$ 绝对收敛.

关于方阵级数的收敛问题，有下列基本性质：

（1）若方阵级数 $\sum_{m=0}^{\infty}\boldsymbol{A}_m$ 绝对收敛，则它一定收敛，且任意交换各项的次序所得的新级数仍收敛，和也不改变.

（2）方阵级数 $\sum_{m=0}^{\infty}\boldsymbol{A}_m$ 绝对收敛的充要条件是：对任意一种方阵范数 $\|\cdot\|$，正项级数 $\sum_{m=0}^{\infty}\|\boldsymbol{A}_m\|$ 收敛.

（3）若 $\boldsymbol{P},\boldsymbol{Q}\in\mathbf{C}^{n\times n}$ 为给定矩阵，如果方阵级数 $\sum_{m=0}^{\infty}\boldsymbol{A}_m$ 收敛（或绝对收敛），那么级数 $\sum_{m=0}^{\infty}\boldsymbol{PA}_m\boldsymbol{Q}$ 也收敛（或绝对收敛），且有等式 $\sum_{m=0}^{\infty}\boldsymbol{PA}_m\boldsymbol{Q}=\boldsymbol{P}\left(\sum_{m=0}^{\infty}\boldsymbol{A}_m\right)\boldsymbol{Q}$.

设 $\boldsymbol{A}\in\mathbf{C}^{n\times n},c_m\in\mathbf{C}\ (m=0,1,2,\cdots)$，称 $c_0\boldsymbol{E}+c_1\boldsymbol{A}+c_2\boldsymbol{A}^2+\cdots+c_m\boldsymbol{A}^m+\cdots=\sum_{m=0}^{\infty}c_m\boldsymbol{A}^m$ 为 $\boldsymbol{A}$ 的幂级数. 若幂级数 $\sum_{m=0}^{\infty}c_mz^m$ 的收敛半径为 R，而方阵 $\boldsymbol{A}\in\mathbf{C}^{n\times n}$ 的谱半径为 $\rho(\boldsymbol{A})$，则

（1）当 $\rho(\boldsymbol{A})<R$ 时，方阵幂级数 $\sum_{m=0}^{\infty}c_m\boldsymbol{A}^m$ 绝对收敛；

（2）当 $\rho(\boldsymbol{A})>R$ 时，方阵幂级数 $\sum_{m=0}^{\infty}c_m\boldsymbol{A}^m$ 发散.

若方阵 $\boldsymbol{A}$ 的特征值全部落在幂级数 $\varphi(z)=\sum_{m=0}^{\infty}c_mz^m$ 的收敛域内，则矩阵 $\boldsymbol{A}$ 幂级数 $\varphi(\boldsymbol{A})=\sum_{m=0}^{\infty}c_m\boldsymbol{A}^m\ (\boldsymbol{A}^0=\boldsymbol{E})$ 是绝对收敛的；反之，若 $\boldsymbol{A}$ 存在落在 $\varphi(z)$ 的收敛域外的特征值，则 $\varphi(\boldsymbol{A})$ 是发散的. 由此可知

① 若幂级数 $\varphi(z)=\sum_{m=0}^{\infty}c_mz^m$ 在整个复平面上收敛，则对任何的方阵 $\boldsymbol{A}$，$\varphi(\boldsymbol{A})$ 均收敛.

② 设幂级数 $\varphi(z)=\sum_{m=0}^{\infty}c_mz^m$ 的收敛半径为 r，$\boldsymbol{A}\in\mathbf{C}^{n\times n}$，若存在 $\mathbf{C}^{n\times n}$ 上的某一矩阵范数 $\|\cdot\|$ 使得 $\|\boldsymbol{A}\|<r$，则矩阵幂级数 $\varphi(\boldsymbol{A})=\sum_{m=0}^{\infty}c_m\boldsymbol{A}^m$ 绝对收敛.

6. 矩阵函数

设幂级数 $\sum_{m=0}^{\infty}c_mz^m$ 的收敛半径是 R，且当 $|z|<R$ 时，幂级数收敛于 $f(z)$，即

$$f(z)=\sum_{m=0}^{\infty}c_mz^m\quad(|z|<R)$$

若矩阵 $\boldsymbol{A}\in\mathbf{C}^{n\times n}$，且满足 $\rho(\boldsymbol{A})<R$，则称收敛的矩阵幂级数 $\sum_{m=0}^{\infty}c_m\boldsymbol{A}^m$ 为矩阵函数，记为 $f(\boldsymbol{A})$，即 $f(\boldsymbol{A})=\sum_{m=0}^{\infty}c_m\boldsymbol{A}^m$.

求矩阵函数的常用方法有以下几种.

（1）最小多项式法；

（2）Jordan 标准形法.

几种重要的矩阵函数：设 $\boldsymbol{A}$ 是 n 阶矩阵，则

$$\mathrm{e}^{\boldsymbol{A}}=\sum_{m=0}^{\infty}\frac{1}{m!}\boldsymbol{A}^m \quad (\forall \boldsymbol{A}\in\mathbf{C}^{n\times n})$$

$$\sin\boldsymbol{A}=\sum_{m=0}^{\infty}\frac{(-1)^m}{(2m+1)!}\boldsymbol{A}^{2m+1} \quad (\forall \boldsymbol{A}\in\mathbf{C}^{n\times n})$$

$$\cos\boldsymbol{A}=\sum_{m=0}^{\infty}\frac{(-1)^m}{(2m)!}\boldsymbol{A}^{2m} \quad (\forall \boldsymbol{A}\in\mathbf{C}^{n\times n})$$

$$(\boldsymbol{E}-\boldsymbol{A})^{-1}=\sum_{m=0}^{\infty}\boldsymbol{A}^m \quad (\rho(\boldsymbol{A})<1)$$

$$\ln(\boldsymbol{E}+\boldsymbol{A})=\sum_{m=0}^{\infty}\frac{(-1)^m}{m+1}\boldsymbol{A}^{m+1} \quad (\rho(\boldsymbol{A})<1)$$

7. 矩阵的导数与积分

矩阵对一个变量的导数：设 $\boldsymbol{A}(t)=(a_{ij}(t))_{m\times n}$，且 $a_{ij}(t)$ 可导，则 $\boldsymbol{A}(t)$ 对 t 的导数为

$$\frac{\mathrm{d}}{\mathrm{d}t}\boldsymbol{A}(t)=(a'_{ij}(t))_{m\times n}$$

矩阵对一个变量的积分：设 $\boldsymbol{A}(t)=(a_{ij}(t))_{m\times n}$，且 $a_{ij}(t)$ 在区间 $[t_0,t_1]$ 上可积，则 $\boldsymbol{A}(t)$ 在区间 $[t_0,t_1]$ 上的积分为 $\int_{t_0}^{t_1}\boldsymbol{A}(t)\mathrm{d}t=\left(\int_{t_0}^{t_1}a_{ij}(t)\mathrm{d}t\right)_{m\times n}$, $\int\boldsymbol{A}(t)\mathrm{d}t=\left(\int a_{ij}(t)\mathrm{d}t\right)_{m\times n}$.

函数对矩阵变量的导数：设 $\boldsymbol{X}=(x_{ij})_{m\times n}$，多元函数 $f(\boldsymbol{X})=f(x_{11},x_{12},\cdots,x_{mn})$ 关于 x_{ij} 可导，则 $f(\boldsymbol{X})$ 对 $\boldsymbol{X}$ 的导数为 $\frac{\mathrm{d}}{\mathrm{d}\boldsymbol{X}}f(\boldsymbol{X})=\left(\frac{\partial f}{\partial x_{ij}}\right)_{m\times n}$.

矩阵对矩阵变量的导数：设 $\boldsymbol{X}=(x_{ij})_{m\times n}$，$\boldsymbol{F}(\boldsymbol{X})=(f_{kl}(\boldsymbol{X}))_{r\times s}$，且 $f_{kl}(\boldsymbol{X})=f_{kl}(x_{11},x_{12},\cdots,x_{mn})$ 关于 x_{ij} 可导，则 $\boldsymbol{F}(\boldsymbol{X})$ 对 $\boldsymbol{X}$ 的导数为

$$\frac{\mathrm{d}}{\mathrm{d}\boldsymbol{X}}\boldsymbol{F}(\boldsymbol{X})=\left(\frac{\partial\boldsymbol{F}}{\partial x_{ij}}\right)_{m\times n}, \qquad \frac{\partial\boldsymbol{F}}{\partial x_{ij}}=\left(\frac{\partial f_{kl}}{\partial x_{ij}}\right)_{r\times s}$$

矩阵的微分的基本性质有以下几种.

（1）$[\boldsymbol{A}(t)+\boldsymbol{B}(t)]'=\boldsymbol{A}'(t)+\boldsymbol{B}'(t)$.

（2）$[\boldsymbol{A}(t)\cdot\boldsymbol{B}(t)]'=\boldsymbol{A}'(t)\cdot\boldsymbol{B}(t)+\boldsymbol{A}(t)\cdot\boldsymbol{B}'(t)$.

（3）若 $\boldsymbol{A}(u)=(a_{ij}(u))_{m\times n}$ 及变量 t 的函数 $u=f(t)$ 都可导，则 $\dfrac{\mathrm{d}}{\mathrm{d}t}\boldsymbol{A}(u)=\dfrac{\mathrm{d}\boldsymbol{A}(u)}{\mathrm{d}u}\cdot\dfrac{\mathrm{d}u}{\mathrm{d}t}$.

（4）若 n 阶函数矩阵 $\boldsymbol{A}(t)$ 可逆，且 $\boldsymbol{A}(t)$ 及其逆矩阵 $\boldsymbol{A}^{-1}(t)$ 都可导，则

$$\frac{\mathrm{d}}{\mathrm{d}t}\boldsymbol{A}^{-1}(t)=-\boldsymbol{A}^{-1}(t)\cdot\frac{\mathrm{d}}{\mathrm{d}t}\boldsymbol{A}(t)\cdot\boldsymbol{A}^{-1}(t)$$

矩阵的积分的基本性质有以下几种.

（1）$\int\boldsymbol{A}^{\mathrm{T}}(t)\mathrm{d}t=\left(\int\boldsymbol{A}(t)\mathrm{d}t\right)^{\mathrm{T}}$.

（2）$\int[a\boldsymbol{A}(t)+b\boldsymbol{B}(t)]\mathrm{d}t=a\int\boldsymbol{A}(t)\mathrm{d}t+b\int\boldsymbol{B}(t)\mathrm{d}t$（$a,b$ 为非零实数）.

（3）$\int\boldsymbol{C}\cdot\boldsymbol{A}(t)\mathrm{d}t=\boldsymbol{C}\int\boldsymbol{A}(t)\mathrm{d}t$（$\boldsymbol{C}$ 为非零常数矩阵）.

（4）$\int\boldsymbol{A}(t)\cdot\boldsymbol{B}'(t)\mathrm{d}t=\boldsymbol{A}(t)\boldsymbol{B}(t)-\int\boldsymbol{A}'(t)\cdot\boldsymbol{B}(t)\mathrm{d}t$.

8. 常用矩阵函数的性质

在矩阵函数的应用中，常要涉及矩阵函数的一些简单性质. 这些性质，一方面从形式上看与常见函数性质相类似，且也是一种很自然的推广；另一方面，这些性质也有一些值得注意的地方，用时应谨慎从事.

以下是常用矩阵函数的一些基本性质，所讨论的矩阵 $\boldsymbol{A},\boldsymbol{B}$ 都是 n 阶复数方阵.

（1）$\dfrac{\mathrm{d}}{\mathrm{d}t}\mathrm{e}^{\boldsymbol{A}t}=\boldsymbol{A}\mathrm{e}^{\boldsymbol{A}t}=\mathrm{e}^{\boldsymbol{A}t}\boldsymbol{A}$.

（2）若 $\boldsymbol{AB}=\boldsymbol{BA}$，则 $\mathrm{e}^{\boldsymbol{A}t}\boldsymbol{B}=\boldsymbol{B}\mathrm{e}^{\boldsymbol{A}t}$.

（3）若 $\boldsymbol{AB}=\boldsymbol{BA}$，则 $\mathrm{e}^{\boldsymbol{A}}\cdot\mathrm{e}^{\boldsymbol{B}}=\mathrm{e}^{\boldsymbol{B}}\cdot\mathrm{e}^{\boldsymbol{A}}=\mathrm{e}^{\boldsymbol{A}+\boldsymbol{B}}$.

（4）$\mathrm{e}^{\mathrm{i}\boldsymbol{A}}=\cos\boldsymbol{A}+\mathrm{i}\sin\boldsymbol{A}$，$\cos\boldsymbol{A}=\dfrac{1}{2}(\mathrm{e}^{\mathrm{i}\boldsymbol{A}}+\mathrm{e}^{-\mathrm{i}\boldsymbol{A}})$，$\sin\boldsymbol{A}=\dfrac{1}{2\mathrm{i}}(\mathrm{e}^{\mathrm{i}\boldsymbol{A}}-\mathrm{e}^{-\mathrm{i}\boldsymbol{A}})$，$\cos(-\boldsymbol{A})=\cos\boldsymbol{A}$，$\sin(-\boldsymbol{A})=-\sin\boldsymbol{A}$.

（5）当 $\boldsymbol{AB}=\boldsymbol{BA}$ 时，则有 $\cos(\boldsymbol{A}+\boldsymbol{B})=\cos\boldsymbol{A}\cos\boldsymbol{B}-\sin\boldsymbol{A}\sin\boldsymbol{B}$，$\sin(\boldsymbol{A}+\boldsymbol{B})=\sin\boldsymbol{A}\cos\boldsymbol{B}+\cos\boldsymbol{A}\sin\boldsymbol{B}$.

（6）$\sin^2\boldsymbol{A}+\cos^2\boldsymbol{A}=\boldsymbol{E}$，$\sin(\boldsymbol{A}+2\pi\boldsymbol{E})=\sin\boldsymbol{A}$，$\cos(\boldsymbol{A}+2\pi\boldsymbol{E})=\cos\boldsymbol{A}$，$\mathrm{e}^{\boldsymbol{A}+\mathrm{i}2\pi\boldsymbol{E}}=\mathrm{e}^{\boldsymbol{A}}$.

9. 线性微分方程组的定解问题的特解

一阶线性常系数微分方程组

$$\begin{cases}\dfrac{\mathrm{d}\boldsymbol{X}}{\mathrm{d}t}=\boldsymbol{AX}\\ \boldsymbol{X}(0)=(x_1(0),x_2(0),\cdots x_n(0))^{\mathrm{T}}\end{cases}$$

有唯一解 $\boldsymbol{X}=\mathrm{e}^{\boldsymbol{A}t}\cdot\boldsymbol{X}(0)$.

微分方程组

$$\begin{cases}\dfrac{\mathrm{d}\boldsymbol{X}}{\mathrm{d}t}=\boldsymbol{A}\boldsymbol{X}\\ \boldsymbol{X}|_{t=t_0}=\boldsymbol{X}(t_0)\end{cases}$$

的唯一解是 $\boldsymbol{X}(t)=\mathrm{e}^{\boldsymbol{A}(t-t_0)}\boldsymbol{X}(t_0)$.

一阶线性常系数非齐次微分方程组

$$\begin{cases}\dfrac{\mathrm{d}\boldsymbol{X}}{\mathrm{d}t}=\boldsymbol{A}\boldsymbol{X}+\boldsymbol{F}(t)\\ \boldsymbol{X}|_{t=t_0}=\boldsymbol{X}(t_0)\end{cases}$$

的解为 $\boldsymbol{X}=\mathrm{e}^{\boldsymbol{A}(t-t_0)}\boldsymbol{X}(t_0)+\int_{t_0}^{t}\mathrm{e}^{\boldsymbol{A}(t-\tau)}\boldsymbol{F}(\tau)\mathrm{d}\tau$.

三、解题方法归纳

1. 判断向量序列、矩阵序列收敛

判断一个向量序列或者矩阵序列收敛当且仅当判断其每一个分量序列收敛.

2. 验证向量范数、矩阵范数

要验证所给实数是否是向量范数，只要验证非负性、齐次性、三角不等式性质即可；要验证所给实值函数是否是矩阵范数，除验证非负性、齐次性、三角不等式性质外，还需要验证相容性.

3. 判断矩阵幂级数收敛

设幂级数 $\sum\limits_{m=0}^{\infty}c_m z^m$ 的收敛半径为 r，$\boldsymbol{A}\in\mathbf{C}^{n\times n}$ 的谱半径为 $\rho(\boldsymbol{A})$，则当 $\rho(\boldsymbol{A})<r$ 时矩阵幂级数 $\sum\limits_{m=0}^{\infty}c_m\boldsymbol{A}^m$ 绝对收敛，当 $\rho(\boldsymbol{A})>r$ 时矩阵幂级数 $\sum\limits_{m=0}^{\infty}c_m\boldsymbol{A}^m$ 发散.

4. 求矩阵函数的常用方法

设 $\boldsymbol{A}\in\mathbf{C}^{n\times n}$，由一元函数 $f(z)$ 定义的矩阵函数为 $f(\boldsymbol{A})$.

（1）待定系数法.

求出 $\boldsymbol{A}$ 的一个零化多项式（通常是特征多项式或最小多项式）

$$\psi(\lambda)=(\lambda-\lambda_1)^{m_1}(\lambda-\lambda_2)^{m_2}\cdots(\lambda-\lambda_s)^{m_s}$$

并要求$\psi(\lambda)$整除$\boldsymbol{A}$的特征多项式，其中$\lambda_1,\lambda_2,\cdots\lambda_s$互不相同；

构造多项式$r(\lambda)=b_0+b_1\lambda+\cdots+b_{m-1}\lambda^{m-1}$ $(m=m_1+m_2+\cdots+m_s)$，并由方程组

$$\begin{aligned}&r(\lambda_i)=f(\lambda_i)\\&r'(\lambda_i)=f'(\lambda_i)\\&\cdots\cdots\\&r^{(m_i-1)}(\lambda_i)=f^{(m_i-1)}(\lambda_i)\quad(i=1,2,\cdots,s)\end{aligned}$$

求出系数$b_0,b_1,\cdots,b_{m-1}$；

计算$f(\boldsymbol{A})=r(\boldsymbol{A})=b_0\boldsymbol{E}+b_1\boldsymbol{A}+\cdots+b_{m-1}\boldsymbol{A}^{m-1}$.

（2）对角矩阵法（仅适用于$\boldsymbol{A}$可对角化的情形）.

求可逆矩阵$\boldsymbol{P}$，使得$\boldsymbol{P}^{-1}\boldsymbol{A}\boldsymbol{P}=\begin{pmatrix}\lambda_1&&&\\&\lambda_2&&\\&&\ddots&\\&&&\lambda_n\end{pmatrix}$；

计算$f(\boldsymbol{A})=\boldsymbol{P}\cdot\begin{pmatrix}f(\lambda_1)&&&\\&f(\lambda_2)&&\\&&\ddots&\\&&&f(\lambda_n)\end{pmatrix}\cdot\boldsymbol{P}^{-1}$.

（3）Jordan 标准形法.

求可逆矩阵$\boldsymbol{P}$，使得$\boldsymbol{P}^{-1}\boldsymbol{A}\boldsymbol{P}=\begin{pmatrix}\boldsymbol{J}_1&&&\\&\boldsymbol{J}_2&&\\&&\ddots&\\&&&\boldsymbol{J}_s\end{pmatrix}$，其中$\boldsymbol{J}_i$是$m_i$阶的 Jordan 块；

对于$i=1,2,\cdots,s$，计算$f^{(l)}(\lambda_i)$ $(l=0,1,\cdots,m_i-1)$，并构造m_i阶矩阵

$$f(\boldsymbol{J}_i)=f(\lambda_i)\boldsymbol{E}_{m_i}+f'(\lambda_i)\boldsymbol{E}_{m_i}^{(1)}+\cdots+\frac{f^{(m_i-1)}(\lambda_i)}{(m_i-1)!}\boldsymbol{E}_{m_i}^{(m_i-1)}$$

计算$f(\boldsymbol{A})=\boldsymbol{P}\cdot\begin{pmatrix}f(\boldsymbol{J}_1)&&&\\&f(\boldsymbol{J}_2)&&\\&&\ddots&\\&&&f(\boldsymbol{J}_s)\end{pmatrix}\cdot\boldsymbol{P}^{-1}$.

5. 已知矩阵函数求矩阵

已知$\boldsymbol{A}$的函数$f(\boldsymbol{A}t)=\mathrm{e}^{\boldsymbol{A}t}$，或者$f(\boldsymbol{A}t)=\sin\boldsymbol{A}t$，求矩阵$\boldsymbol{A}$，通常是将$f(\boldsymbol{A}t)$对$t$求导得$\boldsymbol{A}\mathrm{e}^{\boldsymbol{A}t}=f'(\boldsymbol{A}t)$，或者$\boldsymbol{A}\cos(\boldsymbol{A}t)=f'(\boldsymbol{A}t)$，再令$t=0$即得.

四、典型例题解析

例 4.1　设V是复数域$\mathbf{C}$上的n维线性空间，$\boldsymbol{\alpha}_1,\boldsymbol{\alpha}_2,\cdots,\boldsymbol{\alpha}_n$是$V$的一组基，$\forall\boldsymbol{\alpha}\in V$，

有 $\boldsymbol{\alpha}=\sum_{i=1}^{n}x_i\boldsymbol{\alpha}_i$，令 $\boldsymbol{X}=(x_1,x_2,\cdots,x_n)^{\mathrm{T}}$ 为 $\boldsymbol{\alpha}$ 在基 $\boldsymbol{\alpha}_1,\boldsymbol{\alpha}_2,\cdots,\boldsymbol{\alpha}_n$ 下的坐标，设 $\|\cdot\|$ 是 $\mathbf{C}^n$ 上的一种向量范数，定义 $\|\boldsymbol{\alpha}\|_V=\|\boldsymbol{X}\|$，证明：$\|\boldsymbol{\alpha}\|_V$ 是 V 上的向量范数.

证 （1）$\forall\boldsymbol{\alpha}\in V$，若 $\boldsymbol{\alpha}=\mathbf{0}$，则 $\boldsymbol{X}$ 是 $\mathbf{C}^n$ 中的零向量，于是

$$\|\boldsymbol{\alpha}\|_V=\|\boldsymbol{X}\|=0$$

若 $\boldsymbol{\alpha}\neq\mathbf{0}$，则 $\boldsymbol{X}$ 是非零向量，从而 $\|\boldsymbol{\alpha}\|_V=\|\boldsymbol{X}\|>0$.

（2）$\forall\boldsymbol{\alpha}\in V$，$k\in\mathbf{C}$，有

$$\|k\boldsymbol{\alpha}\|_V=\|k\boldsymbol{X}\|=|k|\|\boldsymbol{X}\|=|k|\|\boldsymbol{\alpha}\|_V$$

（3）$\forall\boldsymbol{\beta}=\sum_{i=1}^{n}y_i\boldsymbol{\alpha}_i\in V$，$\boldsymbol{\beta}$ 在基 $\boldsymbol{\alpha}_1,\boldsymbol{\alpha}_2,\cdots,\boldsymbol{\alpha}_n$ 下的坐标是 $\boldsymbol{Y}=(y_1,y_2,\cdots,y_n)^{\mathrm{T}}$，则

$$\|\boldsymbol{\alpha}+\boldsymbol{\beta}\|_V=\|\boldsymbol{X}+\boldsymbol{Y}\|\leqslant\|\boldsymbol{X}\|+\|\boldsymbol{Y}\|=\|\boldsymbol{\alpha}\|_V+\|\boldsymbol{\beta}\|_V$$

综上所述，$\|\boldsymbol{\alpha}\|_V$ 是 V 上的向量范数.

例 4.2　设 $\|\boldsymbol{x}\|_\alpha$ 与 $\|\boldsymbol{x}\|_\beta$ 是 $\mathbf{C}^n$ 上的两种范数，k_1,k_2 是正常数，证明下列函数：（1）$\max(\|\boldsymbol{x}\|_\alpha,\|\boldsymbol{x}\|_\beta)$，（2）$k_1\|\boldsymbol{x}\|_\alpha+k_2\|\boldsymbol{x}\|_\beta$ 是 $\mathbf{C}^n$ 上的范数.

证 （1）记 $\|\boldsymbol{x}\|=\max(\|\boldsymbol{x}\|_\alpha,\|\boldsymbol{x}\|_\beta)$，则当 $\boldsymbol{x}\neq\mathbf{0}$ 时，$\|\boldsymbol{x}\|>0$；当 $\boldsymbol{x}=\mathbf{0}$ 时，$\|\boldsymbol{x}\|=0$. 即

$$\begin{aligned}\|k\boldsymbol{x}\|&=\max(\|k\boldsymbol{x}\|_\alpha,\|k\boldsymbol{x}\|_\beta)=\max(|k|\|\boldsymbol{x}\|_\alpha,|k|\|\boldsymbol{x}\|_\beta)\\&=|k|\max(\|\boldsymbol{x}\|_\alpha,\|\boldsymbol{x}\|_\beta)=|k|\|\boldsymbol{x}\|\end{aligned}$$

$$\begin{aligned}\|\boldsymbol{x}+\boldsymbol{y}\|&=\max(\|\boldsymbol{x}+\boldsymbol{y}\|_\alpha,\|\boldsymbol{x}+\boldsymbol{y}\|_\beta)\leqslant\max(\|\boldsymbol{x}\|_\alpha+\|\boldsymbol{y}\|_\alpha,\|\boldsymbol{x}\|_\beta+\|\boldsymbol{y}\|_\beta)\\&\leqslant\max(\|\boldsymbol{x}\|_\alpha,\|\boldsymbol{x}\|_\beta)+\max(\|\boldsymbol{y}\|_\alpha,\|\boldsymbol{y}\|_\beta)=\|\boldsymbol{x}\|+\|\boldsymbol{y}\|\end{aligned}$$

所以 $\|\boldsymbol{x}\|$ 是 $\mathbf{C}^n$ 上的范数.

（2）记 $\|\boldsymbol{x}\|=k_1\|\boldsymbol{x}\|_\alpha+k_2\|\boldsymbol{x}\|_\beta$，则当 $\boldsymbol{x}\neq\mathbf{0}$ 时，$\|\boldsymbol{x}\|>0$；当 $\boldsymbol{x}=\mathbf{0}$ 时，$\|\boldsymbol{x}\|=0$. 即

$$\|k\boldsymbol{x}\|=k_1\|k\boldsymbol{x}\|_\alpha+k_2\|k\boldsymbol{x}\|_\beta=|k|(k_1\|\boldsymbol{x}\|_\alpha+k_2\|\boldsymbol{x}\|_\beta)=|k|\|\boldsymbol{x}\|$$

$$\begin{aligned}\|\boldsymbol{x}+\boldsymbol{y}\|&=k_1\|\boldsymbol{x}+\boldsymbol{y}\|_\alpha+k_2\|\boldsymbol{x}+\boldsymbol{y}\|_\beta\leqslant k_1(\|\boldsymbol{x}\|_\alpha+\|\boldsymbol{y}\|_\alpha)+k_2(\|\boldsymbol{x}\|_\beta+\|\boldsymbol{y}\|_\beta)\\&=(k_1\|\boldsymbol{x}\|_\alpha+k_2\|\boldsymbol{x}\|_\beta)+(k_1\|\boldsymbol{y}\|_\alpha+k_2\|\boldsymbol{y}\|_\beta)=\|\boldsymbol{x}\|+\|\boldsymbol{y}\|\end{aligned}$$

所以 $\|\boldsymbol{x}\|$ 是 $\mathbf{C}^n$ 上的范数.

例 4.3　设矩阵 $\boldsymbol{A}$ 非奇异，λ 是它的任意一个特征值，证明 $|\lambda|\geqslant\dfrac{1}{\|\boldsymbol{A}^{-1}\|}$.

证　设 $\boldsymbol{A}$ 的属于特征值 λ 的特征向量为 $\boldsymbol{x}$，即 $\boldsymbol{A}\boldsymbol{x}=\lambda\boldsymbol{x}$，从而有 $\boldsymbol{A}^{-1}\boldsymbol{x}=\dfrac{1}{\lambda}\boldsymbol{x}$. 取向量范数 $\|\boldsymbol{x}\|$ 和题中给出的矩阵范数相容，则有

$$\left|\frac{1}{\lambda}\right|\|\boldsymbol{x}\|=\left\|\frac{1}{\lambda}\boldsymbol{x}\right\|=\|\boldsymbol{A}^{-1}\boldsymbol{x}\|\leqslant\|\boldsymbol{A}^{-1}\|\|\boldsymbol{x}\|$$

即 $\left|\dfrac{1}{\lambda}\right|\leqslant\|\boldsymbol{A}^{-1}\|$，也就是 $|\lambda|\geqslant\dfrac{1}{\|\boldsymbol{A}^{-1}\|}$.

例 4.4　证明在 $\mathbf{C}^n$ 中下列各式成立：

（1）$\|\boldsymbol{x}\|_2\leqslant\|\boldsymbol{x}\|_1\leqslant\sqrt{n}\|\boldsymbol{x}\|_2$；

（2）$\frac{1}{n}\|x\|_1\leqslant\|x\|_\infty\leqslant\|x\|_1$.

证　设 $x=(x_1,x_2,\cdots,x_n)^{\mathrm T}\in\mathbf{C}^n$.

（1）令　　$y=(|x_1|,|x_2|,\cdots,|x_n|)^{\mathrm T}$，　　$z=(1,1,\cdots,1)^{\mathrm T}$

则由 Cauchy-Schwarz 不等式 $|(y,z)|\leqslant\|y\|_2\cdot\|z\|_2$，则

$$|x_1|+|x_2|+\cdots+|x_n|\leqslant\sqrt{n}(|x_1|^2+|x_2|^2+\cdots+|x_n|^2)^{\frac{1}{2}}$$

即
$$\|x\|_1\leqslant\sqrt{n}\|x\|_2$$

又因为 $\sum_{i=1}^{n}|x_i|^2\leqslant\left(\sum_{i=1}^{n}|x_i|\right)^2$，即

$$\|x\|_2\leqslant\|x\|_1$$

综上可得 $\|x\|_2\leqslant\|x\|_1\leqslant\sqrt{n}\|x\|_2$.

（2）因为

$$\|x\|_1=\sum_{i=1}^{n}|x_i|\leqslant n\max_{1\leqslant i\leqslant n}|x_i|=n\|x\|_\infty$$

所以
$$\frac{1}{n}\|x\|_1\leqslant\|x\|_\infty$$

另一方面

$$\|x\|_\infty=\max_{1\leqslant i\leqslant n}|x_i|\leqslant\sum_{i=1}^{n}|x_i|=\|x\|_1$$

综上可得 $\frac{1}{n}\|x\|_1\leqslant\|x\|_\infty\leqslant\|x\|_1$.

例 4.5　设 $\|A\|$ 是 $\mathbf{C}^{n\times n}$ 的矩阵范数，P 是 n 阶可逆矩阵，证明实函数 $\|A\|_a=\|P^{-1}AP\|$ 是 $\mathbf{C}^{n\times n}$ 中的一个矩阵范数.

证　（1）$A=0$，$\|A\|_a=0$，当 $A\neq 0$ 时，$P^{-1}AP\neq 0$，从而 $\|A\|_a=\|P^{-1}AP\|>0$.

（2）对 $k\in\mathbf{C}$，$\|kA\|_a=\|P^{-1}(kA)P\|=\|kP^{-1}AP\|=|k|\cdot\|P^{-1}AP\|=|k|\cdot\|A\|_a$.

（3）$\|A+B\|_a=\|P^{-1}(A+B)P\|=\|P^{-1}AP+P^{-1}BP\|\leqslant\|P^{-1}AP\|+\|P^{-1}BP\|=\|A\|_a+\|B\|_a$.

（4）$\|AB\|_a=\|P^{-1}ABP\|=\|(P^{-1}AP)(P^{-1}BP)\|\leqslant\|P^{-1}AP\|\cdot\|P^{-1}BP\|=\|A\|_a\cdot\|B\|_a$.

综上可知，$\|A\|_a=\|P^{-1}AP\|$ 是 $\mathbf{C}^{n\times n}$ 中的一个矩阵范数.

例 4.6　设 $A\in\mathbf{C}^{n\times n}$，且 A 是正规矩阵，证明：$\|A\|_2=\rho(A)$.

证　由于 A 是正规矩阵，则 $A^{\mathrm H}A=AA^{\mathrm H}$，所以存在 n 阶酉矩阵 U，使得

$$U^{\mathrm H}AU=\mathrm{diag}(\lambda_1,\lambda_2,\cdots,\lambda_n)$$

其中 $\lambda_1,\lambda_2,\cdots,\lambda_n$ 是 A 的特征值. 记 $\Lambda=\mathrm{diag}(\lambda_1,\lambda_2,\cdots,\lambda_n)$，则

$$\begin{aligned}A^{\mathrm H}A&=U(U^{\mathrm H}AU)^{\mathrm H}\cdot(U^{\mathrm H}AU)U^{\mathrm H}=U\Lambda^{\mathrm H}\Lambda U^{\mathrm H}\\&=U\mathrm{diag}(|\lambda_1|^2,|\lambda_2|^2,\cdots,|\lambda_n|^2)U^{\mathrm H}\end{aligned}$$

所以 $A^{\mathrm H}A$ 的全体特征值为 $|\lambda_1|^2,|\lambda_2|^2,\cdots,|\lambda_n|^2$，从而有

$$\|A\|_2^2=\rho(A^{\mathrm{H}}A)=\max_{1\leqslant i\leqslant n}|\lambda_i|^2=\rho^2(A)$$

故 $\|A\|_2=\rho(A)$.

例 4.7 设 $C,D\in\mathbf{R}^{n\times n}$，$A=\begin{pmatrix}C & 0\\ D & E_n\end{pmatrix}$，$\lim\limits_{k\to\infty}C^k=S$. 求 $\lim\limits_{k\to\infty}A^k$，并求 $\lim\limits_{k\to\infty}\begin{pmatrix}0.1 & 0.3 & 0 & 0\\ 0 & 0.6 & 0 & 0\\ 1 & 0 & 1 & 0\\ 1 & 2 & 0 & 1\end{pmatrix}^k$.

解 因 $A^2=A\cdot A=\begin{pmatrix}C & 0\\ D & E\end{pmatrix}\begin{pmatrix}C & 0\\ D & E\end{pmatrix}=\begin{pmatrix}C^2 & 0\\ DC+D & E\end{pmatrix}$

$$A^3=A^2\cdot A=\begin{pmatrix}C^2 & 0\\ DC+D & E\end{pmatrix}\begin{pmatrix}C & 0\\ D & E\end{pmatrix}=\begin{pmatrix}C^3 & 0\\ D(C^2+C+E) & E\end{pmatrix}$$

递推得 $A^k=\begin{pmatrix}C^k & 0\\ D(C^{k-1}+\cdots+C+E) & E\end{pmatrix}$.

$$\lim_{k\to\infty}A^k=\begin{pmatrix}S & 0\\ D(E-C)^{-1} & E\end{pmatrix}$$

当 $C=\begin{pmatrix}0.1 & 0.3\\ 0 & 0.6\end{pmatrix}$，$D=\begin{pmatrix}1 & 0\\ 1 & 2\end{pmatrix}$ 时，则 $\lim\limits_{k\to\infty}C^k=0$，

$$D(E-C)^{-1}=\begin{pmatrix}1 & 0\\ 1 & 2\end{pmatrix}\begin{pmatrix}\frac{10}{9} & \frac{30}{36}\\ 0 & \frac{5}{2}\end{pmatrix}=\begin{pmatrix}\frac{10}{9} & \frac{5}{6}\\ \frac{10}{9} & \frac{35}{6}\end{pmatrix}$$

于是有
$$\lim_{k\to\infty}A^k=\begin{pmatrix}0 & 0 & 0 & 0\\ 0 & 0 & 0 & 0\\ \frac{10}{9} & \frac{5}{6} & 1 & 0\\ \frac{10}{9} & \frac{35}{6} & 0 & 1\end{pmatrix}$$

例 4.8 （1）设 $A\in\mathbf{C}^{n\times n}$，若 $\|A\|<1$，则 $\lim\limits_{k\to\infty}A^k=0$.

（2）$A\in\mathbf{C}^{n\times n}$，$\lim\limits_{k\to\infty}A^k=0\Leftrightarrow\rho(A)<1$.

证 （1）因 $\|A^k\|\leqslant\|A\|^k$，且 $\|A\|<1$，所以 $\lim\limits_{k\to\infty}\|A\|^k=0$，即 $\lim\limits_{k\to\infty}A^k=0$.

（2）必要性：设 A 的特征值为 λ，则 A^k 的特征值为 λ^k，又因 $\rho(A)\leqslant\|A\|$，可得

$$\rho^k(A)=\rho(A^k)\leqslant\|A^k\|$$

由 $\lim\limits_{k\to\infty}A^k=0\Leftrightarrow\lim\limits_{k\to\infty}\|A^k-0\|=0$，有

$$\lim_{k\to\infty}\rho^k(A)=0$$

必有 $\rho(A)<1$.

充分性：已知 $\rho(A)<1$，则有充分小的 $\varepsilon>0$，使得 $\rho(A)+\varepsilon<1$，则存在范数 $\|A\|_\varepsilon\leqslant\rho(A)+\varepsilon<1$．故当 $k\to\infty$ 时，

$$\|A^k\|\leqslant\|A\|^k\to 0$$

证得 $\lim\limits_{k\to\infty}A^k=0$．

充分性的另一种证法：设 A 相似于 Jordan 形

$$P^{-1}AP=J=\begin{pmatrix}J_1 & & \\ & \ddots & \\ & & J_m\end{pmatrix}$$

$$A^k=P\begin{pmatrix}J_1^k & & \\ & \ddots & \\ & & J_m^k\end{pmatrix}P^{-1}$$

其中
$$J_i^k(\lambda_i)=\begin{pmatrix}\lambda_i^k & C_k^1\lambda^{k-1} & \cdots & C_k^{ni-1}\lambda^{k-ni+1}\\ & \ddots & \cdots & \cdots\\ & & \lambda_i^k & \\ & & & \lambda_i^k\end{pmatrix}_{ni\times ni}$$

当 $\rho(A)<1$ 时，则 $\lim\limits_{k\to\infty}J_i^k(\lambda_i)=0$，即 $\lim\limits_{k\to\infty}A^k=0$．

例 4.9 讨论矩阵幂级数 $\sum\limits_{k=0}^{\infty}A^k$ 的收敛性，其中 $A=\begin{pmatrix}0.2 & 0.1 & 0.2\\ 0.5 & 0.5 & 0.4\\ 0.1 & 0.3 & 0.2\end{pmatrix}$.

解 若 $\rho(A)<1$，则 $\sum\limits_{k=0}^{\infty}A^k$ 收敛，但求 $\rho(A)$ 往往较麻烦，若能选取某一范数，使 $\|A\|_a<1$，则 $\rho(A)\leqslant\|A\|_a<1$．本题可取矩阵 1 范数：

$$\|A\|_1=\max_{1\leqslant j\leqslant 3}\left\{\sum_{i=1}^{n}|a_{ij}|\right\}=0.9<1$$

可证得该级数收敛.

对于某些类似的相关问题，此做法可避免计算 A 的特征值之困难.

例 4.10 已知 $A=\begin{pmatrix}0.1 & 0.2\\ 0.8 & 0.1\end{pmatrix}$.（1）证明 $\sum\limits_{k=1}^{\infty}k^2A^k$ 收敛；（2）求 $\sum\limits_{k=1}^{\infty}k^2A^k$ 的收敛和.

解 （1）$|\lambda E-A|=\begin{vmatrix}\lambda-0.1 & -0.2\\ -0.8 & \lambda-0.1\end{vmatrix}=\lambda^2-0.2\lambda-0.15=(\lambda+0.3)(\lambda-0.5)$，得 $\lambda_1=-0.3$，$\lambda_2=0.5$，$\rho(A)=0.5$．

$\sum\limits_{k=1}^{\infty}k^2x^k$ 的收敛半径 $R=\lim\limits_{k\to\infty}\dfrac{k^2}{(k+1)^2}=1$，则 $\rho(A)<R=1$，故 $\sum\limits_{k=1}^{\infty}k^2A^k$ 收敛.

（2）由 $\sum_{k=0}^{\infty}x^k=(1-x)^{-1}$，$\left(\sum_{k=0}^{\infty}x^k\right)'=(1-x)^{-2}$，即

$$\sum_{k=1}^{\infty}kx^{k-1}=(1-x)^{-2},\qquad \sum_{k=1}^{\infty}kx^k=x(1-x)^{-2}$$

同样

$$\left(\sum_{k=1}^{\infty}kx^k\right)'=[x(1-x)^{-2}]'=(x+1)(1-x)^{-3}$$

$$\sum_{k=1}^{\infty}k^2x^k=x(1+x)(1-x)^{-3}$$

可得

$$\sum_{k=1}^{\infty}k^2\boldsymbol{A}^k=\boldsymbol{A}(\boldsymbol{E}+\boldsymbol{A})(\boldsymbol{E}-\boldsymbol{A})^{-3}$$

例 4.11　讨论矩阵幂级数 $\sum_{k=1}^{\infty}\frac{1}{k^2}\begin{pmatrix}-2 & 1\\ -1 & 0\end{pmatrix}^k$ 的收敛性.

解　设 $\boldsymbol{A}=\begin{pmatrix}-2 & 1\\ -1 & 0\end{pmatrix}$，$|\lambda\boldsymbol{E}-\boldsymbol{A}|=\begin{vmatrix}\lambda+2 & -1\\ 1 & \lambda\end{vmatrix}=(\lambda+1)^2$，得 $\lambda_{1,2}=-1$，$\rho(\boldsymbol{A})=1$.

因 $\sum_{k=1}^{\infty}\frac{1}{k^2}x^k$ 的收敛半径为 1，$\rho(\boldsymbol{A})=1$，故不能用谱半径判别该矩阵级数的收敛性.

对 $\lambda_{1,2}=-1$，$r(-\boldsymbol{E}-\boldsymbol{A})=1$，故 $\lambda=-1$ 仅有一个线性无关的特征向量，$\boldsymbol{A}$ 不可对角化，其 Jordan 形为 $\boldsymbol{J}=\begin{pmatrix}-1 & 1\\ 0 & -1\end{pmatrix}$.

$$\sum_{k=1}^{n}\frac{1}{k^2}\boldsymbol{J}^k=\sum_{k=1}^{n}\frac{1}{k^2}\begin{pmatrix}(-1)^k & k(-1)^{k-1}\\ 0 & (-1)^k\end{pmatrix}=\begin{pmatrix}\sum_{k=1}^{n}\frac{(-1)^k}{k^2} & \sum_{k=1}^{n}\frac{(-1)^{k-1}}{k}\\ 0 & \sum_{k=1}^{n}\frac{(-1)^k}{k^2}\end{pmatrix}$$

当 $n\to\infty$ 时，上面矩阵的各元素的数项级数收敛，故证得 $\sum_{k=1}^{\infty}\frac{1}{k^2}\boldsymbol{A}^k$ 收敛.

例 4.12　已知 $\boldsymbol{A}=\begin{pmatrix}\frac{1}{2} & 0 & 0\\ 0 & \frac{1}{3} & 1\\ 0 & 0 & \frac{1}{3}\end{pmatrix}$，（1）证明 $\sum_{k=1}^{\infty}k\boldsymbol{A}^{k-1}$ 收敛；（2）求 $\sum_{k=1}^{\infty}k\boldsymbol{A}^{k-1}$ 的收敛和.

证　(1) 级数 $\sum_{k=1}^{\infty}kx^{k-1}$ 的收敛半径 $R=1$，矩阵 $\boldsymbol{A}$ 的特征值为 $\frac{1}{2},\frac{1}{3},\frac{1}{3}$，则 $\rho(\boldsymbol{A})=\frac{1}{2}<R=1$，故矩阵级数收敛.

（2）由 $\sum_{k=0}^{\infty} x^k=(1-x)^{-1}$，则 $\left(\sum_{k=0}^{\infty} x^k\right)'=[(1-x)^{-1}]'=(1-x)^{-2}$，即

$$\sum_{k=1}^{\infty} kx^{k-1}=(1-x)^{-2}$$

$$\sum_{k=1}^{\infty} k\boldsymbol{A}^{k-1}=(\boldsymbol{E}-\boldsymbol{A})^{-2}=\begin{pmatrix} 4 & 0 & 0 \\ 0 & \frac{9}{4} & \frac{27}{4} \\ 0 & 0 & \frac{9}{4} \end{pmatrix}$$

例 4.13　设 $\boldsymbol{A}=\begin{pmatrix} 2 & 1 & 0 \\ 0 & 0 & 1 \\ 0 & 1 & 0 \end{pmatrix}$，求 $\mathrm{e}^{\boldsymbol{A}}$，$\mathrm{e}^{t\boldsymbol{A}}$，$\sin\boldsymbol{A}$.

解　由 $|\lambda\boldsymbol{E}-\boldsymbol{A}|=(\lambda+1)(\lambda-1)(\lambda-2)=0$，求得 $\boldsymbol{A}$ 的特征值为 $\lambda_1=-1,\lambda_2=1,\lambda_3=2$，对应的特征向量分别为

$$\boldsymbol{\alpha}_1=(1,-3,3)^{\mathrm{T}}，\quad \boldsymbol{\alpha}_2=(-1,1,1)^{\mathrm{T}}，\quad \boldsymbol{\alpha}_3=(1,0,0)^{\mathrm{T}}$$

于是存在可逆阵

$$\boldsymbol{P}=\begin{pmatrix} 1 & -1 & 1 \\ -3 & 1 & 0 \\ 3 & 1 & 0 \end{pmatrix}, \qquad \boldsymbol{P}^{-1}=\frac{1}{6}\begin{pmatrix} 0 & -1 & 1 \\ 0 & 3 & 3 \\ 6 & 4 & 2 \end{pmatrix}$$

使得 $\boldsymbol{P}^{-1}\boldsymbol{A}\boldsymbol{P}=\begin{pmatrix} -1 & 0 & 0 \\ 0 & 1 & 0 \\ 0 & 0 & 2 \end{pmatrix}$. 再根据矩阵函数值公式，得

$$\begin{aligned}
\mathrm{e}^{\boldsymbol{A}}&=\boldsymbol{P}\begin{pmatrix} \mathrm{e}^{-1} & & \\ & \mathrm{e}^{1} & \\ & & \mathrm{e}^{2} \end{pmatrix}\boldsymbol{P}^{-1} \\
&=\frac{1}{6}\begin{pmatrix} 6\mathrm{e}^2 & 4\mathrm{e}^2-3\mathrm{e}-\mathrm{e}^{-1} & 2\mathrm{e}^2-3\mathrm{e}+\mathrm{e}^{-1} \\ 0 & 3\mathrm{e}+3\mathrm{e}^{-1} & 3\mathrm{e}-3\mathrm{e}^{-1} \\ 0 & 3\mathrm{e}-3\mathrm{e}^{-1} & 3\mathrm{e}+3\mathrm{e}^{-1} \end{pmatrix}
\end{aligned}$$

$$\begin{aligned}
\mathrm{e}^{t\boldsymbol{A}}&=\boldsymbol{P}\mathrm{diag}(\mathrm{e}^{-t},\mathrm{e}^{t},\mathrm{e}^{2t})\boldsymbol{P}^{-1} \\
&=\frac{1}{6}\begin{pmatrix} 6\mathrm{e}^{2t} & 4\mathrm{e}^{2t}-3\mathrm{e}^{t}-\mathrm{e}^{-t} & 2\mathrm{e}^{2t}-3\mathrm{e}^{t}+\mathrm{e}^{-t} \\ 0 & 3\mathrm{e}^{t}+3\mathrm{e}^{-t} & 3\mathrm{e}^{t}-3\mathrm{e}^{-t} \\ 0 & 3\mathrm{e}^{t}-3\mathrm{e}^{-t} & 3\mathrm{e}^{t}+3\mathrm{e}^{-t} \end{pmatrix}
\end{aligned}$$

$$\sin \boldsymbol{A}=\boldsymbol{P}\operatorname{diag}(\sin(-1),\sin 1,\sin 2)\boldsymbol{P}^{-1}$$
$$=\frac{1}{6}\begin{pmatrix}6\sin 2 & 4\sin 2-2\sin 1 & 2\sin 2-4\sin 1\\ 0 & 0 & 6\sin 1\\ 0 & 6\sin 1 & 0\end{pmatrix}$$

例 4.14　已知 $\boldsymbol{A}=\begin{pmatrix}-1 & -2 & 6\\ -1 & 0 & 3\\ -1 & -1 & 4\end{pmatrix}$，求 $\mathrm{e}^{t\boldsymbol{A}}$.

解法一　矩阵 $\boldsymbol{A}$ 的特征多项式为

$$f(\lambda)=\begin{vmatrix}\lambda+1 & 2 & -6\\ 1 & \lambda & -3\\ 1 & 1 & \lambda-4\end{vmatrix}=(\lambda-1)^3$$

令
$$\mathrm{e}^{t\lambda}=f(\lambda)q(\lambda)+a+b\lambda+c\lambda^2$$

再令 $\lambda=1$，分别代入 $\mathrm{e}^{t\lambda}$，$(\mathrm{e}^{t\lambda})'$，$(\mathrm{e}^{t\lambda})''$ 得到

$$\begin{cases}a+b+c=\mathrm{e}^t\\ b+2c=t\mathrm{e}^t\\ 2c=t^2\mathrm{e}^t\end{cases}$$

解得
$$\begin{cases}a=\mathrm{e}^t-t\mathrm{e}^t+\dfrac{1}{2}t^2\mathrm{e}^t\\ b=t\mathrm{e}^t-t^2\mathrm{e}^t\\ c=\dfrac{1}{2}t^2\mathrm{e}^t\end{cases}$$

于是由 Hamilton-Cayley 定理得到

$$\mathrm{e}^{t\boldsymbol{A}}=a\boldsymbol{E}+b\boldsymbol{A}+c\boldsymbol{A}^2=\mathrm{e}^t\begin{pmatrix}1-2t & -2t & 6t\\ -t & 1-t & 3t\\ -t & -t & 1+3t\end{pmatrix}$$

解法二　利用最小多项式计算. 容易求出 $m(\lambda)=(\lambda-1)^2$，于是设 $\mathrm{e}^{t\lambda}=a+b\lambda$，则

$$\begin{cases}\mathrm{e}^t=a+b\\ t\mathrm{e}^t=b\end{cases}$$

解得
$$\begin{cases}a=\mathrm{e}^t-t\mathrm{e}^t\\ b=t\mathrm{e}^t\end{cases}$$

于是
$$\mathrm{e}^{t\boldsymbol{A}}=a\boldsymbol{E}+b\boldsymbol{A}=\mathrm{e}^t\begin{pmatrix}1-2t & -2t & 6t\\ -t & 1-t & 3t\\ -t & -t & 1+3t\end{pmatrix}$$

解法三　利用 Jordan 标准形求解. 因

$$\lambda E-A=\begin{pmatrix}\lambda+1 & 2 & -6\\ 1 & \lambda & -3\\ 1 & 1 & \lambda-4\end{pmatrix}\to\begin{pmatrix}1 & 0 & 0\\ 0 & \lambda-1 & 0\\ 0 & 0 & (\lambda-1)^2\end{pmatrix}$$

故初等因子为$\lambda-1$，$(\lambda-1)^2$，得 Jordan 标准形为$J=\begin{pmatrix}1 & 0 & 0\\ 0 & 1 & 1\\ 0 & 0 & 1\end{pmatrix}$.

可求得可逆矩阵$P=\begin{pmatrix}-1 & 2 & -1\\ 1 & 1 & 0\\ 0 & 1 & 0\end{pmatrix}$，$P^{-1}=\begin{pmatrix}0 & 1 & -1\\ 0 & 0 & 1\\ -1 & -1 & 3\end{pmatrix}$，使得

$$P^{-1}AP=\begin{pmatrix}1 & 0 & 0\\ 0 & 1 & 1\\ 0 & 0 & 1\end{pmatrix}$$

故

$$e^{tA}=P\begin{pmatrix}e^t & 0 & 0\\ 0 & e^t & te^t\\ 0 & 0 & e^t\end{pmatrix}P^{-1}=e^t\begin{pmatrix}1-2t & -2t & 6t\\ -t & 1-t & 3t\\ -t & -t & 1+3t\end{pmatrix}$$

例 4.15　设矩阵$A=\begin{pmatrix}1 & 1 & 1\\ 0 & 1 & 1\\ 0 & 0 & 1\end{pmatrix}$，求矩阵函数$f(A)$的 Jordan 表示，并计算$e^A$，$\sin A$，$\cos\pi A$，$\ln(E+A)$.

解　首先求出A的 Jordan 标准形J及可逆矩阵P，且使$P^{-1}AP=J$. 因

$$\lambda E-A=\begin{pmatrix}\lambda-1 & -1 & -1\\ 0 & \lambda-1 & -1\\ 0 & 0 & \lambda-1\end{pmatrix}\to\begin{pmatrix}1 & 0 & 0\\ 0 & 1 & 0\\ 0 & 0 & (\lambda-1)^3\end{pmatrix}$$

故A的初等因子是$(\lambda-1)^3$，得 Jordan 标准形为

$$J=\begin{pmatrix}1 & 1 & 0\\ 0 & 1 & 1\\ 0 & 0 & 1\end{pmatrix}$$

设$P=(\alpha_1,\alpha_2,\alpha_3)$，代入$AP=PJ$，得

$$\begin{cases}A\alpha_1=\alpha_1\\ A\alpha_2=\alpha_1+\alpha_2\\ A\alpha_3=\alpha_2+\alpha_3\end{cases}$$

即

$$\begin{cases}(E-A)\alpha_1=\mathbf{0}\\ (E-A)\alpha_2=-\alpha_1\\ (E-A)\alpha_3=-\alpha_2\end{cases}$$

解之得$\alpha_1=(1,0,0)^{\mathrm T}$，$\alpha_2=(0,1,0)^{\mathrm T}$，$\alpha_3=(0,-1,1)^{\mathrm T}$.

因此
$$\boldsymbol{P}=\begin{pmatrix}1&0&0\\0&1&-1\\0&0&1\end{pmatrix},\qquad \boldsymbol{P}^{-1}=\begin{pmatrix}1&0&0\\0&1&1\\0&0&1\end{pmatrix}$$

于是 $f(\boldsymbol{A})$ 的 Jordan 表示式是

$$f(\boldsymbol{A})=\boldsymbol{P}f(\boldsymbol{J})\boldsymbol{P}^{-1}=\begin{pmatrix}1&0&0\\0&1&-1\\0&0&1\end{pmatrix}\begin{pmatrix}f(1)&f'(1)&\frac{1}{2}f''(1)\\0&f(1)&f'(1)\\0&0&f(1)\end{pmatrix}\begin{pmatrix}1&0&0\\0&1&1\\0&0&1\end{pmatrix}$$

$$=\begin{pmatrix}f(1)&f'(1)&f'(1)+\frac{1}{2}f''(1)\\0&f(1)&f'(1)\\0&0&f(1)\end{pmatrix}$$

当 $f(\lambda)=\mathrm{e}^{t\lambda}$ 时，因 $f(1)=\mathrm{e}^t$，$f'(1)=t\mathrm{e}^t$，$f''(1)=t^2\mathrm{e}^t$，故

$$\mathrm{e}^{t\boldsymbol{A}}=\begin{pmatrix}\mathrm{e}^t&t\mathrm{e}^t&t\mathrm{e}^t+\frac{1}{2}t^2\mathrm{e}^t\\0&\mathrm{e}^t&t\mathrm{e}^t\\0&0&\mathrm{e}^t\end{pmatrix}$$

当 $f(\lambda)=\sin\lambda$ 时，因 $f(1)=\sin1$，$f'(1)=\cos1$，$f''(1)=-\sin1$，故

$$\sin\boldsymbol{A}=\begin{pmatrix}\sin1&\cos1&\cos1-\frac{1}{2}\sin1\\0&\sin1&\cos1\\0&0&\cos1\end{pmatrix}$$

当 $f(\lambda)=\cos\pi\lambda$ 时，因 $f(1)=-1$，$f'(1)=0$，$f''(1)=\pi^2$，故

$$\cos\pi\boldsymbol{A}=\begin{pmatrix}-1&0&\frac{1}{2}\pi^2\\0&-1&0\\0&0&-1\end{pmatrix}$$

当 $f(\lambda)=\ln(1+\lambda)$ 时，因 $f(1)=\ln2$，$f'(1)=\frac{1}{2}$，$f''(1)=-\frac{1}{4}$，故

$$\ln(\boldsymbol{E}+\boldsymbol{A})=\begin{pmatrix}\ln2&\frac{1}{2}&\frac{3}{8}\\0&\ln2&\frac{1}{2}\\0&0&\ln2\end{pmatrix}$$

例 4.16　已知 $A\in\mathbf{C}^{n\times n}$，证明下列等式：

（1）$\dfrac{\mathrm{d}}{\mathrm{d}t}\mathrm{e}^{tA}=A\mathrm{e}^{tA}=\mathrm{e}^{tA}A$；

（2）$\dfrac{\mathrm{d}}{\mathrm{d}t}\cos(tA)=-A\sin(tA)=-[\sin(tA)]A$；

（3）$\dfrac{\mathrm{d}}{\mathrm{d}t}\sin(tA)=A\cos(tA)=[\cos(tA)]A$.

证　（1）由 $\mathrm{e}^{A}=\sum\limits_{k=0}^{\infty}\dfrac{1}{k!}A^{k}$ $(\forall A\in\mathbf{C}^{n\times n})$，所以

$$\mathrm{e}^{tA}=\sum_{k=0}^{\infty}\frac{1}{k!}(tA)^{k}$$

由于此矩阵幂级数对于所有的 n 阶矩阵 A 以及所有复数 t 都是绝对收敛且对 t 一致收敛，所以可以对 $\mathrm{e}^{tA}=\sum\limits_{k=0}^{\infty}\dfrac{1}{k!}(tA)^{k}$ 逐项求导，有

$$\begin{aligned}\frac{\mathrm{d}}{\mathrm{d}t}\mathrm{e}^{tA}&=\frac{\mathrm{d}}{\mathrm{d}t}\left(\sum_{k=0}^{\infty}\frac{1}{k!}(tA)^{k}\right)=\sum_{k=1}^{\infty}\frac{A}{(k-1)!}(tA)^{k-1}\\&=A\sum_{k=0}^{\infty}\frac{1}{k!}(tA)^{k}=A\cdot\mathrm{e}^{tA}=\mathrm{e}^{tA}\cdot A\end{aligned}$$

（2）因
$$\cos(tA)=\sum_{k=0}^{\infty}\frac{(-1)^{k}}{(2k)!}(tA)^{2k}$$

由于此矩阵幂级数对于所有的 n 阶矩阵 A 以及所有复数 t 都是绝对收敛且对 t 一致收敛，所以可以对 $\cos(tA)=\sum\limits_{k=0}^{\infty}\dfrac{(-1)^{k}}{(2k)!}(tA)^{2k}$ 逐项求导，有

$$\begin{aligned}\frac{\mathrm{d}}{\mathrm{d}t}[\cos(tA)]&=\sum_{k=0}^{\infty}\frac{\mathrm{d}}{\mathrm{d}t}\left[\frac{(-1)^{k}}{(2k)!}\cdot t^{2k}A^{2k}\right]=A\cdot\sum_{k=1}^{\infty}\frac{(-1)^{k}}{(2k-1)!}\cdot t^{2k-1}A^{2k-1}\\&=A\cdot\sum_{k=0}^{\infty}\frac{(-1)^{k}(-1)}{(2k+1)!}\cdot t^{2k+1}A^{2k+1}\\&=-A\cdot\sum_{k=0}^{\infty}\frac{(-1)^{k}}{(2k+1)!}\cdot(tA)^{2k+1}\\&=\sum_{k=0}^{\infty}\frac{(-1)^{k}}{(2k+1)!}\cdot(tA)^{2k+1}\cdot(-A)\\&=-A\sin(tA)=-[\sin(tA)]A\end{aligned}$$

（3）与（2）类似地可以证明，这里请读者自己完成.

例 4.17　设 $\mathrm{e}^{At}=\mathrm{e}^{4t}\begin{pmatrix}1-2t&2t&t\\-2t&1+2t&t\\0&0&1\end{pmatrix}$，求 A.

解　将上式两边对 t 分别求导可得

$$A\mathrm{e}^{At}=4\mathrm{e}^{4t}\begin{pmatrix}1-2t & 2t & t\\ -2t & 1+2t & t\\ 0 & 0 & 1\end{pmatrix}+\mathrm{e}^{4t}\begin{pmatrix}-2 & 2 & 1\\ -2 & 2 & 1\\ 0 & 0 & 0\end{pmatrix}$$

令 $t=0$，并注意 $\mathrm{e}^{O}=\boldsymbol{E}$，所以得到

$$\boldsymbol{A}=4\begin{pmatrix}1 & 0 & 0\\ 0 & 1 & 0\\ 0 & 0 & 1\end{pmatrix}+\begin{pmatrix}-2 & 2 & 1\\ -2 & 2 & 1\\ 0 & 0 & 0\end{pmatrix}=\begin{pmatrix}2 & 2 & 1\\ -2 & 6 & 1\\ 0 & 0 & 4\end{pmatrix}$$

例 4.18　已知 $\sin \boldsymbol{A}t=\dfrac{1}{4}\begin{pmatrix}\sin 5t+3\sin t & 2\sin 5t-2\sin t & \sin 5t-\sin t\\ \sin 5t-\sin t & 2\sin 5t+2\sin t & \sin 5t-\sin t\\ \sin 5t-\sin t & 2\sin 5t-2\sin t & \sin 5t+3\sin t\end{pmatrix}$，求 $\boldsymbol{A}$.

解　两边对 t 求导数，得

$$\boldsymbol{A}\cos\boldsymbol{A}t=\frac{1}{4}\begin{pmatrix}5\cos 5t+3\cos t & 10\cos 5t-2\cos t & 5\cos 5t-\cos t\\ 5\cos 5t-\cos t & 10\cos 5t+2\cos t & 5\cos 5t-\cos t\\ 5\cos 5t-\cos t & 10\cos 5t-2\cos t & 5\cos 5t+3\cos t\end{pmatrix}$$

令 $t=0$，并注意到 $\cos\boldsymbol{O}=\boldsymbol{E}$，得

$$\boldsymbol{A}=\begin{pmatrix}2 & 2 & 1\\ 1 & 3 & 1\\ 1 & 2 & 2\end{pmatrix}$$

例 4.19　设 $\boldsymbol{X}=[x_{ij}]_{n\times n}$，求 $\dfrac{\mathrm{d}}{\mathrm{d}\boldsymbol{X}}\mathrm{tr}(\boldsymbol{X})$，$\dfrac{\mathrm{d}}{\mathrm{d}\boldsymbol{X}}\det(\boldsymbol{X})$.

解　因为

$$\mathrm{tr}(\boldsymbol{X})=\sum_{i=1}^{n}x_{ii}$$

所以

$$\frac{\partial}{\partial x_{ij}}\mathrm{tr}(\boldsymbol{X})=\begin{cases}1, & \text{当}i=j\text{时}\\ 0, & \text{当}i\neq j\text{时}\end{cases}$$

故

$$\frac{\mathrm{d}}{\mathrm{d}\boldsymbol{X}}\mathrm{tr}(\boldsymbol{X})=\boldsymbol{E}_{n\times n}$$

又因为 $|\boldsymbol{X}|=\sum_{k=1}^{n}x_{ik}A_{ik}$，其中 A_{ik} 为元素 x_{ik} 的代数余子式. 于是

$$\frac{\partial}{\partial x_{ij}}|\boldsymbol{X}|=\frac{\partial}{\partial x_{ij}}\left(\sum_{k=1}^{n}x_{ik}A_{ik}\right)=A_{ij}$$

故 $\dfrac{\mathrm{d}}{\mathrm{d}\boldsymbol{X}}\det(\boldsymbol{X})=[A_{ij}]=(\boldsymbol{A}^{*})^{\mathrm{T}}$，其中 $\boldsymbol{A}^{*}$ 为 $\boldsymbol{A}$ 的伴随矩阵.

例 4.20　设 $f(\boldsymbol{A})=\|\boldsymbol{A}\|_F^2=\operatorname{tr}(\boldsymbol{A}^{\mathrm{T}}\boldsymbol{A})$，其中 $\boldsymbol{A}\in\mathbf{R}^{m\times n}$ 是矩阵变量，求 $\dfrac{\mathrm{d}f}{\mathrm{d}\boldsymbol{A}}$.

解　这是数量函数对矩阵变量的导数. 设 $\boldsymbol{A}=(a_{ij})_{m\times n}$，则

$$f(\boldsymbol{A})=\|\boldsymbol{A}\|_F^2=\sum_{s=1}^{m}\sum_{t=1}^{n}a_{st}^2=\operatorname{tr}(\boldsymbol{A}^{\mathrm{T}}\boldsymbol{A})$$

又因为 $\dfrac{\partial f}{\partial a_{ij}}=2a_{ij}\ \ (i=1,2,\cdots m;j=1,2,\cdots n)$，所以

$$\frac{\mathrm{d}f}{\mathrm{d}\boldsymbol{A}}=\left(\frac{\partial f}{\partial a_{ij}}\right)_{m\times n}=(2a_{ij})_{m\times n}=2\boldsymbol{A}$$

例 4.21　设 $\boldsymbol{X}=(x_1,x_2,\cdots,x_n)^{\mathrm{T}}$，$\boldsymbol{A}=(a_{ij})_{n\times n}$ 是实对称矩阵，$\boldsymbol{Y}=(y_1,y_2,\cdots,y_n)^{\mathrm{T}}$，$c$ 为常数，试求 $f(\boldsymbol{X})=\boldsymbol{X}^{\mathrm{T}}\boldsymbol{A}\boldsymbol{X}-\boldsymbol{Y}^{\mathrm{T}}\boldsymbol{X}+c$ 对于 $\boldsymbol{X}$ 的导数.

解　因为 $\dfrac{\mathrm{d}}{\mathrm{d}\boldsymbol{X}}(\boldsymbol{X}^{\mathrm{T}}\boldsymbol{A}\boldsymbol{X})=2\boldsymbol{A}\boldsymbol{X}$，再由 $\boldsymbol{Y}^{\mathrm{T}}\boldsymbol{X}=y_1x_1+y_2x_2+\cdots+y_nx_n$，知 $\dfrac{\mathrm{d}}{\mathrm{d}x}(\boldsymbol{Y}^{\mathrm{T}}\boldsymbol{X})=\boldsymbol{Y}$，而 $\dfrac{\mathrm{d}c}{\mathrm{d}\boldsymbol{X}}=0$，所以 $\dfrac{\mathrm{d}f(x)}{\mathrm{d}\boldsymbol{X}}=2\boldsymbol{A}\boldsymbol{X}-\boldsymbol{Y}$.

例 4.22　设 $\boldsymbol{X}$ 为 $n\times m$ 矩阵，$\boldsymbol{A}$ 和 $\boldsymbol{B}$ 依次为 $n\times n$ 和 $m\times n$ 的常数矩阵，证明：

（1）$\dfrac{\mathrm{d}}{\mathrm{d}\boldsymbol{X}}(\operatorname{tr}(\boldsymbol{B}\boldsymbol{X}))=\dfrac{\mathrm{d}}{\mathrm{d}\boldsymbol{X}}(\operatorname{tr}(\boldsymbol{X}^{\mathrm{T}}\boldsymbol{B}^{\mathrm{T}}))=\boldsymbol{B}^{\mathrm{T}}$；

（2）$\dfrac{\mathrm{d}}{\mathrm{d}\boldsymbol{X}}(\operatorname{tr}(\boldsymbol{X}^{\mathrm{T}}\boldsymbol{A}\boldsymbol{X}))=(\boldsymbol{A}+\boldsymbol{A}^{\mathrm{T}})\boldsymbol{X}$.

证　（1）设 $\boldsymbol{B}=(b_{ij})_{m\times n}$，$\boldsymbol{X}=(x_{ij})_{n\times m}$，则 $\boldsymbol{B}\boldsymbol{X}=\left(\sum\limits_{k=1}^{n}b_{ik}x_{kj}\right)_{m\times m}$，于是有

$$\operatorname{tr}(\boldsymbol{B}\boldsymbol{X})=\sum_{k=1}^{n}b_{1k}x_{k1}+\cdots+\sum_{k=1}^{n}b_{jk}x_{kj}+\cdots+\sum_{k=1}^{n}b_{mk}x_{km}$$

$$\frac{\partial\operatorname{tr}(\boldsymbol{B}\boldsymbol{X})}{\partial x_{ij}}=b_{ji}\quad(i=1,2,\cdots n;j=1,2,\cdots m)$$

$$\frac{\mathrm{d}}{\mathrm{d}\boldsymbol{X}}(\operatorname{tr}(\boldsymbol{B}\boldsymbol{X}))=\begin{bmatrix}b_{11}&\cdots&b_{m1}\\\vdots&&\vdots\\b_{1n}&\cdots&b_{mn}\end{bmatrix}=\boldsymbol{B}^{\mathrm{T}}$$

注意到 $\boldsymbol{B}\boldsymbol{X}$ 与 $(\boldsymbol{B}\boldsymbol{X})^{\mathrm{T}}=\boldsymbol{X}^{\mathrm{T}}\boldsymbol{B}^{\mathrm{T}}$ 有相同的迹，所以

$$\frac{\mathrm{d}}{\mathrm{d}\boldsymbol{X}}(\operatorname{tr}(\boldsymbol{X}^{\mathrm{T}}\boldsymbol{B}^{\mathrm{T}}))=\frac{\mathrm{d}}{\mathrm{d}\boldsymbol{X}}(\operatorname{tr}(\boldsymbol{B}\boldsymbol{X}))=\boldsymbol{B}^{\mathrm{T}}$$

（2）设 $\boldsymbol{A}=(a_{ij})_{n\times n}$，$\boldsymbol{X}=(x_{ij})_{n\times m}$，$f=\operatorname{tr}(\boldsymbol{X}^{\mathrm{T}}\boldsymbol{A}\boldsymbol{X})$，则有

$$\boldsymbol{X}^{\mathrm{T}}=\begin{bmatrix}x_{11}&\cdots&x_{n1}\\\vdots&&\vdots\\x_{1m}&\cdots&x_{nm}\end{bmatrix},\qquad \boldsymbol{A}\boldsymbol{X}=\begin{bmatrix}\sum\limits_{k=1}^{n}a_{1k}x_{k1}&\cdots&\sum\limits_{k=1}^{n}a_{1k}x_{km}\\\vdots&&\vdots\\\sum\limits_{k=1}^{n}a_{nk}x_{k1}&\cdots&\sum\limits_{k=1}^{n}a_{nk}x_{km}\end{bmatrix}$$

$$f=\sum_{e=1}^{n}x_{e1}\sum_{k=1}^{n}a_{ek}x_{k1}+\cdots+\sum_{e=1}^{n}x_{ej}\sum_{k=1}^{n}a_{ek}x_{kj}+\cdots+\sum_{e=1}^{n}x_{em}\sum_{k=1}^{n}a_{ek}x_{km}$$

$$\frac{\partial f}{\partial x_{ij}}=\frac{\partial}{\partial x_{ij}}\left[\sum_{e=1}^{n}x_{ej}\sum_{k=1}^{n}a_{ek}x_{kj}\right]$$

$$=\sum_{e=1}^{n}\left[\frac{\partial x_{ej}}{\partial x_{ij}}\left(\sum_{k=1}^{n}a_{ek}x_{kj}\right)+x_{ej}\frac{\partial}{\partial x_{ij}}\left(\sum_{k=1}^{n}a_{ek}x_{kj}\right)\right]=\sum_{k=1}^{n}a_{jk}x_{kj}+\sum_{k=1}^{n}a_{ek}x_{ej}$$

$$\frac{\mathrm{d}f}{\mathrm{d}\boldsymbol{X}}=\left(\frac{\partial f}{\partial x_{ij}}\right)_{n\times m}=\boldsymbol{AX}+\boldsymbol{A}^{\mathrm{T}}\boldsymbol{X}=(\boldsymbol{A}+\boldsymbol{A}^{\mathrm{T}})\boldsymbol{X}$$

例 4.23　设 $\boldsymbol{X}$ 为 n 维列向量，$\boldsymbol{u}$ 为 n 维常数列向量，$\boldsymbol{A}$ 为 n 阶常数对阵矩阵，证明：

$$\frac{\mathrm{d}}{\mathrm{d}\boldsymbol{X}}(\boldsymbol{X}-\boldsymbol{u})^{\mathrm{T}}\boldsymbol{A}(\boldsymbol{X}-\boldsymbol{u})=2\boldsymbol{A}(\boldsymbol{X}-\boldsymbol{u})$$

证　设 $f=(\boldsymbol{X}-\boldsymbol{u})^{\mathrm{T}}\boldsymbol{A}(\boldsymbol{X}-\boldsymbol{u})$，因为 $\boldsymbol{A}^{\mathrm{T}}=\boldsymbol{A}$，所以

$$f=\boldsymbol{X}^{\mathrm{T}}\boldsymbol{AX}-2(\boldsymbol{Au})^{\mathrm{T}}\boldsymbol{X}+\boldsymbol{u}^{\mathrm{T}}\boldsymbol{Au}$$

利用例 4.21 的结果可得 $\dfrac{\mathrm{d}f}{\mathrm{d}\boldsymbol{X}}=2\boldsymbol{AX}-2\boldsymbol{Au}=2\boldsymbol{A}(\boldsymbol{X}-\boldsymbol{u})$.

例 4.24　设 $\boldsymbol{A}\in\mathbf{R}^{n\times n}$ 是矩阵变量，且 $\det\boldsymbol{A}\neq0$，令 $f(\boldsymbol{A})=\det\boldsymbol{A}$，证明：

$$\frac{\mathrm{d}f}{\mathrm{d}\boldsymbol{A}}=\det\boldsymbol{A}(\boldsymbol{A}^{-1})^{\mathrm{T}}$$

证　设 $\boldsymbol{A}=(a_{ij})_{n\times n}$，记 a_{ij} 的代数余子式为 $\boldsymbol{A}_{ij}$，将 $\det\boldsymbol{A}$ 按第 i 行展开，得

$$\det\boldsymbol{A}=a_{i1}\boldsymbol{A}_{i1}+\cdots+a_{ij}\boldsymbol{A}_{ij}+\cdots+a_{in}\boldsymbol{A}_{in}$$

所以 $\dfrac{\partial f}{\partial a_{ij}}=\boldsymbol{A}_{ij}\ (i,j=1,2,\cdots,n)$，从而有

$$\frac{\mathrm{d}f}{\mathrm{d}\boldsymbol{A}}=(\boldsymbol{A}_{ij})_{n\times n}=(\boldsymbol{A}^{*})^{\mathrm{T}}=((\det\boldsymbol{A})\boldsymbol{A}^{-1})^{\mathrm{T}}=\det\boldsymbol{A}(\boldsymbol{A}^{-1})^{\mathrm{T}}$$

其中 $\boldsymbol{A}^{*}$ 是 $\boldsymbol{A}$ 的伴随矩阵.

例 4.25　设 $\boldsymbol{B}\in\mathbf{R}^{n\times n}$ 是给定矩阵，$\boldsymbol{A}\in\mathbf{R}^{n\times m}$ 是矩阵变量，$f(\boldsymbol{A})=\mathrm{tr}(\boldsymbol{A}^{\mathrm{T}}\boldsymbol{BA})$，试求 $\dfrac{\mathrm{d}f}{\mathrm{d}\boldsymbol{A}}$.

解　设 $\boldsymbol{B}=(b_{ij})_{n\times n}$，$\boldsymbol{A}=(a_{ij})_{n\times m}$. 由于 $\boldsymbol{A}^{\mathrm{T}}\boldsymbol{BA}$ 的第 k 行第 k 列元素为 $\sum_{s=1}^{n}\sum_{t=1}^{n}a_{sk}b_{st}a_{tk}$，所以

$$f(\boldsymbol{A})=\mathrm{tr}(\boldsymbol{A}^{\mathrm{T}}\boldsymbol{BA})=\sum_{k=1}^{m}\left(\sum_{s=1}^{n}\sum_{t=1}^{n}a_{sk}b_{st}a_{tk}\right)=\sum_{\substack{k=1\\(k\neq j)}}^{m}\left(\sum_{s=1}^{n}\sum_{t=1}^{n}a_{sk}b_{st}a_{tk}\right)+\sum_{s=1}^{n}\sum_{t=1}^{n}a_{sj}b_{st}a_{tj}$$

$$=\sum_{\substack{k=1\\(k\neq j)}}^{m}\left(\sum_{s=1}^{n}\sum_{t=1}^{n}a_{sk}b_{st}a_{tk}\right)+a_{1j}\sum_{t=1}^{n}b_{1t}a_{tj}+a_{ij}\sum_{t=1}^{n}b_{it}a_{tj}+\cdots+a_{nj}\sum_{t=1}^{n}b_{nt}a_{tj}$$

故

$$\frac{\partial f}{\partial a_{ij}}=a_{1j}b_{1j}+\cdots+a_{i-1,j}b_{i-1,i}+\left(\sum_{t=1}^{n}b_{it}a_{tj}+a_{ij}b_{ij}\right)+a_{i+1,j}b_{i+1,i}+\cdots+a_{nj}b_{ni}$$

$$=\sum_{t=1}^{n}b_{it}a_{tj}+\sum_{s=1}^{n}b_{si}a_{sj}$$

最后可得　$\dfrac{\mathrm{d}f}{\mathrm{d}\boldsymbol{A}}=\left(\dfrac{\partial f}{\partial a_{ij}}\right)_{n\times m}=\left(\sum_{t=1}^{n}b_{it}a_{tj}\right)_{n\times m}+\left(\sum_{s=1}^{n}b_{si}a_{sj}\right)_{n\times m}=\boldsymbol{BX}+\boldsymbol{B}^{\mathrm{T}}\boldsymbol{X}$

特别地，当 $\boldsymbol{B}$ 是对称矩阵时，$\dfrac{\mathrm{d}f}{\mathrm{d}\boldsymbol{A}}=2\boldsymbol{BA}$；当 $\boldsymbol{A}$ 为列向量时，$f=\boldsymbol{A}^{\mathrm{T}}\boldsymbol{BA}$，$\dfrac{\mathrm{d}f}{\mathrm{d}\boldsymbol{A}}=\boldsymbol{BA}+\boldsymbol{B}^{\mathrm{T}}\boldsymbol{A}$.

例 4.26　设 $\boldsymbol{A}\in\mathbf{C}^{n\times n}$，$\|\boldsymbol{A}\|<1$，证明：

（1）$\boldsymbol{E}+\boldsymbol{A}$ 可逆，且 $\boldsymbol{E}$ 为 n 阶单位矩阵；

（2）$\dfrac{\|\boldsymbol{E}\|}{1+\|\boldsymbol{A}\|}\leqslant\|(\boldsymbol{E}+\boldsymbol{A})^{-1}\|\leqslant\dfrac{\|\boldsymbol{E}\|}{1-\|\boldsymbol{A}\|}$；

（3）$\|\boldsymbol{E}-(\boldsymbol{E}+\boldsymbol{A})^{-1}\|\leqslant\dfrac{\|\boldsymbol{A}\|}{1-\|\boldsymbol{A}\|}$.

证　（1）因 $\boldsymbol{A}$ 的特征值 $|\lambda_i|\leqslant\rho(\boldsymbol{A})\leqslant\|\boldsymbol{A}\|<1$，故 $\boldsymbol{E}+\boldsymbol{A}$ 的特征值 $1+\lambda_i\neq0$，从而 $\boldsymbol{E}+\boldsymbol{A}$ 可逆.

（2）因

$$\|\boldsymbol{E}\|=\|(\boldsymbol{E}+\boldsymbol{A})(\boldsymbol{E}+\boldsymbol{A})^{-1}\|=\|(\boldsymbol{E}+\boldsymbol{A})^{-1}+\boldsymbol{A}(\boldsymbol{E}+\boldsymbol{A})^{-1}\|$$

又

$$\|(\boldsymbol{E}+\boldsymbol{A})^{-1}+\boldsymbol{A}(\boldsymbol{E}+\boldsymbol{A})^{-1}\|\geqslant\|(\boldsymbol{E}+\boldsymbol{A})^{-1}\|-\|\boldsymbol{A}\|\|(\boldsymbol{E}+\boldsymbol{A})^{-1}\|$$

故 $\|\boldsymbol{E}\|\geqslant\|(\boldsymbol{E}+\boldsymbol{A})^{-1}\|-\|\boldsymbol{A}\|\|(\boldsymbol{E}+\boldsymbol{A})^{-1}\|$，从而 $\|(\boldsymbol{E}+\boldsymbol{A})^{-1}\|\leqslant\dfrac{\|\boldsymbol{E}\|}{1-\|\boldsymbol{A}\|}$.

再由 $(\boldsymbol{E}+\boldsymbol{A})(\boldsymbol{E}+\boldsymbol{A})^{-1}=\boldsymbol{E}$，可得

$$\begin{aligned}\|\boldsymbol{E}\|&=\|(\boldsymbol{E}+\boldsymbol{A})(\boldsymbol{E}+\boldsymbol{A})^{-1}\|=\|(\boldsymbol{E}+\boldsymbol{A})^{-1}+\boldsymbol{A}(\boldsymbol{E}+\boldsymbol{A})^{-1}\|\\&\leqslant\|\boldsymbol{A}(\boldsymbol{E}+\boldsymbol{A})^{-1}\|+\|(\boldsymbol{E}+\boldsymbol{A})^{-1}\|\\&\leqslant\|\boldsymbol{A}\|\cdot\|(\boldsymbol{E}+\boldsymbol{A})^{-1}\|+\|(\boldsymbol{E}+\boldsymbol{A})^{-1}\|\\&=\|(\boldsymbol{E}+\boldsymbol{A})^{-1}\|(\|\boldsymbol{A}\|+1)\end{aligned}$$

即

$$\frac{\|\boldsymbol{E}\|}{1+\|\boldsymbol{A}\|}\leqslant\|(\boldsymbol{E}+\boldsymbol{A})^{-1}\|$$

故证得

$$\frac{\|\boldsymbol{E}\|}{1+\|\boldsymbol{A}\|}\leqslant\|(\boldsymbol{E}+\boldsymbol{A})^{-1}\|\leqslant\frac{\|\boldsymbol{E}\|}{1-\|\boldsymbol{A}\|}$$

（3）由于 $\boldsymbol{A}=(\boldsymbol{E}+\boldsymbol{A})-\boldsymbol{E}$，两边右乘 $(\boldsymbol{E}+\boldsymbol{A})^{-1}$，有 $\boldsymbol{E}-(\boldsymbol{E}+\boldsymbol{A})^{-1}=\boldsymbol{A}(\boldsymbol{E}+\boldsymbol{A})^{-1}(*)$，两边左乘 $\boldsymbol{A}$，得

$$\boldsymbol{A}(\boldsymbol{E}+\boldsymbol{A})^{-1}=\boldsymbol{A}-\boldsymbol{AA}(\boldsymbol{E}+\boldsymbol{A})^{-1}$$

$$\|\boldsymbol{A}(\boldsymbol{E}+\boldsymbol{A})^{-1}\|=\|\boldsymbol{A}-\boldsymbol{AA}(\boldsymbol{E}+\boldsymbol{A})^{-1}\|\leqslant\|\boldsymbol{A}\|+\|\boldsymbol{A}\|\cdot\|\boldsymbol{A}(\boldsymbol{E}+\boldsymbol{A})^{-1}\|$$

即

$$\|\boldsymbol{A}(\boldsymbol{E}+\boldsymbol{A})^{-1}\|\leqslant\frac{\|\boldsymbol{A}\|}{1-\|\boldsymbol{A}\|}$$

由上面（*）式取范数，证得 $\|\boldsymbol{E}-(\boldsymbol{E}+\boldsymbol{A})^{-1}\|\leqslant\dfrac{\|\boldsymbol{A}\|}{1-\|\boldsymbol{A}\|}$.

例 4.27 设 $\boldsymbol{A}$ 为 n 阶可逆矩阵，$\boldsymbol{B}$ 为 n 阶矩阵，若对某种与向量范数相容的矩阵范数有 $\|\boldsymbol{B}\|<\dfrac{1}{\|\boldsymbol{A}^{-1}\|}$，证明方程组 $(\boldsymbol{E}+\boldsymbol{A}^{-1}\boldsymbol{B})\boldsymbol{X}=\boldsymbol{\theta}$ 仅有零解，其中 $\boldsymbol{E}$ 为单位矩阵，$\boldsymbol{X}=(x_1,x_2,\cdots,x_n)^{\mathrm{T}}$，$\boldsymbol{\theta}=(0,0,\cdots,0)^{\mathrm{T}}$.

证 对 $\forall \boldsymbol{X}\neq\boldsymbol{0}$，由已知有

$$\begin{aligned}\|(\boldsymbol{E}+\boldsymbol{A}^{-1}\boldsymbol{B})\boldsymbol{X}\|&=\|\boldsymbol{X}+\boldsymbol{A}^{-1}\boldsymbol{B}\boldsymbol{X}\|\geqslant\|\boldsymbol{X}\|-\|\boldsymbol{A}^{-1}\boldsymbol{B}\boldsymbol{X}\|\geqslant\|\boldsymbol{X}\|-\|\boldsymbol{A}^{-1}\|\|\boldsymbol{B}\|\|\boldsymbol{X}\|\\&=(1-\|\boldsymbol{A}^{-1}\|\|\boldsymbol{B}\|)\|\boldsymbol{X}\|\end{aligned}$$

由已知 $\|\boldsymbol{B}\|<\dfrac{1}{\|\boldsymbol{A}^{-1}\|}$，即 $\|\boldsymbol{B}\|\|\boldsymbol{A}^{-1}\|<1$，故

$$\forall \boldsymbol{X}\neq\boldsymbol{0},\quad \|(\boldsymbol{E}+\boldsymbol{A}^{-1}\boldsymbol{B})\boldsymbol{X}\|\geqslant(1-\|\boldsymbol{A}^{-1}\|\|\boldsymbol{B}\|)\|\boldsymbol{X}\|>0$$

即对 $\forall \boldsymbol{X}\neq\boldsymbol{0}$，有 $(\boldsymbol{E}+\boldsymbol{A}^{-1}\boldsymbol{B})\boldsymbol{X}\neq\boldsymbol{\theta}$，所以方程组 $(\boldsymbol{E}+\boldsymbol{A}^{-1}\boldsymbol{B})\boldsymbol{X}=\boldsymbol{\theta}$ 仅有零解.

例 4.28 设 $\boldsymbol{A}$ 是可逆矩阵，$\|\boldsymbol{A}^{-1}\|=\dfrac{1}{a}$，$\|\boldsymbol{A}-\boldsymbol{B}\|=b$，且有 $a>b$，证明：

（1）$\boldsymbol{B}$ 是可逆矩阵；

（2）$\|\boldsymbol{B}^{-1}\|\leqslant\dfrac{1}{a-b}$；

（3）$\|\boldsymbol{B}^{-1}-\boldsymbol{A}^{-1}\|\leqslant\dfrac{b}{a(a-b)}$.

证 （1）令 $\boldsymbol{C}=\boldsymbol{E}-\boldsymbol{B}\boldsymbol{A}^{-1}$，则有

$$\|\boldsymbol{C}\|=\|\boldsymbol{E}-\boldsymbol{B}\boldsymbol{A}^{-1}\|=\|(\boldsymbol{A}-\boldsymbol{B})\boldsymbol{A}^{-1}\|\leqslant\|\boldsymbol{A}-\boldsymbol{B}\|\cdot\|\boldsymbol{A}^{-1}\|=\frac{b}{a}<1$$

下证 $\det(\boldsymbol{E}-\boldsymbol{C})\neq0$，用反证法.

假设 $\det(\boldsymbol{E}-\boldsymbol{C})=0$，则 $\lambda=1$ 是 $\boldsymbol{C}$ 的一个特征值，从而有谱半径 $\rho(\boldsymbol{C})\geqslant1$，这与 $\rho(\boldsymbol{C})\leqslant\|\boldsymbol{C}\|<1$ 发生矛盾，故证得

$$\det(\boldsymbol{E}-\boldsymbol{C})\neq0$$

即有 $\det(\boldsymbol{B}\boldsymbol{A}^{-1})\neq0$，从而 $\det(\boldsymbol{B})\neq0$，即 $\boldsymbol{B}$ 是可逆矩阵.

（2）因

$$\begin{aligned}\|\boldsymbol{B}^{-1}\|&=\|\boldsymbol{B}^{-1}-\boldsymbol{A}^{-1}+\boldsymbol{A}^{-1}\|\leqslant\|\boldsymbol{B}^{-1}-\boldsymbol{A}^{-1}\|+\|\boldsymbol{A}^{-1}\|\\&=\|\boldsymbol{B}^{-1}\boldsymbol{C}\|+\frac{1}{a}\leqslant\|\boldsymbol{B}^{-1}\|\cdot\|\boldsymbol{C}\|+\frac{1}{a}\leqslant\frac{b}{a}\|\boldsymbol{B}^{-1}\|+\frac{1}{a}\end{aligned}$$

于是有

$$\left(1-\frac{b}{a}\right)\|\boldsymbol{B}^{-1}\|\leqslant\frac{1}{a}$$

故

$$\|\boldsymbol{B}^{-1}\|\leqslant\frac{\dfrac{1}{a}}{1-\dfrac{b}{a}}=\frac{1}{a-b}$$

（3）$\|B^{-1}-A^{-1}\|=\|B^{-1}(A-B)A^{-1}\|\leqslant\|B^{-1}\|\|A-B\|\|A^{-1}\|\leqslant\dfrac{1}{a-b}\cdot b\cdot\dfrac{1}{a}=\dfrac{b}{a(a-b)}$.

例 4.29　求$\int_0^t A(\tau)\mathrm{d}\tau$，其中$A(t)=\begin{pmatrix}\mathrm{e}^{2t} & t\mathrm{e}^t & 1+t\\ \mathrm{e}^{-2t} & 2\mathrm{e}^{2t} & \sin t\\ 3t & 0 & t\end{pmatrix}$.

解

$$\int_0^t A(\tau)\mathrm{d}\tau=\begin{pmatrix}\int_0^t \mathrm{e}^{2\tau}\mathrm{d}\tau & \int_0^t \tau\mathrm{e}^{\tau}\mathrm{d}\tau & \int_0^t(1+\tau)\mathrm{d}\tau\\ \int_0^t \mathrm{e}^{-2\tau}\mathrm{d}\tau & \int_0^t 2\mathrm{e}^{2\tau}\mathrm{d}\tau & \int_0^t \sin\tau\mathrm{d}\tau\\ \int_0^t 3\tau\mathrm{d}\tau & 0 & \int_0^t \tau\mathrm{d}\tau\end{pmatrix}$$

$$=\begin{pmatrix}\dfrac{1}{2}(\mathrm{e}^{2t}-1) & \mathrm{e}^t(t-1)+1 & \dfrac{t^2}{2}+t\\ \dfrac{1}{2}(1-\mathrm{e}^{-2t}) & \mathrm{e}^{2t}-1 & 1-\cos t\\ 3t^2/2 & 0 & t^2/2\end{pmatrix}$$

例 4.30　若函数矩阵$A(t)$在$[t_0,t]$上可积，证明$\left\|\int_{t_0}^t A(\tau)\mathrm{d}\tau\right\|_1\leqslant\int_{t_0}^t\|A(\tau)\|_1\mathrm{d}\tau$.

证　设

$$A(\tau)=(a_{ij}(\tau))_{m\times n},\qquad \int_{t_0}^t A(\tau)\mathrm{d}\tau=\left(\int_{t_0}^t a_{ij}(\tau)\mathrm{d}\tau\right)_{m\times n}$$

由积分不等式$\left|\int_{t_0}^t a_{ij}(\tau)\mathrm{d}\tau\right|\leqslant\int_{t_0}^t|a_{ij}(\tau)|\mathrm{d}\tau$，就有

$$\max_j\sum_{i=1}^m\left|\int_{t_0}^t a_{ij}(\tau)\mathrm{d}\tau\right|\leqslant\max_j\sum_{i=1}^m\int_{t_0}^t|a_{ij}(\tau)|\mathrm{d}\tau=\int_{t_0}^t\left(\max_j\sum_{i=1}^m|a_{ij}(\tau)|\right)\mathrm{d}\tau$$

即$\left\|\int_{t_0}^t A(\tau)\mathrm{d}\tau\right\|_1\leqslant\int_{t_0}^t\|A(\tau)\|_1\mathrm{d}\tau$.

例 4.31　设$A=\begin{pmatrix}1&0&0&-1\\0&1&-1&0\\0&-1&1&0\\-1&0&0&1\end{pmatrix}$，$X(0)=\begin{pmatrix}1\\0\\0\\-1\end{pmatrix}$.（1）求$\mathrm{e}^{At}$；（2）求解$\begin{cases}\dfrac{\mathrm{d}X}{\mathrm{d}t}=AX(t)\\ X(0)=(1,0,0,-1)^{\mathrm{T}}\end{cases}$.

解　（1）$|\lambda E-A|=\begin{vmatrix}\lambda-1&0&0&1\\0&\lambda-1&1&0\\0&1&\lambda-1&0\\1&0&0&\lambda-1\end{vmatrix}$

$$=\lambda\begin{vmatrix}1&0&0&1\\1&\lambda-1&1&0\\1&1&\lambda-1&0\\1&0&0&\lambda-1\end{vmatrix}$$

$$=\lambda\begin{vmatrix}1 & 0 & 0 & 1\\0 & \lambda-1 & 1 & -1\\0 & 1 & \lambda-1 & -1\\0 & 0 & 0 & \lambda-2\end{vmatrix}=\lambda^2(\lambda-2)^2$$

得 $\lambda_{1,2}=0$，$\lambda_{3,4}=2$.

当 $\lambda_{1,2}=0$ 时，对应的特征向量为 $\boldsymbol{\alpha}_1=(1,0,0,1)^{\mathrm{T}},\boldsymbol{\alpha}_2=(0,1,1,0)^{\mathrm{T}}$.

当 $\lambda_{3,4}=2$ 时，对应的特征向量为 $\boldsymbol{\alpha}_3=(1,0,0,-1)^{\mathrm{T}},\boldsymbol{\alpha}_4=(0,1,-1,0)^{\mathrm{T}}$.

$$\boldsymbol{P}=(\boldsymbol{\alpha}_1,\boldsymbol{\alpha}_2,\boldsymbol{\alpha}_3,\boldsymbol{\alpha}_4)=\begin{pmatrix}1 & 0 & 1 & 0\\0 & 1 & 0 & 1\\0 & 1 & 0 & -1\\1 & 0 & -1 & 0\end{pmatrix},\qquad \boldsymbol{P}^{-1}=\frac{1}{2}\begin{pmatrix}1 & 0 & 0 & 1\\0 & 1 & 1 & 0\\1 & 0 & 0 & -1\\0 & 1 & -1 & 0\end{pmatrix}$$

故得 $\mathrm{e}^{\boldsymbol{A}t}=\boldsymbol{P}\begin{pmatrix}1 & & & \\ & 1 & & \\ & & \mathrm{e}^{2t} & \\ & & & \mathrm{e}^{2t}\end{pmatrix}\boldsymbol{P}^{-1}=\dfrac{1}{2}\begin{pmatrix}1+\mathrm{e}^{2t} & 0 & 0 & 1-\mathrm{e}^{2t}\\0 & 1+\mathrm{e}^{2t} & 1-\mathrm{e}^{2t} & 0\\0 & 1-\mathrm{e}^{2t} & 1+\mathrm{e}^{2t} & 0\\1-\mathrm{e}^{2t} & 0 & 0 & 1+\mathrm{e}^{2t}\end{pmatrix}$.

（2）$\boldsymbol{X}(t)=\mathrm{e}^{\boldsymbol{A}t}\boldsymbol{X}(0)=\mathrm{e}^{2t}(1,0,0,-1)^{\mathrm{T}}$.

例 4.32　求解 3 阶齐次线性微分方程 $\begin{cases}y'''(t)-5y''+7y'-3y=0\\y(0)=1,\ y'(0)=0,\ y''(0)=0\end{cases}$.

解　令 $x_1(t)=y(t),x_2(t)=y'(t),x_3(t)=y''(t)$，则有

$$\begin{cases}x_1'(t)=y'(t)=x_2(t)\\x_2'(t)=y''(t)=x_3(t)\\x_3'(t)=y'''(t)=3x_1(t)-7x_2(t)+5x_3(t)\end{cases}$$

令 $\boldsymbol{X}(t)=(x_1(t),x_2(t),x_3(t))^{\mathrm{T}}$，则原方程转化为齐次微分方程组

$$\begin{cases}\dfrac{\mathrm{d}\boldsymbol{X}}{\mathrm{d}t}=\begin{pmatrix}0 & 1 & 0\\0 & 0 & 1\\3 & -7 & 5\end{pmatrix}\begin{pmatrix}x_1\\x_2\\x_3\end{pmatrix}\\ \boldsymbol{X}(0)=\begin{pmatrix}1\\0\\0\end{pmatrix}\end{cases}$$

设 $\boldsymbol{A}=\begin{pmatrix}0 & 1 & 0\\0 & 0 & 1\\3 & -7 & 5\end{pmatrix}$，由

$$|\lambda\boldsymbol{E}-\boldsymbol{A}|=\lambda^3-5\lambda^2+7\lambda-3=(\lambda-1)^2(\lambda-3)$$

得 $\lambda_{1,2}=1$，$\lambda_3=3$.

对于 $\lambda_{1,2}=1$，求解 $(\boldsymbol{A}-\boldsymbol{E})\boldsymbol{x}=\boldsymbol{0}$，得 $\boldsymbol{x}=k(1,1,1)^{\mathrm{T}}$. 取特征向量 $\boldsymbol{\alpha}_1=(1,1,1)^{\mathrm{T}}$，由方程 $(\boldsymbol{A}-\boldsymbol{E})\boldsymbol{\beta}_2=\boldsymbol{\alpha}_1$，求得解向量 $\boldsymbol{\beta}_2=(-1,0,1)^{\mathrm{T}}$.

对于 $\lambda_3=3$，求解 $(\boldsymbol{A}-3\boldsymbol{E})\boldsymbol{x}=\boldsymbol{0}$，特征向量为 $\boldsymbol{\alpha}_2=(1,3,9)^{\mathrm{T}}$. 得

$$P=(\boldsymbol{\alpha}_1,\boldsymbol{\beta}_2,\boldsymbol{\alpha}_2)=\begin{pmatrix}1&-1&1\\1&0&3\\1&1&9\end{pmatrix},\qquad J=\begin{pmatrix}1&1&0\\0&1&0\\0&0&3\end{pmatrix}$$

$$P^{-1}=\frac{1}{4}\begin{pmatrix}-3&10&-3\\-6&8&-2\\1&-2&1\end{pmatrix},\qquad e^{At}=P\begin{pmatrix}e^t&te^t&0\\0&e^t&0\\0&0&e^{3t}\end{pmatrix}P^{-1}$$

可得

$$X(t)=e^{At}X(0)=\frac{1}{4}\begin{pmatrix}1&-1&1\\1&0&3\\1&1&9\end{pmatrix}\begin{pmatrix}e^t&te^t&0\\&e^t&0\\&&e^{3t}\end{pmatrix}\begin{pmatrix}-3&10&-3\\-6&8&-2\\1&-2&1\end{pmatrix}\begin{pmatrix}1\\0\\0\end{pmatrix}$$

$$=\frac{1}{4}\begin{pmatrix}3e^t-6te^t+e^{3t}\\-3e^t-6te^t+3e^{3t}\\-9e^t-6te^t+9e^{3t}\end{pmatrix}$$

从而微分方程的解为 $y(t)=\frac{1}{4}(3e^t-6te^t+e^{3t})$.

例 4.33　求解微分方程组 $\begin{cases}\dfrac{dX}{dt}=\begin{pmatrix}3&-1&1\\2&0&-1\\1&-1&2\end{pmatrix}X(t)+\begin{pmatrix}0\\0\\e^{2t}\end{pmatrix}\\X(0)=(1,1,1)^{\mathrm{T}}\end{cases}$.

解

$$|A-\lambda E|=\begin{vmatrix}3-\lambda&-1&1\\2&-\lambda&-1\\1&-1&2-\lambda\end{vmatrix}=-\lambda(\lambda-2)(\lambda-3)$$

其中 A 有三个相异特征值 $\lambda_1=0,\lambda_2=2,\lambda_3=3$，它们对应的三个线性无关的特征向量为

$$\boldsymbol{\alpha}_1=(1,5,2)^{\mathrm{T}},\quad \boldsymbol{\alpha}_2=(1,1,0)^{\mathrm{T}},\quad \boldsymbol{\alpha}_3=(2,1,1)^{\mathrm{T}}$$

可得

$$P=\begin{pmatrix}1&1&2\\5&1&1\\2&0&1\end{pmatrix},\quad P^{-1}=\frac{1}{6}\begin{pmatrix}-1&1&1\\3&3&-9\\2&-2&4\end{pmatrix},\quad J=\begin{pmatrix}0&&\\&2&\\&&3\end{pmatrix}$$

故得

$$e^{At}X(0)=P\begin{pmatrix}e^{0t}&&\\&e^{2t}&\\&&e^{3t}\end{pmatrix}P^{-1}\begin{pmatrix}1\\1\\1\end{pmatrix}=\frac{1}{6}\begin{pmatrix}1-3e^{2t}+8e^{3t}\\5-3e^{2t}+4e^{3t}\\2+4e^{3t}\end{pmatrix}$$

$$e^{A(t-\tau)}\begin{pmatrix}0\\0\\e^{2\tau}\end{pmatrix}=P\begin{pmatrix}1&&\\&e^{2(t-\tau)}&\\&&e^{3(t-\tau)}\end{pmatrix}P^{-1}\begin{pmatrix}0\\0\\e^{2\tau}\end{pmatrix}$$

$$=\frac{1}{6}P\begin{pmatrix}1&&\\&e^{2(t-\tau)}&\\&&e^{3(t-\tau)}\end{pmatrix}\begin{pmatrix}e^{2\tau}\\-9e^{2\tau}\\4e^{2\tau}\end{pmatrix}=\frac{1}{6}\begin{pmatrix}e^{2\tau}-9e^{2t}+8e^{3t-\tau}\\5e^{2\tau}-9e^{2t}+4e^{3t-\tau}\\2e^{2\tau}+4e^{3t-\tau}\end{pmatrix}$$

求积分：$\boldsymbol{\eta}=\int_0^t e^{A(t-\tau)}f(\tau)d\tau=\frac{1}{6}\begin{pmatrix}-\frac{1}{2}-\left(9t+\frac{15}{2}\right)e^{2t}+8e^{3t}\\ -\frac{5}{2}-\left(9t+\frac{3}{2}\right)e^{2t}+4e^{3t}\\ -1-3e^{2t}+4e^{3t}\end{pmatrix}$. 得解为

$$\boldsymbol{X}=e^{At}\boldsymbol{X}(0)+\boldsymbol{\eta}=\frac{1}{6}\begin{pmatrix}\frac{1}{2}-\left(9t+\frac{21}{2}\right)e^{2t}+16e^{3t}\\ \frac{5}{2}-\left(9t+\frac{9}{2}\right)e^{2t}+8e^{3t}\\ 1-3e^{2t}+8e^{3t}\end{pmatrix}$$

例 4.34 设微分方程组 $\frac{d\boldsymbol{X}}{dt}=\boldsymbol{A}\boldsymbol{X}(t)$，其中系数矩阵 $\boldsymbol{A}$ 可对角化，试推导该方程组的一般解为 $\boldsymbol{X}(t)=c_1e^{\lambda_1 t}\boldsymbol{\alpha}_1+c_2e^{\lambda_2 t}\boldsymbol{\alpha}_2+\cdots+c_ne^{\lambda_n t}\boldsymbol{\alpha}_n$，其中 $\lambda_1,\lambda_2,\cdots,\lambda_n$ 是 $\boldsymbol{A}$ 的 n 个特征值，$\boldsymbol{\alpha}_1,\boldsymbol{\alpha}_2,\cdots,\boldsymbol{\alpha}_n$ 是对应于这些特征值的 n 个线性无关的特征向量，$c_1,c_2,\cdots,c_n$ 为任意常数.

证 设 $\boldsymbol{P}^{-1}\boldsymbol{A}\boldsymbol{P}=\begin{pmatrix}\lambda_1&&\\&\ddots&\\&&\lambda_n\end{pmatrix}$，$\boldsymbol{P}=(\boldsymbol{\alpha}_1,\boldsymbol{\alpha}_2,\cdots,\boldsymbol{\alpha}_n)$ 中的 n 个列 $\boldsymbol{\alpha}_1,\boldsymbol{\alpha}_2,\cdots,\boldsymbol{\alpha}_n$ 是对应于 $\lambda_1,\lambda_2,\cdots,\lambda_n$ 的线性无关特征向量，因

$$\frac{d\boldsymbol{X}}{dt}=\boldsymbol{P}\begin{pmatrix}\lambda_1&&\\&\ddots&\\&&\lambda_n\end{pmatrix}\boldsymbol{P}^{-1}\boldsymbol{X}(t)$$

$$\boldsymbol{P}^{-1}\frac{d\boldsymbol{X}}{dt}=\begin{pmatrix}\lambda_1&&\\&\ddots&\\&&\lambda_n\end{pmatrix}[\boldsymbol{P}^{-1}\boldsymbol{X}(t)]$$

令 $\boldsymbol{Y}(t)=\boldsymbol{P}^{-1}\boldsymbol{X}(t)$，则有 $\frac{d\boldsymbol{Y}}{dt}=\boldsymbol{P}^{-1}\frac{d\boldsymbol{X}}{dt}$，微分方程组化为

$$\frac{d\boldsymbol{Y}}{dt}=\begin{pmatrix}\lambda_1&&\\&\ddots&\\&&\lambda_n\end{pmatrix}\boldsymbol{Y}(t)$$

易解得
$$\boldsymbol{Y}(t)=\begin{pmatrix}e^{\lambda_1 t}&&\\&\ddots&\\&&e^{\lambda_n t}\end{pmatrix}\begin{pmatrix}c_1\\c_2\\\vdots\\c_n\end{pmatrix}$$

故得
$$\boldsymbol{X}(t)=\boldsymbol{P}\boldsymbol{Y}(t)=(\boldsymbol{\alpha}_1,\boldsymbol{\alpha}_2,\cdots,\boldsymbol{\alpha}_n)\begin{pmatrix}e^{\lambda_1 t}&&\\&\ddots&\\&&e^{\lambda_n t}\end{pmatrix}\begin{pmatrix}c_1\\c_2\\\vdots\\c_n\end{pmatrix}$$

$$=c_1e^{\lambda_1 t}\boldsymbol{\alpha}_1+c_2e^{\lambda_2 t}\boldsymbol{\alpha}_2+\cdots+c_ne^{\lambda_n t}\boldsymbol{\alpha}_n$$

其中$\boldsymbol{\alpha}_1,\boldsymbol{\alpha}_2,\cdots,\boldsymbol{\alpha}_n$是对应于特征值$\lambda_1,\lambda_2,\cdots,\lambda_n$的特征向量.

例 4.35　$\boldsymbol{A}=\begin{pmatrix}1&-1&4\\3&2&-1\\2&1&-1\end{pmatrix}$，求$\dfrac{\mathrm{d}\boldsymbol{X}}{\mathrm{d}t}=\boldsymbol{AX}(t)$的一般解（通解）.

解　$|\lambda\boldsymbol{E}-\boldsymbol{A}|=(\lambda-1)(\lambda+2)(\lambda-3)$，得$\lambda_1=1$，$\lambda_2=-2$，$\lambda_3=3$，$\boldsymbol{A}$可对角化，其三个线性无关的特征向量为$\boldsymbol{\alpha}_1=(-1,4,1)^{\mathrm{T}}$，$\boldsymbol{\alpha}_2=(-1,1,1)^{\mathrm{T}}$，$\boldsymbol{\alpha}_3=(1,2,1)^{\mathrm{T}}$.

该方程组的一般解为

$$\boldsymbol{X}(t)=c_1e^{t}\begin{pmatrix}-1\\4\\1\end{pmatrix}+c_2e^{-2t}\begin{pmatrix}-1\\1\\1\end{pmatrix}+c_3e^{3t}\begin{pmatrix}1\\2\\1\end{pmatrix}$$

其中，$c_1,c_2,\cdots,c_n$为任意常数.

例 4.36　设$\boldsymbol{Z}(t)$是非齐次常系数微分方程组$\dfrac{\mathrm{d}\boldsymbol{X}}{\mathrm{d}t}=\boldsymbol{AX}(t)+f(t)$的一个解，证明满足初始条件$\boldsymbol{X}(t_0)$的解为$\boldsymbol{X}(t)=\boldsymbol{Z}(t)+e^{\boldsymbol{A}(t-t_0)}[\boldsymbol{X}(t_0)-\boldsymbol{Z}(t_0)]$.

证　因$\boldsymbol{y}(t)=\boldsymbol{X}(t)-\boldsymbol{Z}(t)$是齐次微分方程组$\dfrac{\mathrm{d}\boldsymbol{X}}{\mathrm{d}t}=\boldsymbol{AX}(t)$的解，即

$$\begin{cases}\dfrac{\mathrm{d}\boldsymbol{y}}{\mathrm{d}t}=\boldsymbol{Ay}(t)\\ \boldsymbol{y}(t_0)=\boldsymbol{X}(t_0)-\boldsymbol{Z}(t_0)\end{cases}$$

解得

$$\boldsymbol{y}=e^{\boldsymbol{A}(t-t_0)}[\boldsymbol{X}(t_0)-\boldsymbol{Z}(t_0)]$$

故有

$$\boldsymbol{X}(t)=\boldsymbol{Z}(t)+e^{\boldsymbol{A}(t-t_0)}[\boldsymbol{X}(t_0)-\boldsymbol{Z}(t_0)]$$

例 4.37　求非齐次线性微分方程组

$$\begin{cases}\dfrac{\mathrm{d}x_1}{\mathrm{d}t}=-2x_1+x_2+1\\ \dfrac{\mathrm{d}x_2}{\mathrm{d}t}=-4x_1+2x_2+2\\ \dfrac{\mathrm{d}x_3}{\mathrm{d}t}=-2x_1+x_3+e^{t}-1\end{cases}$$

满足初始条件$x_1(0)=1$，$x_2(0)=1$，$x_3(0)=-1$的解.

解　设

$$\boldsymbol{A}=\begin{pmatrix}-2&1&0\\-4&2&0\\-2&0&1\end{pmatrix},\quad f(t)=\begin{pmatrix}1\\2\\e^{t}-1\end{pmatrix},\quad \boldsymbol{X}(0)=\begin{pmatrix}1\\1\\-1\end{pmatrix}$$

则

$$f(\lambda)=|\lambda\boldsymbol{E}-\boldsymbol{A}|=\lambda^3-\lambda^2$$

由 Hamilton-Cayley 定理知$\boldsymbol{A}^3=\boldsymbol{A}^2$，于是$\boldsymbol{A}^k=\boldsymbol{A}^2\ (k=3,4,\cdots)$. 从而有

$$\begin{aligned}
\mathrm{e}^{At} &= \boldsymbol{E} + (\boldsymbol{A}t) + \frac{1}{2!}(\boldsymbol{A}t)^2 + \frac{1}{3!}(\boldsymbol{A}t)^3 + \frac{1}{4!}(\boldsymbol{A}t)^4 + \cdots \\
&= \boldsymbol{E} + t\boldsymbol{A} + \left(\frac{1}{2!}t^2 + \frac{1}{3!}t^3 + \frac{1}{4!}t^4 + \cdots\right)\boldsymbol{A}^2 \\
&= \boldsymbol{E} + t\boldsymbol{A} + (\mathrm{e}^t - 1 - t)\boldsymbol{A}^2 \\
&= \begin{pmatrix} 1-2t & t & 0 \\ -4t & 2t+1 & 0 \\ 2\mathrm{e}^t - 4t - 2 & -2\mathrm{e}^t + 2t + 2 & \mathrm{e}^t \end{pmatrix}
\end{aligned}$$

故

$$\begin{aligned}
\boldsymbol{X}(t) &= \mathrm{e}^{At}\left\{\boldsymbol{X}(0) + \int_0^t \mathrm{e}^{-A\tau} f(\tau)\mathrm{d}\tau\right\} = \mathrm{e}^{At}\left\{\boldsymbol{X}(0) + \int_0^t \begin{pmatrix}1\\2\\0\end{pmatrix}\mathrm{d}\tau\right\} \\
&= \mathrm{e}^{At}\left\{\begin{pmatrix}1\\1\\-1\end{pmatrix} + \begin{pmatrix}t\\2t\\0\end{pmatrix}\right\} = \begin{pmatrix}1\\1\\-\mathrm{e}^t(2t+1)\end{pmatrix}
\end{aligned}$$

例 4.38　设 $\boldsymbol{A}\in\mathbf{C}^{m\times n}$，$\|\boldsymbol{A}\|_F = \left(\sum_{i=1}^m\sum_{j=1}^n |a_{ij}|^2\right)^{\frac{1}{2}}$，$\boldsymbol{U}$，$\boldsymbol{V}$ 为酉矩阵. 证明：$\|\boldsymbol{UA}\|_F = \|\boldsymbol{AV}\|_F = \|\boldsymbol{UAV}\|_F = \|\boldsymbol{A}\|_F$.

证

$$\boldsymbol{A} = (\boldsymbol{\alpha}_1, \boldsymbol{\alpha}_2, \cdots, \boldsymbol{\alpha}_n),\quad \|\boldsymbol{A}\|_F = \left(\sum_{j=1}^n \|\boldsymbol{\alpha}_j\|_2^2\right)^{\frac{1}{2}}$$

$$\boldsymbol{UA} = (\boldsymbol{U\alpha}_1, \boldsymbol{U\alpha}_2, \cdots, \boldsymbol{U\alpha}_n),\quad \|\boldsymbol{U\alpha}\|_2 = \|\boldsymbol{\alpha}\|_2$$

可得

$$\|\boldsymbol{UA}\|_F = \left(\sum_{j=1}^n \|\boldsymbol{U\alpha}_j\|_2^2\right)^{\frac{1}{2}} = \left(\sum_{j=1}^n \|\boldsymbol{\alpha}_j\|_2^2\right)^{\frac{1}{2}} = \|\boldsymbol{A}\|_F$$

把 $\boldsymbol{A}$ 行分块为

$$\boldsymbol{A} = \begin{pmatrix}\boldsymbol{\alpha}_1^{\mathrm{T}}\\ \boldsymbol{\alpha}_2^{\mathrm{T}}\\ \vdots \\ \boldsymbol{\alpha}_m^{\mathrm{T}}\end{pmatrix}$$

$$\|\boldsymbol{A}\|_F = \left(\sum_{i=1}^m \|\boldsymbol{\alpha}_i^{\mathrm{T}}\|_2^2\right)^{\frac{1}{2}},\qquad \boldsymbol{AV} = \begin{pmatrix}\boldsymbol{\alpha}_1^{\mathrm{T}}\boldsymbol{V}\\ \boldsymbol{\alpha}_2^{\mathrm{T}}\boldsymbol{V}\\ \vdots \\ \boldsymbol{\alpha}_m^{\mathrm{T}}\boldsymbol{V}\end{pmatrix}$$

$$\|\boldsymbol{AV}\|_F = \left(\sum_{i=1}^m \|\boldsymbol{\alpha}_i^{\mathrm{T}}\boldsymbol{V}\|_2^2\right)^{\frac{1}{2}} = \left(\sum_{i=1}^m \|\boldsymbol{\alpha}_i^{\mathrm{T}}\|_2^2\right)^{\frac{1}{2}} = \|\boldsymbol{A}\|_F$$

因而有

$$\|\boldsymbol{UAV}\|_F = \|\boldsymbol{U}(\boldsymbol{AV})\|_F = \|\boldsymbol{AV}\|_F = \|\boldsymbol{A}\|_F$$

例 4.39　已知微分方程组$\begin{cases}\dfrac{\mathrm{d}\boldsymbol{x}}{\mathrm{d}t}=\boldsymbol{A}\boldsymbol{x},\\ \boldsymbol{x}(0)=\boldsymbol{x}_0,\end{cases}$其中$\boldsymbol{A}=\begin{pmatrix}2&0&0\\0&3&-1\\0&1&1\end{pmatrix}$，$\boldsymbol{x}_0=\begin{pmatrix}1\\1\\1\end{pmatrix}$.

（1）求矩阵$\boldsymbol{A}$的 Jordan 标准形$\boldsymbol{J}$和可逆矩阵$\boldsymbol{P}$，使$\boldsymbol{P}^{-1}\boldsymbol{A}\boldsymbol{P}=\boldsymbol{J}$；

（2）求矩阵$\boldsymbol{A}$的最小多项式$m_A(\lambda)$；

（3）计算矩阵函数$\mathrm{e}^{\boldsymbol{A}t}$；

（4）求该微分方程组满足初始条件的解.

解　（1）因$|\lambda\boldsymbol{E}-\boldsymbol{A}|=(\lambda-2)^3$，$r(2\boldsymbol{E}-\boldsymbol{A})=1$，即$\lambda=2$对应两个线性无关的特征向量，则$\boldsymbol{A}$的 Jordan 标准形为

$$\boldsymbol{J}=\begin{pmatrix}2&0&0\\0&2&1\\0&0&2\end{pmatrix}$$

且

$$\boldsymbol{P}^{-1}\boldsymbol{A}\boldsymbol{P}=\boldsymbol{J}=\begin{pmatrix}2&0&0\\0&2&1\\0&0&2\end{pmatrix}$$

其中$\boldsymbol{P}=\begin{pmatrix}1&0&-1\\0&1&2\\0&1&1\end{pmatrix}$（不唯一）.

（2）由$\boldsymbol{A}$的 Jordan 标准形知$m_A(\lambda)=(\lambda-2)^2$.

（3）用待定系数法，设

$$f(\lambda)=\mathrm{e}^{\lambda t},\qquad g(\lambda)=a+b\lambda$$

因$g(2)=f(2)$，$g'(2)=f'(2)$可求得$a=(1-2t)\mathrm{e}^{2t}$，$b=t\mathrm{e}^{2t}$，故

$$\mathrm{e}^{\boldsymbol{A}t}=a\boldsymbol{E}+b\boldsymbol{A}=\mathrm{e}^{2t}\begin{pmatrix}1&0&0\\0&1+t&-t\\0&t&1-t\end{pmatrix}$$

（4）该微分方程组满足初始条件的解为

$$\boldsymbol{x}(t)=\mathrm{e}^{\boldsymbol{A}t}\boldsymbol{x}(0)=\mathrm{e}^{2t}\begin{pmatrix}1&0&0\\0&1+t&-t\\0&t&1-t\end{pmatrix}\begin{pmatrix}1\\1\\1\end{pmatrix}=\begin{pmatrix}\mathrm{e}^{2t}\\\mathrm{e}^{2t}\\\mathrm{e}^{2t}\end{pmatrix}$$

例 4.40　证明：（1）设$\boldsymbol{A}\in\mathbf{C}^{m\times n}$，对于任意$m$阶酉矩阵$\boldsymbol{U}$和$n$阶酉矩阵$\boldsymbol{V}$，有

$$\|\boldsymbol{U}\boldsymbol{A}\boldsymbol{V}\|_F=\|\boldsymbol{A}\|_F$$

（2）若$r(\boldsymbol{A})=r$，且$\sigma_1,\sigma_2,\cdots,\sigma_r$是$\boldsymbol{A}$的全部正奇异值，则

$$\sum_{i=1}^{r}\sigma_i^2=\sum_{i=1}^{m}\sum_{j=1}^{n}|a_{ij}|^2$$

证　（1）根据题意，得

$$\begin{aligned}\operatorname{tr}\|\boldsymbol{UAV}\|_F^2&=\operatorname{tr}[(\boldsymbol{UAV})^{\mathrm H}(\boldsymbol{UAV})]=\operatorname{tr}(\boldsymbol V^{\mathrm H}\boldsymbol A^{\mathrm H}\boldsymbol U^{\mathrm H}\boldsymbol{UAV})\\&=\operatorname{tr}(\boldsymbol V^{\mathrm H}\boldsymbol A^{\mathrm H}\boldsymbol{AV})=\operatorname{tr}(\boldsymbol A^{\mathrm H}\boldsymbol{AVV}^{\mathrm H})\\&=\operatorname{tr}(\boldsymbol A^{\mathrm H}\boldsymbol A)=\|\boldsymbol A\|_F^2\end{aligned}$$

所以$\|\boldsymbol{UAV}\|_F=\|\boldsymbol A\|_F$.

（2）因为$r(\boldsymbol A)=r,\sigma_1,\sigma_2,\cdots,\sigma_r$是$\boldsymbol A$的全部正奇异值，所以$\boldsymbol A^{\mathrm H}\boldsymbol A$的非零特征值为$\sigma_1^2,\sigma_2^2,\cdots,\sigma_r^2$，且存在$n$阶酉矩阵$\boldsymbol V$，使得

$$\boldsymbol V^{\mathrm H}(\boldsymbol A^{\mathrm H}\boldsymbol A)\boldsymbol V=\begin{pmatrix}\sigma_1^2&&&&&&\\&\sigma_2^2&&&&&\\&&\ddots&&&&\\&&&\sigma_r^2&&&\\&&&&0&&\\&&&&&\ddots&\\&&&&&&0\end{pmatrix}$$

由（1）得到$\sum_{i=1}^{r}\sigma_i^2=\operatorname{tr}(\boldsymbol V^{\mathrm H}(\boldsymbol A^{\mathrm H}\boldsymbol A)\boldsymbol V)=\operatorname{tr}(\boldsymbol A^{\mathrm H}\boldsymbol A)=\sum_{i=1}^{m}\sum_{j=1}^{n}|a_{ij}|^2$.

例 4.41　已知矩阵$\boldsymbol A=\begin{pmatrix}0&\frac13&\frac13&\frac13\\\frac13&0&\frac13&\frac13\\\frac13&\frac13&0&\frac13\\\frac14&\frac13&\frac13&0\end{pmatrix}$，迭代向量方程$\boldsymbol X^{(k+1)}=\boldsymbol{AX}^{(k)}+\boldsymbol B$，证明：$\{\boldsymbol X^{(k)}\}_{k=0}^{\infty}$是收敛的.

证　首先证明当$\rho(\boldsymbol A)<1$时，该迭代向量方程的解收敛（对任意初始条件$\boldsymbol X^{(0)}$）.

$$\begin{aligned}\boldsymbol X^{(k+1)}&=\boldsymbol A(\boldsymbol{AX}^{(k-1)}+\boldsymbol B)+\boldsymbol B=\boldsymbol A^2\boldsymbol X^{(k-1)}+\boldsymbol{AB}+\boldsymbol B\\&=\boldsymbol A^2(\boldsymbol{AX}^{(k-2)}+\boldsymbol B)+\boldsymbol{AB}+\boldsymbol B=\boldsymbol A^3\boldsymbol X^{(k-2)}+\boldsymbol A^2\boldsymbol B+\boldsymbol{AB}+\boldsymbol B=\cdots\\&=\boldsymbol A^{k+1}\boldsymbol X^{(0)}+(\boldsymbol A^k+\boldsymbol A^{k-1}+\cdots+\boldsymbol A^2+\boldsymbol A+\boldsymbol E)\boldsymbol B\end{aligned}$$

当$\rho(\boldsymbol A)<1$，$\lim\limits_{k\to\infty}\boldsymbol A^{k+1}\boldsymbol X^{(0)}=\boldsymbol 0$，故得

$$\lim_{k\to\infty}\boldsymbol X^{(k+1)}=\lim_{k\to\infty}\boldsymbol A^{k+1}\boldsymbol X^{(0)}+(\boldsymbol E-\boldsymbol A)^{-1}\boldsymbol B=(\boldsymbol E-\boldsymbol A)^{-1}\boldsymbol B$$

其次证明已知4阶矩阵$\boldsymbol A$的谱半径$\rho(\boldsymbol A)<1$.

因$\rho(\boldsymbol A)\leqslant\|\boldsymbol A\|_\infty=1$，或$\rho(\boldsymbol A)\leqslant\|\boldsymbol A\|_1=1$. 为此做一个相似变换，使其范数$\|\boldsymbol A\|_*<1$，则有$\rho(\boldsymbol A)\leqslant\|\boldsymbol A\|_*<1$. 取

$$\boldsymbol D=\begin{pmatrix}1&&&\\&1&&\\&&1&\\&&&\frac{100}{101}\end{pmatrix},\quad \boldsymbol D^{-1}=\begin{pmatrix}1&&&\\&1&&\\&&1&\\&&&\frac{101}{100}\end{pmatrix}$$

则
$$D^{-1}AD=\begin{pmatrix} 0 & \frac{1}{3} & \frac{1}{3} & \frac{100}{303} \\ \frac{1}{3} & 0 & \frac{1}{3} & \frac{100}{303} \\ \frac{1}{3} & \frac{1}{3} & 0 & \frac{100}{303} \\ \frac{101}{400} & \frac{101}{300} & \frac{101}{300} & 0 \end{pmatrix}$$

就有$\|A\|_*=\|D^{-1}AD\|_\infty<1$，故$\rho(A)<1$，该方程的迭代解收敛.

例 4.42　设A为3阶方阵，其特征值为$1,-1,2$，且A^{2n}可表示为$A^{2n}=aA^2+bA+cE$，其中$n\geqslant 2$，n为正整数，E为单位矩阵，求系数a,b,c.

解　A的特征多项式为$f(\lambda)=(\lambda-1)(\lambda+1)(\lambda-2)$，$f(\lambda)$无重根，故$f(\lambda)$也是最小多项式. 由条件可设

$$\lambda^{2n}=\varphi(\lambda)f(\lambda)+a\lambda^2+b\lambda+c$$

于是

$$\begin{cases} 1=a+b+c \\ 1=a-b+c \\ 2^{2n}=4a+2b+c \end{cases}$$

解得$a=\frac{1}{3}(2^{2n}-1)$，$b=0$，$c=\frac{-1}{3}(2^{2n}-4)$.

例 4.43　设$A=\frac{\pi}{2}\begin{pmatrix} 2 & 0 & 0 \\ 0 & 1 & 1 \\ 0 & 0 & 1 \end{pmatrix}$，求$\sin A$.

解
$$|\lambda E-A|=\begin{vmatrix} \lambda-\pi & 0 & 0 \\ 0 & \lambda-\frac{\pi}{2} & -\frac{\pi}{2} \\ 0 & 0 & \lambda-\frac{\pi}{2} \end{vmatrix}=(\lambda-\pi)\left(\lambda-\frac{\pi}{2}\right)^2$$

因A不相似于对角阵，故A的最小多项式必有重根，所以$(\lambda-\pi)\left(\lambda-\frac{\pi}{2}\right)^2$也是$A$的最小多项式，令

$$g(\lambda)=a_0+a_1\lambda+a_2\lambda^2,\qquad f(\lambda)=\sin\lambda$$

应有
$$\begin{cases} g(\pi)=a_0+a_1\pi+a_2\pi^2=f(\pi)=0 \\ g\left(\frac{\pi}{2}\right)=a_0+a_1\frac{\pi}{2}+a_2\left(\frac{\pi}{2}\right)^2=f\left(\frac{\pi}{2}\right)=1 \\ g'\left(\frac{\pi}{2}\right)=a_1+a_2\pi=f'\left(\frac{\pi}{2}\right)=\cos\frac{\pi}{2}=0 \end{cases}$$

解得
$$a_0=0,\quad a_1=\frac{4}{\pi},\quad a_2=-\frac{4}{\pi^2}$$
故
$$\sin\boldsymbol{A}=a_0\boldsymbol{E}+a_1\boldsymbol{A}+a_2\boldsymbol{A}^2=\frac{4}{\pi}\boldsymbol{A}-\frac{4}{\pi^2}\boldsymbol{A}^2=\begin{pmatrix}0&0&0\\0&1&0\\0&0&1\end{pmatrix}$$

五、自 测 题

1. 填空题（5 小题，每题 3 分，共 15 分）

（1）设 $\boldsymbol{A}=\begin{pmatrix}1&0\\1&\frac{1}{2}\end{pmatrix}$，则极限 $\lim\limits_{m\to\infty}\boldsymbol{A}^m=$__________.

（2）已知 $\boldsymbol{A}=\begin{pmatrix}0.1&0.8\\0.2&0.6\end{pmatrix}$，则 $\sum\limits_{k=0}^{\infty}\boldsymbol{A}^k$ 的和是__________.

（3）设 $\boldsymbol{A}_k=\begin{pmatrix}\frac{1}{2^k}&\frac{1}{3^k}\\0&\frac{(-1)^k}{4^k}\end{pmatrix}$，则 $\sum\limits_{k=1}^{\infty}\boldsymbol{A}_k=$__________.

（4）设 4 阶方阵 $\boldsymbol{A}$ 的特征值为 $\pi,-\pi,0,0$，则 $\sin\boldsymbol{A}=$__________.

（5）设 $\boldsymbol{A}$ 为可逆矩阵，则 $\int_0^2\cos(\boldsymbol{A}t)\mathrm{d}t=$__________.

2.（8 分）（1）设 $\boldsymbol{A}=\begin{pmatrix}1&1+\mathrm{i}&2\\3&1&\mathrm{i}\\1&5&2\end{pmatrix}$，求 $\|\boldsymbol{A}\|_1$；

（2）设 $\boldsymbol{X}=(1,1,1)^{\mathrm{T}}$，求 $\|\boldsymbol{AX}\|_1$.

3.（10 分）讨论下列矩阵幂级数的敛散性：

（1）$\sum\limits_{k=1}^{\infty}\frac{1}{k^2}\begin{pmatrix}1&7\\-1&-3\end{pmatrix}^k$；（2）$\sum\limits_{k=0}^{\infty}\frac{k}{6^k}\begin{pmatrix}1&-8\\-2&1\end{pmatrix}^k$.

4.（8 分）求矩阵幂级数 $\sum\limits_{k=0}^{\infty}\frac{1}{2^k}\begin{pmatrix}2&\frac{-1}{2}\\2&0\end{pmatrix}^k$ 的和.

5.（10 分）设 $\boldsymbol{A}$ 是幂等矩阵 $(\boldsymbol{A}^2=\boldsymbol{A})$，求 $\cos(\pi\boldsymbol{A})$.

6.（10 分）已知 $\mathrm{e}^{\boldsymbol{A}t}=\mathrm{e}^{2t}\begin{pmatrix}2&1&-1\\1&2&-1\\3&3&-2\end{pmatrix}+\mathrm{e}^{t}\begin{pmatrix}-1&-1&1\\-1&-1&1\\-3&-3&3\end{pmatrix}$，求矩阵 $\boldsymbol{A}$.

7.（12 分）已知 $\boldsymbol{A}=\begin{pmatrix}-3 & 4 & 2\\ -2 & 3 & 1\\ -2 & 2 & 2\end{pmatrix}$， $\boldsymbol{x}(0)=\begin{pmatrix}1\\1\\2\end{pmatrix}$.

（1）求 $\mathrm{e}^{\boldsymbol{A}t}$；

（2）用矩阵函数方法求微分方程 $\dfrac{\mathrm{d}}{\mathrm{d}t}\boldsymbol{x}(t)=\boldsymbol{A}\boldsymbol{x}(t)$ 满足初始条件 $\boldsymbol{x}(0)$ 的解.

8.（10 分）设 $\boldsymbol{A}=(a_{ij})\in\mathbf{C}^{m\times n}$，定义实函数 $\|\boldsymbol{A}\|=\sqrt{mn}\cdot\max\limits_{i,j}|a_{ij}|$，证明：$\|\boldsymbol{A}\|$ 是 $\mathbf{C}^{m\times n}$ 中的矩阵范数，且该范数与向量的 2-范数相容.

9.（8 分）设 $\boldsymbol{A}\in\mathbf{C}^{m\times n}$， $r(\boldsymbol{A})=r$， 证明 $\dfrac{1}{\sqrt{r}}\|\boldsymbol{A}\|_F\leqslant\|\boldsymbol{A}\|_2\leqslant\|\boldsymbol{A}\|_F$.

10.（9 分）设 $\boldsymbol{X}=(x_1,x_2,\cdots,x_n)^{\mathrm{T}}$， $f(\boldsymbol{X})=(f_1(\boldsymbol{X}),f_2(\boldsymbol{X}),\cdots,f_n(\boldsymbol{X}))^{\mathrm{T}}$，其中 $f_i(\boldsymbol{X})=\sum\limits_{j=1}^{n}a_{ij}x_j+\delta_i(i=1,2,\cdots,n)$，求 $\dfrac{\mathrm{d}}{\mathrm{d}\boldsymbol{X}}f(\boldsymbol{X})$.

自测题答案

1. （1）$\begin{pmatrix}1 & 0\\ 2 & 0\end{pmatrix}$；（2）$\begin{pmatrix}2 & 4\\ 1 & 4.5\end{pmatrix}$；（3）$\begin{pmatrix}1 & \frac{1}{2}\\ 0 & -\frac{1}{5}\end{pmatrix}$；（4）$\boldsymbol{A}-\dfrac{1}{\pi^2}\boldsymbol{A}^3$；（5）$\boldsymbol{A}^{-1}\sin(2\boldsymbol{A})$.

2.（1）$\|\boldsymbol{A}\|_1=\max\{5,6+\sqrt{2},5\}=6+\sqrt{2}$；（2） $\boldsymbol{AX}=(4+i,4+i,8)^{\mathrm{T}}$， $\|\boldsymbol{AX}\|_1=8+2\sqrt{17}$.

3.（1）发散；（2）绝对收敛.

4. $\begin{pmatrix}4 & -1\\ 4 & 0\end{pmatrix}$.　5. $\boldsymbol{E}-2\boldsymbol{A}$.

6. $\begin{pmatrix}3 & 1 & -1\\ 1 & 3 & -1\\ 3 & 3 & -1\end{pmatrix}$（提示：两边求导数，并利用 $\mathrm{e}^{\boldsymbol{O}}=\boldsymbol{E}$）.

7. $\mathrm{e}^{\boldsymbol{A}t}=\begin{pmatrix}4 & -4 & -2\\ 2 & -2 & -1\\ 2 & -2 & -1\end{pmatrix}+\mathrm{e}^t\begin{pmatrix}-3 & 4 & 2\\ -2 & 3 & 1\\ -2 & 2 & 2\end{pmatrix}$， $\boldsymbol{x}(t)=\begin{pmatrix}5\mathrm{e}^t-4\\ 3\mathrm{e}^t-2\\ 4\mathrm{e}^t-2\end{pmatrix}$.

8.（1）$\|\boldsymbol{A}\|\geqslant 0$，且 $\|\boldsymbol{A}\|=0\Leftrightarrow\boldsymbol{A}=\boldsymbol{O}$；

（2）$\|k\boldsymbol{A}\|=\sqrt{mn}\max\limits_{i,j}|ka_{ij}|=k\sqrt{mn}\max\limits_{i,j}|a_{ij}|=|k|\|\boldsymbol{A}\|$；

（3）设 $\boldsymbol{A}=(a_{ij})_{m\times n}$， $\boldsymbol{B}=(b_{ij})_{m\times n}$，则

$$\|\boldsymbol{A}+\boldsymbol{B}\|=\sqrt{mn}\max_{i,j}|a_{ij}+b_{ij}|\leqslant\sqrt{mn}\max_{i,j}|a_{ij}|+\sqrt{mn}\max_{i,j}|b_{ij}|=|\boldsymbol{A}|+|\boldsymbol{B}|$$

（4）设 $\boldsymbol{A}=(a_{ij})_{m\times s}$， $\boldsymbol{B}=(b_{ij})_{s\times n}$，则

$$\| \boldsymbol{AB} \| = \sqrt{mn} \max_{i,j} \left| \sum_{k=1}^{s} a_{ik} b_{kj} \right| \leqslant \sqrt{mn} \max_{i,j} \sum_{k=1}^{s} | a_{ik} b_{kj} | \leqslant \sqrt{ms} \max_{i,k} | a_{ik} | \cdot \sqrt{sn} \max_{k,j} | b_{kj} | = \| \boldsymbol{A} \| \| \boldsymbol{B} \|$$

综上可得，$\|\cdot\|$是矩阵范数.

因 $\boldsymbol{A}=(a_{ij})\in \mathbf{C}^{m\times n}$，$\forall \boldsymbol{x}\in \mathbf{C}^{n}$，有

$$\| \boldsymbol{Ax} \| = \sqrt{m} \max_{i} \left| \sum_{j=1}^{n} a_{ij} x_j \right| \leqslant \sqrt{m} \max_{i,j} | a_{ij} | \sum_{j=1}^{n} | x_j | \leqslant \sqrt{m} \max_{i,j} | a_{ij} | \sqrt{n \cdot \sum_{j=1}^{n} | x_j |^2}$$

$$= \sqrt{mn} \max_{i,j} | a_{ij} | \sqrt{\sum_{j=1}^{n} | x_j |^2} = \| \boldsymbol{A} \| \| \boldsymbol{x} \|_2$$

即该矩阵范数与向量的 2-范数相容.

9. 因为$\|\boldsymbol{A}\|_2=\sqrt{\lambda_{\max}(\boldsymbol{A}^{\mathrm{H}}\boldsymbol{A})}$，又矩阵 $\boldsymbol{A}^{\mathrm{H}}\boldsymbol{A}$ 是半正定 Hermite 矩阵，其特征值是非负实数，记为 $\lambda_1 \geqslant \cdots \geqslant \lambda_r > \lambda_{r+1} = \cdots = \lambda_n = 0$，故得$\|\boldsymbol{A}\|_2=\sqrt{\lambda_1}$，且$\|\boldsymbol{A}\|_{\mathrm{F}}=\sqrt{\mathrm{tr}(\boldsymbol{A}^{\mathrm{H}}\boldsymbol{A})}=\sqrt{\sum_{i=1}^{r}\lambda_i}\geqslant \sqrt{\lambda_1}=\|\boldsymbol{A}\|_2$，另一方面，有$\|\boldsymbol{A}\|_F=\sqrt{\sum_{i=1}^{r}\lambda_i}\leqslant\sqrt{r\lambda_1}=\sqrt{r}\,\|\boldsymbol{A}\|_2$，故有$\frac{1}{\sqrt{r}}\|\boldsymbol{A}\|_F\leqslant\|\boldsymbol{A}\|_2\leqslant\|\boldsymbol{A}\|_F$.

10. $\frac{\mathrm{d}f}{\mathrm{d}\boldsymbol{X}}=\left(\frac{\partial f}{\partial x_1},\frac{\partial f}{\partial x_2},\cdots,\frac{\partial f}{\partial x_n}\right)^{\mathrm{T}}=(\alpha_1,\alpha_2,\cdots,\alpha_n)^{\mathrm{T}}$.

第五章　特征值的估计与广义逆矩阵

一、知识结构框图

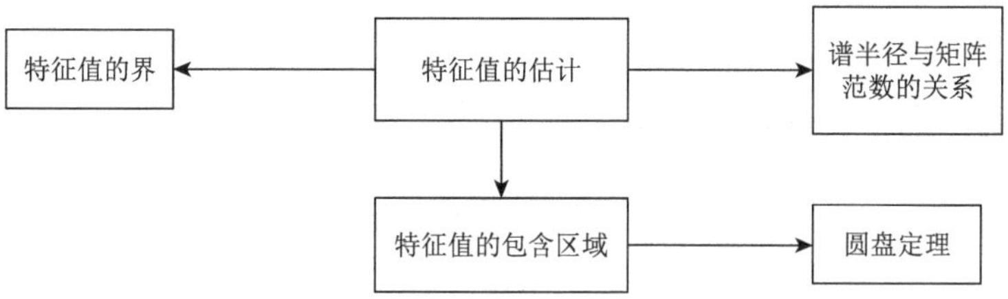

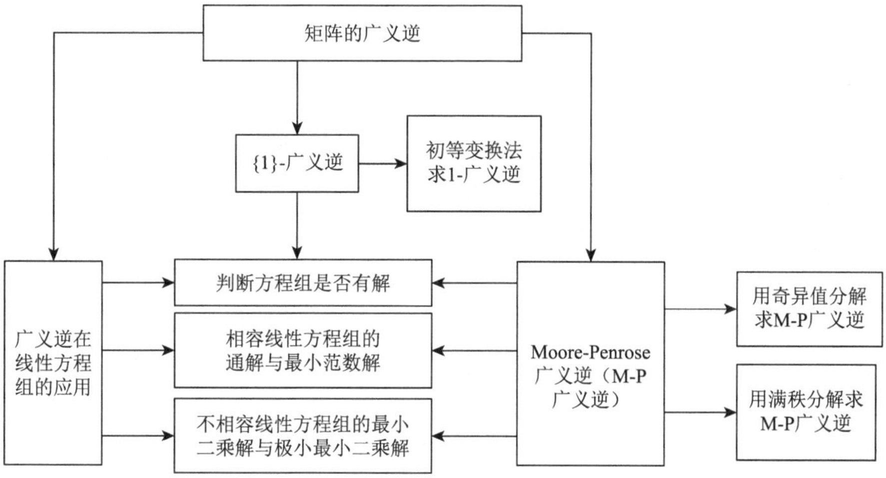

二、内 容 提 要

1. 特征值的界的估计

定理 5.1　若 n 阶复矩阵 $\boldsymbol{A}=(a_{ij})_{n\times n}$ 的特征值的集合（$\boldsymbol{A}$ 的谱）为 $\{\lambda_1,\lambda_2,\cdots,\lambda_n\}$，则有不等式

$$\sum_{i=1}^{n}|\lambda_i|^2\leqslant\sum_{i=1}^{n}\sum_{j=1}^{n}|a_{ij}|^2$$

式中等号当且仅当 $\boldsymbol{A}$ 为正规矩阵时成立.

记

$$\boldsymbol{A}=(a_{ij})_{n\times n},\quad \boldsymbol{B}=(b_{ij})_{n\times n}=\frac{\boldsymbol{A}+\boldsymbol{A}^{\mathrm{H}}}{2}\left(b_{ij}=\frac{a_{ij}+\overline{a_{ji}}}{2}\right),\quad \boldsymbol{C}=(c_{ij})_{n\times n}=\frac{\boldsymbol{A}-\boldsymbol{A}^{\mathrm{H}}}{2}\left(c_{ij}=\frac{a_{ij}-\overline{a_{ji}}}{2}\right)$$

设 $\boldsymbol{A}$、$\boldsymbol{B}$、$\boldsymbol{C}$ 的特征值集合分别为

$$\{\lambda_1,\lambda_2,\cdots,\lambda_n\},\quad \{\mu_1,\mu_2,\cdots,\mu_n\},\quad \{i\nu_1,i\nu_2,\cdots,i\nu_n\}$$

这里每个 μ_j 及 ν_j 都是实数. 并假定

$$|\lambda_1|\geqslant|\lambda_2|\geqslant\cdots\geqslant|\lambda_n|;\quad \mu_1\geqslant\mu_2\geqslant\cdots\geqslant\mu_n;\quad \nu_1\geqslant\nu_2\geqslant\cdots\geqslant\nu_n$$

推论 5.1　若 $\boldsymbol{A}$、$\boldsymbol{B}$、$\boldsymbol{C}$ 如前所设，则有

（1）$|\lambda_i|\leqslant n\cdot\max\limits_{1\leqslant i,j\leqslant n}|a_{ij}|$；

（2）$|\mathrm{Re}(\lambda_i)|\leqslant n\cdot\max\limits_{1\leqslant i,j\leqslant n}|b_{ij}|$；

（3）$|\mathrm{Im}(\lambda_i)|\leqslant n\cdot\max\limits_{1\leqslant i,j\leqslant n}|c_{ij}|$；

推论 5.2　若 $\boldsymbol{A}=(a_{ij})_{n\times n}$ 是 n 阶实矩阵，则

$$|\mathrm{Im}(\lambda_i)|\leqslant\sqrt{\frac{n(n-1)}{2}}\cdot\max_{1\leqslant i,j\leqslant n}|c_{ij}|$$

这里 $c_{ij}=\dfrac{1}{2}(a_{ij}-\overline{a_{ji}})\ (i,j=1,2,\cdots,n)$.

2. 圆盘定理

定理 5.2　设 $\boldsymbol{A}=(a_{ij})_{n\times n}$ 是任一 n 阶复矩阵，则 $\boldsymbol{A}$ 的特征值都在复平面上的 n 个圆盘

$$|z-a_{ii}|\leqslant R_i\quad (i=1,2,\cdots,n)$$

的并集里，这里

$$R_i=|a_{i1}|+|a_{i2}|+\cdots+|a_{i,i-1}|+|a_{i,i+1}|+\cdots+|a_{in}|$$

上述圆盘 $|z-a_{ii}|\leqslant R_i$ 称为盖尔（Gerschgorin）圆盘，简称盖尔圆.

由 $\boldsymbol{A}$ 的 k 个相交的盖尔圆的并集构成的连通区域称为一个连通部分，并说它是由 k 个盖尔圆组成的.

定理 5.3　矩阵 $\boldsymbol{A}$ 的任一由 k 个盖尔圆组成的连通部分里，有且只有 $\boldsymbol{A}$ 的 k 个特征值（当 $\boldsymbol{A}$ 的主对角线上有相同元素时，则按重复次数计算，有相同特征值时也需按重复次数计算）.

注　由一个盖尔圆组成的连通部分，有且只有一个特征值；由两个盖尔圆组成的连通部分有且只有两个特征值，但可能落在一个盖尔圆中.

3. 谱半径的估计

若 $\boldsymbol{A}=(a_{ij})_{n\times n}$ 是复数域上的 n 阶方阵，又 $\lambda_1,\lambda_2,\cdots,\lambda_n$ 是 $\boldsymbol{A}$ 的全体特征值，则 $\rho(\boldsymbol{A})=\max\limits_{1\leqslant i\leqslant n}|\lambda_i|$ 称为 $\boldsymbol{A}$ 的谱半径.

定理 5.4　复数域上的任一 n 阶方阵 $\boldsymbol{A}=(a_{ij})_{n\times n}$ 的谱半径 $\rho(\boldsymbol{A})$ 都不超过 $\boldsymbol{A}$ 的范数 $\|\boldsymbol{A}\|$，即

$$\rho(\boldsymbol{A})\leqslant\|\boldsymbol{A}\|$$

这里 $\|\boldsymbol{A}\|$ 是在任意一种方阵范数 $\|\cdot\|$ 定义下方阵 $\boldsymbol{A}$ 的范数.

推论：（1） $\rho(A)\leqslant\|A\|_1=\max\limits_{1\leqslant j\leqslant n}\sum\limits_{i=1}^{n}|a_{ij}|$；

（2） $\rho(A)\leqslant\|A\|_\infty=\max\limits_{1\leqslant i\leqslant n}\sum\limits_{j=1}^{n}|a_{ij}|$；

（3） $\rho(A)\leqslant\|A\|_2=\sqrt{\lambda_{A^{\mathrm{H}}A}}$.

这里 $\lambda_{A^{\mathrm{H}}A}$ 为矩阵 $A^{\mathrm{H}}A$ 的最大特征值.

定理 5.5 若 A 是正规矩阵，则 $\rho(A)=\|A\|_2$.

4. 广义逆矩阵与线性方程组的解

设 $A\in\mathbf{C}^{m\times n}$， $b\in\mathbf{C}^{m}$，若线性方程组 $Ax=b$ 有解，则称 $Ax=b$ 为相容线性方程组，否则称为不相容线性方程组.

对于相容线性方程组 $Ax=b$，它的解一般不唯一. 在它的解中使 $\|x\|_2=\sqrt{x^{\mathrm{H}}x}$ 为最小的解 x_0 称为方程组的最小范数解.

对于不相容线性方程组 $Ax=b$，若有 $x_0\in\mathbf{C}^{n}$，使对 $\forall x\in\mathbf{C}^{n}$，均有 $\|Ax_0-b\|_2\leqslant\|Ax-b\|_2$，则称 x_0 为方程组 $Ax=b$ 的最小二乘解；最小二乘解一般不唯一，所以通常把其中 2-范数最小的一个，称为方程组 $Ax=b$ 的极小最小二乘解.

设 $A\in\mathbf{C}^{m\times n}$，若一个 $n\times m$ 矩阵 G 满足条件：对任意的 $b\in\mathbf{C}^{m}$，只要 $Ax=b$ 有解，$x=Gb$ 也一定是它的解. 则矩阵 G 称为矩阵 A 的一个 $\{1\}$-广义逆.

定理 5.6 $n\times m$ 矩阵 G 是 $m\times n$ 矩阵 A 的一个 $\{1\}$-广义逆的充要条件是

$$AGA=A$$

定理 5.7 对 $A\in\mathbf{C}^{m\times n}$，设有

$$PAQ=\begin{pmatrix}E_r & O\\ O & O\end{pmatrix}$$

此处 P,Q 分别为 m 阶与 n 阶可逆矩阵，则矩阵 A 的所有 $\{1\}$-广义逆的集合为

$$A\{1\}=\left\{Q\begin{pmatrix}E_r & A_1\\ A_2 & A_3\end{pmatrix}P\right\}$$

其中：A_1,A_2,A_3 分别为任意 $r\times(m-r),(n-r)\times r,(n-r)\times(m-r)$ 矩阵.

$A^{(1)}\in A\{1\}$ 常记为 A^{-}.

当 $m=n=r$ 时，矩阵 A 可逆，且有 $A^{-1}=A^{-}$.

定理 5.8 若 A^{-} 是 $m\times n$ 矩阵 A 的一个 $\{1\}$-广义逆，则当 $Ax=b$ 有解时其通解可表示为

$$x=A^{-}b+(E_n-A^{-}A)z$$

这里 z 是任意的 n 维列向量.

定理 5.9 设 A^{-} 是 $m\times n$ 矩阵 A 的一个 $\{1\}$-广义逆，若有 $(A^{-}A)^{\mathrm{H}}=A^{-}A$，那么只要线性方程组 $Ax=b$ 有解，则 $x=A^{-}b$ 就是它的最小范数解.

定理 5.10 设 A^{-} 是 $m\times n$ 矩阵 A 的一个 $\{1\}$-广义逆，且有 $(AA^{-})^{\mathrm{H}}=AA^{-}$，则 $x=A^{-}b$ 一定是不相容线性方程组 $Ax=b$ 的最小二乘解.

5. 广义逆矩阵 A^+

设 A 是任一 $m\times n$ 矩阵，如果 $n\times m$ 矩阵 G 满足 Moore-Penrose（简称 M-P 广义逆）方程：

（1） $AGA=A$；

（2） $GAG=G$；

（3） $(GA)^{\mathrm{H}}=GA$；

（4） $(AG)^{\mathrm{H}}=AG$

的一部分或全部，则称 G 为 A 的广义逆矩阵.

设 A 是 $m\times n$ 矩阵，如果 $n\times m$ 矩阵 G 满足 M-P 广义逆方程：

（1） $AGA=A$；

（2） $GAG=G$；

（3） $(GA)^{\mathrm{H}}=GA$；

（4） $(AG)^{\mathrm{H}}=AG$，

则称 G 为 A 的 M-P 广义逆，记为 A^+.

定理 5.11　设 A 是 $m\times n$ 矩阵，则其 M-P 广义逆 A^+ 存在且唯一.

A^+ 的性质：

（1） $(A^+)^+=A$；

（2） $(A^{\mathrm{H}})^+=(A^+)^{\mathrm{H}}$；

（3） $A^+=(A^{\mathrm{H}}A)^+A^{\mathrm{H}}=A^{\mathrm{H}}(AA^{\mathrm{H}})^+$；

（4） $(A^{\mathrm{H}}A)^+=A^+(A^+)^{\mathrm{H}}$， $(AA^{\mathrm{H}})^+=(A^+)^{\mathrm{H}}A^+$；

（5） $(A^{\mathrm{H}}A)^+=A^+(AA^{\mathrm{H}})^+A$.

定理 5.12　若 $A\in\mathbf{C}^{m\times n}$ 有奇异值分解

$$A=P\begin{pmatrix}D & O\\ O & O\end{pmatrix}Q^{\mathrm{H}}$$

则有

$$A^+=Q\begin{pmatrix}D^{-1} & O\\ O & O\end{pmatrix}P^{\mathrm{H}}$$

定理 5.13　设 $A\in\mathbf{C}^{m\times n}$，且 $r(A)=r$，若 A 有满秩分解

$$A=BC$$

其中： $B\in\mathbf{C}^{m\times r}$ 列满秩； $C\in\mathbf{C}^{r\times n}$ 行满秩. 则有

$$A^+=C^{\mathrm{H}}(CC^{\mathrm{H}})^{-1}(B^{\mathrm{H}}B)^{-1}B^{\mathrm{H}}$$

还有几种特殊情况，如下.

（1）若 $A\in\mathbf{C}^{m\times n}$ 且 $r(A)=m$，则

$$A^+=A^{\mathrm{H}}(AA^{\mathrm{H}})^{-1}$$

（2）若 $\boldsymbol{A}\in\mathbf{C}^{m\times n}$ 且 $r(\boldsymbol{A})=n$，则

$$\boldsymbol{A}^{+}=(\boldsymbol{A}^{\mathrm{H}}\boldsymbol{A})^{-1}\boldsymbol{A}^{\mathrm{H}}$$

6. 广义逆在线性方程组中的应用

设 $\boldsymbol{A}\in\mathbf{C}^{m\times n}$，$\boldsymbol{b}\in\mathbf{C}^{m}$，则有如下结论：

（1）线性方程组 $\boldsymbol{Ax}=\boldsymbol{b}$ 有解的充分必要条件是 $\boldsymbol{AA}^{(1)}\boldsymbol{b}=\boldsymbol{b}$，且其通解可表示为

$$\boldsymbol{x}=\boldsymbol{A}^{(1)}\boldsymbol{b}+(\boldsymbol{E}_n-\boldsymbol{A}^{(1)}\boldsymbol{A})\boldsymbol{z}\quad(\forall\boldsymbol{z}\in\mathbf{C}^{n})$$

（2）线性方程组 $\boldsymbol{Ax}=\boldsymbol{b}$ 有解的充分必要条件是 $\boldsymbol{AA}^{+}\boldsymbol{b}=\boldsymbol{b}$，且其通解可表示为

$$\boldsymbol{x}=\boldsymbol{A}^{+}\boldsymbol{b}+(\boldsymbol{E}_n-\boldsymbol{A}^{+}\boldsymbol{A})\boldsymbol{z}\quad(\forall\boldsymbol{z}\in\mathbf{C}^{n})$$

此时 $\boldsymbol{x}_0=\boldsymbol{A}^{+}\boldsymbol{b}$ 是 $\boldsymbol{Ax}=\boldsymbol{b}$ 的最小范数解.

（3）不相容线性方程组 $\boldsymbol{Ax}=\boldsymbol{b}$ 的所有最小二乘解可表示为

$$\boldsymbol{x}=\boldsymbol{A}^{+}\boldsymbol{b}+(\boldsymbol{E}_n-\boldsymbol{A}^{+}\boldsymbol{A})\boldsymbol{z}\quad(\forall\boldsymbol{z}\in\mathbf{C}^{n})$$

此时 $\boldsymbol{x}_0=\boldsymbol{A}^{+}\boldsymbol{b}$ 是 $\boldsymbol{Ax}=\boldsymbol{b}$ 的极小最小二乘解.

三、解题方法归纳

1. 估计特征值的分布范围

（1）利用两个圆盘定理（定理 5.2 和 5.3）；

（2）利用盖尔圆的孤立性，还可判断矩阵可对角化；

（3）对于实矩阵，利用实矩阵的复特征值必成共轭对出现，还可判断实特征值的个数.

2. 证明关于谱半径的不等式

（1）利用谱半径 $\rho(\boldsymbol{A})$ 不超过 $\boldsymbol{A}$ 的任意矩阵范数 $\|\boldsymbol{A}\|$；

（2）用矩阵 $\boldsymbol{A}$ 的常用矩阵范数可以得到关于谱半径的不等式；

（3）构造矩阵 $\boldsymbol{A}$ 的矩阵范数得到关于谱半径的不等式.

3. 广义逆矩阵 $\boldsymbol{A}^{-}$ 的求法

设 $\boldsymbol{A}\in\mathbf{C}^{m\times n}$，$r(\boldsymbol{A})=r$.

（1）将 $\boldsymbol{A}$ 通过初等变换化为等价的标准型，在 $\boldsymbol{A}$ 的右边放上一个单位阵 $\boldsymbol{E}_m$，在 $\boldsymbol{A}$ 的下方放上一个单位阵 $\boldsymbol{E}_n$，经过初等变换，当 $\boldsymbol{A}$ 化成等价的标准型时，则 $\boldsymbol{E}_m$ 就变成 $\boldsymbol{P}$，而 $\boldsymbol{E}_m$ 就变成 $\boldsymbol{Q}$. 即有

$$\left(\begin{array}{c:c} A & E_m \\ \hdashline E_n & O \end{array}\right) \xrightarrow{\text{初等变换}} \left(\begin{array}{cc:c} E_r & O & P \\ O & O & \\ \hdashline & Q & O \end{array}\right)$$

（2）矩阵 A 的所有{1}-广义逆的集合为

$$A\{1\} = \left\{ Q\begin{pmatrix} E_r & A_1 \\ A_2 & A_3 \end{pmatrix} P \right\}$$

其中：A_1, A_2, A_3 分别为任意 $r\times(m-r), (n-r)\times r, (n-r)\times(m-r)$ 矩阵.

4. 广义逆矩阵 A^+ 的求法

方法一　（奇异值分解法）设 $A\in\mathbf{C}^{m\times n}$，$r(A)=r$.

（1）求 A 的奇异值分解 $A=P\begin{pmatrix} D & O \\ O & O \end{pmatrix}Q^{\mathrm{H}}$，其中 $D=\operatorname{diag}(d_1,d_2,\cdots,d_r)$，$d_1\geqslant d_2\geqslant\cdots\geqslant d_r>0$；

（2）计算 $A^+=Q\begin{pmatrix} D^{-1} & O \\ O & O \end{pmatrix}P^{\mathrm{H}}$.

方法二　（满秩分解法）设 $A\in\mathbf{C}^{m\times n}$，$r(A)=r$.

（1）求 A 的满秩分解 $A=BC$，其中 $B\in\mathbf{C}^{m\times r}$ 列满秩，$C\in\mathbf{C}^{r\times n}$ 行满秩；

（2）计算

$$A^+ = C^{\mathrm{H}}(CC^{\mathrm{H}})^{-1}(B^{\mathrm{H}}B)^{-1}B^{\mathrm{H}}$$

5. 用广义逆求线性方程组的解

设 $A\in\mathbf{C}^{m\times n}$，$b\in\mathbf{C}^m$.

（1）先求广义逆 A^+；

（2）判断是否有 $AA^+b=b$，若等式成立，则线性方程组 $Ax=b$ 有解，且其通解为

$$x = A^+b + (E_n - A^+A)z \quad (\forall z\in\mathbf{C}^n)$$

此时 $x_0=A^+b$ 是 $Ax=b$ 的最小范数解.

（3）若等式 $AA^+b=b$ 不成立，则线性方程组 $Ax=b$ 不相容，方程组 $Ax=b$ 的所有最小二乘解可表示为

$$x = A^+b + (E_n - A^+A)z \quad (\forall z\in\mathbf{C}^n)$$

此时 $x_0=A^+b$ 是 $Ax=b$ 的极小最小二乘解.

6. 有关 A^+ 结论的证明

（1）由广义逆 A^+ 的定义和唯一性，验证 $A^+=G$ 满足下列四个条件：

① $\boldsymbol{AGA}=\boldsymbol{A}$；

② $\boldsymbol{GAG}=\boldsymbol{G}$；

③ $(\boldsymbol{GA})^{\mathrm{H}}=\boldsymbol{GA}$；

④ $(\boldsymbol{AG})^{\mathrm{H}}=\boldsymbol{AG}$.

（2）利用奇异值分解 $\boldsymbol{A}=\boldsymbol{P}\begin{pmatrix}\boldsymbol{D} & \boldsymbol{O}\\ \boldsymbol{O} & \boldsymbol{O}\end{pmatrix}\boldsymbol{Q}^{\mathrm{H}}$， $\boldsymbol{A}^{+}=\boldsymbol{Q}\begin{pmatrix}\boldsymbol{D}^{-1} & \boldsymbol{O}\\ \boldsymbol{O} & \boldsymbol{O}\end{pmatrix}\boldsymbol{P}^{\mathrm{H}}$.

（3）利用满秩分解 $\boldsymbol{A}=\boldsymbol{BC}$， $\boldsymbol{A}^{+}=\boldsymbol{C}^{\mathrm{H}}(\boldsymbol{CC}^{\mathrm{H}})^{-1}(\boldsymbol{B}^{\mathrm{H}}\boldsymbol{B})^{-1}\boldsymbol{B}^{\mathrm{H}}$.

四、典型例题解析

例 5.1　设矩阵 $\boldsymbol{A}=(a_{ij})_{n\times n}$ 与 $\boldsymbol{B}=(b_{ij})_{n\times n}$ 酉相似，证明：

（1） $\sum_{i=1}^{n}\sum_{j=1}^{n}|a_{ij}|^2=\sum_{i=1}^{n}\sum_{j=1}^{n}|b_{ij}|^2$；

（2）设 $\lambda_1,\lambda_2,\cdots,\lambda_n$ 为 $\boldsymbol{A}$ 的 n 个特征值，则

$$\sum_{i=1}^{n}|\lambda_i|^2\leqslant\sum_{i=1}^{n}\sum_{j=1}^{n}|a_{ij}|^2$$

（3）若 $\boldsymbol{A}$ 为正规矩阵，则

$$\sum_{i=1}^{n}|\lambda_i|^2=\sum_{i=1}^{n}\sum_{j=1}^{n}|a_{ij}|^2$$

证（1）由 $\boldsymbol{A}$ 与 $\boldsymbol{B}$ 酉相似，则存在酉矩阵 $\boldsymbol{U}$，使得 $\boldsymbol{U}^{\mathrm{H}}\boldsymbol{AU}=\boldsymbol{B}$，从而 $\boldsymbol{U}^{\mathrm{H}}\boldsymbol{A}^{\mathrm{H}}\boldsymbol{AU}=\boldsymbol{B}^{\mathrm{H}}\boldsymbol{B}$. 即 $\boldsymbol{A}^{\mathrm{H}}\boldsymbol{A}$ 与 $\boldsymbol{B}^{\mathrm{H}}\boldsymbol{B}$ 相似，而相似矩阵有相同的迹，故有

$$\sum_{i=1}^{n}\sum_{j=1}^{n}|b_{ij}|^2=\mathrm{tr}(\boldsymbol{B}^{\mathrm{H}}\boldsymbol{B})=tr(\boldsymbol{U}^{\mathrm{H}}\boldsymbol{A}^{\mathrm{H}}\boldsymbol{AU})=\mathrm{tr}(\boldsymbol{A}^{\mathrm{H}}\boldsymbol{A})=\sum_{i=1}^{n}\sum_{j=1}^{n}|a_{ij}|^2$$

（2）由 Schur 定理，存在酉矩阵 $\boldsymbol{U}$，使得

$$\boldsymbol{U}^{\mathrm{H}}\boldsymbol{AU}=\begin{pmatrix}t_{11} & t_{12} & \cdots & t_{1n}\\ 0 & t_{22} & \cdots & t_{2n}\\ \vdots & \vdots & & \vdots\\ 0 & 0 & \cdots & t_{nn}\end{pmatrix}\quad（t_{ii}=\lambda_i,i=1,2,\cdots,n）$$

由（1）于是有

$$\sum_{i=1}^{n}\sum_{j=1}^{n}|a_{ij}|^2=\sum_{i=1}^{n}\sum_{j=1}^{n}|t_{ij}|^2\geqslant\sum_{i=1}^{n}|t_{ii}|^2=\sum_{i=1}^{n}|\lambda_i|^2$$

（3）由 $\boldsymbol{A}$ 为正规矩阵，则存在酉矩阵 $\boldsymbol{U}$，使得

$$\boldsymbol{U}^{\mathrm{H}}\boldsymbol{AU}=\begin{pmatrix}\lambda_1 & 0 & \cdots & 0\\ 0 & \lambda_2 & \cdots & 0\\ \vdots & \vdots & & \vdots\\ 0 & 0 & \cdots & \lambda_n\end{pmatrix}$$

由（1）从而有

$$\sum_{i=1}^{n}|\lambda_i|^2=\sum_{i=1}^{n}\sum_{j=1}^{n}|a_{ij}|^2$$

例 5.2　利用圆盘定理证明矩阵 $\boldsymbol{A}=\begin{pmatrix}0&0&1&0\\1&4&0&1\\1&0&6&2\\0&1&1&8\end{pmatrix}$ 至少有两个实特征值.

证　$\boldsymbol{A}$ 的 4 个盖尔圆为

$$G_1=\{z\,\|\,z\,|\leqslant 1\},\quad G_2=\{z\,\|\,z-4\,|\leqslant 2\},\quad G_3=\{z\,\|\,z-6\,|\leqslant 3\},\quad G_4=\{z\,\|\,z-8\,|\leqslant 2\}$$

它们构成的两个连通部分为 $S_1=G_1$，$S_2=G_2\cup G_3\cup G_4$.

易见，S_1 与 S_2 都关于实轴对称. S_1 中含有 $\boldsymbol{A}$ 的一个特征值，由于实矩阵的复特征值必成共轭出现，所以 S_1 中含 $\boldsymbol{A}$ 的一个实特征值，而 S_2 中含 $\boldsymbol{A}$ 的三个特征值. 由于实矩阵的复特征值必成共轭出现，所以 S_2 中至少含 $\boldsymbol{A}$ 的一个实特征值，因此 $\boldsymbol{A}$ 至少有两个实特征值.

例 5.3　设矩阵 $\boldsymbol{A}\in\mathbf{R}^{n\times n}$，如果 $\boldsymbol{A}$ 的 n 个盖尔圆互不相交，那么 $\boldsymbol{A}$ 的特征值均为实数.

证　由圆盘定理可知，每个盖尔圆内有且只有 $\boldsymbol{A}$ 的 1 个特征值，于是 $\boldsymbol{A}$ 有 n 个不同的特征值，且由于 $\boldsymbol{A}$ 是实矩阵，而实矩阵的复特征值必成共轭出现，所以 n 个盖尔圆中的特征值只能是实数，即 $\boldsymbol{A}$ 的特征值均为实数.

例 5.4　证明矩阵

$$\boldsymbol{A}=\begin{pmatrix}2&\frac{2}{n}&\frac{1}{n}&\cdots&\frac{1}{n}\\\frac{1}{n}&4&\frac{1}{n}&\cdots&\frac{1}{n}\\\frac{1}{n}&\frac{1}{n}&6&\cdots&\frac{1}{n}\\\vdots&\vdots&\vdots&&\vdots\\\frac{1}{n}&\frac{1}{n}&\frac{1}{n}&\cdots&2n\end{pmatrix}$$

相似于对角矩阵，且 $\boldsymbol{A}$ 的特征值均为实数.

证　$\boldsymbol{A}$ 的 n 个盖尔圆为

$$G_1=\{z\,\|\,z-2\,|\leqslant 1\},\quad G_i=\left\{z\,|\,|\,z-2i\,|\leqslant\frac{n-1}{n}\right\}\quad(i=2,3,\cdots,n)$$

它们都是孤立的，所以 $\boldsymbol{A}$ 有 n 个不同的特征值，从而 $\boldsymbol{A}$ 相似于对角矩阵.

显然 $G_i\ (i=1,2,\cdots,n)$ 都关于实轴对称，且 $\boldsymbol{A}$ 是实矩阵，而由于实矩阵的复特征值必成共轭出现，所以 G_i 中的特征值只能是实数，即 $\boldsymbol{A}$ 的特征值均为实数.

例 5.5　利用圆盘定理，证明：矩阵 $\boldsymbol{A}$ 能够相似于对角矩阵，且 $\boldsymbol{A}$ 的特征值均为实数，其中

$$A=\begin{pmatrix} 2 & \frac{1}{2} & \frac{1}{2^2} & \cdots & \frac{1}{2^{n-1}} \\ \frac{2}{3} & 4 & \frac{2}{3^2} & \cdots & \frac{2}{3^{n-1}} \\ \frac{3}{4} & \frac{3}{4^2} & 6 & \cdots & \frac{3}{4^{n-1}} \\ \vdots & \vdots & \vdots & & \vdots \\ \frac{n}{n+1} & \frac{n}{(n+1)^2} & \frac{n}{(n+1)^3} & \cdots & 2n \end{pmatrix}$$

证　A 的 n 个盖尔圆为

$$G_k:|z-2k|\leqslant R_k \quad (k=1,2,\cdots,n)$$

其中

$$R_k=k\left(\frac{1}{k+1}+\frac{1}{(k+1)^2}+\cdots+\frac{1}{(k+1)^{n-1}}\right)=1-\frac{1}{(k+1)^{n-1}}<1$$

显然任意两个盖尔圆的圆心距不小于 2，而每个盖尔圆的半径小于 1，所以这 n 个盖尔圆互不相交，由圆盘定理，每个盖尔圆内有且只有 A 的 1 个特征值，于是 A 有 n 个不同的特征值，从而 A 能够相似于对角矩阵.

显然，$G_k\ (k=1,2,\cdots,n)$ 都关于实轴对称，且 A 是实矩阵，而由于实矩阵的复特征值必成共轭出现，所以 G_i 中的特征值只能是实数，即 A 的特征值均为实数.

例 5.6　设

$$A=\begin{pmatrix} 1 & 0.02 & 0.11 \\ 0.01 & 0.8 & 0.14 \\ 0.02 & 0.01 & 5 \end{pmatrix},\qquad D=\begin{pmatrix} 5 & 0 & 0 \\ 0 & 5 & 0 \\ 0 & 0 & 1 \end{pmatrix}$$

试用圆盘定理估计矩阵 A 的特征值分布范围，为得到更精确的结果，利用矩阵 $D^{-1}AD$ 的盖尔圆来隔离矩阵 A 的特征值.

解　矩阵 A 的 3 个盖尔圆分别为

$$G_1:|z-1|\leqslant 0.13,\quad G_2:|z-0.8|\leqslant 0.15,\quad G_3:|z-5|\leqslant 0.03$$

显然，G_1 与 G_2 相交，而 G_3 孤立. 令

$$B=D^{-1}AD=\begin{pmatrix} 1 & 0.02 & 0.022 \\ 0.01 & 0.8 & 0.14 \\ 0.1 & 0.05 & 5 \end{pmatrix}$$

进一步可求得矩阵 B 的 3 个盖尔圆分别为

$$G_1':|z-1|\leqslant 0.042,\quad G_2':|z-0.8|\leqslant 0.038,\quad G_3':|z-5|\leqslant 0.15$$

显然，此时 3 个盖尔圆两两互不相交.

因为矩阵 A 与 B 相似，所以 A 与 B 具有相同的特征值. 从而矩阵 A 的特征值分布在 3 个孤立圆盘 G_1',G_2',G_3' 中.

例 5.7　用圆盘定理估计矩阵

$$A=\begin{pmatrix}20&3&1\\2&10&2\\8&1&0\end{pmatrix}$$

的特征值分布范围，为得到更精确的结果，利用相似矩阵来改进得到的结果.

解　矩阵$\boldsymbol{A}$的3个盖尔圆分别为

$$G_1:|z-20|\leqslant 4,\quad G_2:|z-10|\leqslant 4,\quad G_3:|z|\leqslant 9$$

显然，G_2与G_3相交，而G_1孤立. 取对角矩阵$\boldsymbol{D}=\mathrm{diag}(1,1,2)$，计算可知

$$\boldsymbol{B}=\boldsymbol{D}^{-1}\boldsymbol{A}\boldsymbol{D}=\begin{pmatrix}20&3&2\\2&10&4\\4&0.5&0\end{pmatrix}$$

易见矩阵的前两个盖尔圆相交，但矩阵$\boldsymbol{B}^{\mathrm{T}}$的3个盖尔圆分别为

$$G_1':|z-20|\leqslant 6,\quad G_2':|z-10|\leqslant 3.5,\quad G_3':|z|\leqslant 6$$

显然，此时3个盖尔圆两两互不相交.

因矩阵$\boldsymbol{A}$与$\boldsymbol{B}$相似，故$\boldsymbol{A}$与$\boldsymbol{B}$具有相同的特征值. 从而$\boldsymbol{A}$与$\boldsymbol{B}^{\mathrm{T}}$也具有相同的特征值，所以矩阵$\boldsymbol{A}$的特征值分布在3个孤立圆盘$G_1',G_2',G_3'$中.

例 5.8　设矩阵$\boldsymbol{A}\in\mathbf{C}^{n\times n}$严格对角占优，即$|a_{ii}|>R_i\ (i=1,2,\cdots,n)$，且其对角线元素均为正数，则$\mathrm{Re}(\lambda(\boldsymbol{A}))>0$.

证　$\boldsymbol{A}$的n个盖尔圆为

$$G_i:|z-a_{ii}|\leqslant R_i\quad (i=1,2,\cdots,n)$$

由题设可知$R_i<a_{ii}$，再由$a_{ii}>0$可知盖尔圆G_i关于实轴对称，且均位于右半平面内，而由圆盘定理，$\boldsymbol{A}$的特征值均位于右半平面内，故有$\mathrm{Re}(\lambda(\boldsymbol{A}))>0$.

例 5.9　设矩阵$\boldsymbol{A}=(a_{ij})\in\mathbf{C}^{n\times n}$.

（1）若$a_{ii}\ (i=1,2,\cdots,n)$是实数，则$|\mathrm{Im}(\lambda(\boldsymbol{A}))|\leqslant\max\limits_i\sum\limits_{j\neq i}^{n}|a_{ij}|$；

（2）若$a_{ii}\ (i=1,2,\cdots,n)$是纯虚数，则$|\mathrm{Re}(\lambda(\boldsymbol{A}))|\leqslant\max\limits_i\sum\limits_{j\neq i}^{n}|a_{ij}|$.

证　设$\boldsymbol{A}$的特征值λ位于第k个盖尔圆，则有

$$|\lambda-a_{kk}|\leqslant R_k\leqslant\max_i(R_i)=\max_i\sum_{j\neq i}^{n}|a_{ij}|$$

（1）当a_{ii}均为实数时，则有

$$|\lambda-a_{kk}|=\sqrt{[\mathrm{Re}(\lambda)-a_{kk}]^2+[\mathrm{Im}(\lambda)]^2}\geqslant|\mathrm{Im}(\lambda)|$$

从而有

$$|\mathrm{Im}(\lambda)|\leqslant\max_i\sum_{j\neq i}^{n}|a_{ij}|$$

（2）当a_{ii}均为纯虚数时，则有

$$|\lambda-a_{kk}|=\sqrt{[\mathrm{Re}(\lambda)]^2+[\mathrm{Im}(\lambda)-a_{kk}]^2}\geqslant|\mathrm{Re}(\lambda)|$$

从而有

$$|\mathrm{Re}(\lambda)|\leqslant\max_i\sum_{j\neq i}^{n}|a_{ij}|$$

例 5.10　设 $\rho(\boldsymbol{A})$ 为矩阵 $\boldsymbol{A}=\begin{pmatrix}\frac{1}{3}&\frac{1}{3}&\frac{1}{3}\\\frac{1}{4}&\frac{1}{2}&\frac{1}{4}\\\frac{1}{5}&\frac{1}{5}&\frac{2}{5}\end{pmatrix}$ 的谱半径，证明：$\rho(\boldsymbol{A})<1$.

证　经计算知列范数 $\|\boldsymbol{A}\|_1=\dfrac{31}{30}>1$，行范数 $\|\boldsymbol{A}\|_\infty=1$，则有

$$\rho(\boldsymbol{A})\leqslant\|\boldsymbol{A}\|_\infty=1$$

又经计算可知由于 $\|\boldsymbol{A}\|_F^2=\sum\limits_{i=1}^{3}\sum\limits_{j=1}^{3}|a_{ij}|^2=\dfrac{569}{600}<1$，从而有

$$\rho(\boldsymbol{A})\leqslant\|\boldsymbol{A}\|_F<1$$

例 5.11　设 $\rho(\boldsymbol{A})$ 为矩阵 $\boldsymbol{A}=\begin{pmatrix}\frac{1}{4}&\frac{1}{4}&\frac{1}{4}&\frac{1}{4}\\\frac{1}{5}&\frac{2}{5}&\frac{1}{5}&\frac{1}{5}\\\frac{1}{6}&\frac{1}{6}&\frac{1}{2}&\frac{1}{6}\\\frac{1}{7}&\frac{1}{7}&\frac{1}{7}&\frac{4}{7}\end{pmatrix}$ 的谱半径，证明：$\rho(\boldsymbol{A})=1$.

证　由计算知行范数 $\|\boldsymbol{A}\|_\infty=1$，则有

$$\rho(\boldsymbol{A})\leqslant\|\boldsymbol{A}\|_\infty=1$$

又由于

$$\boldsymbol{A}\cdot\begin{pmatrix}1\\1\\1\\1\end{pmatrix}=\begin{pmatrix}1\\1\\1\\1\end{pmatrix}$$

所以矩阵 $\boldsymbol{A}$ 有一特征值为 1. 故方阵 $\boldsymbol{A}$ 的谱半径 $\rho(\boldsymbol{A})=1$.

例 5.12　设 $\rho(\boldsymbol{A})$ 为矩阵 $\boldsymbol{A}=\begin{pmatrix}\frac{1}{4}&\frac{1}{4}&\frac{1}{4}&\frac{1}{4}\\\frac{1}{5}&\frac{2}{5}&\frac{1}{5}&\frac{1}{5}\\\frac{1}{6}&\frac{1}{6}&\frac{1}{2}&\frac{1}{6}\\\frac{1}{7}&\frac{1}{7}&\frac{1}{7}&\frac{3}{7}\end{pmatrix}$ 的谱半径，证明：$\rho(\boldsymbol{A})<1$.

证　经计算知：$\|\boldsymbol{A}\|_1=\dfrac{153}{140}>1$，$\|\boldsymbol{A}\|_\infty=1$，$\|\boldsymbol{A}\|_F^2=\sum_{i=1}^{3}\sum_{j=1}^{3}|a_{ij}|^2=\dfrac{727}{656}>1$，则有

$$\rho(\boldsymbol{A})\leqslant\|\boldsymbol{A}\|_\infty=1$$

取对角阵为

$$\boldsymbol{D}=\begin{pmatrix}1&&&\\&1&&\\&&1&\\&&&\dfrac{6}{7}\end{pmatrix}$$

定义

$$\|\boldsymbol{B}\|_{\boldsymbol{D}}=\|\boldsymbol{D}^{-1}\boldsymbol{B}\boldsymbol{D}\|_\infty$$

易知$\|\boldsymbol{B}\|_{\boldsymbol{D}}$是一个矩阵范数. 经计算可知

$$\boldsymbol{D}^{-1}\boldsymbol{B}\boldsymbol{D}=\begin{pmatrix}\dfrac{1}{4}&\dfrac{1}{4}&\dfrac{1}{4}&\dfrac{3}{14}\\\dfrac{1}{5}&\dfrac{2}{5}&\dfrac{1}{5}&\dfrac{6}{35}\\\dfrac{1}{6}&\dfrac{1}{6}&\dfrac{1}{2}&\dfrac{1}{7}\\\dfrac{1}{6}&\dfrac{1}{6}&\dfrac{1}{6}&\dfrac{3}{7}\end{pmatrix}$$

可知

$$\|\boldsymbol{A}\|_{\boldsymbol{D}}=\|\boldsymbol{D}^{-1}\boldsymbol{A}\boldsymbol{D}\|_\infty=\max\left\{\frac{27}{28},\frac{34}{35},\frac{41}{42},\frac{13}{14}\right\}=\frac{41}{42}<1$$

故$\boldsymbol{A}$的谱半径

$$\rho(\boldsymbol{A})\leqslant\|\boldsymbol{A}\|_{\boldsymbol{D}}<1$$

例 5.13　求矩阵$\boldsymbol{A}=\begin{pmatrix}1&-1&2\\2&2&3\end{pmatrix}$的{1}-广义逆.

解　对分块矩阵$\left(\begin{array}{c:c}\boldsymbol{A}&\boldsymbol{E}_2\\\hdashline\boldsymbol{E}_3&\boldsymbol{O}\end{array}\right)$进行初等行变换和初等列变换

$$\left(\begin{array}{c:c}\boldsymbol{A}&\boldsymbol{E}_2\\\hdashline\boldsymbol{E}_3&\boldsymbol{O}\end{array}\right)=\left(\begin{array}{ccc:cc}1&-1&2&1&0\\2&2&3&0&1\\\hdashline1&0&0&0&0\\0&1&0&0&0\\0&0&1&0&0\end{array}\right)\to\left(\begin{array}{ccc:cc}1&0&0&1&0\\0&1&0&0&1\\\hdashline-3&2&-7&0&0\\0&0&1&0&0\\2&-1&4&0&0\end{array}\right)$$

于是得到

$$\boldsymbol{P}=\begin{pmatrix}1&0\\0&1\end{pmatrix},\qquad\boldsymbol{Q}=\begin{pmatrix}-3&2&-7\\0&0&1\\2&-1&4\end{pmatrix}$$

因此 $\boldsymbol{A}$ 的所有{1}-广义逆

$$\boldsymbol{A}\{1\}=\left\{\boldsymbol{Q}\begin{pmatrix}\boldsymbol{E}_2\\ \boldsymbol{X}\end{pmatrix}\boldsymbol{P}\right\}$$

其中 $\boldsymbol{X}$ 为任意 1×2 阶矩阵.

设 $\boldsymbol{X}=(x_1,x_2)$，则有

$$\boldsymbol{A}\{1\}=\left\{\boldsymbol{Q}\begin{pmatrix}\boldsymbol{E}_2\\ \boldsymbol{X}\end{pmatrix}\boldsymbol{P}\right\}=\left\{\begin{pmatrix}-3&2&-7\\0&0&1\\2&-1&4\end{pmatrix}\begin{pmatrix}1&0\\0&1\\x_1&x_2\end{pmatrix}\begin{pmatrix}1&0\\0&1\end{pmatrix}\right\}=\left\{\begin{pmatrix}-3-7x_1&2-7x_2\\x_1&x_2\\2+4x_1&-1+4x_2\end{pmatrix}\right\}$$

其中，x_1,x_2 为任意复数.

例 5.14　设矩阵 $\boldsymbol{A}=\begin{pmatrix}1&2&0\\0&0&2\\2&4&0\end{pmatrix}$，求 $\boldsymbol{A}\{1\}$，并给出一个 $\boldsymbol{A}^{-}$.

解　对分块矩阵 $\left(\begin{array}{c|c}\boldsymbol{A}&\boldsymbol{E}_3\\\hline\boldsymbol{E}_3&\boldsymbol{O}\end{array}\right)$ 进行初等行变换和初等列变换

$$\left(\begin{array}{c|c}\boldsymbol{A}&\boldsymbol{E}_3\\\hline\boldsymbol{E}_3&\boldsymbol{O}\end{array}\right)=\left(\begin{array}{ccc|ccc}1&2&0&1&0&0\\0&0&2&0&1&0\\2&4&0&0&0&1\\\hline 1&0&0&0&0&0\\0&1&0&0&0&0\\0&0&1&0&0&0\end{array}\right)\to\left(\begin{array}{ccc|ccc}1&0&0&1&0&0\\0&1&0&0&1/2&0\\0&0&0&-1&0&1\\\hline 1&0&-2&0&0&0\\0&0&1&0&0&0\\0&1&0&0&0&0\end{array}\right)$$

于是得到

$$\boldsymbol{P}=\begin{pmatrix}1&0&0\\0&\frac{1}{2}&0\\-2&0&1\end{pmatrix},\qquad \boldsymbol{Q}=\begin{pmatrix}1&0&-2\\0&0&1\\0&1&0\end{pmatrix}$$

因此 $\boldsymbol{A}$ 的所有{1}-广义逆

$$\boldsymbol{A}\{1\}=\left\{\boldsymbol{Q}\begin{pmatrix}\boldsymbol{E}_2&\boldsymbol{X}\\ \boldsymbol{Y}&\boldsymbol{Z}\end{pmatrix}\boldsymbol{P}\right\}$$

其中：$\boldsymbol{X}$ 为任意 2×1 阶矩阵；$\boldsymbol{Y}$ 为任意 1×2 阶矩阵；$\boldsymbol{Z}$ 为任意 1×1 阶矩阵.

设 $\boldsymbol{X}=(x_1,x_2)^{\mathrm{T}}$，$\boldsymbol{Y}=(y_1,y_2)$，$\boldsymbol{Z}=z$，则有

$$\boldsymbol{A}\{1\}=\left\{\begin{pmatrix}1&0&-2\\0&0&1\\0&1&0\end{pmatrix}\begin{pmatrix}1&0&x_1\\0&1&x_2\\y_1&y_2&z\end{pmatrix}\begin{pmatrix}1&0&0\\0&\frac{1}{2}&0\\-2&0&1\end{pmatrix}\right\}=\left\{\begin{pmatrix}1-2x_1-2y_1+4z&-y_2&x_1-2z\\y_1-2z&\frac{1}{2}y_2&z\\-2x_2&\frac{1}{2}&x_2\end{pmatrix}\right\}$$

其中：x_1,x_2，y_1,y_2，z 为任意复数. 取 $x_1=x_2=0$，$y_1=y_2=0$，$z=0$，则得

$$A^{-}=\begin{pmatrix}1&0&0\\0&0&0\\0&\frac{1}{2}&0\end{pmatrix}$$

例 5.15　已知 $A=\begin{pmatrix}0&0&0\\0&0&0\\1&0&0\\0&1&0\end{pmatrix}$，求 A^{+}.

解法一　利用矩阵 A 的奇异值分解来求 A^{+}. 因为

$$A^{\mathrm{H}}A=\begin{pmatrix}1&0&0\\0&1&0\\0&0&0\end{pmatrix}$$

且 $A^{\mathrm{H}}A$ 的全部特征值为 $\lambda_{1,2}=1,\lambda_3=0$, 对应的特征向量分别为

$$q_1=\begin{pmatrix}1\\0\\0\end{pmatrix},\quad q_2=\begin{pmatrix}0\\1\\0\end{pmatrix},\quad q_3=\begin{pmatrix}0\\0\\1\end{pmatrix}$$

于是矩阵 A 的奇异值为 $d_1=1,d_2=1,D=\begin{pmatrix}1&0\\0&1\end{pmatrix}$.

可得酉矩阵 $Q=\begin{pmatrix}1&0&0\\0&1&0\\0&0&1\end{pmatrix}$，取

$$Q_1=(q_1,q_2)=\begin{pmatrix}1&0\\0&1\\0&0\end{pmatrix}$$

则有

$$P_1=AQ_1D^{-1}=\begin{pmatrix}0&0&0\\0&0&0\\1&0&0\\0&1&0\end{pmatrix}\begin{pmatrix}1&0\\0&1\\0&0\end{pmatrix}\begin{pmatrix}1&0\\0&1\end{pmatrix}=\begin{pmatrix}0&0\\0&0\\1&0\\0&1\end{pmatrix}$$

令

$$p_1=\begin{pmatrix}0\\0\\1\\0\end{pmatrix},\qquad p_2=\begin{pmatrix}0\\0\\0\\1\end{pmatrix}$$

将其扩充为 $\mathbf{C}^4$ 的一组标准正交基得

$$\boldsymbol{p}_3=\begin{pmatrix}1\\0\\0\\0\end{pmatrix},\qquad \boldsymbol{p}_4=\begin{pmatrix}0\\1\\0\\0\end{pmatrix}$$

从而令

$$\boldsymbol{P}=(\boldsymbol{p}_1,\boldsymbol{p}_2,\boldsymbol{p}_3,\boldsymbol{p}_4)=\begin{pmatrix}0&0&1&0\\0&0&0&1\\1&0&0&0\\0&1&0&0\end{pmatrix}$$

则矩阵 $\boldsymbol{A}$ 的奇异值分解为

$$\boldsymbol{A}=\boldsymbol{P}\begin{pmatrix}\boldsymbol{D}&\boldsymbol{O}\\\boldsymbol{O}&\boldsymbol{O}\end{pmatrix}\boldsymbol{Q}^{\mathrm{H}}=\boldsymbol{P}\begin{pmatrix}1&0&0\\0&1&0\\0&0&0\\0&0&0\end{pmatrix}\boldsymbol{Q}^{\mathrm{H}}$$

故有

$$\boldsymbol{A}^{+}=\boldsymbol{Q}\begin{pmatrix}\boldsymbol{D}^{-1}&\boldsymbol{O}\\\boldsymbol{O}&\boldsymbol{O}\end{pmatrix}\boldsymbol{P}^{\mathrm{H}}=\begin{pmatrix}1&0&0\\0&1&0\\0&0&1\end{pmatrix}\cdot\begin{pmatrix}1&0&0&0\\0&1&0&0\\0&0&0&0\end{pmatrix}\cdot\begin{pmatrix}0&0&1&0\\0&0&0&1\\1&0&0&0\\0&1&0&0\end{pmatrix}=\begin{pmatrix}0&0&1&0\\0&0&0&1\\0&0&0&0\end{pmatrix}$$

解法二　对矩阵 $\boldsymbol{A}$ 进行初等行变换，化为行最简形

$$\boldsymbol{A}=\begin{pmatrix}0&0&0\\0&0&0\\1&0&0\\0&1&0\end{pmatrix}\to\begin{pmatrix}1&0&0\\0&1&0\\0&0&0\\0&0&0\end{pmatrix}$$

则有矩阵 $\boldsymbol{A}$ 的满秩分解

$$\boldsymbol{A}=\boldsymbol{B}\boldsymbol{C}=\begin{pmatrix}0&0\\0&0\\1&0\\0&1\end{pmatrix}\begin{pmatrix}1&0&0\\0&1&0\end{pmatrix}$$

于是有

$$(\boldsymbol{B}^{\mathrm{H}}\boldsymbol{B})^{-1}\boldsymbol{B}^{\mathrm{H}}=\begin{pmatrix}1&0\\0&1\end{pmatrix}^{-1}\boldsymbol{B}^{\mathrm{H}}=\begin{pmatrix}1&0\\0&1\end{pmatrix}\begin{pmatrix}0&0&1&0\\0&0&0&1\end{pmatrix}=\begin{pmatrix}0&0&1&0\\0&0&0&1\end{pmatrix}$$

$$\boldsymbol{C}^{\mathrm{H}}(\boldsymbol{C}\boldsymbol{C}^{\mathrm{H}})^{-1}=\boldsymbol{C}^{\mathrm{H}}\begin{pmatrix}1&0\\0&1\end{pmatrix}^{-1}=\begin{pmatrix}1&0\\0&1\\0&0\end{pmatrix}\cdot\begin{pmatrix}1&0\\0&1\end{pmatrix}=\begin{pmatrix}1&0\\0&1\\0&0\end{pmatrix}$$

故有

$$A^{+}=C^{\mathrm{H}}(CC^{\mathrm{H}})^{-1}(B^{\mathrm{H}}B)^{-1}B^{\mathrm{H}}=\begin{pmatrix}0&0&1&0\\0&0&0&1\\0&0&0&0\end{pmatrix}$$

例 5.16 求下列矩阵的加号逆 A^{+}：

（1）$A=\begin{pmatrix}1&1&0&1\\0&0&1&0\\1&1&1&1\end{pmatrix}$；（2）$A=\begin{pmatrix}1&1&0&1\\0&0&1&1\\1&1&1&1\end{pmatrix}$；（3）$A=\begin{pmatrix}1&0\\1&1\\0&1\end{pmatrix}$.

解 （1）对矩阵 A 进行初等行变换，化为行最简形

$$A=\begin{pmatrix}1&1&0&1\\0&0&1&0\\1&1&1&1\end{pmatrix}\to\begin{pmatrix}1&1&0&1\\0&0&1&0\\0&0&0&0\end{pmatrix}$$

则有矩阵 A 的满秩分解：

$$A=BC=\begin{pmatrix}1&0\\0&1\\1&1\end{pmatrix}\begin{pmatrix}1&1&0&1\\0&0&1&0\end{pmatrix}$$

于是有

$$(B^{\mathrm{H}}B)^{-1}B^{\mathrm{H}}=\begin{pmatrix}2&1\\1&2\end{pmatrix}^{-1}B^{\mathrm{H}}=\frac{1}{3}\begin{pmatrix}2&-1\\-1&2\end{pmatrix}\begin{pmatrix}1&0&1\\0&1&1\end{pmatrix}=\frac{1}{3}\begin{pmatrix}2&-1&1\\-1&2&1\end{pmatrix}$$

$$C^{\mathrm{H}}(CC^{\mathrm{H}})^{-1}=C^{\mathrm{H}}\begin{pmatrix}3&0\\0&1\end{pmatrix}^{-1}=\begin{pmatrix}1&0\\1&0\\0&1\\1&0\end{pmatrix}\cdot\frac{1}{3}\begin{pmatrix}1&0\\0&3\end{pmatrix}=\frac{1}{3}\begin{pmatrix}1&0\\1&0\\0&3\\1&0\end{pmatrix}$$

故有

$$A^{+}=C^{\mathrm{H}}(CC^{\mathrm{H}})^{-1}(B^{\mathrm{H}}B)^{-1}B^{\mathrm{H}}=\begin{pmatrix}\frac{2}{9}&-\frac{1}{9}&\frac{1}{9}\\\frac{2}{9}&-\frac{1}{9}&\frac{1}{9}\\-\frac{1}{3}&\frac{2}{3}&\frac{1}{3}\\\frac{2}{9}&-\frac{1}{9}&\frac{1}{9}\end{pmatrix}$$

（2）由于矩阵 A 行满秩，于是有

$$A^{+}=A^{\mathrm{H}}(AA^{\mathrm{H}})^{-1}=A^{\mathrm{H}}\begin{pmatrix}3&1&3\\1&2&2\\3&2&4\end{pmatrix}^{-1}=\begin{pmatrix}1&0&1\\1&0&1\\0&1&1\\1&1&1\end{pmatrix}\cdot\frac{1}{2}\begin{pmatrix}4&2&-4\\2&3&-3\\-4&-3&5\end{pmatrix}=\begin{pmatrix}0&-\frac{1}{2}&\frac{1}{2}\\0&-\frac{1}{2}&\frac{1}{2}\\-1&0&1\\1&1&-1\end{pmatrix}$$

（3）由于矩阵 $\boldsymbol{A}$ 列满秩，于是有

$$\boldsymbol{A}^{+}=(\boldsymbol{A}^{\mathrm{H}}\boldsymbol{A})^{-1}\boldsymbol{A}^{\mathrm{H}}=\begin{pmatrix}2&1\\1&2\end{pmatrix}^{-1}\boldsymbol{A}^{\mathrm{H}}=\frac{1}{3}\begin{pmatrix}2&-1\\-1&2\end{pmatrix}\cdot\begin{pmatrix}1&1&0\\0&1&1\end{pmatrix}=\begin{pmatrix}\frac{2}{3}&\frac{1}{3}&-\frac{1}{3}\\-\frac{1}{3}&\frac{1}{3}&\frac{2}{3}\end{pmatrix}$$

例 5.17　已知 $\boldsymbol{A}=\begin{pmatrix}i&0\\1&i\\0&1\end{pmatrix}$，求 $\boldsymbol{A}^{+}$.

解　由于矩阵 $\boldsymbol{A}$ 列满秩，于是有

$$\boldsymbol{A}^{+}=(\boldsymbol{A}^{\mathrm{H}}\boldsymbol{A})^{-1}\boldsymbol{A}^{\mathrm{H}}=\begin{pmatrix}2&i\\-i&2\end{pmatrix}^{-1}\boldsymbol{A}^{\mathrm{H}}=\frac{1}{3}\begin{pmatrix}2&-i\\i&2\end{pmatrix}\cdot\begin{pmatrix}-i&1&0\\0&-i&1\end{pmatrix}=\begin{pmatrix}-\frac{2i}{3}&\frac{1}{3}&-\frac{i}{3}\\\frac{1}{3}&-\frac{i}{3}&\frac{2}{3}\end{pmatrix}$$

例 5.18　已知 $\boldsymbol{A}=\begin{pmatrix}1&-1&0&2&1\\1&-1&0&1&1\\2&-2&0&3&2\end{pmatrix}$，求 $\boldsymbol{A}^{+}$.

解　对矩阵 $\boldsymbol{A}$ 进行初等行变换，化为行最简形

$$\boldsymbol{A}=\begin{pmatrix}1&-1&0&2&1\\1&-1&0&1&1\\2&-2&0&3&2\end{pmatrix}\to\begin{pmatrix}1&-1&0&0&1\\0&0&0&1&0\\0&0&0&0&0\end{pmatrix}$$

则有矩阵 $\boldsymbol{A}$ 的满秩分解：

$$\boldsymbol{A}=\boldsymbol{BC}=\begin{pmatrix}1&2\\1&1\\2&3\end{pmatrix}\begin{pmatrix}1&-1&0&0&1\\0&0&0&1&0\end{pmatrix}$$

于是有

$$(\boldsymbol{B}^{\mathrm{H}}\boldsymbol{B})^{-1}\boldsymbol{B}^{\mathrm{H}}=\begin{pmatrix}6&9\\9&14\end{pmatrix}^{-1}\boldsymbol{B}^{\mathrm{H}}=\frac{1}{3}\begin{pmatrix}14&-9\\-9&6\end{pmatrix}\begin{pmatrix}1&1&2\\2&1&3\end{pmatrix}=\frac{1}{3}\begin{pmatrix}-4&5&1\\3&-3&0\end{pmatrix}$$

$$\boldsymbol{C}^{\mathrm{H}}(\boldsymbol{CC}^{\mathrm{H}})^{-1}=\boldsymbol{C}^{\mathrm{H}}\begin{pmatrix}3&0\\0&1\end{pmatrix}^{-1}=\begin{pmatrix}1&0\\-1&0\\0&0\\0&1\\1&0\end{pmatrix}\cdot\frac{1}{3}\begin{pmatrix}1&0\\0&3\end{pmatrix}=\frac{1}{3}\begin{pmatrix}1&0\\-1&0\\0&0\\0&3\\1&0\end{pmatrix}$$

故有

$$A^{+}=C^{\mathrm{H}}(CC^{\mathrm{H}})^{-1}(B^{\mathrm{H}}B)^{-1}B^{\mathrm{H}}=\begin{pmatrix}-\frac{4}{9} & \frac{5}{9} & \frac{1}{9}\\ \frac{4}{9} & -\frac{5}{9} & -\frac{1}{9}\\ 0 & 0 & 0\\ 1 & -1 & 0\\ -\frac{4}{9} & \frac{5}{9} & \frac{1}{9}\end{pmatrix}$$

例 5.19　求解线性方程组 $\begin{cases} x_1+2x_2+3x_3=1\\ \qquad x_2+x_3=0\\ x_1 \qquad +x_3=1\\ 2x_1+x_2+3x_3=2\end{cases}$.

解　将方程组写成 $Ax=b$ 的形式，其中

$$A=\begin{pmatrix}1 & 2 & 3\\ 0 & 1 & 1\\ 1 & 0 & 1\\ 2 & 1 & 3\end{pmatrix},\qquad b=\begin{pmatrix}1\\0\\1\\2\end{pmatrix}$$

容易验证 $r(A,b)=r(A)$，所以 $Ax=b$ 为相容线性方程组，用 A^{+}来表示其通解. 下面利用满秩分解来求 A^{+}，容易计算得 A 的满秩分解为

$$A=BC=\begin{pmatrix}1 & 2\\ 0 & 1\\ 1 & 0\\ 2 & 1\end{pmatrix}\begin{pmatrix}1 & 0 & 1\\ 0 & 1 & 1\end{pmatrix}$$

于是有

$$(B^{\mathrm{H}}B)^{-1}B^{\mathrm{H}}=\begin{pmatrix}6 & 4\\ 4 & 6\end{pmatrix}^{-1}B^{\mathrm{H}}=\frac{1}{10}\begin{pmatrix}6 & -4\\ -4 & 6\end{pmatrix}\begin{pmatrix}1 & 0 & 1 & 2\\ 2 & 1 & 0 & 1\end{pmatrix}=\frac{1}{10}\begin{pmatrix}-1 & -2 & 3 & 4\\ 4 & 3 & -2 & -1\end{pmatrix}$$

$$C^{\mathrm{H}}(CC^{\mathrm{H}})^{-1}=C^{\mathrm{H}}\begin{pmatrix}2 & 1\\ 1 & 2\end{pmatrix}^{-1}=\begin{pmatrix}1 & 0\\ 0 & 1\\ 1 & 1\end{pmatrix}\cdot\frac{1}{3}\begin{pmatrix}2 & -1\\ -1 & 2\end{pmatrix}=\frac{1}{3}\begin{pmatrix}2 & -1\\ -1 & 2\\ 1 & 1\end{pmatrix}$$

故有

$$A^{+}=C^{\mathrm{H}}(CC^{\mathrm{H}})^{-1}(B^{\mathrm{H}}B)^{-1}B^{\mathrm{H}}=\frac{1}{30}\begin{pmatrix}-6 & -7 & 8 & 9\\ 9 & 8 & -7 & -6\\ 3 & 1 & 1 & 3\end{pmatrix}$$

于是有

$$A^{+}b=\frac{1}{30}\begin{pmatrix}-6 & -7 & 8 & 9\\ 9 & 8 & -7 & -6\\ 3 & 1 & 1 & 3\end{pmatrix}\begin{pmatrix}1\\0\\1\\2\end{pmatrix}=\frac{1}{3}\begin{pmatrix}2\\-1\\1\end{pmatrix}$$

$$A^+A=\frac{1}{30}\begin{pmatrix}-6&-7&8&9\\9&8&-7&-6\\3&1&1&3\end{pmatrix}\cdot\begin{pmatrix}1&2&3\\0&1&1\\1&0&1\\2&1&3\end{pmatrix}=\begin{pmatrix}\frac{2}{3}&-\frac{1}{3}&\frac{1}{3}\\-\frac{1}{3}&\frac{2}{3}&\frac{1}{3}\\\frac{1}{3}&\frac{1}{3}&\frac{2}{3}\end{pmatrix}$$

故方程组的通解为

$$\boldsymbol{x}=\boldsymbol{A}^+\boldsymbol{b}+(\boldsymbol{E}-\boldsymbol{A}^+\boldsymbol{A})\boldsymbol{z},\qquad \boldsymbol{z}=(z_1,z_2,z_3)^{\mathrm{T}}\in\mathbf{C}^3$$

即有

$$\boldsymbol{x}=\frac{1}{3}\begin{pmatrix}2\\-1\\1\end{pmatrix}+\left[\begin{pmatrix}1&0&0\\0&1&0\\0&0&1\end{pmatrix}-\begin{pmatrix}\frac{2}{3}&-\frac{1}{3}&\frac{1}{3}\\-\frac{1}{3}&\frac{2}{3}&\frac{1}{3}\\\frac{1}{3}&\frac{1}{3}&\frac{2}{3}\end{pmatrix}\right]\begin{pmatrix}z_1\\z_2\\z_3\end{pmatrix}=\frac{1}{3}\begin{pmatrix}2\\-1\\1\end{pmatrix}+\begin{pmatrix}\frac{1}{3}&\frac{1}{3}&-\frac{1}{3}\\\frac{1}{3}&\frac{1}{3}&-\frac{1}{3}\\-\frac{1}{3}&-\frac{1}{3}&\frac{1}{3}\end{pmatrix}\begin{pmatrix}z_1\\z_2\\z_3\end{pmatrix}$$

$$=\frac{1}{3}\begin{pmatrix}2\\-1\\1\end{pmatrix}+\frac{z_1+z_2-z_3}{3}\begin{pmatrix}1\\1\\-1\end{pmatrix}=\begin{pmatrix}\frac{2}{3}\\-\frac{1}{3}\\\frac{1}{3}\end{pmatrix}+u\begin{pmatrix}1\\1\\-1\end{pmatrix}$$

其中，$u=\frac{1}{3}(z_1+z_2-z_3)$ 为任意常数.

例 5.20　求 $\boldsymbol{Ax}=\boldsymbol{b}$ 的通解，其中 $\boldsymbol{A}=\begin{pmatrix}1&1&2\\2&2&1\\3&3&3\end{pmatrix}$，$\boldsymbol{b}=\begin{pmatrix}0\\1\\1\end{pmatrix}$.

解　下面利用满秩分解来求 $\boldsymbol{A}^+$，容易计算得 $\boldsymbol{A}$ 的满秩分解为

$$\boldsymbol{A}=\boldsymbol{BC}=\begin{pmatrix}1&2\\2&1\\3&3\end{pmatrix}\begin{pmatrix}1&1&0\\0&0&1\end{pmatrix}$$

于是有

$$(\boldsymbol{B}^{\mathrm{H}}\boldsymbol{B})^{-1}\boldsymbol{B}^{\mathrm{H}}=\begin{pmatrix}14&13\\13&14\end{pmatrix}^{-1}\boldsymbol{B}^{\mathrm{H}}=\frac{1}{27}\begin{pmatrix}14&-13\\-13&14\end{pmatrix}\begin{pmatrix}1&2&3\\2&1&3\end{pmatrix}=\frac{1}{9}\begin{pmatrix}-4&5&1\\5&-4&1\end{pmatrix}$$

$$\boldsymbol{C}^{\mathrm{H}}(\boldsymbol{CC}^{\mathrm{H}})^{-1}=\boldsymbol{C}^{\mathrm{H}}\begin{pmatrix}2&0\\0&1\end{pmatrix}^{-1}=\begin{pmatrix}1&0\\1&0\\0&1\end{pmatrix}\cdot\frac{1}{2}\begin{pmatrix}1&0\\0&2\end{pmatrix}=\frac{1}{2}\begin{pmatrix}1&0\\1&0\\0&2\end{pmatrix}$$

故有

$$\boldsymbol{A}^+=\boldsymbol{C}^{\mathrm{H}}(\boldsymbol{CC}^{\mathrm{H}})^{-1}(\boldsymbol{B}^{\mathrm{H}}\boldsymbol{B})^{-1}\boldsymbol{B}^{\mathrm{H}}=\frac{1}{18}\begin{pmatrix}-4&5&1\\-4&5&1\\10&-8&2\end{pmatrix}$$

于是有

$$A^{+}b=\frac{1}{18}\begin{pmatrix}-4 & 5 & 1\\ -4 & 5 & 1\\ 10 & -8 & 2\end{pmatrix}\begin{pmatrix}0\\1\\1\end{pmatrix}=\frac{1}{3}\begin{pmatrix}1\\1\\-1\end{pmatrix}$$

容易验证 $AA^{+}b=b$，所以 $Ax=b$ 为相容线性方程组，计算可得

$$A^{+}A=\frac{1}{18}\begin{pmatrix}-4 & 5 & 1\\ -4 & 5 & 1\\ 10 & -8 & 2\end{pmatrix}\cdot\begin{pmatrix}1 & 1 & 2\\ 2 & 2 & 1\\ 3 & 3 & 3\end{pmatrix}=\begin{pmatrix}\frac{1}{2} & \frac{1}{2} & 0\\ \frac{1}{2} & \frac{1}{2} & 0\\ 0 & 0 & 1\end{pmatrix}$$

故方程组的通解为

$$x=A^{+}b+(E-A^{+}A)z,\quad z=(z_1,z_2,z_3)^{\mathrm{T}}\in\mathbf{C}^3$$

即有

$$x=\frac{1}{3}\begin{pmatrix}1\\1\\-1\end{pmatrix}+\left[\begin{pmatrix}1 & 0 & 0\\ 0 & 1 & 0\\ 0 & 0 & 1\end{pmatrix}-\begin{pmatrix}\frac{1}{2} & \frac{1}{2} & 0\\ \frac{1}{2} & \frac{1}{2} & 0\\ 0 & 0 & 1\end{pmatrix}\right]\begin{pmatrix}z_1\\z_2\\z_3\end{pmatrix}=\frac{1}{3}\begin{pmatrix}1\\1\\-1\end{pmatrix}+\begin{pmatrix}\frac{1}{2} & -\frac{1}{2} & 0\\ -\frac{1}{2} & \frac{1}{2} & 0\\ 0 & 0 & 0\end{pmatrix}\begin{pmatrix}z_1\\z_2\\z_3\end{pmatrix}$$

$$=\frac{1}{3}\begin{pmatrix}1\\1\\-1\end{pmatrix}+\frac{z_1-z_2}{2}\begin{pmatrix}1\\-1\\0\end{pmatrix}=\begin{pmatrix}\frac{1}{3}\\ \frac{1}{3}\\ -\frac{1}{3}\end{pmatrix}+u\begin{pmatrix}1\\-1\\0\end{pmatrix}$$

其中，$u=\frac{1}{2}(z_1-z_2)$ 为任意常数.

例 5.21　求相容线性方程组 $\begin{cases}x_1+2x_2-x_3=1\\ -x_2+2x_3=2\end{cases}$ 的最小范数解.

解　将方程组写成 $Ax=b$ 的形式，其中

$$A=\begin{pmatrix}1 & 2 & -1\\ 0 & -1 & 2\end{pmatrix},\qquad b=\begin{pmatrix}1\\2\end{pmatrix}$$

易知矩阵 A 为行满秩矩阵，于是有

$$A^{+}=A^{\mathrm{H}}(AA^{\mathrm{H}})^{-1}=\begin{pmatrix}1 & 0\\ 2 & -1\\ -1 & 2\end{pmatrix}\begin{pmatrix}6 & -4\\ -4 & 5\end{pmatrix}^{-1}=\begin{pmatrix}1 & 0\\ 2 & -1\\ -1 & 2\end{pmatrix}\cdot\frac{1}{14}\begin{pmatrix}5 & 4\\ 4 & 6\end{pmatrix}=\frac{1}{14}\begin{pmatrix}5 & 4\\ 6 & 2\\ 3 & 8\end{pmatrix}$$

因此方程组的最小范数解为

$$x_0 = A^+ b = \frac{1}{14}\begin{pmatrix} 5 & 4 \\ 6 & 2 \\ 3 & 8 \end{pmatrix} \cdot \begin{pmatrix} 1 \\ 2 \end{pmatrix} = \frac{1}{14}\begin{pmatrix} 13 \\ 10 \\ 19 \end{pmatrix}$$

例 5.22　求不相容线性方程组 $Ax = b$ 的最小二乘解，其中 $A = \begin{pmatrix} 1 & 2 \\ 2 & 1 \\ 1 & 1 \end{pmatrix}$，$b = \begin{pmatrix} 1 \\ 0 \\ 0 \end{pmatrix}$.

解　由于矩阵 A 列满秩，则有

$$A^+ = (A^{\mathrm{H}} A)^{-1} A^{\mathrm{H}} = \begin{pmatrix} 6 & 5 \\ 5 & 6 \end{pmatrix}^{-1} A^{\mathrm{H}} = \frac{1}{11}\begin{pmatrix} 6 & -5 \\ -5 & 6 \end{pmatrix} \cdot \begin{pmatrix} 1 & 2 & 1 \\ 2 & 1 & 1 \end{pmatrix} = \frac{1}{11}\begin{pmatrix} -4 & 7 & 1 \\ 7 & -4 & 1 \end{pmatrix}$$

于是有

$$A^+ b = \frac{1}{11}\begin{pmatrix} -4 & 7 & 1 \\ 7 & -4 & 1 \end{pmatrix} \cdot \begin{pmatrix} 1 \\ 0 \\ 0 \end{pmatrix} = \frac{1}{11}\begin{pmatrix} -4 \\ 7 \end{pmatrix}$$

$$A^+ A = \frac{1}{11}\begin{pmatrix} -4 & 7 & 1 \\ 7 & -4 & 1 \end{pmatrix} \cdot \begin{pmatrix} 1 & 2 \\ 2 & 1 \\ 1 & 1 \end{pmatrix} = \begin{pmatrix} 1 & 0 \\ 0 & 1 \end{pmatrix}$$

故方程组的全部最小二乘解为

$$x = A^+ b + (E - A^+ A)z, \qquad z = (z_1, z_2)^{\mathrm{T}} \in \mathbf{C}^2$$

即有

$$x = \frac{1}{11}\begin{pmatrix} -4 \\ 7 \end{pmatrix} + \left[\begin{pmatrix} 1 & 0 \\ 0 & 1 \end{pmatrix} - \begin{pmatrix} 1 & 0 \\ 0 & 1 \end{pmatrix}\right]\begin{pmatrix} z_1 \\ z_2 \end{pmatrix} = \begin{pmatrix} -\dfrac{4}{11} \\ \dfrac{7}{11} \end{pmatrix}$$

例 5.23　设 $A = \begin{pmatrix} 1 & 2 & 0 & 1 \\ 0 & 1 & 1 & 3 \\ 2 & 5 & 1 & 5 \end{pmatrix}$，$b = \begin{pmatrix} 3 \\ 2 \\ 3 \end{pmatrix}$，验证线性方程组 $Ax = b$ 是不相容的，并求其极小最小二乘解.

解　对增广矩阵 (A, b) 进行初等行变换

$$(A, b) = \left(\begin{array}{cccc:c} 1 & 2 & 0 & 1 & 3 \\ 0 & 1 & 1 & 2 & 2 \\ 2 & 5 & 1 & 5 & 3 \end{array}\right) \to \left(\begin{array}{cccc:c} 1 & 2 & 0 & 1 & 3 \\ 0 & 1 & 1 & 3 & 2 \\ 0 & 0 & 0 & 0 & -5 \end{array}\right)$$

显然有 $r(A, b) = 3$，$r(A) = 2$，从而方程组无解即方程组 $Ax = b$ 是不相容的.

对矩阵 A 进行初等行变换，化为行最简形

$$A = \begin{pmatrix} 1 & 2 & 0 & 1 \\ 0 & 1 & 1 & 3 \\ 2 & 5 & 1 & 5 \end{pmatrix} \to \begin{pmatrix} 1 & 0 & -2 & -5 \\ 0 & 1 & 1 & 3 \\ 0 & 0 & 0 & 0 \end{pmatrix}$$

则有矩阵 A 的满秩分解：

$$A = BC = \begin{pmatrix} 1 & 2 \\ 0 & 1 \\ 2 & 5 \end{pmatrix} \begin{pmatrix} 1 & 0 & -2 & -5 \\ 0 & 1 & 1 & 3 \end{pmatrix}$$

于是有

$$(B^{\mathrm{H}}B)^{-1}B^{\mathrm{H}} = \begin{pmatrix} 5 & 12 \\ 12 & 30 \end{pmatrix}^{-1} B^{\mathrm{H}} = \frac{1}{6}\begin{pmatrix} 30 & -12 \\ -12 & 5 \end{pmatrix}\begin{pmatrix} 1 & 0 & 2 \\ 2 & 1 & 5 \end{pmatrix} = \frac{1}{6}\begin{pmatrix} 6 & -12 & 0 \\ -2 & 5 & 1 \end{pmatrix}$$

$$C^{\mathrm{H}}(CC^{\mathrm{H}})^{-1} = C^{\mathrm{H}}\begin{pmatrix} 30 & -17 \\ -17 & 11 \end{pmatrix}^{-1} = \begin{pmatrix} 1 & 0 \\ 0 & 1 \\ -2 & 1 \\ -5 & 3 \end{pmatrix} \cdot \frac{1}{41}\begin{pmatrix} 11 & 17 \\ 17 & 30 \end{pmatrix} = \frac{1}{41}\begin{pmatrix} 11 & 17 \\ 17 & 30 \\ -5 & -4 \\ -4 & 5 \end{pmatrix}$$

因此

$$A^{+} = C^{\mathrm{H}}(CC^{\mathrm{H}})^{-1}(B^{\mathrm{H}}B)^{-1}B^{\mathrm{H}} = \frac{1}{41}\begin{pmatrix} 11 & 17 \\ 17 & 30 \\ -5 & -4 \\ -4 & 5 \end{pmatrix} \cdot \frac{1}{6}\begin{pmatrix} 6 & -12 & 0 \\ -2 & 5 & 1 \end{pmatrix} = \frac{1}{246}\begin{pmatrix} 32 & -47 & 17 \\ 42 & -54 & 30 \\ -22 & -54 & 30 \\ -34 & 73 & 5 \end{pmatrix}$$

故方程组的极小最小二乘解为

$$x_0 = A^{+}b = \frac{1}{246}\begin{pmatrix} 32 & -47 & 17 \\ 42 & -54 & 30 \\ -22 & -54 & 30 \\ -34 & 73 & 5 \end{pmatrix} \cdot \begin{pmatrix} 3 \\ 2 \\ 3 \end{pmatrix} = \frac{1}{246}\begin{pmatrix} 53 \\ 108 \\ 2 \\ 59 \end{pmatrix}$$

例 5.24　设 $A = \begin{pmatrix} 1 & 1 & 0 \\ 0 & 0 & 1 \\ 0 & 0 & 0 \end{pmatrix}$，$b = \begin{pmatrix} l \\ k \\ k \end{pmatrix}$.

（1）求 $A\{1\}$；

（2）当 k 与 l 取何值时，方程组 $Ax = b$ 有解，并求其通解.

解　（1）对分块矩阵 $\left(\begin{array}{c|c} A & E_3 \\ \hline E_3 & O \end{array}\right)$ 进行初等行变换和初等列变换

$$\left(\begin{array}{c|c} A & E_3 \\ \hline E_3 & O \end{array}\right) = \left(\begin{array}{ccc|ccc} 1 & 1 & 0 & 1 & 0 & 0 \\ 0 & 0 & 1 & 0 & 1 & 0 \\ 0 & 0 & 0 & 0 & 0 & 1 \\ \hline 1 & 0 & 0 & 0 & 0 & 0 \\ 0 & 1 & 0 & 0 & 0 & 0 \\ 0 & 0 & 1 & 0 & 0 & 0 \end{array}\right) \to \left(\begin{array}{ccc|ccc} 1 & 0 & 0 & 1 & 0 & 0 \\ 0 & 1 & 0 & 0 & 1 & 0 \\ 0 & 0 & 0 & 0 & 0 & 1 \\ \hline 1 & 0 & -1 & 0 & 0 & 0 \\ 0 & 0 & 1 & 0 & 0 & 0 \\ 0 & 1 & 0 & 0 & 0 & 0 \end{array}\right)$$

于是得到

$$P = \begin{pmatrix} 1 & 0 & 0 \\ 0 & 1 & 0 \\ 0 & 0 & 1 \end{pmatrix} = E, \qquad Q = \begin{pmatrix} 1 & 0 & -1 \\ 0 & 0 & 1 \\ 0 & 1 & 0 \end{pmatrix}$$

因此 $\boldsymbol{A}$ 的所有{1}-广义逆

$$\boldsymbol{A}\{1\}=\left\{\boldsymbol{Q}\begin{pmatrix}\boldsymbol{E}_2 & \boldsymbol{X}\\ \boldsymbol{Y} & \boldsymbol{Z}\end{pmatrix}\right\}$$

其中：$\boldsymbol{X}$ 为任意 2×1 阶矩阵；$\boldsymbol{Y}$ 为任意 1×2 阶矩阵；$\boldsymbol{Z}$ 为任意 1×1 阶矩阵.

设 $\boldsymbol{X}=(x_1,x_2)^{\mathrm{T}}$，$\boldsymbol{Y}=(y_1,y_2)$，$\boldsymbol{Z}=z$，则有

$$\boldsymbol{A}\{1\}=\left\{\begin{pmatrix}1 & 0 & -1\\ 0 & 0 & 1\\ 0 & 1 & 0\end{pmatrix}\begin{pmatrix}1 & 0 & x_1\\ 0 & 1 & x_2\\ y_1 & y_2 & z\end{pmatrix}\right\}=\left\{\begin{pmatrix}1-y_1 & -y_2 & x_1-z\\ y_1 & y_2 & z\\ 0 & 1 & x_2\end{pmatrix}\right\}$$

其中，x_1,x_2,y_1,y_2,z 为任意复数.

（2）取 $x_1=x_2=0$，$y_1=y_2=0$，$z=0$，则得

$$\boldsymbol{A}^-=\begin{pmatrix}1 & 0 & 0\\ 0 & 0 & 0\\ 0 & 1 & 0\end{pmatrix}$$

于是有

$$\boldsymbol{A}\boldsymbol{A}^-\boldsymbol{b}=\begin{pmatrix}1 & 1 & 0\\ 0 & 0 & 1\\ 0 & 0 & 0\end{pmatrix}\begin{pmatrix}1 & 0 & 0\\ 0 & 0 & 0\\ 0 & 1 & 0\end{pmatrix}\begin{pmatrix}l\\ k\\ k\end{pmatrix}=\begin{pmatrix}l\\ k\\ 0\end{pmatrix}$$

若要方程组 $\boldsymbol{A}\boldsymbol{x}=\boldsymbol{b}$ 有解，则必须满足 $\boldsymbol{A}\boldsymbol{A}^-\boldsymbol{b}=\boldsymbol{b}$，即

$$\begin{pmatrix}l\\ k\\ 0\end{pmatrix}=\begin{pmatrix}l\\ k\\ k\end{pmatrix}$$

因此当 $k=0,\ l$ 为任意复数时，方程组 $\boldsymbol{A}\boldsymbol{x}=\boldsymbol{b}$ 有解，且其通解可表示为

$$\boldsymbol{x}=\boldsymbol{A}^-\boldsymbol{b}+(\boldsymbol{E}-\boldsymbol{A}^-\boldsymbol{A})\boldsymbol{z},\qquad \boldsymbol{z}=(z_1,z_2,z_3)^{\mathrm{T}}\in\mathbf{C}^3$$

因此时有

$$\boldsymbol{A}^-\boldsymbol{b}=\begin{pmatrix}1 & 0 & 0\\ 0 & 0 & 0\\ 0 & 1 & 0\end{pmatrix}\begin{pmatrix}l\\ 0\\ 0\end{pmatrix}=\begin{pmatrix}l\\ 0\\ 0\end{pmatrix}$$

$$\boldsymbol{A}^-\boldsymbol{A}=\begin{pmatrix}1 & 0 & 0\\ 0 & 0 & 0\\ 0 & 1 & 0\end{pmatrix}\begin{pmatrix}1 & 1 & 0\\ 0 & 0 & 1\\ 0 & 0 & 0\end{pmatrix}=\begin{pmatrix}1 & 1 & 0\\ 0 & 0 & 0\\ 0 & 0 & 1\end{pmatrix}$$

故通解为

$$\boldsymbol{x}=\begin{pmatrix}l\\ 0\\ 0\end{pmatrix}+\left[\begin{pmatrix}1 & 0 & 0\\ 0 & 1 & 0\\ 0 & 0 & 1\end{pmatrix}-\begin{pmatrix}1 & 1 & 0\\ 0 & 0 & 0\\ 0 & 0 & 1\end{pmatrix}\right]\begin{pmatrix}z_1\\ z_2\\ z_3\end{pmatrix}=\begin{pmatrix}l\\ 0\\ 0\end{pmatrix}+\begin{pmatrix}0 & -1 & 0\\ 0 & 1 & 0\\ 0 & 0 & 0\end{pmatrix}\begin{pmatrix}z_1\\ z_2\\ z_3\end{pmatrix}$$

$$=\begin{pmatrix}l\\ 0\\ 0\end{pmatrix}+z_2\begin{pmatrix}-1\\ 1\\ 0\end{pmatrix}\quad (z_2\text{为任意常数})$$

例 5.25　证明下列等式：

（1）$(\boldsymbol{A}^{\mathrm{H}})^{+}=(\boldsymbol{A}^{+})^{\mathrm{H}}$；

（2）$(\boldsymbol{A}^{\mathrm{H}}\boldsymbol{A})^{+}=\boldsymbol{A}^{+}(\boldsymbol{A}^{+})^{\mathrm{H}}$，$(\boldsymbol{A}\boldsymbol{A}^{\mathrm{H}})^{+}=(\boldsymbol{A}^{+})^{\mathrm{H}}\boldsymbol{A}^{+}$；

（3）$(\boldsymbol{A}^{\mathrm{H}}\boldsymbol{A})^{+}=\boldsymbol{A}^{+}(\boldsymbol{A}\boldsymbol{A}^{\mathrm{H}})^{+}\boldsymbol{A}=\boldsymbol{A}^{\mathrm{H}}(\boldsymbol{A}\boldsymbol{A}^{\mathrm{H}})^{+}(\boldsymbol{A}^{+})^{\mathrm{H}}$；

（4）$\boldsymbol{A}\boldsymbol{A}^{+}=(\boldsymbol{A}\boldsymbol{A}^{\mathrm{H}})(\boldsymbol{A}\boldsymbol{A}^{\mathrm{H}})^{+}=(\boldsymbol{A}\boldsymbol{A}^{\mathrm{H}})^{+}(\boldsymbol{A}\boldsymbol{A}^{\mathrm{H}})$；

（5）$\boldsymbol{A}^{+}\boldsymbol{A}=(\boldsymbol{A}^{\mathrm{H}}\boldsymbol{A})(\boldsymbol{A}^{\mathrm{H}}\boldsymbol{A})^{+}=(\boldsymbol{A}^{\mathrm{H}}\boldsymbol{A})^{+}(\boldsymbol{A}^{\mathrm{H}}\boldsymbol{A})$.

证　（1）记 $\boldsymbol{B}=\boldsymbol{A}^{\mathrm{H}},\boldsymbol{G}=(\boldsymbol{A}^{+})^{\mathrm{H}}$，由于

$$\boldsymbol{BGB}=\boldsymbol{A}^{\mathrm{H}}(\boldsymbol{A}^{+})^{\mathrm{H}}\boldsymbol{A}^{\mathrm{H}}=(\boldsymbol{A}\boldsymbol{A}^{+}\boldsymbol{A})^{\mathrm{H}}=\boldsymbol{A}^{\mathrm{H}}=\boldsymbol{B}$$

$$\boldsymbol{GBG}=(\boldsymbol{A}^{+})^{\mathrm{H}}\boldsymbol{A}^{\mathrm{H}}(\boldsymbol{A}^{+})^{\mathrm{H}}=(\boldsymbol{A}^{+}\boldsymbol{A}\boldsymbol{A}^{+})^{\mathrm{H}}=(\boldsymbol{A}^{+})^{\mathrm{H}}=\boldsymbol{G}$$

$$\boldsymbol{GB}=(\boldsymbol{A}^{+})^{\mathrm{H}}\boldsymbol{A}^{\mathrm{H}}=(\boldsymbol{A}\boldsymbol{A}^{+})^{\mathrm{H}}=\boldsymbol{A}\boldsymbol{A}^{+},\ (\boldsymbol{GB})^{\mathrm{H}}=(\boldsymbol{A}\boldsymbol{A}^{+})^{\mathrm{H}}=\boldsymbol{A}\boldsymbol{A}^{+}=\boldsymbol{GB}$$

$$\boldsymbol{BG}=\boldsymbol{A}^{\mathrm{H}}(\boldsymbol{A}^{+})^{\mathrm{H}}=(\boldsymbol{A}^{+}\boldsymbol{A})^{\mathrm{H}}=\boldsymbol{A}^{+}\boldsymbol{A},\ (\boldsymbol{BG})^{\mathrm{H}}=(\boldsymbol{A}^{+}\boldsymbol{A})^{\mathrm{H}}=\boldsymbol{A}^{+}\boldsymbol{A}=\boldsymbol{BG}$$

即 $\boldsymbol{G}$ 满足 Moore-Penrose 方程的 4 个条件，由 $\boldsymbol{B}^{+}$的唯一性，故有 $\boldsymbol{B}^{+}=\boldsymbol{G}$，即

$$(\boldsymbol{A}^{\mathrm{H}})^{+}=(\boldsymbol{A}^{+})^{\mathrm{H}}$$

（2）记 $\boldsymbol{B}=\boldsymbol{A}^{\mathrm{H}}\boldsymbol{A},\boldsymbol{G}=\boldsymbol{A}^{+}(\boldsymbol{A}^{+})^{\mathrm{H}}$，于是有

$$\boldsymbol{BGB}=\boldsymbol{A}^{\mathrm{H}}\boldsymbol{A}\boldsymbol{A}^{+}(\boldsymbol{A}^{+})^{\mathrm{H}}\boldsymbol{A}^{\mathrm{H}}\boldsymbol{A}=\boldsymbol{A}^{\mathrm{H}}\boldsymbol{A}\boldsymbol{A}^{+}(\boldsymbol{A}\boldsymbol{A}^{+})^{\mathrm{H}}\boldsymbol{A}=\boldsymbol{A}^{\mathrm{H}}\boldsymbol{A}\boldsymbol{A}^{+}\boldsymbol{A}\boldsymbol{A}^{+}\boldsymbol{A}=\boldsymbol{A}^{\mathrm{H}}\boldsymbol{A}=\boldsymbol{B}$$

$$\boldsymbol{GBG}=\boldsymbol{A}^{+}(\boldsymbol{A}^{+})^{\mathrm{H}}\boldsymbol{A}^{\mathrm{H}}\boldsymbol{A}\boldsymbol{A}^{+}(\boldsymbol{A}^{+})^{\mathrm{H}}=\boldsymbol{A}^{+}(\boldsymbol{A}\boldsymbol{A}^{+})^{\mathrm{H}}\boldsymbol{A}\boldsymbol{A}^{+}(\boldsymbol{A}^{+})^{\mathrm{H}}=\boldsymbol{A}^{+}\boldsymbol{A}\boldsymbol{A}^{+}\boldsymbol{A}\boldsymbol{A}^{+}(\boldsymbol{A}^{+})^{\mathrm{H}}=\boldsymbol{A}^{+}(\boldsymbol{A}^{+})^{\mathrm{H}}=\boldsymbol{G}$$

$$\boldsymbol{GB}=\boldsymbol{A}^{+}(\boldsymbol{A}^{+})^{\mathrm{H}}\boldsymbol{A}^{\mathrm{H}}\boldsymbol{A}=\boldsymbol{A}^{+}(\boldsymbol{A}\boldsymbol{A}^{+})^{\mathrm{H}}\boldsymbol{A}=\boldsymbol{A}^{+}\boldsymbol{A}\boldsymbol{A}^{+}\boldsymbol{A}=\boldsymbol{A}^{+}\boldsymbol{A},\ (\boldsymbol{GB})^{\mathrm{H}}=(\boldsymbol{A}^{+}\boldsymbol{A})^{\mathrm{H}}=\boldsymbol{A}^{+}\boldsymbol{A}=\boldsymbol{GB}$$

$$\boldsymbol{BG}=\boldsymbol{A}^{\mathrm{H}}\boldsymbol{A}\boldsymbol{A}^{+}(\boldsymbol{A}^{+})^{\mathrm{H}}=\boldsymbol{A}^{\mathrm{H}}(\boldsymbol{A}\boldsymbol{A}^{+})^{\mathrm{H}}(\boldsymbol{A}^{+})^{\mathrm{H}}=\boldsymbol{A}^{\mathrm{H}}(\boldsymbol{A}^{+}\boldsymbol{A}\boldsymbol{A}^{+})^{\mathrm{H}}=\boldsymbol{A}^{\mathrm{H}}(\boldsymbol{A}^{+})^{\mathrm{H}}=(\boldsymbol{A}^{+}\boldsymbol{A})^{\mathrm{H}}=\boldsymbol{A}^{+}\boldsymbol{A}$$

$$(\boldsymbol{BG})^{\mathrm{H}}=(\boldsymbol{A}^{+}\boldsymbol{A})^{\mathrm{H}}=\boldsymbol{A}^{+}\boldsymbol{A}=\boldsymbol{BG}$$

即 $\boldsymbol{G}$ 满足 Moore-Penrose 方程的 4 个条件，因 $\boldsymbol{B}^{+}$的唯一性，故有 $\boldsymbol{B}^{+}=\boldsymbol{G}$，即

$$(\boldsymbol{A}^{\mathrm{H}}\boldsymbol{A})^{+}=\boldsymbol{A}^{+}(\boldsymbol{A}^{+})^{\mathrm{H}}$$

同理可证，$(\boldsymbol{A}\boldsymbol{A}^{\mathrm{H}})^{+}=(\boldsymbol{A}^{+})^{\mathrm{H}}\boldsymbol{A}^{+}$.

（3）由（2）有 $(\boldsymbol{A}\boldsymbol{A}^{\mathrm{H}})^{+}=(\boldsymbol{A}^{+})^{\mathrm{H}}\boldsymbol{A}^{+}$，于是有

$$\boldsymbol{A}^{+}(\boldsymbol{A}\boldsymbol{A}^{\mathrm{H}})^{+}\boldsymbol{A}=\boldsymbol{A}^{+}(\boldsymbol{A}^{+})^{\mathrm{H}}\boldsymbol{A}^{+}\boldsymbol{A}=\boldsymbol{A}^{+}(\boldsymbol{A}^{+})^{\mathrm{H}}(\boldsymbol{A}^{+}\boldsymbol{A})^{\mathrm{H}}=\boldsymbol{A}^{+}(\boldsymbol{A}^{+}\boldsymbol{A}\boldsymbol{A}^{+})^{\mathrm{H}}=\boldsymbol{A}^{+}(\boldsymbol{A}^{+})^{\mathrm{H}}$$

$$\boldsymbol{A}^{\mathrm{H}}(\boldsymbol{A}\boldsymbol{A}^{\mathrm{H}})^{+}(\boldsymbol{A}^{+})^{\mathrm{H}}=\boldsymbol{A}^{\mathrm{H}}(\boldsymbol{A}^{+})^{\mathrm{H}}\boldsymbol{A}^{+}(\boldsymbol{A}^{+})^{\mathrm{H}}=(\boldsymbol{A}^{+}\boldsymbol{A})^{\mathrm{H}}\boldsymbol{A}^{+}(\boldsymbol{A}^{+})^{\mathrm{H}}=\boldsymbol{A}^{+}\boldsymbol{A}\boldsymbol{A}^{+}(\boldsymbol{A}^{+})^{\mathrm{H}}=\boldsymbol{A}^{+}(\boldsymbol{A}^{+})^{\mathrm{H}}$$

再由（2）有 $(\boldsymbol{A}^{\mathrm{H}}\boldsymbol{A})^{+}=\boldsymbol{A}^{+}(\boldsymbol{A}^{+})^{\mathrm{H}}$，故有

$$(\boldsymbol{A}^{\mathrm{H}}\boldsymbol{A})^{+}=\boldsymbol{A}^{+}(\boldsymbol{A}\boldsymbol{A}^{\mathrm{H}})^{+}\boldsymbol{A}=\boldsymbol{A}^{\mathrm{H}}(\boldsymbol{A}\boldsymbol{A}^{\mathrm{H}})^{+}(\boldsymbol{A}^{+})^{\mathrm{H}}$$

（4）由（2）有 $(\boldsymbol{A}\boldsymbol{A}^{\mathrm{H}})^{+}=(\boldsymbol{A}^{+})^{\mathrm{H}}\boldsymbol{A}^{+}$，于是有

$$(\boldsymbol{A}\boldsymbol{A}^{\mathrm{H}})(\boldsymbol{A}\boldsymbol{A}^{\mathrm{H}})^{+}=\boldsymbol{A}\boldsymbol{A}^{\mathrm{H}}(\boldsymbol{A}^{+})^{\mathrm{H}}\boldsymbol{A}^{+}=\boldsymbol{A}(\boldsymbol{A}^{+}\boldsymbol{A})^{\mathrm{H}}\boldsymbol{A}^{+}=\boldsymbol{A}\boldsymbol{A}^{+}\boldsymbol{A}\boldsymbol{A}^{+}=\boldsymbol{A}\boldsymbol{A}^{+}$$

$$(\boldsymbol{A}\boldsymbol{A}^{\mathrm{H}})^{+}(\boldsymbol{A}\boldsymbol{A}^{\mathrm{H}})=(\boldsymbol{A}^{+})^{\mathrm{H}}\boldsymbol{A}^{+}\boldsymbol{A}\boldsymbol{A}^{\mathrm{H}}=(\boldsymbol{A}^{+})^{\mathrm{H}}(\boldsymbol{A}^{+}\boldsymbol{A})^{\mathrm{H}}\boldsymbol{A}^{\mathrm{H}}=(\boldsymbol{A}\boldsymbol{A}^{+}\boldsymbol{A}\boldsymbol{A}^{+})^{\mathrm{H}}=(\boldsymbol{A}\boldsymbol{A}^{+})^{\mathrm{H}}=\boldsymbol{A}\boldsymbol{A}^{+}$$

即（4）得证.

（5）证法与（4）类似.

例 5.26　举例说明下列等式不成立：

（1）$(\boldsymbol{AB})^{+}=\boldsymbol{B}^{+}\boldsymbol{A}^{+}$；

（2）$(\boldsymbol{A}^{2})^{+}=(\boldsymbol{A}^{+})^{2}$；

（3）$\boldsymbol{A}\boldsymbol{A}^{+}=\boldsymbol{A}^{+}\boldsymbol{A}$.

解 （1）设

$$A=\begin{pmatrix}1&0\\0&0\end{pmatrix},\qquad B=\begin{pmatrix}1&1\\0&1\end{pmatrix}$$

则有

$$AB=\begin{pmatrix}1&1\\0&0\end{pmatrix},\quad A^+=\begin{pmatrix}1&0\\0&0\end{pmatrix},\quad B^+=\begin{pmatrix}1&-1\\0&1\end{pmatrix}$$

于是有

$$(AB)^+=\frac{1}{2}\begin{pmatrix}1&0\\1&0\end{pmatrix},\qquad B^+A^+=\begin{pmatrix}1&0\\0&0\end{pmatrix}$$

故有

$$(AB)^+\neq B^+A^+$$

（2）设 $A=\begin{pmatrix}1&-1\\0&0\end{pmatrix}$，则有

$$A^+=\frac{1}{2}\begin{pmatrix}1&0\\-1&0\end{pmatrix},\qquad A^2=\begin{pmatrix}1&-1\\0&0\end{pmatrix}$$

于是有

$$(A^2)^+=\frac{1}{2}\begin{pmatrix}1&0\\-1&0\end{pmatrix},\qquad (A^+)^2=\frac{1}{4}\begin{pmatrix}1&0\\-1&0\end{pmatrix}$$

故有

$$(A^2)^+\neq(A^+)^2$$

（3）设 $A=\begin{pmatrix}1&0\\1&0\end{pmatrix}$，则有

$$A^+=\frac{1}{2}\begin{pmatrix}1&1\\0&0\end{pmatrix},\quad AA^+=\frac{1}{2}\begin{pmatrix}1&1\\1&1\end{pmatrix},\quad A^+A=\frac{1}{2}\begin{pmatrix}2&0\\0&0\end{pmatrix}$$

故有

$$AA^+\neq A^+A$$

例 5.27 已知 $A=\begin{pmatrix}1&2&2&1\\1&1&1&1\\2&1&1&2\end{pmatrix}$，$b=\begin{pmatrix}1\\1\\1\end{pmatrix}$.

（1）求 A 的满秩分解；

（2）求 A^+；

（3）用广义逆矩阵方法判断方程组 $Ax=b$ 是否有解；

（4）求方程组 $Ax=b$ 的最小范数解或极小最小二乘解.

解 （1）对矩阵 A 进行初等行变换，化为行最简形矩阵，即

$$A=\begin{pmatrix}1&2&2&1\\1&1&1&1\\2&1&1&2\end{pmatrix}\to\begin{pmatrix}1&1&1&1\\1&2&2&1\\2&1&1&2\end{pmatrix}\to\begin{pmatrix}1&1&1&1\\0&1&1&0\\0&-1&-1&0\end{pmatrix}\to\begin{pmatrix}1&0&0&1\\0&1&1&0\\0&0&0&0\end{pmatrix}$$

则有矩阵 $\boldsymbol{A}$ 的满秩分解：

$$\boldsymbol{A}=\boldsymbol{B}\boldsymbol{C}=\begin{pmatrix}1&2\\1&1\\2&1\end{pmatrix}\begin{pmatrix}1&0&0&1\\0&1&1&0\end{pmatrix}$$

（2）

$$(\boldsymbol{B}^{\mathrm{T}}\boldsymbol{B})^{-1}\boldsymbol{B}^{\mathrm{T}}=\begin{pmatrix}6&5\\5&6\end{pmatrix}^{-1}\boldsymbol{B}^{\mathrm{T}}=\frac{1}{11}\begin{pmatrix}6&-5\\-5&6\end{pmatrix}\begin{pmatrix}1&1&2\\2&1&1\end{pmatrix}=\frac{1}{11}\begin{pmatrix}-4&1&7\\7&1&-4\end{pmatrix}$$

$$\boldsymbol{C}^{\mathrm{T}}(\boldsymbol{C}\boldsymbol{C}^{\mathrm{T}})^{-1}=\boldsymbol{C}^{\mathrm{T}}\begin{pmatrix}2&0\\0&2\end{pmatrix}^{-1}=\begin{pmatrix}1&0\\0&1\\0&1\\1&0\end{pmatrix}\cdot\frac{1}{2}\begin{pmatrix}1&0\\0&1\end{pmatrix}=\frac{1}{2}\begin{pmatrix}1&0\\0&1\\0&1\\1&0\end{pmatrix}$$

故有

$$\boldsymbol{A}^{+}=\boldsymbol{C}^{\mathrm{T}}(\boldsymbol{C}\boldsymbol{C}^{\mathrm{T}})^{-1}(\boldsymbol{B}^{\mathrm{T}}\boldsymbol{B})^{-1}\boldsymbol{B}^{\mathrm{T}}=\frac{1}{22}\begin{pmatrix}-4&1&7\\7&1&-4\\7&1&-4\\-4&1&7\end{pmatrix}$$

（3）由于

$$\boldsymbol{A}\boldsymbol{A}^{+}\boldsymbol{b}=\boldsymbol{A}\cdot\frac{2}{11}\begin{pmatrix}1\\1\\1\\1\end{pmatrix}=\frac{2}{11}\begin{pmatrix}6\\4\\6\end{pmatrix}\neq\boldsymbol{b}$$

所以方程组 $\boldsymbol{A}\boldsymbol{x}=\boldsymbol{b}$ 无解.

（4）所求极小最小二乘解为

$$\boldsymbol{x}_0=\boldsymbol{A}^{+}\boldsymbol{b}=\frac{2}{11}\begin{pmatrix}1\\1\\1\\1\end{pmatrix}$$

例 5.28 已知 $\boldsymbol{A}=\begin{pmatrix}1&1&0&2&2\\2&2&3&1&1\\1&1&1&1&1\end{pmatrix}$，$\boldsymbol{b}=\begin{pmatrix}1\\2\\1\end{pmatrix}$.

（1）求 $\boldsymbol{A}$ 的满秩分解；

（2）求 $\boldsymbol{A}^{+}$；

（3）用广义逆矩阵方法判断方程组 $\boldsymbol{A}\boldsymbol{x}=\boldsymbol{b}$ 是否有解；

（4）求方程组 $\boldsymbol{A}\boldsymbol{x}=\boldsymbol{b}$ 的最小范数解或极小最小二乘解.

解 （1）对矩阵 $\boldsymbol{A}$ 进行初等行变换，化为行最简形矩阵，即

$$\boldsymbol{A}=\begin{pmatrix}1&1&0&2&2\\2&2&3&1&1\\1&1&1&1&1\end{pmatrix}\to\begin{pmatrix}1&1&0&2&2\\0&0&1&-1&-1\\0&0&0&0&0\end{pmatrix}$$

则有矩阵 $\boldsymbol{A}$ 的满秩分解

$$\boldsymbol{A}=\boldsymbol{BC}=\begin{pmatrix}1&0\\2&3\\1&1\end{pmatrix}\begin{pmatrix}1&1&0&2&2\\0&0&1&-1&-1\end{pmatrix}$$

（2）

$$(\boldsymbol{B}^{\mathrm{T}}\boldsymbol{B})^{-1}\boldsymbol{B}^{\mathrm{T}}=\begin{pmatrix}6&7\\7&10\end{pmatrix}^{-1}\boldsymbol{B}^{\mathrm{T}}=\frac{1}{11}\begin{pmatrix}10&-7\\-7&6\end{pmatrix}\begin{pmatrix}1&2&1\\0&3&1\end{pmatrix}=\frac{1}{11}\begin{pmatrix}10&-1&3\\-7&4&-1\end{pmatrix}$$

$$\boldsymbol{C}^{\mathrm{T}}(\boldsymbol{CC}^{\mathrm{T}})^{-1}=\boldsymbol{C}^{\mathrm{T}}\begin{pmatrix}10&-4\\-4&3\end{pmatrix}^{-1}=\begin{pmatrix}1&0\\1&0\\0&1\\2&-1\\2&-1\end{pmatrix}\cdot\frac{1}{14}\begin{pmatrix}3&4\\4&10\end{pmatrix}=\frac{1}{14}\begin{pmatrix}3&4\\3&4\\4&10\\2&-2\\2&-2\end{pmatrix}$$

故有

$$\boldsymbol{A}^{+}=\boldsymbol{C}^{\mathrm{T}}(\boldsymbol{CC}^{\mathrm{T}})^{-1}(\boldsymbol{B}^{\mathrm{T}}\boldsymbol{B})^{-1}\boldsymbol{B}^{\mathrm{T}}=\frac{1}{14}\begin{pmatrix}3&4\\3&4\\4&10\\2&-2\\2&-2\end{pmatrix}\cdot\frac{1}{11}\begin{pmatrix}10&-1&3\\-7&4&-1\end{pmatrix}=\begin{pmatrix}2&13&5\\2&13&5\\-30&36&2\\34&-10&8\\34&-10&8\end{pmatrix}$$

（3）由于

$$\boldsymbol{AA}^{+}\boldsymbol{b}=\boldsymbol{A}\cdot\frac{1}{14}\begin{pmatrix}3\\3\\4\\2\\2\end{pmatrix}=\frac{1}{14}\begin{pmatrix}14\\28\\14\end{pmatrix}=\boldsymbol{b}$$

所以方程组 $\boldsymbol{Ax}=\boldsymbol{b}$ 有解.

（4）所求最小范数解为

$$\boldsymbol{x}_0=\boldsymbol{A}^{+}\boldsymbol{b}=\frac{1}{14}\begin{pmatrix}3\\3\\4\\2\\2\end{pmatrix}$$

例 5.29　（1）设 $\boldsymbol{A}\in\mathbf{C}^{m\times n}$，$\boldsymbol{A}$ 的秩为 n.证明：

$$\boldsymbol{A}^{+}=(\boldsymbol{A}^{\mathrm{H}}\boldsymbol{A})^{-1}\boldsymbol{A}^{\mathrm{H}}$$

（2）求方程组 $\boldsymbol{AX}=\boldsymbol{B}$ 的极小最小二乘解，这里

$$\boldsymbol{A}=\begin{pmatrix}1&0\\1&1\\0&1\end{pmatrix},\qquad\boldsymbol{B}=\begin{pmatrix}1\\0\\2\end{pmatrix}$$

解 （1）记 $\boldsymbol{G}=(\boldsymbol{A}^{\mathrm{H}}\boldsymbol{A})^{-1}\boldsymbol{A}^{\mathrm{H}}$，则有

$$\boldsymbol{AGA}=\boldsymbol{A}[(\boldsymbol{A}^{\mathrm{H}}\boldsymbol{A})^{-1}\boldsymbol{A}^{\mathrm{H}}]\boldsymbol{A}=\boldsymbol{A}$$

$$\boldsymbol{GAG}=[(\boldsymbol{A}^{\mathrm{H}}\boldsymbol{A})^{-1}\boldsymbol{A}^{\mathrm{H}}]\boldsymbol{A}[(\boldsymbol{A}^{\mathrm{H}}\boldsymbol{A})^{-1}\boldsymbol{A}^{\mathrm{H}}]=(\boldsymbol{A}^{\mathrm{H}}\boldsymbol{A})^{-1}\boldsymbol{A}^{\mathrm{H}}=\boldsymbol{G}$$

$$\boldsymbol{GA}=[(\boldsymbol{A}^{\mathrm{H}}\boldsymbol{A})^{-1}\boldsymbol{A}^{\mathrm{H}}]\boldsymbol{A}=\boldsymbol{E},\ (\boldsymbol{GA})^{\mathrm{H}}=\boldsymbol{E}^{\mathrm{H}}=\boldsymbol{E}=\boldsymbol{GA}$$

$$\boldsymbol{AG}=\boldsymbol{A}(\boldsymbol{A}^{\mathrm{H}}\boldsymbol{A})^{-1}\boldsymbol{A}^{\mathrm{H}},\ (\boldsymbol{AG})^{\mathrm{H}}=[\boldsymbol{A}(\boldsymbol{A}^{\mathrm{H}}\boldsymbol{A})^{-1}\boldsymbol{A}^{\mathrm{H}}]^{\mathrm{H}}=\boldsymbol{A}[(\boldsymbol{A}^{\mathrm{H}}\boldsymbol{A})^{-1}]^{\mathrm{H}}\boldsymbol{A}^{\mathrm{H}}=\boldsymbol{A}(\boldsymbol{A}^{\mathrm{H}}\boldsymbol{A})^{-1}\boldsymbol{A}^{\mathrm{H}}=\boldsymbol{AG}$$

所以 $\boldsymbol{G}$ 是矩阵 $\boldsymbol{A}$ 的 M-P 广义逆，由 M-P 广义逆的唯一性，故有

$$\boldsymbol{A}^{+}=(\boldsymbol{A}^{\mathrm{H}}\boldsymbol{A})^{-1}\boldsymbol{A}^{\mathrm{H}}$$

（2）由（1）则有

$$\boldsymbol{A}^{+}=(\boldsymbol{A}^{\mathrm{H}}\boldsymbol{A})^{-1}\boldsymbol{A}^{\mathrm{H}}=\begin{pmatrix}2&1\\1&2\end{pmatrix}^{-1}\begin{pmatrix}1&1&0\\0&1&1\end{pmatrix}=\frac{1}{3}\begin{pmatrix}2&-1\\-1&2\end{pmatrix}\begin{pmatrix}1&1&0\\0&1&1\end{pmatrix}=\frac{1}{3}\begin{pmatrix}2&1&-1\\-1&1&2\end{pmatrix}$$

故所求极小最小二乘解为

$$\boldsymbol{X}=\boldsymbol{A}^{+}\boldsymbol{B}=\frac{1}{3}\begin{pmatrix}2&1&-1\\-1&1&2\end{pmatrix}\begin{pmatrix}1\\0\\2\end{pmatrix}=\begin{pmatrix}0\\1\end{pmatrix}$$

例 5.30 （1）设 $\boldsymbol{A}\in\mathbf{C}^{m\times n}$，证明：$\boldsymbol{A}^{+}=\lim\limits_{\varepsilon\to 0}(\boldsymbol{A}^{\mathrm{H}}\boldsymbol{A}+\varepsilon^{2}\boldsymbol{E})^{-1}\boldsymbol{A}^{\mathrm{H}}$；

（2）求方程组 $\boldsymbol{AX}=\boldsymbol{b}$ 的最小范数解，其中

$$\boldsymbol{A}=\begin{pmatrix}-1&2\\0&0\\1&-2\end{pmatrix},\quad \boldsymbol{b}=\begin{pmatrix}5\\0\\-5\end{pmatrix}$$

解 （1）设矩阵 $\boldsymbol{A}$ 的奇异值分解 $\boldsymbol{A}=\boldsymbol{P}\begin{pmatrix}\boldsymbol{D}&\boldsymbol{O}\\\boldsymbol{O}&\boldsymbol{O}\end{pmatrix}\boldsymbol{Q}^{\mathrm{H}}$，其中 $\boldsymbol{D}=\mathrm{diag}\{d_1,d_2,\cdots,d_r\}$，且 $d_1\geqslant d_2\geqslant\cdots\geqslant d_r>0$，$\boldsymbol{P}$ 与 $\boldsymbol{Q}$ 分别为 m 阶与 n 阶酉矩阵，则有

$$\boldsymbol{A}^{+}=\boldsymbol{Q}\begin{pmatrix}\boldsymbol{D}^{-1}&\boldsymbol{O}\\\boldsymbol{O}&\boldsymbol{O}\end{pmatrix}\boldsymbol{P}^{\mathrm{H}}$$

经计算得

$$\begin{aligned}(\boldsymbol{A}^{\mathrm{H}}\boldsymbol{A}+\varepsilon^{2}\boldsymbol{E})^{-1}\boldsymbol{A}^{\mathrm{H}}&=\left[\boldsymbol{Q}\begin{pmatrix}\boldsymbol{D}^{2}&\boldsymbol{O}\\\boldsymbol{O}&\boldsymbol{O}\end{pmatrix}\boldsymbol{Q}^{\mathrm{H}}+\varepsilon^{2}\boldsymbol{QEQ}^{\mathrm{H}}\right]^{-1}\boldsymbol{A}^{\mathrm{H}}=\left[\boldsymbol{Q}\begin{pmatrix}\boldsymbol{D}^{2}+\varepsilon^{2}\boldsymbol{E}_r&\boldsymbol{O}\\\boldsymbol{O}&\varepsilon^{2}\boldsymbol{E}_{n-r}\end{pmatrix}\boldsymbol{Q}^{\mathrm{H}}\right]^{-1}\boldsymbol{A}^{\mathrm{H}}\\&=\boldsymbol{Q}\begin{pmatrix}\boldsymbol{D}^{2}+\varepsilon^{2}\boldsymbol{E}_r&\boldsymbol{O}\\\boldsymbol{O}&\varepsilon^{2}\boldsymbol{E}_{n-r}\end{pmatrix}^{-1}\boldsymbol{Q}^{\mathrm{H}}\boldsymbol{Q}\begin{pmatrix}\boldsymbol{D}&\boldsymbol{O}\\\boldsymbol{O}&\boldsymbol{O}\end{pmatrix}\boldsymbol{P}^{\mathrm{H}}\\&=\boldsymbol{Q}\begin{pmatrix}\mathrm{diag}\left\{\dfrac{1}{d_1^2+\varepsilon^2},\dfrac{1}{d_2^2+\varepsilon^2},\cdots,\dfrac{1}{d_r^2+\varepsilon^2}\right\}&\boldsymbol{O}\\\boldsymbol{O}&\dfrac{1}{\varepsilon^2}\boldsymbol{E}_{n-r}\end{pmatrix}\begin{pmatrix}\boldsymbol{D}&\boldsymbol{O}\\\boldsymbol{O}&\boldsymbol{O}\end{pmatrix}\boldsymbol{P}^{\mathrm{H}}\\&=\boldsymbol{Q}\begin{pmatrix}\mathrm{diag}\left\{\dfrac{d_1}{d_1^2+\varepsilon^2},\dfrac{d_2}{d_2^2+\varepsilon^2},\cdots,\dfrac{d_r}{d_r^2+\varepsilon^2}\right\}&\boldsymbol{O}\\\boldsymbol{O}&\boldsymbol{O}\end{pmatrix}\boldsymbol{P}^{\mathrm{H}}\end{aligned}$$

于是有

$$\lim_{\varepsilon\to0}(\boldsymbol{A}^{\mathrm{H}}\boldsymbol{A}+\varepsilon^2\boldsymbol{E})^{-1}\boldsymbol{A}^{\mathrm{H}}=\boldsymbol{Q}\begin{pmatrix}\mathrm{diag}\left\{\dfrac{1}{d_1},\dfrac{1}{d_2},\cdots,\dfrac{1}{d_r}\right\} & \boldsymbol{O}\\ \boldsymbol{O} & \boldsymbol{O}\end{pmatrix}\boldsymbol{P}^{\mathrm{H}}=\boldsymbol{Q}\begin{pmatrix}\boldsymbol{D}^{-1} & \boldsymbol{O}\\ \boldsymbol{O} & \boldsymbol{O}\end{pmatrix}\boldsymbol{P}^{\mathrm{H}}=\boldsymbol{A}^{+}$$

（2）由（1）先求：

$$\begin{aligned}\boldsymbol{A}^{+}&=\lim_{\varepsilon\to0}(\boldsymbol{A}^{\mathrm{H}}\boldsymbol{A}+\varepsilon^2\boldsymbol{E})^{-1}\boldsymbol{A}^{\mathrm{H}}=\lim_{\varepsilon\to0}\begin{pmatrix}2+\varepsilon^2 & -4\\ -4 & 8+\varepsilon^2\end{pmatrix}^{-1}\begin{pmatrix}-1 & 0 & 1\\ 2 & 0 & -2\end{pmatrix}\\&=\lim_{\varepsilon\to0}\frac{1}{\varepsilon^4+10\varepsilon^2}\begin{pmatrix}8+\varepsilon^2 & 4\\ 4 & 2+\varepsilon^2\end{pmatrix}\cdot\begin{pmatrix}-1 & 0 & 1\\ 2 & 0 & -2\end{pmatrix}\\&=\lim_{\varepsilon\to0}\frac{1}{\varepsilon^4+10\varepsilon^2}\begin{pmatrix}-\varepsilon^2 & 0 & \varepsilon^2\\ 2\varepsilon^2 & 0 & -2\varepsilon^2\end{pmatrix}=\frac{1}{10}\begin{pmatrix}-1 & 0 & 1\\ 2 & 0 & -2\end{pmatrix}\end{aligned}$$

所以 $\boldsymbol{AX}=\boldsymbol{b}$ 的最小范数解为

$$\boldsymbol{X}_0=\boldsymbol{A}^{+}\boldsymbol{b}=\frac{1}{10}\begin{pmatrix}-1 & 0 & 1\\ 2 & 0 & -2\end{pmatrix}\begin{pmatrix}5\\ 0\\ -5\end{pmatrix}=\begin{pmatrix}-1\\ 2\end{pmatrix}$$

例 5.31　已知线性方程组

$$\begin{cases}x_1+2x_2+x_3=2\\ x_1+x_3=0\\ 2x_1+2x_3=1\\ 2x_1+4x_2+2x_3=0\end{cases}$$

（1）证明线性方程组不相容；

（2）求线性方程组的极小最小二乘解 $\boldsymbol{x}_0$；

（3）求 $\|\boldsymbol{x}_0\|_2$，并求 $\boldsymbol{b}=(2,0,1,0)^{\mathrm{T}}$ 到列空间 $R(\boldsymbol{A})$ 的最短距离，其中 $\boldsymbol{A}$ 是线性方程组的系数矩阵.

解　线性方程组的系数矩阵为

$$\boldsymbol{A}=\begin{pmatrix}1 & 2 & 1\\ 1 & 0 & 1\\ 2 & 0 & 2\\ 2 & 4 & 2\end{pmatrix}$$

（1）对增广矩阵 $(\boldsymbol{A},\boldsymbol{b})$ 进行初等行变换

$$(\boldsymbol{A},\boldsymbol{b})=\left(\begin{array}{ccc:c}1 & 2 & 1 & 2\\ 1 & 0 & 1 & 0\\ 2 & 0 & 2 & 1\\ 2 & 4 & 2 & 0\end{array}\right)\to\left(\begin{array}{ccc:c}1 & 0 & 1 & 0\\ 0 & 2 & 0 & 2\\ 0 & 0 & 0 & 1\\ 0 & 0 & 0 & 0\end{array}\right)$$

显然有 $r(\boldsymbol{A},\boldsymbol{b})=3, r(\boldsymbol{A})=2$，从而方程组无解即方程组 $\boldsymbol{Ax}=\boldsymbol{b}$ 是不相容的.

（2）下面利用满秩分解来求 $\boldsymbol{A}^{+}$，容易计算得 $\boldsymbol{A}$ 的满秩分解为

$$A=BC=\begin{pmatrix}1&2\\1&0\\2&0\\2&4\end{pmatrix}\begin{pmatrix}1&0&1\\0&1&0\end{pmatrix}$$

于是有

$$(B^{\mathrm{H}}B)^{-1}B^{\mathrm{H}}=\begin{pmatrix}10&10\\10&20\end{pmatrix}^{-1}B^{\mathrm{H}}=\frac{1}{10}\begin{pmatrix}2&-1\\-1&1\end{pmatrix}\begin{pmatrix}1&1&2&2\\2&0&0&4\end{pmatrix}=\frac{1}{10}\begin{pmatrix}0&2&4&0\\1&-1&-2&2\end{pmatrix}$$

$$C^{\mathrm{H}}(CC^{\mathrm{H}})^{-1}=C^{\mathrm{H}}\begin{pmatrix}2&0\\0&1\end{pmatrix}^{-1}=\begin{pmatrix}1&0\\0&1\\1&0\end{pmatrix}\cdot\frac{1}{2}\begin{pmatrix}1&0\\0&2\end{pmatrix}=\frac{1}{2}\begin{pmatrix}1&0\\0&2\\1&0\end{pmatrix}$$

故有

$$A^{+}=C^{\mathrm{H}}(CC^{\mathrm{H}})^{-1}(B^{\mathrm{H}}B)^{-1}B^{\mathrm{H}}=\frac{1}{10}\begin{pmatrix}0&1&2&0\\1&-1&-2&2\\0&1&2&0\end{pmatrix}$$

则线性方程组的极小最小二乘解为

$$x_0=A^{+}b=\frac{1}{10}\begin{pmatrix}0&1&2&0\\1&-1&-2&2\\0&1&2&0\end{pmatrix}\begin{pmatrix}2\\0\\1\\0\end{pmatrix}=\frac{1}{5}\begin{pmatrix}1\\0\\1\end{pmatrix}$$

（3）由（2）可得

$$\|x_0\|_2=\frac{1}{5}\sqrt{1^2+0^2+1^2}=\frac{\sqrt{2}}{5}$$

又有

$$Ax_0-b=\frac{1}{5}\begin{pmatrix}2\\2\\4\\4\end{pmatrix}-\begin{pmatrix}2\\0\\1\\0\end{pmatrix}=\frac{1}{5}\begin{pmatrix}-8\\2\\-1\\4\end{pmatrix}$$

而 b 到 $R(A)$ 的最短距离即为

$$\|Ax_0-b\|_2=\frac{1}{5}\sqrt{(-8)^2+2^2+(-1)^2+4^2}=\frac{\sqrt{85}}{5}$$

例 5.32　设

$$A=\begin{pmatrix}0&0&2\\1&1&0\\0&0&1\\1&1&1\end{pmatrix},\qquad b=\begin{pmatrix}1\\1\\1\\1\end{pmatrix}$$

（1）证明：$b\notin R(A)$；

（2）求矩阵 A 的 M-P 广义逆 A^{+}；

（3）在矩阵 $\boldsymbol{A}$ 的列空间 $R(\boldsymbol{A})$ 中求一个向量 $\boldsymbol{\beta}$，使得 $\boldsymbol{\beta}$ 与 $\boldsymbol{b}$ 的距离最短，并求出 $\|\boldsymbol{\beta}-\boldsymbol{b}\|_2$.

解 （1）$\boldsymbol{b}\notin R(\boldsymbol{A})$ 等价于线性方程组 $\boldsymbol{Ax}=\boldsymbol{b}$ 不相容. 为此，对增广矩阵 $(\boldsymbol{A},\boldsymbol{b})$ 进行初等行变换，即

$$(\boldsymbol{A},\boldsymbol{b})=\left(\begin{array}{ccc:c}0&0&2&1\\1&1&0&1\\0&0&1&1\\1&1&1&1\end{array}\right)\to\left(\begin{array}{ccc:c}1&1&0&1\\0&0&1&0\\0&0&0&1\\0&0&0&0\end{array}\right)$$

显然有 $r(\boldsymbol{A},\boldsymbol{b})=3, r(\boldsymbol{A})=2$，从而方程组 $\boldsymbol{Ax}=\boldsymbol{b}$ 不相容，即 $\boldsymbol{b}\notin R(\boldsymbol{A})$.

（2）容易计算得 $\boldsymbol{A}$ 的满秩分解为

$$\boldsymbol{A}=\boldsymbol{BC}=\begin{pmatrix}0&2\\1&0\\0&1\\1&1\end{pmatrix}\begin{pmatrix}1&1&0\\0&0&1\end{pmatrix}$$

于是有

$$(\boldsymbol{B}^{\mathrm{H}}\boldsymbol{B})^{-1}\boldsymbol{B}^{\mathrm{H}}=\begin{pmatrix}2&1\\1&6\end{pmatrix}^{-1}\boldsymbol{B}^{\mathrm{H}}=\frac{1}{11}\begin{pmatrix}6&-1\\-1&2\end{pmatrix}\begin{pmatrix}0&1&0&1\\2&0&1&1\end{pmatrix}=\frac{1}{11}\begin{pmatrix}-2&6&-1&5\\4&-1&2&1\end{pmatrix}$$

$$\boldsymbol{C}^{\mathrm{H}}(\boldsymbol{CC}^{\mathrm{H}})^{-1}=\boldsymbol{C}^{\mathrm{H}}\begin{pmatrix}2&0\\0&1\end{pmatrix}^{-1}=\begin{pmatrix}1&0\\1&0\\0&1\end{pmatrix}\cdot\frac{1}{2}\begin{pmatrix}1&0\\0&2\end{pmatrix}=\frac{1}{2}\begin{pmatrix}1&0\\1&0\\0&2\end{pmatrix}$$

故有

$$\boldsymbol{A}^{+}=\boldsymbol{C}^{\mathrm{H}}(\boldsymbol{CC}^{\mathrm{H}})^{-1}(\boldsymbol{B}^{\mathrm{H}}\boldsymbol{B})^{-1}\boldsymbol{B}^{\mathrm{H}}=\frac{1}{22}\begin{pmatrix}-2&6&-1&5\\-2&6&-1&5\\8&-2&4&2\end{pmatrix}$$

（3）要求 $\boldsymbol{\beta}\in R(\boldsymbol{A})$，使 $\boldsymbol{\beta}$ 与 $\boldsymbol{b}$ 的距离最短，即为求 $\boldsymbol{AA}^{+}\boldsymbol{b}=\boldsymbol{\beta}$，于是有

$$\boldsymbol{\beta}=\boldsymbol{AA}^{+}\boldsymbol{b}=\begin{pmatrix}0&0&2\\1&1&0\\0&0&1\\1&1&1\end{pmatrix}\cdot\frac{1}{22}\begin{pmatrix}-2&6&-1&5\\-2&6&-1&5\\8&-2&4&2\end{pmatrix}\begin{pmatrix}1\\1\\1\\1\end{pmatrix}=\frac{1}{11}\begin{pmatrix}12\\8\\6\\14\end{pmatrix}$$

从而有

$$\boldsymbol{\beta}-\boldsymbol{b}=\frac{1}{11}\begin{pmatrix}12\\8\\6\\14\end{pmatrix}-\begin{pmatrix}1\\1\\1\\1\end{pmatrix}=\frac{1}{11}\begin{pmatrix}1\\-3\\-5\\3\end{pmatrix}$$

故有

$$\|\boldsymbol{\beta}-\boldsymbol{b}\|_2=\frac{1}{11}\sqrt{1^2+(-3)^2+(-5)^2+3^2}=\frac{2\sqrt{11}}{11}$$

例 5.33 设平面曲线上的 4 个点坐标为$(-1,3)^{\mathrm{T}}$，$(0,0)^{\mathrm{T}}$，$(1,2)^{\mathrm{T}}$，$(2,5)^{\mathrm{T}}$，求与这些点最吻合的二次曲线.

解 设二次曲线为$y=a_0+a_1x+a_2x^2$，将已知点坐标代入曲线方程，得线性方程组

$$\begin{pmatrix}1&-1&1\\1&0&0\\1&1&1\\1&2&4\end{pmatrix}\begin{pmatrix}a_0\\a_1\\a_2\end{pmatrix}=\begin{pmatrix}3\\0\\2\\5\end{pmatrix}$$

对增广矩阵$(\boldsymbol{A},\boldsymbol{b})$进行初等行变换

$$(\boldsymbol{A},\boldsymbol{b})=\left(\begin{array}{ccc|c}1&-1&1&3\\1&0&0&0\\1&1&1&2\\1&2&4&5\end{array}\right)\to\left(\begin{array}{ccc|c}1&0&0&0\\0&-1&1&3\\0&0&2&5\\0&0&0&-4\end{array}\right)$$

显然有$r(\boldsymbol{A},\boldsymbol{b})=4,r(\boldsymbol{A})=3$，从而方程组不相容. 为此求最小二乘解，由于矩阵$\boldsymbol{A}$列满秩，则有

$$\boldsymbol{A}^{+}=(\boldsymbol{A}^{\mathrm{H}}\boldsymbol{A})^{-1}\boldsymbol{A}^{\mathrm{H}}=\frac{1}{20}\begin{pmatrix}3&11&9&-3\\-11&3&7&1\\5&-5&-5&5\end{pmatrix}$$

方程组的极小最小二乘解为

$$\boldsymbol{x}_0=\boldsymbol{A}^{+}\boldsymbol{b}=\frac{1}{20}\begin{pmatrix}3&11&9&-3\\-11&3&7&1\\5&-5&-5&5\end{pmatrix}\begin{pmatrix}3\\0\\2\\5\end{pmatrix}=\begin{pmatrix}\frac{3}{5}\\-\frac{7}{10}\\\frac{3}{2}\end{pmatrix}$$

故与这些点最吻合的二次曲线为

$$y=\frac{3}{5}-\frac{7}{10}x+\frac{3}{2}x^2$$

例 5.34 设$\boldsymbol{A}\in\mathbf{C}^{m\times n}$，$\boldsymbol{U}$与$\boldsymbol{V}$分别为$m$阶与$n$阶酉矩阵，证明：$(\boldsymbol{UAV})^{+}=\boldsymbol{V}^{\mathrm{H}}\boldsymbol{A}^{+}\boldsymbol{U}^{\mathrm{H}}$.

证 记$\boldsymbol{B}=\boldsymbol{UAV},\boldsymbol{G}=\boldsymbol{V}^{\mathrm{H}}\boldsymbol{A}^{+}\boldsymbol{U}^{\mathrm{H}}$，由于$\boldsymbol{U}$与$\boldsymbol{V}$是酉矩阵，于是有

$$\boldsymbol{BGB}=(\boldsymbol{UAV})(\boldsymbol{V}^{\mathrm{H}}\boldsymbol{A}^{+}\boldsymbol{U}^{\mathrm{H}})(\boldsymbol{UAV})=\boldsymbol{U}(\boldsymbol{AA}^{+}\boldsymbol{A})\boldsymbol{V}=\boldsymbol{UAV}=\boldsymbol{B}$$
$$\boldsymbol{GBG}=(\boldsymbol{V}^{\mathrm{H}}\boldsymbol{A}^{+}\boldsymbol{U}^{\mathrm{H}})(\boldsymbol{UAV})(\boldsymbol{V}^{\mathrm{H}}\boldsymbol{A}^{+}\boldsymbol{U}^{\mathrm{H}})=\boldsymbol{V}^{\mathrm{H}}(\boldsymbol{A}^{+}\boldsymbol{AA}^{+})\boldsymbol{U}^{\mathrm{H}}=\boldsymbol{V}^{\mathrm{H}}\boldsymbol{A}^{+}\boldsymbol{U}^{\mathrm{H}}=\boldsymbol{G}$$
$$\boldsymbol{GB}=(\boldsymbol{V}^{\mathrm{H}}\boldsymbol{A}^{+}\boldsymbol{U}^{\mathrm{H}})(\boldsymbol{UAV})=\boldsymbol{V}^{\mathrm{H}}\boldsymbol{A}^{+}\boldsymbol{AV}$$
$$(\boldsymbol{GB})^{\mathrm{H}}=(\boldsymbol{V}^{\mathrm{H}}\boldsymbol{A}^{+}\boldsymbol{AV})^{\mathrm{H}}=\boldsymbol{V}^{\mathrm{H}}(\boldsymbol{A}^{+}\boldsymbol{A})^{\mathrm{H}}\boldsymbol{V}=\boldsymbol{V}^{\mathrm{H}}\boldsymbol{A}^{+}\boldsymbol{AV}=\boldsymbol{GB}$$
$$\boldsymbol{BG}=(\boldsymbol{UAV})(\boldsymbol{V}^{\mathrm{H}}\boldsymbol{A}^{+}\boldsymbol{U}^{\mathrm{H}})=\boldsymbol{UAA}^{+}\boldsymbol{U}^{\mathrm{H}}$$
$$(\boldsymbol{BG})^{\mathrm{H}}=(\boldsymbol{UAA}^{+}\boldsymbol{U}^{\mathrm{H}})^{\mathrm{H}}=\boldsymbol{U}(\boldsymbol{AA}^{+})^{\mathrm{H}}\boldsymbol{U}^{\mathrm{H}}=\boldsymbol{UAA}^{+}\boldsymbol{U}^{\mathrm{H}}=\boldsymbol{BG}$$

故$\boldsymbol{G}$是矩阵$\boldsymbol{B}$的 M-P 广义逆，由 M-P 广义逆的唯一性，则有

$$(\boldsymbol{UAV})^{+}=\boldsymbol{V}^{\mathrm{H}}\boldsymbol{A}^{+}\boldsymbol{U}^{\mathrm{H}}$$

例 5.35 设 $A\in \mathbf{C}^{n\times n}$， $D=\begin{pmatrix} A \\ A \end{pmatrix}$，证明： $D^{+}=\frac{1}{2}(A^{+},A^{+})$.

证 记 $G=\frac{1}{2}(A^{+},A^{+})$，则有

$$DGD=\frac{1}{2}\begin{pmatrix} A \\ A \end{pmatrix}(A^{+},A^{+})\begin{pmatrix} A \\ A \end{pmatrix}=\frac{1}{2}\begin{pmatrix} 2AA^{+}A \\ 2AA^{+}A \end{pmatrix}=\begin{pmatrix} A \\ A \end{pmatrix}=D$$

$$GDG=\frac{1}{4}(A^{+},A^{+})\begin{pmatrix} A \\ A \end{pmatrix}(A^{+},A^{+})=\frac{1}{4}(2A^{+}AA^{+},2A^{+}AA^{+})=\frac{1}{2}(A^{+},A^{+})=G$$

$$GD=\frac{1}{2}(A^{+},A^{+})\begin{pmatrix} A \\ A \end{pmatrix}=A^{+}A,\ (GD)^{\mathrm{H}}=(A^{+}A)^{\mathrm{H}}=A^{+}A=GD$$

$$DG=\frac{1}{2}\begin{pmatrix} A \\ A \end{pmatrix}(A^{+},A^{+})=\frac{1}{2}\begin{pmatrix} AA^{+} & AA^{+} \\ AA^{+} & AA^{+} \end{pmatrix}$$

$$(DG)^{\mathrm{H}}=\frac{1}{2}\begin{pmatrix} AA^{+} & AA^{+} \\ AA^{+} & AA^{+} \end{pmatrix}^{\mathrm{H}}=\frac{1}{2}\begin{pmatrix} (AA^{+})^{\mathrm{H}} & (AA^{+})^{\mathrm{H}} \\ (AA^{+})^{\mathrm{H}} & (AA^{+})^{\mathrm{H}} \end{pmatrix}=\frac{1}{2}\begin{pmatrix} AA^{+} & AA^{+} \\ AA^{+} & AA^{+} \end{pmatrix}=DG$$

故 G 是矩阵 D 的 M-P 广义逆，由 M-P 广义逆的唯一性，则有

$$D^{+}=\frac{1}{2}(A^{+},A^{+})$$

例 5.36 设 n 阶对角矩阵 $D=\mathrm{diag}(\lambda_1,\lambda_2,\cdots,\lambda_r,0,\cdots,0)\in \mathbf{C}^{n\times n}$， D 的秩为 r，k 为正整数. 证明：

（1） $D^{+}=\mathrm{diag}(\lambda_1^{-1},\lambda_2^{-1},\cdots,\lambda_r^{-1},0,\cdots,0)$；

（2） $(D^{k})^{+}=(D^{+})^{k}$.

证 （1）记 $G=\mathrm{diag}(\lambda_1^{-1},\lambda_2^{-1},\cdots,\lambda_r^{-1},0,\cdots,0)$， 则有

$$DGD=\mathrm{diag}(\lambda_1,\lambda_2,\cdots,\lambda_r,0,\cdots,0)=D$$
$$GDG=\mathrm{diag}(\lambda_1^{-1},\lambda_2^{-1},\cdots,\lambda_r^{-1},0,\cdots,0)=G$$
$$DG=\mathrm{diag}(1,1,\cdots,1,0,\cdots,0)$$
$$(DG)^{\mathrm{H}}=[\mathrm{diag}(1,1,\cdots,1,0,\cdots,0)]^{\mathrm{H}}=DG$$
$$GD=\mathrm{diag}(1,1,\cdots,1,0,\cdots,0)$$
$$(GD)^{\mathrm{H}}=[\mathrm{diag}(1,1,\cdots,1,0,\cdots,0)]^{\mathrm{H}}=GD$$

故 G 是矩阵 D 的 M-P 广义逆，由 M-P 广义逆的唯一性，则有

$$D^{+}=\mathrm{diag}(\lambda_1^{-1},\lambda_2^{-1},\cdots,\lambda_r^{-1},0,\cdots,0).$$

（2）由于

$$D^{k}=\mathrm{diag}(\lambda_1^{k},\lambda_2^{k},\cdots,\lambda_r^{k},0,\cdots,0)$$

由（1）的结论，则有

$$(D^{+})^{k}=[\mathrm{diag}(\lambda_1^{-1},\lambda_2^{-1},\cdots,\lambda_r^{-1},0,\cdots,0)]^{k}=\mathrm{diag}(\lambda_1^{-k},\lambda_2^{-k},\cdots,\lambda_r^{-k},0,\cdots,0)$$
$$(D^{k})^{+}=[\mathrm{diag}(\lambda_1^{k},\lambda_2^{k},\cdots,\lambda_r^{k},0,\cdots,0)]^{+}=\mathrm{diag}(\lambda_1^{-k},\lambda_2^{-k},\cdots,\lambda_r^{-k},0,\cdots,0)$$

故有

$$(\boldsymbol{D}^k)^+=(\boldsymbol{D}^+)^k$$

例 5.37 设 $\boldsymbol{A}$ 是 n 阶正规矩阵，证明：$\boldsymbol{A}\boldsymbol{A}^+=\boldsymbol{A}^+\boldsymbol{A}$.

证 由于 $\boldsymbol{A}$ 是 n 阶正规矩阵，则存在 n 阶酉矩阵 $\boldsymbol{Q}$，使得

$$\boldsymbol{A}=\boldsymbol{Q}\begin{pmatrix}\lambda_1 & & & \\ & \lambda_2 & & \\ & & \ddots & \\ & & & \lambda_n\end{pmatrix}\boldsymbol{Q}^{\mathrm{H}}$$

由例 5.34 的结论，则有

$$\boldsymbol{A}^+=\boldsymbol{Q}\begin{pmatrix}\lambda_1 & & & \\ & \lambda_2 & & \\ & & \ddots & \\ & & & \lambda_n\end{pmatrix}^+\boldsymbol{Q}^{\mathrm{H}}$$

于是有

$$\boldsymbol{A}\boldsymbol{A}^+=\boldsymbol{Q}\begin{pmatrix}\lambda_1 & & & \\ & \lambda_2 & & \\ & & \ddots & \\ & & & \lambda_n\end{pmatrix}\begin{pmatrix}\lambda_1 & & & \\ & \lambda_2 & & \\ & & \ddots & \\ & & & \lambda_n\end{pmatrix}^+\boldsymbol{Q}^{\mathrm{H}}$$

$$\boldsymbol{A}^+\boldsymbol{A}=\boldsymbol{Q}\begin{pmatrix}\lambda_1 & & & \\ & \lambda_2 & & \\ & & \ddots & \\ & & & \lambda_n\end{pmatrix}^+\begin{pmatrix}\lambda_1 & & & \\ & \lambda_2 & & \\ & & \ddots & \\ & & & \lambda_n\end{pmatrix}\boldsymbol{Q}^{\mathrm{H}}$$

由例 5.36 的结论，对角阵的 M-P 广义逆仍然是对角阵，故有

$$\boldsymbol{A}\boldsymbol{A}^+=\boldsymbol{A}^+\boldsymbol{A}$$

例 5.38 设 $\boldsymbol{A}\in\mathbf{C}^{m\times n}$，则有

（1）$N(\boldsymbol{A}^+)=N(\boldsymbol{A}^{\mathrm{H}})$；

（2）$R(\boldsymbol{A}^+)=R(\boldsymbol{A}^{\mathrm{H}})$.

证 （1）设 $\forall\boldsymbol{x}\in N(\boldsymbol{A}^+)$，则有

$$\boldsymbol{A}^+\boldsymbol{x}=\boldsymbol{0},\quad \boldsymbol{A}\boldsymbol{A}^+\boldsymbol{x}=\boldsymbol{0},\quad (\boldsymbol{A}\boldsymbol{A}^+)^{\mathrm{H}}\boldsymbol{x}=\boldsymbol{0},\quad \boldsymbol{A}^{\mathrm{H}}(\boldsymbol{A}\boldsymbol{A}^+)^{\mathrm{H}}\boldsymbol{x}=\boldsymbol{0}$$

即有

$$\boldsymbol{A}^{\mathrm{H}}\boldsymbol{x}=(\boldsymbol{A}\boldsymbol{A}^+\boldsymbol{A})^{\mathrm{H}}\boldsymbol{x}=\boldsymbol{0}$$

即有 $\boldsymbol{x}\in N(\boldsymbol{A}^{\mathrm{H}})$，于是有 $N(\boldsymbol{A}^+)\subset N(\boldsymbol{A}^{\mathrm{H}})$.

又设 $\forall\boldsymbol{x}\in N(\boldsymbol{A}^{\mathrm{H}})$，则有

$$\boldsymbol{A}^{\mathrm{H}}\boldsymbol{x}=\boldsymbol{0},\quad (\boldsymbol{A}^+)^{\mathrm{H}}\boldsymbol{A}^{\mathrm{H}}\boldsymbol{x}=\boldsymbol{0},\quad (\boldsymbol{A}\boldsymbol{A}^+)^{\mathrm{H}}\boldsymbol{x}=\boldsymbol{0},\quad \boldsymbol{A}\boldsymbol{A}^+\boldsymbol{x}=\boldsymbol{0}$$

即有

$$\boldsymbol{A}^+\boldsymbol{x}=\boldsymbol{A}^+\boldsymbol{A}\boldsymbol{A}^+\boldsymbol{x}=\boldsymbol{0}$$

即有 $\boldsymbol{x}\in N(\boldsymbol{A}^+)$，于是有 $N(\boldsymbol{A}^{\mathrm{H}})\subset N(\boldsymbol{A}^+)$，故有

$$N(\boldsymbol{A}^+)=N(\boldsymbol{A}^{\mathrm{H}})$$

（2）设 $\forall \boldsymbol{y}\in R(\boldsymbol{A}^+)$，其中 $\boldsymbol{x}\in \mathbf{C}^m$，使得 $\boldsymbol{y}=\boldsymbol{A}^+\boldsymbol{x}$，则有

$$\boldsymbol{y}=\boldsymbol{A}^+\boldsymbol{A}\boldsymbol{A}^+\boldsymbol{x}=(\boldsymbol{A}^+\boldsymbol{A})^{\mathrm{H}}\boldsymbol{A}^+\boldsymbol{x}=\boldsymbol{A}^{\mathrm{H}}(\boldsymbol{A}^+)^{\mathrm{H}}\boldsymbol{A}^+\boldsymbol{x}$$

令 $\boldsymbol{z}=(\boldsymbol{A}^+)^{\mathrm{H}}\boldsymbol{A}^+\boldsymbol{x}$，则有 $\boldsymbol{z}\in \mathbf{C}^m$，于是有

$$\boldsymbol{y}=\boldsymbol{A}^{\mathrm{H}}\boldsymbol{z}\in R(\boldsymbol{A}^{\mathrm{H}})$$

从而有 $R(\boldsymbol{A}^+)\subset R(\boldsymbol{A}^{\mathrm{H}})$．

又设 $\forall \boldsymbol{y}\in R(\boldsymbol{A}^{\mathrm{H}})$，其中 $\boldsymbol{x}\in \mathbf{C}^m$，使得 $\boldsymbol{y}=\boldsymbol{A}^{\mathrm{H}}\boldsymbol{x}$，则有

$$\boldsymbol{y}=(\boldsymbol{A}\boldsymbol{A}^+\boldsymbol{A})^{\mathrm{H}}\boldsymbol{x}=(\boldsymbol{A}^+\boldsymbol{A})^{\mathrm{H}}\boldsymbol{A}^{\mathrm{H}}\boldsymbol{x}=\boldsymbol{A}^+\boldsymbol{A}\boldsymbol{A}^{\mathrm{H}}\boldsymbol{x}$$

令 $\boldsymbol{z}=\boldsymbol{A}\boldsymbol{A}^{\mathrm{H}}\boldsymbol{x}$，则有 $\boldsymbol{z}\in \mathbf{C}^m$，于是有

$$\boldsymbol{y}=\boldsymbol{A}^+\boldsymbol{z}\in R(\boldsymbol{A}^+)$$

从而有 $R(\boldsymbol{A}^{\mathrm{H}})\subset R(\boldsymbol{A}^+)$．故有

$$R(\boldsymbol{A}^+)=R(\boldsymbol{A}^{\mathrm{H}})$$

例 5.39　设 $\boldsymbol{A}\in \mathbf{C}^{m\times n}$ 行满秩，证明：$\|\boldsymbol{A}^+\boldsymbol{A}\|_2=1$．

证　令 $\boldsymbol{B}=\boldsymbol{A}^+\boldsymbol{A}$，则有

$$\boldsymbol{B}^2=(\boldsymbol{A}^+\boldsymbol{A})(\boldsymbol{A}^+\boldsymbol{A})=\boldsymbol{A}^+\boldsymbol{A}=\boldsymbol{B}$$

从而 $\boldsymbol{B}$ 的特征值只能是 0 或 1．由于 $\boldsymbol{A}$ 行满秩，有 $\boldsymbol{A}^+=\boldsymbol{A}^{\mathrm{H}}(\boldsymbol{A}\boldsymbol{A}^{\mathrm{H}})^{-1}$，易知 $\boldsymbol{A}^+$列满秩.

取 $\boldsymbol{x}\in \mathbf{C}^m$ 且 $\boldsymbol{x}\neq \boldsymbol{0}$，则有 $\boldsymbol{z}=\boldsymbol{A}^+\boldsymbol{x}\neq \boldsymbol{0}$，于是有

$$\boldsymbol{B}\boldsymbol{z}=\boldsymbol{A}^+\boldsymbol{A}\boldsymbol{A}^+\boldsymbol{x}=\boldsymbol{A}^+\boldsymbol{x}=\boldsymbol{z}$$

即 $\lambda=1$ 是 $\boldsymbol{B}$ 的特征值，从而 $\rho(\boldsymbol{B})=1$．故有

$$\|\boldsymbol{B}\|_2^2=\rho(\boldsymbol{B}^{\mathrm{H}}\boldsymbol{B})=\rho(\boldsymbol{B}^2)=\rho(\boldsymbol{B})=1$$

即有 $\|\boldsymbol{A}^+\boldsymbol{A}\|_2=1$．

五、自　测　题

1. 填空题（7 小题，每题 3 分，共 21 分）

（1）设 $\boldsymbol{A}=\begin{pmatrix}1 & 3-4\mathrm{i}\\ 2 & -5\end{pmatrix}$，则 $\boldsymbol{A}$ 的两个盖尔圆为____________________.

（2）设 $\boldsymbol{A}$ 是 n 阶可逆矩阵，$\boldsymbol{O}$ 是 n 阶零矩阵，$\boldsymbol{B}=\begin{pmatrix}\boldsymbol{O} & \boldsymbol{A}\\ \boldsymbol{O} & \boldsymbol{O}\end{pmatrix}$，则有 $\boldsymbol{B}^+=$______________.

（3）设 $\boldsymbol{A}$ 是 n 阶可逆矩阵，$\boldsymbol{B}=\begin{pmatrix}\boldsymbol{A} & \boldsymbol{A}\\ \boldsymbol{A} & \boldsymbol{A}\end{pmatrix}$，则有 $\boldsymbol{B}^+=$______________.

（4）设 $\boldsymbol{A}$，$\boldsymbol{B}$ 是 n 阶酉矩阵，$\boldsymbol{C}=\begin{pmatrix}\boldsymbol{A} & \boldsymbol{B}\\ \boldsymbol{A} & \boldsymbol{B}\end{pmatrix}$，则有 $\boldsymbol{C}^+=$______________.

（5）设 $\boldsymbol{A}=\begin{pmatrix}1\\ -\mathrm{i}\end{pmatrix}$，其中 $\mathrm{i}=\sqrt{-1}$，则 $\boldsymbol{A}$ 的加号逆 $\boldsymbol{A}^+=$______________.

（6）设 $A\in\mathbf{C}^{n\times n}$，$A$ 的 M-P 逆为 A^+，$B=\begin{pmatrix}A\\A\end{pmatrix}$，则有 $B^+=$________.

（7）设 $A\in\mathbf{C}^{n\times n}$，$A$ 的 M-P 逆为 A^+，则 $(3A\mid 2A\mid A)^+=$________.

2.（6 分）利用圆盘定理，证明矩阵 $A=\begin{pmatrix}9&1&-2&1\\0&8&1&1\\-1&0&4&0\\1&0&0&1\end{pmatrix}$ 至少有两个实特征值.

3.（6 分）证明矩阵

$$A=\begin{pmatrix}1&\frac{1}{3}&\frac{1}{3^2}&\cdots&\frac{1}{3^{n-1}}\\-\frac{1}{3}&2&\frac{1}{3^2}&\cdots&\frac{1}{3^{n-1}}\\-\frac{1}{3}&-\frac{1}{3^2}&3&\cdots&\frac{1}{3^{n-1}}\\\vdots&\vdots&\vdots&&\vdots\\-\frac{1}{3}&-\frac{1}{3^2}&-\frac{1}{3^2}&\cdots&n\end{pmatrix}$$

相似于对角矩阵，且 A 的特征值均为实数.

4.（6 分）设 $\rho(A)$ 为矩阵 $A=\begin{pmatrix}\frac{1}{3}&\frac{1}{3}&\frac{1}{3}\\\frac{1}{4}&\frac{1}{2}&\frac{1}{4}\\\frac{1}{5}&\frac{1}{5}&\frac{3}{5}\end{pmatrix}$ 的谱半径，证明：$\rho(A)=1$.

5.（8 分）设 $\rho(A)$ 为矩阵 $A=\begin{pmatrix}\frac{1}{3}&\frac{1}{3}&\frac{1}{3}\\\frac{1}{4}&\frac{1}{2}&\frac{1}{4}\\\frac{1}{5}&\frac{1}{5}&\frac{1}{2}\end{pmatrix}$ 的谱半径，证明：$\rho(A)<1$.

6.（9 分）设矩阵 $A=\begin{pmatrix}1&0\\1&1\\0&1\end{pmatrix}$，求 $A\{1\}$，并给出一个 A^-.

7.（10 分）求下列矩阵的 M-P 广义逆：

（1）$A=\begin{pmatrix}-\mathrm{i}&1&0\\0&-\mathrm{i}&1\end{pmatrix}$ $(\mathrm{i}=\sqrt{-1})$；（2）$A=\begin{pmatrix}1&0&0\\0&1&-1\\1&0&0\\2&1&-1\end{pmatrix}$.

8.（12 分）已知 $\boldsymbol{A}=\begin{pmatrix}1&1&0&1\\1&2&1&2\\1&0&-1&0\\0&1&1&1\end{pmatrix},\boldsymbol{b}=\begin{pmatrix}1\\0\\2\\-1\end{pmatrix}$.

（1）求 $\boldsymbol{A}^+$；

（2）用广义逆矩阵方法判断方程组 $\boldsymbol{Ax}=\boldsymbol{b}$ 是否有解；

（3）求方程组 $\boldsymbol{Ax}=\boldsymbol{b}$ 的最小范数解或极小最小二乘解.

9.（10 分）对于线性方程组 $\boldsymbol{Ax}=\boldsymbol{b}$，即 $\begin{cases}x_3=1\\x_1+x_2+x_3=1\\x_1+x_2=1\end{cases}$，求：

（1）$\boldsymbol{A}$ 的满秩分解；

（2）$\boldsymbol{A}^+$；

（3）方程组 $\boldsymbol{Ax}=\boldsymbol{b}$ 的全部最小二乘解和极小最小二乘解.

10.（6 分）设 $\boldsymbol{A}\in\mathbf{C}^{n\times n}$ 行满秩，证明：$\|\boldsymbol{A}^+\boldsymbol{A}\|_2=1$.

11.（6 分）证明：$\boldsymbol{A}^+\boldsymbol{A}=(\boldsymbol{A}^{\mathrm{H}}\boldsymbol{A})(\boldsymbol{A}^{\mathrm{H}}\boldsymbol{A})^+=(\boldsymbol{A}^{\mathrm{H}}\boldsymbol{A})^+(\boldsymbol{A}^{\mathrm{H}}\boldsymbol{A})$.

自测题答案

1. （1）$|z-1|\leqslant 5$，$|z+5|\leqslant 2$；（2）$\begin{pmatrix}\boldsymbol{O}&\boldsymbol{O}\\\boldsymbol{A}^{-1}&\boldsymbol{O}\end{pmatrix}$；（3）$\dfrac{1}{4}\begin{pmatrix}\boldsymbol{A}^{-1}&\boldsymbol{A}^{-1}\\\boldsymbol{A}^{-1}&\boldsymbol{A}^{-1}\end{pmatrix}$；

（4）$\dfrac{1}{4}\begin{pmatrix}\boldsymbol{A}^{\mathrm{H}}&\boldsymbol{A}^{\mathrm{H}}\\\boldsymbol{B}^{\mathrm{H}}&\boldsymbol{B}^{\mathrm{H}}\end{pmatrix}$；（5）$\dfrac{1}{2}(1\quad \mathrm{i})$；（6）$\dfrac{1}{2}(\boldsymbol{A}^+,\boldsymbol{A}^+)$；（7）$\dfrac{1}{14}\begin{pmatrix}3\boldsymbol{A}^+\\2\boldsymbol{A}^+\\\boldsymbol{A}^+\end{pmatrix}$.

2. 提示：孤立盖尔圆 G_4 中有一个实特征值，连通部分 $G_1\cup G_2\cup G_3$ 中至少有一个实特征值.

3. 提示：盖尔圆的半径 $R_i=\dfrac{1}{2}\left[1-\left(\dfrac{1}{3}\right)^{n-1}\right]<\dfrac{1}{2}\ (i=1,2,\cdots,n)$.

4. 提示：证法与例 5.11 类似.

5. 提示：证法与例 5.12 类似，取 $\boldsymbol{D}=\mathrm{diag}\left(1,1,\dfrac{5}{6}\right)$.

6. $\boldsymbol{P}=\begin{pmatrix}1&0&0\\-1&1&0\\1&-1&1\end{pmatrix},\boldsymbol{Q}=\begin{pmatrix}1&0\\0&1\end{pmatrix}$，$\boldsymbol{A}\{1\}=\left\{\begin{pmatrix}1+z_1&-z_1&z_1\\-1+z_2&1-z_2&z_2\end{pmatrix}\right\}$，$\boldsymbol{A}^-=\begin{pmatrix}1&0&0\\-1&1&0\end{pmatrix}$.

7.（1）$\boldsymbol{A}^+=\dfrac{1}{3}\begin{pmatrix}2\mathrm{i}&1\\1&\mathrm{i}\\\mathrm{i}&2\end{pmatrix}$；（2）$\boldsymbol{A}^+=\dfrac{1}{8}\begin{pmatrix}2&-2&2&2\\-1&3&-1&1\\1&-3&1&-1\end{pmatrix}$.

8.（1）$A^{+}=\frac{1}{15}\begin{pmatrix} 3 & 1 & 5 & -2 \\ 1 & 2 & 0 & 1 \\ -2 & 1 & -5 & 3 \\ 1 & 2 & 0 & 1 \end{pmatrix}$；（2）有解；（3）最小范数解为$x_0=\begin{pmatrix} 1 \\ 0 \\ -1 \\ 0 \end{pmatrix}$.

9.（1）$A=\begin{pmatrix} 0 & 0 & 1 \\ 1 & 1 & 1 \\ 1 & 1 & 0 \end{pmatrix}=\begin{pmatrix} 0 & 1 \\ 1 & 1 \\ 1 & 0 \end{pmatrix}\begin{pmatrix} 1 & 1 & 0 \\ 0 & 0 & 1 \end{pmatrix}$（不唯一）；（2）$A^{+}=\frac{1}{6}\begin{pmatrix} -1 & 1 & 2 \\ -1 & 1 & 2 \\ 4 & 2 & -2 \end{pmatrix}$；

（3）全部最小二乘解为

$$x=A^{+}b+(E-A^{+}A)z=\frac{1}{3}\begin{pmatrix} 1 \\ 1 \\ 2 \end{pmatrix}+\frac{1}{6}\begin{pmatrix} -2 & -3 & 0 \\ -3 & -2 & 0 \\ 0 & 0 & -5 \end{pmatrix}\begin{pmatrix} z_1 \\ z_2 \\ z_3 \end{pmatrix}$$

极小最小二乘解为$x_0=\frac{1}{3}\begin{pmatrix} 1 \\ 1 \\ 2 \end{pmatrix}$.

10. 令$B=A^{+}A$，则有$B^2=B$，从而 B 的特征值只能是 0 或 1. 又由 A 行满秩，$A^{+}=A^{\mathrm{H}}(AA^{\mathrm{H}})^{-1}$且列满秩. 当$x\in\mathbf{C}^m$为非零列向量时，必有$A^{+}x\neq\mathbf{0}$，且有

$$B(A^{+}x)=A^{+}AA^{+}x=A^{+}x$$

即$\lambda=1$是B的特征值，从而谱半径$\rho(B)=1$. 故有

$$\|B\|_2^2=\rho(B^{\mathrm{H}}B)=\rho(B^2)=\rho(B)=1$$

11. 提示：证法与例 5.25（4）类似.

附录　综合模拟试卷及解答

综合模拟试卷一

一、选择题（5 小题，每小题 4 分，共 20 分）

1. 设 $A \in \mathbf{C}^{n\times n}$，则以下命题正确的是（　　）.

A. A 是 Hermite 矩阵的充要条件是 A 的特征值全为实数

B. A 是正规矩阵的充要条件是 A 酉相似于对角形矩阵

C. A 是反 Hermite 矩阵的充要条件是 A 的特征值为零或纯虚数

D. A 是酉矩阵的充要条件是 A 的所有特征值的模全为 1

2. 设 $V=\{X=(x_{ij})\mid x_{12}+x_{21}=0\}$ 是矩阵空间 $\mathbf{R}^{2\times 2}$ 的线性子空间,则 V 的维数是(　　).

A. 1　　B. 2　　C. 3　　D. 4

3. 设方阵 A 相似于对角形矩阵，A 有特征值 0 与 1，且 A 满足 $A^2(A-E)^2=O$，则 A 的最小多项式为（　　）

A. $\lambda(\lambda-1)$　　B. $\lambda(\lambda-1)^2$　　C. $\lambda^2(\lambda-1)$　　D. $\lambda^2(\lambda-1)^2$

4. 设 $\mathrm{e}^{At}=\begin{pmatrix} 2\mathrm{e}^{2t}-\mathrm{e}^{t} & \mathrm{e}^{2t}-\mathrm{e}^{t} & \mathrm{e}^{t}-\mathrm{e}^{2t} \\ \mathrm{e}^{2t}-\mathrm{e}^{t} & 2\mathrm{e}^{2t}-\mathrm{e}^{t} & \mathrm{e}^{t}-\mathrm{e}^{2t} \\ 3\mathrm{e}^{2t}-3\mathrm{e}^{t} & 3\mathrm{e}^{2t}-3\mathrm{e}^{t} & 3\mathrm{e}^{t}-2\mathrm{e}^{2t} \end{pmatrix}$，则 A 为（　　）.

A. $\begin{pmatrix} 3 & -1 & 1 \\ 1 & 3 & -1 \\ 3 & 3 & -1 \end{pmatrix}$　　B. $\begin{pmatrix} 3 & 1 & -1 \\ 1 & 3 & 1 \\ 3 & 3 & 1 \end{pmatrix}$　　C. $\begin{pmatrix} 3 & 1 & -1 \\ 1 & 3 & -1 \\ 3 & 3 & -1 \end{pmatrix}$　　D. $\begin{pmatrix} 3 & -1 & -1 \\ 1 & 3 & -1 \\ 3 & 3 & 1 \end{pmatrix}$

5. 设 A，B 是 n 阶酉矩阵，$C=\begin{pmatrix} A & B \\ A & B \end{pmatrix}$，则有 $C^{+}=$（　　）.

A. $\dfrac{1}{4}\begin{pmatrix} A^{\mathrm{H}} & B^{\mathrm{H}} \\ A^{\mathrm{H}} & B^{\mathrm{H}} \end{pmatrix}$　　B. $\dfrac{1}{4}\begin{pmatrix} A^{\mathrm{H}} & A^{\mathrm{H}} \\ B^{\mathrm{H}} & B^{\mathrm{H}} \end{pmatrix}$　　C. $\dfrac{1}{2}\begin{pmatrix} A^{\mathrm{H}} & B^{\mathrm{H}} \\ A^{\mathrm{H}} & B^{\mathrm{H}} \end{pmatrix}$　　D. $\dfrac{1}{2}\begin{pmatrix} A^{\mathrm{H}} & A^{\mathrm{H}} \\ B^{\mathrm{H}} & B^{\mathrm{H}} \end{pmatrix}$

二、填空题（5 小题，每小题 4 分，共 20 分）

1. 已知 T 是二维线性空间 V 上的线性变换，且有 $T\alpha_1=\alpha_1+2\alpha_2$，$T\alpha_2=\alpha_2-2\alpha_1$，则变换 T 在基 $\{\alpha_1,\alpha_2\}$ 下的变换矩阵为________________.

2. 定义 $\mathbf{R}^2$ 中向量 $\alpha=(x_1,y_1),\beta=(x_2,y_2)$ 的内积为 $(\alpha,\beta)=3x_1x_2+4y_1y_2$，则与 $\gamma=(1,-1)$ 正交的单位向量为 ________________.

3. 矩阵幂级数 $\sum\limits_{m=1}^{\infty}(-1)^{m-1}\dfrac{3^{2m-1}A^{2m-1}}{(2m-1)!}$ 的和函数为________________.

4. 设 $A=\begin{pmatrix}-1&0&2&i\\3+i&5&1+i&0\\2&i&2&-4\end{pmatrix}$，则 $\|A\|_1=$ ____________，$\|A\|_\infty=$ ____________.

5. 设3阶方阵 A 的特征值为0, 1, 2, $B=A^3-2A$，则 B 的最小多项式 $m_B(\lambda)=$ ________.

三、（8分）设 n 阶对角矩阵 $D=\mathrm{diag}(\lambda_1,\lambda_2,\cdots,\lambda_r,0,\cdots,0)\in\mathbf{C}^{n\times n}$，$D$ 的秩为 r，k 为正整数. 证明：

（1）$D^+=\mathrm{diag}(\lambda_1^{-1},\lambda_2^{-1},\cdots,\lambda_r^{-1},0,\cdots,0)$；

（2）$(D^k)^+=(D^+)^k$.

四、（6分）在 $\mathbf{R}[x]_3$ 中定义内积为：$(f,g)=\int_{-1}^1 f(x)g(x)\mathrm{d}x$，求 $\mathbf{R}[x]_3$ 的一个正交基.

五、（6分）求矩阵 $\begin{pmatrix}\lambda^2+\lambda&0&0\\0&\lambda&0\\0&0&(\lambda+1)^2\end{pmatrix}$ 的 Smith 标准形.

六、（8分）设 T 是 $\mathbf{R}^n$ 的线性变换，定义为

$$T(X)=(0,x_1,x_2,\cdots,x_{n-1}),\qquad \forall X=(x_1,x_2,\cdots,x_n)\in\mathbf{R}^n$$

（1）证明：$T^n=\mathbf{0}$（零变换）；

（2）求 T 的核及象空间 $R(T)$ 的基和维数.

七、（6分）利用圆盘定理，证明矩阵 $A=\begin{pmatrix}4&0&-1&0.5\\0.4&2&0&0.6\\0&0.2&1&0.3\\-1&0.5&0&-2\end{pmatrix}$ 的行列式 $|A|<0$.

八、（8分）设 $A=\begin{pmatrix}0&0&-2\\0&1&0\\1&0&3\end{pmatrix}$，求解定解问题 $\begin{cases}\dfrac{\mathrm{d}X}{\mathrm{d}t}=AX\\X(0)=(1,2,3)^{\mathrm{T}}\end{cases}$.

九、（10分）（1）设 $A\in\mathbf{C}^{m\times n}$，利用矩阵的奇异值分解证明：

$$\lim_{\varepsilon\to 0}A^{\mathrm{H}}(AA^{\mathrm{H}}+\varepsilon^2E)^{-1}=A^+$$

（2）求方程组 $AX=b$ 的极小最小二乘解，其中

$$A=\begin{pmatrix}-1&0&1\\2&0&-2\end{pmatrix},\qquad b=\begin{pmatrix}2\\6\end{pmatrix}$$

十、（8分）（1）若矩阵 A 满足 $A^3-6A^2+11A=6E$，证明 A 与对角阵相似.

（2）若 R,Q 是两个 n 阶酉矩阵，且 $(R^{\mathrm{H}}Q)^{\mathrm{H}}=-R^{\mathrm{H}}Q$，证明：$\dfrac{1}{\sqrt{2}}(Q+R)$ 也是酉矩阵.

综合模拟试卷一解答

一、选择题

1. B；2. C；3. A；4. C；5. B.

二、填空题

1. $\begin{pmatrix}1 & -2\\ 2 & 1\end{pmatrix}$; 2. $\pm\left(\dfrac{2}{\sqrt{21}},\dfrac{3}{2\sqrt{21}}\right)$; 3. $\sin 3\boldsymbol{A}$; 4. $3+\sqrt{10}$，$5+\sqrt{2}+\sqrt{10}$; 5. $\lambda(\lambda+1)(\lambda-4)$.

三、(1) 记 $\boldsymbol{G}=\mathrm{diag}(\lambda_1^{-1},\lambda_2^{-1},\cdots,\lambda_r^{-1},0,\cdots,0)$，则

$$\boldsymbol{DGD}=\mathrm{diag}(\lambda_1,\lambda_2,\cdots,\lambda_r,0,\cdots,0)=\boldsymbol{D}，\quad \boldsymbol{GDG}=\mathrm{diag}(\lambda_1^{-1},\lambda_2^{-1},\cdots,\lambda_r^{-1},0,\cdots,0)=\boldsymbol{G}$$

$$(\boldsymbol{DG})^{\mathrm{H}}=[\mathrm{diag}(1,1,\cdots,1,0,\cdots,0)]^{\mathrm{H}}=\boldsymbol{DG}，\quad (\boldsymbol{GD})^{\mathrm{H}}=[\mathrm{diag}(1,1,\cdots,1,0,\cdots,0)]^{\mathrm{H}}=\boldsymbol{GD}$$

故 $\boldsymbol{D}^{+}=\mathrm{diag}(\lambda_1^{-1},\lambda_2^{-1},\cdots,\lambda_r^{-1},0,\cdots,0)$.

(2) $(\boldsymbol{D}^{+})^{k}=[\mathrm{diag}(\lambda_1^{-1},\lambda_2^{-1},\cdots,\lambda_r^{-1},0,\cdots,0)]^{k}=\mathrm{diag}(\lambda_1^{-k},\lambda_2^{-k},\cdots,\lambda_r^{-k},0,\cdots,0)$，

$(\boldsymbol{D}^{k})^{+}=[\mathrm{diag}(\lambda_1^{k},\lambda_2^{k},\cdots,\lambda_r^{k},0,\cdots,0)]^{+}$，

由第（1）问的结论：$[\mathrm{diag}(\lambda_1^{k},\lambda_2^{k},\cdots,\lambda_r^{k},0,\cdots,0)]^{+}=\mathrm{diag}(\lambda_1^{-k},\lambda_2^{-k},\cdots,\lambda_r^{-k},0,\cdots,0)$，故 $(\boldsymbol{D}^{k})^{+}=(\boldsymbol{D}^{+})^{k}$.

四、取 $\boldsymbol{\alpha}_1=1,\boldsymbol{\alpha}_2=x,\boldsymbol{\alpha}_3=x^2,\boldsymbol{\alpha}_4=x^3$ 是 $\mathbf{R}[x]_3$ 的一个基.

令 $\boldsymbol{\beta}_1=\boldsymbol{\alpha}_1=1$，$\boldsymbol{\beta}_2=-\dfrac{(\boldsymbol{\beta}_1,\boldsymbol{\alpha}_2)}{(\boldsymbol{\beta}_1,\boldsymbol{\beta}_1)}\boldsymbol{\beta}_1+\boldsymbol{\alpha}_2=-\dfrac{1}{2}\displaystyle\int_{-1}^{1}x\mathrm{d}x+x=x$

$$\boldsymbol{\beta}_3=-\frac{(\boldsymbol{\beta}_1,\boldsymbol{\alpha}_3)}{(\boldsymbol{\beta}_1,\boldsymbol{\beta}_1)}\boldsymbol{\beta}_1-\frac{(\boldsymbol{\beta}_2,\boldsymbol{\alpha}_3)}{(\boldsymbol{\beta}_2,\boldsymbol{\beta}_2)}\boldsymbol{\beta}_2+\boldsymbol{\alpha}_3=-\frac{1}{2}\int_{-1}^{1}x^2\mathrm{d}x-\frac{3}{2}\int_{-1}^{1}x^3\mathrm{d}x\cdot x+x^2=x^2-\frac{1}{3}$$

$$\begin{aligned}\boldsymbol{\beta}_4&=-\frac{(\boldsymbol{\beta}_1,\boldsymbol{\alpha}_4)}{(\boldsymbol{\beta}_1,\boldsymbol{\beta}_1)}\boldsymbol{\beta}_1-\frac{(\boldsymbol{\beta}_2,\boldsymbol{\alpha}_4)}{(\boldsymbol{\beta}_2,\boldsymbol{\beta}_2)}\boldsymbol{\beta}_2-\frac{(\boldsymbol{\beta}_3,\boldsymbol{\alpha}_3)}{(\boldsymbol{\beta}_3,\boldsymbol{\beta}_3)}\boldsymbol{\beta}_3+\boldsymbol{\alpha}_4\\&=-\frac{1}{2}\int_{-1}^{1}x^3\mathrm{d}x-\frac{3}{2}\int_{-1}^{1}x^4\mathrm{d}x\cdot x-\frac{15}{2}\int_{-1}^{1}\left(x^2-\frac{1}{3}\right)x^3\mathrm{d}x\cdot x^2+x^3=x^3-\frac{3}{5}x\end{aligned}$$

故 $\boldsymbol{\beta}_1=1,\boldsymbol{\beta}_2=x,\boldsymbol{\beta}_3=x^2-\dfrac{1}{3},\boldsymbol{\beta}_4=x^3-\dfrac{3}{5}x$ 为所求的一个正交基.

五、非零的一阶子式为

$$\lambda,\lambda(1+\lambda),(1+\lambda)^2$$

所以 $\boldsymbol{D}_1(\lambda)=1$.

非零的二阶子式为

$$\lambda^2(1+\lambda),\lambda(1+\lambda)^2,\lambda(1+\lambda)^3$$

所以 $\boldsymbol{D}_2(\lambda)=\lambda(1+\lambda)$，而 $\boldsymbol{D}_3(\lambda)=\lambda^2(1+\lambda)^3$，故

$$d_1(\lambda)=1,\quad d_2(\lambda)=\frac{\boldsymbol{D}_2(\lambda)}{\boldsymbol{D}_1(\lambda)}=\lambda(1+\lambda),\quad d_3(\lambda)=\frac{\boldsymbol{D}_3(\lambda)}{\boldsymbol{D}_2(\lambda)}=\lambda(1+\lambda)^2$$

所求 Smith 标准形为 $\begin{pmatrix}1 & & \\ & \lambda(\lambda+1) & \\ & & \lambda(\lambda+1)^2\end{pmatrix}$.

六、(1) $\forall \boldsymbol{X}=(x_1,x_2,\cdots,x_n)\in\mathbf{R}^n$，$T^2(\boldsymbol{X})=T(0,x_1,x_2,\cdots,x_{n-1})=(0,0,x_1,\cdots,x_{n-2})$

依此类推，$T^{n-1}(\boldsymbol{X})=(0,0,\cdots,0,x_1)$，故$T^n(\boldsymbol{X})=(0,0,\cdots,0)$，由$\boldsymbol{X}$的任意性，则$T^n=\boldsymbol{0}$（零变换）.

（2）$\forall\boldsymbol{\alpha}=(x_1,x_2,\cdots,x_n)\in\ker(T)$，则$T(\boldsymbol{\alpha})=(0,x_1,x_2,\cdots,x_{n-1})=\boldsymbol{0}$，于是有$x_1=x_2=\cdots=x_{n-1}=0$，即

$$\boldsymbol{\alpha}=k(0,\cdots,0,1)=k\boldsymbol{\varepsilon}_n$$

故$\boldsymbol{\varepsilon}_n=(0,\cdots,0,1)$为核$\ker(T)$的基，且$\ker(T)$的维数为 1.

$\forall\boldsymbol{\beta}\in R(T)$，则存在$\boldsymbol{\alpha}=(x_1,x_2,\cdots,x_n)\in\mathbf{R}^n$，使得$\boldsymbol{\beta}=T(\boldsymbol{\alpha})$，于是

$$\boldsymbol{\beta}=T(\boldsymbol{\alpha})=(0,x_1,x_2,\cdots,x_{n-1})=x_1(0,1,0,\cdots,0)+x_2(0,0,1,0,\cdots,0)+\cdots+x_{n-1}(0,\cdots,0,1)$$

而$\boldsymbol{\alpha}_1=(0,1,0,\cdots,0),\boldsymbol{\alpha}_2=(0,0,1,0,\cdots,0),\cdots,\boldsymbol{\alpha}_{n-1}=(0,\cdots,0,1)$线性无关，故$\boldsymbol{\alpha}_1,\boldsymbol{\alpha}_2,\cdots,\boldsymbol{\alpha}_{n-1}$是$R(T)$的基，且$R(T)$的维数为$n-1$.

七、矩阵$\boldsymbol{A}$的 4 个盖尔圆为

$$G_1=\{z||z-4|\leqslant 1.5\},\ G_2=\{z||z-2|\leqslant 1\},\ G_3=\{z||z-1|\leqslant 0.5\},\ G_4=\{z||z+2|\leqslant 1.5\}$$

它们构成的两个连通部分为$S_1=G_4$，$S_2=G_1\cup G_2\cup G_3$.

由于实矩阵的复特征值必成共轭出现，所以S_1中仅含$\boldsymbol{A}$的一个实特征值λ_1，而S_2中至少含$\boldsymbol{A}$的一个实特征值λ_2，另两个特征值设为λ_3,λ_4.

由于$|\lambda_1+2|<1.5$，所以$\lambda_1<-0.5$.

当λ_3,λ_4为实数时，由$\lambda_2,\lambda_3,\lambda_4\in S_2$可知$\lambda_2,\lambda_3,\lambda_4>0.5$，于是$|\boldsymbol{A}|=\lambda_1\lambda_2\lambda_3\lambda_4<0$；

当λ_3,λ_4为复数时，$\lambda_4=\overline{\lambda_3}$，$\lambda_3\lambda_4=|\lambda_3|^2>0$，同样有$|\boldsymbol{A}|=\lambda_1\lambda_2\lambda_3\lambda_4<0$.

八、易知矩阵$\boldsymbol{A}$的最小多项式为$m(\lambda)=(\lambda-1)(\lambda-2)$，令$f(\lambda)=\mathrm{e}^{\lambda t}$，设$g(\lambda)=a_0(t)+a_1(t)\lambda$，则有

$$\begin{cases}a_0(t)+a_1(t)=\mathrm{e}^t\\a_0(t)+2a_1(t)=\mathrm{e}^{2t}\end{cases}$$

解得

$$a_0(t)=2\mathrm{e}^t-\mathrm{e}^{2t},\ a_1(t)=\mathrm{e}^{2t}-\mathrm{e}^t$$

所以

$$\mathrm{e}^{At}=a_0(t)\boldsymbol{E}+a_1(t)\boldsymbol{A}=\begin{pmatrix}2\mathrm{e}^t-\mathrm{e}^{2t}&0&2\mathrm{e}^t-2\mathrm{e}^{2t}\\0&\mathrm{e}^t&0\\\mathrm{e}^{2t}-\mathrm{e}^t&0&2\mathrm{e}^{2t}-\mathrm{e}^t\end{pmatrix}$$

故所求解为$\boldsymbol{X}(t)=\mathrm{e}^{At}\boldsymbol{X}(0)=\begin{pmatrix}2\mathrm{e}^t-\mathrm{e}^{2t}&0&2\mathrm{e}^t-2\mathrm{e}^{2t}\\0&\mathrm{e}^t&0\\\mathrm{e}^{2t}-\mathrm{e}^t&0&2\mathrm{e}^{2t}-\mathrm{e}^t\end{pmatrix}\begin{pmatrix}1\\2\\3\end{pmatrix}=\begin{pmatrix}8\mathrm{e}^t-7\mathrm{e}^{2t}\\2\mathrm{e}^t\\7\mathrm{e}^{2t}-4\mathrm{e}^t\end{pmatrix}$.

九、（1）设矩阵$\boldsymbol{A}$的奇异值分解$\boldsymbol{A}=\boldsymbol{P}\begin{pmatrix}\boldsymbol{D}&\boldsymbol{0}\\\boldsymbol{0}&\boldsymbol{0}\end{pmatrix}\boldsymbol{Q}^{\mathrm{H}}$，其中$\boldsymbol{D}=\mathrm{diag}\{d_1,d_2,\cdots,d_r\}$，且$d_1\geqslant d_2\geqslant\cdots\geqslant d_r>0$，$\boldsymbol{P}$与$\boldsymbol{Q}$分别为$m$阶与$n$阶酉矩阵，则有$\boldsymbol{A}^+=\boldsymbol{Q}\begin{pmatrix}\boldsymbol{D}^{-1}&\boldsymbol{0}\\\boldsymbol{0}&\boldsymbol{0}\end{pmatrix}\boldsymbol{P}^{\mathrm{H}}$. 经计算有

$$A^{\mathrm H}(AA^{\mathrm H}+\varepsilon^2E)^{-1}=A^{\mathrm H}\left[P\begin{pmatrix}D^2&0\\0&0\end{pmatrix}P^{\mathrm H}+\varepsilon^2PEP^{\mathrm H}\right]^{-1}=A^{\mathrm H}\left[P\begin{pmatrix}D^2+\varepsilon^2E_r&0\\0&\varepsilon^2E_{m-r}\end{pmatrix}P^{\mathrm H}\right]^{-1}$$

$$=Q\begin{pmatrix}D&0\\0&0\end{pmatrix}P^{\mathrm H}P\begin{pmatrix}D^2+\varepsilon^2E_r&0\\0&\varepsilon^2E_{m-r}\end{pmatrix}^{-1}P^{\mathrm H}$$

$$=Q\begin{pmatrix}D&0\\0&0\end{pmatrix}\begin{pmatrix}\operatorname{diag}\left\{\dfrac{1}{d_1^2+\varepsilon^2},\dfrac{1}{d_2^2+\varepsilon^2},\cdots,\dfrac{1}{d_r^2+\varepsilon^2}\right\}&0\\0&\dfrac{1}{\varepsilon^2}E_{m-r}\end{pmatrix}P^{\mathrm H}$$

$$=Q\begin{pmatrix}\operatorname{diag}\left\{\dfrac{d_1}{d_1^2+\varepsilon^2},\dfrac{d_2}{d_2^2+\varepsilon^2},\cdots,\dfrac{d_r}{d_r^2+\varepsilon^2}\right\}&0\\0&0\end{pmatrix}P^{\mathrm H}$$

于是有 $\lim\limits_{\varepsilon\to0}A^{\mathrm H}(AA^{\mathrm H}+\varepsilon^2E)^{-1}=Q\begin{pmatrix}\operatorname{diag}\left\{\dfrac{1}{d_1},\dfrac{1}{d_2},\cdots,\dfrac{1}{d_r}\right\}&0\\0&0\end{pmatrix}P^{\mathrm H}=Q\begin{pmatrix}D^{-1}&0\\0&0\end{pmatrix}P^{\mathrm H}=A^+$.

（2）由（1）先求

$$A^+=\lim_{\varepsilon\to0}A^{\mathrm H}(AA^{\mathrm H}+\varepsilon^2E)^{-1}=\lim_{\varepsilon\to0}\begin{pmatrix}-1&2\\0&0\\1&-2\end{pmatrix}\begin{pmatrix}2+\varepsilon^2&-4\\-4&8+\varepsilon^2\end{pmatrix}^{-1}$$

$$=\lim_{\varepsilon\to0}\begin{pmatrix}-1&2\\0&0\\1&-2\end{pmatrix}\cdot\frac{1}{\varepsilon^4+10\varepsilon^2}\begin{pmatrix}8+\varepsilon^2&4\\4&2+\varepsilon^2\end{pmatrix}$$

$$=\lim_{\varepsilon\to0}\frac{1}{\varepsilon^4+10\varepsilon^2}\begin{pmatrix}-\varepsilon^2&2\varepsilon^2\\0&0\\\varepsilon^2&-2\varepsilon^2\end{pmatrix}$$

$$=\frac{1}{10}\begin{pmatrix}-1&2\\0&0\\1&-2\end{pmatrix}$$

所以 $AX=b$ 的极小最小二乘解为 $X_0=A^+b=\dfrac{1}{10}\begin{pmatrix}-1&2\\0&0\\1&-2\end{pmatrix}\begin{pmatrix}2\\6\end{pmatrix}=\begin{pmatrix}1\\0\\-1\end{pmatrix}$.

十、（1）因 $A^3-6A^2+11A=6E$，则 A 的零化多项式为

$$\varphi(\lambda)=\lambda^3-6\lambda^2+11\lambda-6=(\lambda-1)(\lambda-2)(\lambda-3)$$

$\varphi(\lambda)$ 无重根，而由于 A 的最小多项式可整除零化多项式，所以 A 的最小多项式无重根，故 A 可对角化，即 A 与对角阵相似.

（2）若 $(R^{\mathrm H}Q)^{\mathrm H}=-R^{\mathrm H}Q$，则 $Q^{\mathrm H}R=-R^{\mathrm H}Q$，即 $Q^{\mathrm H}R+R^{\mathrm H}Q=0$，令

$$U = \frac{1}{\sqrt{2}}(\boldsymbol{Q}+\boldsymbol{R})$$

则

$$\boldsymbol{U}^{\mathrm{H}}\boldsymbol{U} = \frac{1}{\sqrt{2}}(\boldsymbol{Q}^{\mathrm{H}}+\boldsymbol{R}^{\mathrm{H}})\cdot\frac{1}{\sqrt{2}}(\boldsymbol{Q}+\boldsymbol{R}) = \frac{1}{2}(\boldsymbol{Q}^{\mathrm{H}}\boldsymbol{Q}+\boldsymbol{R}^{\mathrm{H}}\boldsymbol{R}+\boldsymbol{Q}^{\mathrm{H}}\boldsymbol{R}+\boldsymbol{R}^{\mathrm{H}}\boldsymbol{Q}) = \frac{1}{2}(\boldsymbol{E}+\boldsymbol{E}) = \boldsymbol{E}$$

故$\frac{1}{\sqrt{2}}(\boldsymbol{Q}+\boldsymbol{R})$为酉矩阵.

综合模拟试卷二

一、选择题（5 小题，每小题 4 分，共 20 分）

1. 设$V_1=\mathbf{R}^n$，$V_2=\mathbf{R}^{m\times n}$，$V_3=\mathbf{R}[t]_n$，$V_4$表示 $\mathbf{R}$ 上 n 维线性空间的所有线性变换构成的线性空间，则以下命题不正确的是（　　）

A. V_1的维数是n　　B. V_2的维数是mn

C. V_3的维数是$n+1$　　D. V_4的维数是n^2

2. 设$\boldsymbol{A}\in\mathbf{C}^{n\times n}$，对于以下命题：

① 若 $\boldsymbol{A}$ 是 Hermite 矩阵，则 $\boldsymbol{A}$ 的特征值全为实数

② 若 $\boldsymbol{A}$ 是反 Hermite 矩阵，则 $\boldsymbol{A}$ 的特征值为零或纯虚数

③ 若 $\boldsymbol{A}$ 为实对称矩阵，则 $\boldsymbol{A}$ 的特征值全为实数

④ 若 $\boldsymbol{A}$ 是酉矩阵，则 $\boldsymbol{A}$ 的所有特征值的模全为 1

则命题正确的编号是（　　）.

A. ①②　　B.①②③　　C.①②④　　D. ①②③④

3. 已知数字矩阵 $\boldsymbol{A}$ 的初级因子为 $\lambda,\lambda,\lambda^2,\lambda+1,(\lambda+1)^2,\lambda-2,\lambda-2$，则 $\boldsymbol{A}$ 的最小多项式为（　　）.

A. $\lambda^2(\lambda+1)^2(\lambda-2)$　　B. $\lambda(\lambda+1)(\lambda-2)$

C. $\lambda^2(\lambda+1)^2(\lambda-2)^2$　　D. $\lambda^3(\lambda+1)^2(\lambda-2)$

4. 已知$\boldsymbol{A}=\begin{pmatrix}-1 & \mathrm{i} & 1\\ -\mathrm{i} & 0 & -\mathrm{i}\\ 1 & \mathrm{i} & -1\end{pmatrix}$，则以下命题不正确的是（　　）.

A. $\|\boldsymbol{A}\|_1=3$　　B. $\|\boldsymbol{A}\|_2=2$　　C. $\|\boldsymbol{A}\|_F=3$　　D. $\|\boldsymbol{A}\|_\infty=3$

5. 设$\boldsymbol{A}=(\mathrm{i},1)$，其中$\mathrm{i}=\sqrt{-1}$，下列 4 个$2\times1$矩阵中有一个是 $\boldsymbol{A}$ 的$\{1\}$-广义逆 $\boldsymbol{A}^-$，它是（　　）

A. $\begin{pmatrix}2\\ \mathrm{i}\end{pmatrix}$　　B. $\begin{pmatrix}\mathrm{i}\\ 2\end{pmatrix}$　　C. $\begin{pmatrix}1\\ \mathrm{i}\end{pmatrix}$　　D. $\begin{pmatrix}\mathrm{i}\\ 1\end{pmatrix}$

二、填空题（5 小题，每小题 4 分，共 20 分）

1. 在线性空间 $\boldsymbol{P}[x]_3$ 上定义线性变换 T：$T[f(x)]=f'(x)-f(x)$，$\forall f(x)\in\boldsymbol{P}[x]_3$，则变换 T 在基 $\{1,x,x^2\}$ 下的变换矩阵为______________.

2. 在$\mathbf{R}[x]_2$中定义内积为$(f,g)=\int_0^4 f(x)g(x)\mathrm{d}x$，则$\mathbf{R}[x]_2$的一个标准正交基为________.

3. 设4阶方阵$\boldsymbol{A}$的最小多项式$m_A(\lambda)=(\lambda-2)^2(\lambda-1)$，则$\boldsymbol{A}$的可能Jordan标准形$\boldsymbol{J}=$_____.

4. 设$\boldsymbol{A}=\begin{pmatrix}0.1 & 0.8\\ 0.2 & 0.6\end{pmatrix}$，则矩阵幂级数$\sum\limits_{k=0}^{\infty}\boldsymbol{A}^k$的和为______________.

5. 设$\boldsymbol{A}$是n阶可逆矩阵，$\boldsymbol{O}$是n阶零矩阵，则$\begin{pmatrix}\boldsymbol{O} & \boldsymbol{A}\\ \boldsymbol{O} & \boldsymbol{O}\end{pmatrix}^+=$________________.

三、(12分) 设$\boldsymbol{A}=\begin{pmatrix}0 & 1\\ 2 & 0\end{pmatrix}$，在矩阵空间$\mathbf{R}^{2\times2}$中定义线性变换$T$:

$$T(\boldsymbol{X})=\boldsymbol{AXA},\qquad \forall \boldsymbol{X}\in\mathbf{R}^{2\times2}$$

(1) 求T在基$\boldsymbol{E}_{11}=\begin{pmatrix}1 & 0\\ 0 & 0\end{pmatrix}$，$\boldsymbol{E}_{12}=\begin{pmatrix}0 & 1\\ 0 & 0\end{pmatrix}$，$\boldsymbol{E}_{21}=\begin{pmatrix}0 & 0\\ 1 & 0\end{pmatrix}$，$\boldsymbol{E}_{22}=\begin{pmatrix}0 & 0\\ 0 & 1\end{pmatrix}$下的矩阵；

(2) 求$\mathbf{R}^{2\times2}$的一个基，使T在该基下的矩阵为对角矩阵.

四、(8分) 求多项式矩阵$\begin{pmatrix}\lambda^2(\lambda+1) & 0 & 0\\ 0 & (\lambda+1)^2(\lambda+2) & 0\\ 0 & 0 & \lambda(\lambda+2)^2\end{pmatrix}$的Smith标准形、行列式因子与不变因子.

五、(6分) 设向量$\boldsymbol{\alpha}_1=(1,0,2,1)^{\mathrm{T}},\boldsymbol{\alpha}_2=(2,0,1,-1)^{\mathrm{T}},\boldsymbol{\alpha}_3=(1,0,1,0)^{\mathrm{T}},\boldsymbol{\beta}_1=(1,1,0,1)^{\mathrm{T}}$，$\boldsymbol{\beta}_2=(4,1,3,1)^{\mathrm{T}}$，令$V_1=L(\boldsymbol{\alpha}_1,\boldsymbol{\alpha}_2,\boldsymbol{\alpha}_3)$, $V_2=L(\boldsymbol{\beta}_1,\boldsymbol{\beta}_2)$，求$V_1+V_2$的基与维数.

六、(6分) 设$\rho(\boldsymbol{A})$为矩阵$\boldsymbol{A}=\begin{pmatrix}\frac{1}{4} & \frac{1}{5} & \frac{1}{6} & \frac{1}{7}\\ \frac{1}{4} & \frac{2}{5} & \frac{1}{6} & \frac{1}{7}\\ \frac{1}{4} & \frac{1}{5} & \frac{1}{2} & \frac{1}{7}\\ \frac{1}{4} & \frac{1}{5} & \frac{1}{6} & \frac{4}{7}\end{pmatrix}$的谱半径，证明：$\rho(\boldsymbol{A})=1$.

七、(10分) 设$\boldsymbol{A}=\begin{pmatrix}1 & 0 & 0 & -1\\ 0 & 1 & -1 & 0\\ 0 & -1 & 1 & 0\\ -1 & 0 & 0 & 1\end{pmatrix}$，(1) 求$\mathrm{e}^{\boldsymbol{A}t}$；(2) 求解定解问题$\begin{cases}\dfrac{\mathrm{d}\boldsymbol{X}}{\mathrm{d}t}=\boldsymbol{AX}\\ \boldsymbol{X}(0)=(1,0,0,-1)^{\mathrm{T}}\end{cases}$.

八、(12分) 已知$\boldsymbol{A}=\begin{pmatrix}1 & 2\\ 0 & 0\\ 2 & 4\end{pmatrix}$, $\boldsymbol{b}=\begin{pmatrix}5\\ 5\\ 0\end{pmatrix}$，求：

(1) 方程组$\boldsymbol{AX}=\boldsymbol{b}$的全部最小二乘解；

(2) 方程组$\boldsymbol{AX}=\boldsymbol{b}$的极小最小二乘解.

九、(6分) 设$\boldsymbol{A}$是n($n\geqslant2$)阶可逆矩阵，$\|\boldsymbol{A}^{-1}\|=\dfrac{1}{a}$，$\|\boldsymbol{A}-\boldsymbol{B}\|=b$，且有$a>b$，证明：

（1）$\boldsymbol{B}$ 是可逆矩阵；

（2）$\|\boldsymbol{B}^{-1}\| \leqslant \dfrac{1}{a-b}$.

综合模拟试卷二解答

一、选择题

1. C；2. D；3. A；4. C；5. B.

二、填空题

1. $\begin{pmatrix} -1 & 1 & 0 \\ 0 & -1 & 2 \\ 0 & 0 & -1 \end{pmatrix}$；2. $\boldsymbol{\beta}_1 = \dfrac{1}{2}, \boldsymbol{\beta}_2 = \dfrac{\sqrt{3}}{4}(x-2)$；

3. $\boldsymbol{J} = \begin{pmatrix} 1 & & & \\ & 1 & & \\ & & 2 & \\ & & 1 & 2 \end{pmatrix}$或$\begin{pmatrix} 1 & & & \\ & 2 & & \\ & & 2 & \\ & & 1 & 2 \end{pmatrix}$；4. $\begin{pmatrix} 2 & 4 \\ 1 & 4.5 \end{pmatrix}$；5. $\begin{pmatrix} \boldsymbol{O} & \boldsymbol{O} \\ \boldsymbol{A}^{-1} & \boldsymbol{O} \end{pmatrix}$.

三、（1）

$$T(\boldsymbol{E}_{11}) = \boldsymbol{A}\boldsymbol{E}_{11}\boldsymbol{A} = \begin{bmatrix} 0 & 0 \\ 0 & 2 \end{bmatrix} = 2\boldsymbol{E}_{22}，\quad T(\boldsymbol{E}_{12}) = \begin{bmatrix} 0 & 0 \\ 4 & 0 \end{bmatrix} = 4\boldsymbol{E}_{21}$$

$$T(\boldsymbol{E}_{21}) = \begin{bmatrix} 0 & 1 \\ 0 & 0 \end{bmatrix} = \boldsymbol{E}_{12}，\quad T(\boldsymbol{E}_{22}) = \begin{bmatrix} 2 & 0 \\ 0 & 0 \end{bmatrix} = 2\boldsymbol{E}_{11}$$

于是 T 在基 $\boldsymbol{E}_{11}, \boldsymbol{E}_{12}, \boldsymbol{E}_{21}, \boldsymbol{E}_{22}$ 的矩阵为 $\boldsymbol{B} = \begin{pmatrix} 0 & 0 & 0 & 2 \\ 0 & 0 & 1 & 0 \\ 0 & 4 & 0 & 0 \\ 2 & 0 & 0 & 0 \end{pmatrix}$.

（2）$\boldsymbol{B}$ 的特征值为 $\lambda_1 = \lambda_2 = 2, \lambda_3 = \lambda_4 = -2$，与之对应的特征向量为

$$\boldsymbol{p}_1 = \begin{pmatrix} 0 \\ 1 \\ 2 \\ 0 \end{pmatrix},\ \boldsymbol{p}_2 = \begin{pmatrix} 1 \\ 0 \\ 0 \\ 1 \end{pmatrix},\ \boldsymbol{p}_3 = \begin{pmatrix} 0 \\ -1 \\ 2 \\ 0 \end{pmatrix},\ \boldsymbol{p}_4 = \begin{pmatrix} -1 \\ 0 \\ 0 \\ 1 \end{pmatrix}$$

设 $\boldsymbol{P} = (\boldsymbol{p}_1, \boldsymbol{p}_2, \boldsymbol{p}_3, \boldsymbol{p}_4)$，则由 $(\boldsymbol{B}_1, \boldsymbol{B}_2, \boldsymbol{B}_3, \boldsymbol{B}_4) = (\boldsymbol{E}_{11}, \boldsymbol{E}_{12}, \boldsymbol{E}_{21}, \boldsymbol{E}_{22})\boldsymbol{P}$，求得 $\mathbf{R}^{2\times 2}$ 的中一个基为

$$\boldsymbol{B}_1 = \begin{pmatrix} 0 & 1 \\ 2 & 0 \end{pmatrix},\ \boldsymbol{B}_2 = \begin{pmatrix} 1 & 0 \\ 0 & 1 \end{pmatrix},\ \boldsymbol{B}_3 = \begin{pmatrix} 0 & -1 \\ 2 & 0 \end{pmatrix},\ \boldsymbol{B}_4 = \begin{pmatrix} -1 & 0 \\ 0 & 1 \end{pmatrix}$$

$\boldsymbol{T}$ 在该基下的矩阵为对角矩阵.

四、非零一阶子式为

$$\lambda^2(\lambda+1), (\lambda+1)^2(\lambda+2), \lambda(\lambda+2)^2$$

所以一阶行列式因子 $D_1(\lambda) = 1$.

非零二阶子式为

$$\lambda^2(\lambda+1)^3(\lambda+2),\quad \lambda(\lambda+1)^2(\lambda+2)^3,\quad \lambda^3(\lambda+1)(\lambda+2)^2$$

所以二阶行列式因子 $D_2(\lambda)=\lambda(\lambda+1)(\lambda+2)$. 而三阶行列式因子

$$D_3(\lambda)=\lambda^3(\lambda+1)^3(\lambda+2)^3$$

故不变因子为

$$d_1(\lambda)=1,\quad d_2(\lambda)=\frac{D_2(\lambda)}{D_1(\lambda)}=\lambda(\lambda+1)(\lambda+2),\quad d_3(\lambda)=\frac{D_3(\lambda)}{D_2(\lambda)}=\lambda^2(\lambda+1)^2(\lambda+2)^2$$

所求 Smith 标准形为 $\begin{pmatrix}1 & & \\ & \lambda(\lambda+1)(\lambda+2) & \\ & & \lambda^2(\lambda+1)^2(\lambda+2)^2\end{pmatrix}$.

五、由于　$V_1+V_2=L(\boldsymbol{\alpha}_1,\boldsymbol{\alpha}_2,\boldsymbol{\alpha}_3)+L(\boldsymbol{\beta}_1,\boldsymbol{\beta}_2)=L(\boldsymbol{\alpha}_1,\boldsymbol{\alpha}_2,\boldsymbol{\alpha}_3,\boldsymbol{\beta}_1,\boldsymbol{\beta}_2)$

$$\boldsymbol{A}=(\boldsymbol{\alpha}_1,\boldsymbol{\alpha}_2,\boldsymbol{\alpha}_3,\boldsymbol{\beta}_1,\boldsymbol{\beta}_2)=\begin{pmatrix}1&2&1&1&4\\0&0&0&1&1\\2&1&1&0&3\\1&-1&0&1&1\end{pmatrix}\xrightarrow{\text{初等行变换}}\begin{pmatrix}1&2&1&1&4\\0&3&1&0&3\\0&0&0&1&1\\0&0&0&0&0\end{pmatrix}$$

所以 $r(\boldsymbol{A})=3$，且 $\boldsymbol{\alpha}_1,\boldsymbol{\alpha}_2,\boldsymbol{\beta}_1$ 是 $\boldsymbol{\alpha}_1,\boldsymbol{\alpha}_2,\boldsymbol{\alpha}_3,\boldsymbol{\beta}_1,\boldsymbol{\beta}_2$ 的极大无关组，故 $\boldsymbol{\alpha}_1,\boldsymbol{\alpha}_2,\boldsymbol{\beta}_1$ 是 V_1+V_2 的一个基，且维数为 3.

六、由计算知列范数 $\|\boldsymbol{A}\|_1=1$，则有 $\rho(\boldsymbol{A})\leqslant\|\boldsymbol{A}\|_1=1$，又由于

$$\boldsymbol{A}^{\mathrm{T}}\cdot\begin{pmatrix}1\\1\\1\\1\end{pmatrix}=\begin{pmatrix}1\\1\\1\\1\end{pmatrix}$$

所以矩阵 $\boldsymbol{A}^{\mathrm{T}}$ 有一特征值为 1，而矩阵 $\boldsymbol{A}^{\mathrm{T}}$ 与 $\boldsymbol{A}$ 有相同的特征值，从而矩阵 $\boldsymbol{A}$ 有一特征值为 1，故方阵 $\boldsymbol{A}$ 的谱半径 $\rho(\boldsymbol{A})=1$.

七、(1) $|\lambda\boldsymbol{E}-\boldsymbol{A}|=\lambda^2(\lambda-2)2$，由于 $\boldsymbol{A}$ 为实对称矩阵，可对角化，则 $\boldsymbol{A}$ 的最小多项式为

$$m(\lambda)=\lambda(\lambda-2)$$

设 $\mathrm{e}^{\boldsymbol{A}t}=a_0(t)\boldsymbol{E}+a_1(t)\boldsymbol{A}$，则有

$$\begin{cases}a_0(t)+a_1(t)\cdot 0=\mathrm{e}^{0t}\\ a_0(t)+a_1(t)\cdot 2=\mathrm{e}^{2t}\end{cases}$$

解得

$$a_0(t)=1,\ a_1(t)=\frac{1}{2}(\mathrm{e}^{2t}-1)$$

所以

$$\mathrm{e}^{\boldsymbol{A}t}=a_0(t)\boldsymbol{E}+a_1(t)\boldsymbol{A}=\frac{1}{2}\begin{pmatrix}1+\mathrm{e}^{2t}&0&0&1-\mathrm{e}^{2t}\\0&1+\mathrm{e}^{2t}&1-\mathrm{e}^{2t}&0\\0&1-\mathrm{e}^{2t}&1+\mathrm{e}^{2t}&0\\1-\mathrm{e}^{2t}&0&0&1+\mathrm{e}^{2t}\end{pmatrix}$$

（2）所求解为 $X(t)=\mathrm{e}^{At}X(0)=\frac{1}{2}\begin{pmatrix}1+\mathrm{e}^{2t} & 0 & 0 & 1-\mathrm{e}^{2t}\\ 0 & 1+\mathrm{e}^{2t} & 1-\mathrm{e}^{2t} & 0\\ 0 & 1-\mathrm{e}^{2t} & 1+\mathrm{e}^{2t} & 0\\ 1-\mathrm{e}^{2t} & 0 & 0 & 1+\mathrm{e}^{2t}\end{pmatrix}\cdot\begin{pmatrix}1\\0\\0\\-1\end{pmatrix}=\begin{pmatrix}\mathrm{e}^{2t}\\0\\0\\-\mathrm{e}^{2t}\end{pmatrix}$.

八、（1）易知方程组 $AX=b$ 无解. 方程组 $AX=b$ 的最小二乘解即为方程组 $A^{\mathrm{T}}AX=A^{\mathrm{T}}b$ 的解.

由于

$$(A^{\mathrm{T}}A,A^{\mathrm{T}}b)=\begin{pmatrix}5 & 10 & 5\\ 10 & 20 & 10\end{pmatrix}\to\begin{pmatrix}1 & 2 & 1\\ 0 & 0 & 0\end{pmatrix}$$

可得

$$X=\begin{pmatrix}1\\0\end{pmatrix}+k\begin{pmatrix}-2\\1\end{pmatrix}\quad(k\in\mathbf{R})$$

即为 $AX=b$ 的最小二乘解.

（2）由于 $A=\begin{pmatrix}1 & 2\\ 0 & 0\\ 2 & 4\end{pmatrix}\to\begin{pmatrix}1 & 2\\ 0 & 0\\ 0 & 0\end{pmatrix}$，令 $B=\begin{pmatrix}1\\0\\2\end{pmatrix}$，$C=(1\quad 2)$，即得矩阵 A 的满秩分解：$A=BC$.

$$A^{+}=C^{\mathrm{H}}(CC^{\mathrm{H}})^{-1}(B^{\mathrm{H}}B)^{-1}B^{\mathrm{H}}=\begin{pmatrix}1\\2\end{pmatrix}\left((1\quad 2)\begin{pmatrix}1\\2\end{pmatrix}\right)^{-1}\left((1\quad 0\quad 2)\begin{pmatrix}1\\0\\2\end{pmatrix}\right)^{-1}(1\quad 0\quad 2)=\frac{1}{25}\begin{pmatrix}1 & 0 & 2\\ 2 & 0 & 4\end{pmatrix}$$

所求极小最小二乘解为 $X_0=A^{+}b=\frac{1}{25}\begin{pmatrix}1 & 0 & 2\\ 2 & 0 & 4\end{pmatrix}\begin{pmatrix}5\\5\\0\end{pmatrix}=\begin{pmatrix}\frac{1}{5}\\ \frac{2}{5}\end{pmatrix}$.

九、（1）令 $C=E-BA^{-1}$，则有

$$\|C\|=\|E-BA^{-1}\|=\|(A-B)A^{-1}\|\leqslant\|A-B\|\cdot\|A^{-1}\|=\frac{b}{a}<1$$

下证 $\det(E-C)\neq 0$，用反证法，假设 $\det(E-C)=0$，则 $\lambda=1$ 是 C 的一个特征值，从而有谱半径 $\rho(C)\geqslant 1$，这与 $\rho(C)\leqslant\|C\|<1$ 发生矛盾，故证得 $\det(E-C)\neq 0$，即有 $\det(BA^{-1})\neq 0$，从而 $\det(B)\neq 0$，即 B 是可逆矩阵.

（2）由于

$$\begin{aligned}\|B^{-1}\|&=\|B^{-1}-A^{-1}+A^{-1}\|\leqslant\|B^{-1}-A^{-1}\|+\|A^{-1}\|\\&=\|B^{-1}C\|+\frac{1}{a}\leqslant\|B^{-1}\|\cdot\|C\|+\frac{1}{a}\leqslant\frac{b}{a}\|B^{-1}\|+\frac{1}{a}\end{aligned}$$

于是有 $\left(1-\frac{b}{a}\right)\|B^{-1}\|\leqslant\frac{1}{a}$，故

$$\|B^{-1}\|\leqslant\frac{\frac{1}{a}}{1-\frac{b}{a}}=\frac{1}{a-b}$$

综合模拟试卷三

一、选择题（5 小题，每小题 4 分，共 20 分）

1. 设 $V=\{\boldsymbol{X}=(x_{ij})\mid x_{11}-x_{12}=0\}$ 是矩阵空间 $\mathbf{R}^{2\times 2}$ 的线性子空间，则 V 的维数是（　　）

A. 1　　B. 2　　C. 3　　D. 4

2. 设 $\boldsymbol{A}\in\mathbf{C}^{n\times n}$ 为正规矩阵，则以下命题中不正确的命题个数为（　　）

① $\boldsymbol{A}$ 是 Hermite 矩阵的充要条件是 $\boldsymbol{A}$ 的特征值全为实数

② $\boldsymbol{A}$ 是反 Hermite 矩阵的充要条件是 $\boldsymbol{A}$ 的特征值为零或纯虚数

③ $\boldsymbol{A}$ 是酉矩阵的充要条件是 $\boldsymbol{A}$ 的所有特征值的模全为 1

④ $\boldsymbol{A}$ 是实对称矩阵的充要条件是 $\boldsymbol{A}$ 的特征值全为实数

A. 1　　B. 2　　C. 3　　D. 4

3. 已知矩阵 $\boldsymbol{A}$ 的初级因子为 $\lambda,\lambda^2,\lambda+1,(\lambda+1)^2,\lambda-1,(\lambda-1)^2$，则 $\boldsymbol{A}$ 的阶数和最小多项式为（　　）．

A. 6 阶，$\lambda(\lambda+1)(\lambda-1)$　　B. 9 阶，$\lambda(\lambda+1)(\lambda-1)$

C. 6 阶，$\lambda^2(\lambda+1)^2(\lambda-1)^2$　　D. 9 阶，$\lambda^2(\lambda^2-1)^2$

4. 已知 $\boldsymbol{A}=\begin{pmatrix}2&-2\mathrm{i}&-2\\2\mathrm{i}&0&2\mathrm{i}\\-2&-2\mathrm{i}&2\end{pmatrix}$，则以下命题不正确的是（　　）．

A. $\|\boldsymbol{A}\|_1=6$　　B. $\|\boldsymbol{A}\|_F=4$　　C. $\|\boldsymbol{A}\|_2=4$　　D. $\|\boldsymbol{A}\|_\infty=6$

5. 设 $\boldsymbol{A}$ 是 n 阶可逆矩阵，$\boldsymbol{O}$ 是 n 阶零矩阵，则 $\begin{pmatrix}\boldsymbol{O}&\boldsymbol{O}\\\boldsymbol{A}&\boldsymbol{A}\end{pmatrix}^+=$（　　）．

A. $\dfrac{1}{2}\begin{pmatrix}\boldsymbol{O}&\boldsymbol{A}^{-1}\\\boldsymbol{O}&\boldsymbol{A}^{-1}\end{pmatrix}$　　B. $\dfrac{1}{2}\begin{pmatrix}\boldsymbol{A}^{-1}&\boldsymbol{A}^{-1}\\\boldsymbol{O}&\boldsymbol{O}\end{pmatrix}$　　C. $\dfrac{1}{2}\begin{pmatrix}\boldsymbol{O}&\boldsymbol{O}\\\boldsymbol{A}^{-1}&\boldsymbol{A}^{-1}\end{pmatrix}$　　D. $\dfrac{1}{2}\begin{pmatrix}\boldsymbol{A}^{-1}&\boldsymbol{O}\\\boldsymbol{A}^{-1}&\boldsymbol{O}\end{pmatrix}$

二、填空题（5 小题，每小题 4 分，共 20 分）

1. 设 $\boldsymbol{A}=\begin{pmatrix}1&-1\\2&5\end{pmatrix}$，则 $\boldsymbol{A}^4-6\boldsymbol{A}^3+9\boldsymbol{A}^2-11\boldsymbol{A}+16\boldsymbol{E}=$________________．

2. 在 $\mathbf{R}[x]_2$ 中定义内积为：$(f,g)=\int_2^6 f(x)g(x)\mathrm{d}x$，则 $\mathbf{R}[x]_2$ 的一个标准正交基为______．

3. 矩阵 $\boldsymbol{A}=\begin{pmatrix}2&0&1\\1&2&0\end{pmatrix}$ 的奇异值为________________________．

4. 已知 $\boldsymbol{A}=\begin{pmatrix}0.1&0.7\\0.3&0.6\end{pmatrix}$，则 $\sum\limits_{k=1}^{\infty}\boldsymbol{A}^k=$________________________．

5. 设 $\cos(\boldsymbol{A}t)=\begin{pmatrix}1&\dfrac{1}{2}(1-\cos 2t)\\0&\cos 2t\end{pmatrix}$，且 $\mathrm{tr}(\boldsymbol{A})>0$，则 $\boldsymbol{A}=$____________．

三、（8 分）设有矩阵空间 $\mathbf{R}^{2\times2}$ 的子空间 $V_1=\left\{\boldsymbol{A}=\begin{pmatrix}x_1 & x_2\\ x_3 & x_4\end{pmatrix}\middle| x_1-x_2+x_3-x_4=0\right\}$，$V_2=L(\boldsymbol{B}_1,\boldsymbol{B}_2)$，其中 $\boldsymbol{B}_1=\begin{pmatrix}1 & 0\\ 2 & 3\end{pmatrix}$，$\boldsymbol{B}_2=\begin{pmatrix}0 & -2\\ 0 & 1\end{pmatrix}$. 求：

（1）V_1 的基与维数；

（2）V_1+V_2 的基与维数.

四、（10 分）设矩阵空间 $\mathbf{R}^{2\times2}$ 的子空间 $V=\{\boldsymbol{X}=(x_{ij})_{2\times2}\mid x_{11}+x_{22}=0\}$，$T$ 为 V 上的线性变换，定义为 $T(\boldsymbol{X})=\boldsymbol{B}^{\mathrm{T}}\boldsymbol{X}-\boldsymbol{X}^{\mathrm{T}}\boldsymbol{B}\quad(\forall\boldsymbol{X}\in V)$，其中 $\boldsymbol{B}=\begin{pmatrix}1 & 1\\ 0 & 1\end{pmatrix}$. 求：

（1）T 在基 $\boldsymbol{A}_1=\begin{pmatrix}1 & 0\\ 0 & -1\end{pmatrix},\boldsymbol{A}_2=\begin{pmatrix}0 & 1\\ 0 & 0\end{pmatrix},\boldsymbol{A}_3=\begin{pmatrix}0 & 0\\ 1 & 0\end{pmatrix}$ 下的矩阵.

（2）求 V 的一个基，使 T 在该基下的矩阵为对角矩阵.

五、（6 分）给定欧氏空间 $\mathbf{R}^{2\times2}$ 中矩阵 $\boldsymbol{A}_1=\begin{pmatrix}1 & 0\\ 0 & 2\end{pmatrix}$，$\boldsymbol{A}_2=\begin{pmatrix}0 & 1\\ -1 & 0\end{pmatrix}$，

（1）求 $\mathbf{R}^{2\times2}$ 中所有同时与 $\boldsymbol{A}_1,\boldsymbol{A}_2$ 正交的矩阵构成的集合 V；

（2）将 $\boldsymbol{A}_1,\boldsymbol{A}_2$ 扩充为 $\mathbf{R}^{2\times2}$ 的一组标准正交基.

六、（6 分）已知矩阵 $\boldsymbol{A}=\begin{pmatrix}-1 & 0 & 1\\ 1 & 2 & 0\\ -4 & 0 & 3\end{pmatrix}$. 求：

（1）矩阵 $\boldsymbol{A}$ 的行列式因子、不变因子与初级因子及 Jordan 标准形；

（2）$\lambda\boldsymbol{E}-\boldsymbol{A}$ 的 Smith 标准形.

七.（8 分）用矩阵函数求解三阶线性微分方程

$$\begin{cases}x'''(t)-5x''(t)+7x'(t)-3x(t)=0\\ x(0)=1,x'(0)=0,x''(0)=0\end{cases}$$

提示：作变量代换 $x_1=x(t),x_2=x'(t),x_3=x''(t),X(t)=(x_1,x_2,x_3)^{\mathrm{T}}$ 转化为微分方程组的形式求解.

八、（10 分）已知 $\boldsymbol{A}=\begin{pmatrix}1 & 1 & 1 & 1\\ 1 & 2 & 3 & 4\\ 0 & 1 & 2 & 3\end{pmatrix},\boldsymbol{b}=\begin{pmatrix}1\\ 2\\ 1\end{pmatrix}$.

（1）求 $\boldsymbol{A}$ 的满秩分解；

（2）求 $\boldsymbol{A}^{+}$；

（3）用广义逆矩阵方法判断方程组 $\boldsymbol{Ax}=\boldsymbol{b}$ 是否相容？

（4）求方程组 $\boldsymbol{Ax}=\boldsymbol{b}$ 的最小范数解或极小最小二乘解 x_0（指出所求的是哪种解）.

九、（6 分）设 $\boldsymbol{A}\in\mathbf{C}^{n\times n}$，满足条件 $\forall\boldsymbol{x}\in\mathbf{C}^n$，有 $\boldsymbol{x}^{\mathrm{H}}\boldsymbol{Ax}\in\mathbf{R}$，即 $\boldsymbol{x}^{\mathrm{H}}\boldsymbol{Ax}$ 是实数，证明 $\boldsymbol{A}$ 是 Hermite 矩阵.

十、（6 分）（1）设 $\boldsymbol{A}$ 为 n 阶可逆矩阵，$\boldsymbol{B}$ 为 n 阶矩阵，若存在矩阵范数 $\|\cdot\|$，使得 $\|\boldsymbol{B}\|<\dfrac{1}{\|\boldsymbol{A}^{-1}\|}$. 证明：$\boldsymbol{A}+\boldsymbol{B}$ 是可逆矩阵.

（2）设 $\boldsymbol{A},\boldsymbol{B}$ 均为 Hermite 矩阵，且 $\boldsymbol{B}$ 正定. 证明：$\boldsymbol{AB}$ 的特征值必为实数.

综合模拟试卷三解答

一、选择题

1. C；2. A；3. D；4. B；5. A.

二、填空题

1. $\begin{pmatrix}3&-1\\2&7\end{pmatrix}$；2. $\boldsymbol{\beta}_1=\dfrac{1}{2},\boldsymbol{\beta}_2=\dfrac{\sqrt{3}}{4}(x-4)$；3. $\sqrt{7},\sqrt{3}$；4. $\begin{pmatrix}\dfrac{5}{3}&\dfrac{14}{3}\\2&5\end{pmatrix}$；5. $\begin{pmatrix}0&-1\\0&2\end{pmatrix}$.

三、（1）V_1 中 $\boldsymbol{A}=\begin{pmatrix}x_1&x_2\\x_3&x_4\end{pmatrix}=\begin{pmatrix}x_2-x_3+x_4&x_2\\x_3&x_4\end{pmatrix}=x_2\begin{pmatrix}1&1\\0&0\end{pmatrix}+x_3\begin{pmatrix}-1&0\\1&0\end{pmatrix}+x_4\begin{pmatrix}1&0\\0&1\end{pmatrix}$，

令 $\boldsymbol{C}_1=\begin{pmatrix}1&1\\0&0\end{pmatrix},\boldsymbol{C}_2=\begin{pmatrix}-1&0\\1&0\end{pmatrix},\boldsymbol{C}_3=\begin{pmatrix}1&0\\0&1\end{pmatrix}$，易知 $\boldsymbol{C}_1,\boldsymbol{C}_2,\boldsymbol{C}_3$ 线性无关，从而它们是 V_1 的基，且 $\dim V_1=3$.

（2）由于 $V_1+V_2=L(\boldsymbol{C}_1,\boldsymbol{C}_2,\boldsymbol{C}_3)+L(\boldsymbol{B}_1,\boldsymbol{B}_2)=L(\boldsymbol{C}_1,\boldsymbol{C}_2,\boldsymbol{C}_3,\boldsymbol{B}_1,\boldsymbol{B}_2)$，

在 $\mathbf{R}^{2\times2}$ 的标准基下，将 $\boldsymbol{C}_1,\boldsymbol{C}_2,\boldsymbol{C}_3,\boldsymbol{B}_1,\boldsymbol{B}_2$ 对应的坐标 $\boldsymbol{\alpha}_1,\boldsymbol{\alpha}_2,\boldsymbol{\alpha}_3,\boldsymbol{\beta}_1,\boldsymbol{\beta}_2$ 排成矩阵，并作初等行变换

$$\boldsymbol{B}=(\boldsymbol{\alpha}_1,\boldsymbol{\alpha}_2,\boldsymbol{\alpha}_3,\boldsymbol{\beta}_1,\boldsymbol{\beta}_2)=\begin{pmatrix}1&-1&1&1&0\\1&0&0&0&-2\\0&1&0&2&0\\0&0&1&3&1\end{pmatrix}\xrightarrow{\text{初等行变换}}\begin{pmatrix}1&-1&1&1&0\\0&1&-1&-1&0\\0&0&1&3&0\\0&0&0&0&1\end{pmatrix}$$

所以 $r(\boldsymbol{B})=4$，且 $\boldsymbol{\alpha}_1,\boldsymbol{\alpha}_2,\boldsymbol{\alpha}_3,\boldsymbol{\beta}_2$ 是 $\boldsymbol{\alpha}_1,\boldsymbol{\alpha}_2,\boldsymbol{\alpha}_3,\boldsymbol{\beta}_1,\boldsymbol{\beta}_2$ 的极大无关组，故 $\boldsymbol{C}_1,\boldsymbol{C}_2,\boldsymbol{C}_3,\boldsymbol{B}_2$ 是 V_1+V_2 的一个基，且维数为 4.

四、（1）
$$T(\boldsymbol{A}_1)=\boldsymbol{B}^{\mathrm{T}}\boldsymbol{A}_1-\boldsymbol{A}_1^{\mathrm{T}}\boldsymbol{B}=\begin{pmatrix}0&-1\\1&0\end{pmatrix}=-\boldsymbol{A}_2+\boldsymbol{A}_3$$
$$T(\boldsymbol{A}_2)=\boldsymbol{B}^{\mathrm{T}}\boldsymbol{A}_2-\boldsymbol{A}_2^{\mathrm{T}}\boldsymbol{B}=\begin{pmatrix}0&1\\-1&0\end{pmatrix}=\boldsymbol{A}_2-\boldsymbol{A}_3$$
$$T(\boldsymbol{A}_3)=\boldsymbol{B}^{\mathrm{T}}\boldsymbol{A}_3-\boldsymbol{A}_3^{\mathrm{T}}\boldsymbol{B}=\begin{pmatrix}0&-1\\1&0\end{pmatrix}=-\boldsymbol{A}_2+\boldsymbol{A}_3$$

于是 T 在基 $\boldsymbol{A}_1,\boldsymbol{A}_2,\boldsymbol{A}_3$ 下的矩阵为 $\boldsymbol{C}=\begin{pmatrix}0&0&0\\-1&1&-1\\1&-1&1\end{pmatrix}$.

（2）$\boldsymbol{C}$ 的特征多项式为 $|\lambda\boldsymbol{E}-\boldsymbol{C}|=\lambda^2(\lambda-2)$，所以 $\boldsymbol{C}$ 的特征值为 $\lambda_1=\lambda_2=0,\lambda_3=2$.

对于 $\lambda_1=\lambda_2=0$，求得特征向量为

$$\boldsymbol{p}_1=\begin{pmatrix}1\\1\\0\end{pmatrix},\qquad \boldsymbol{p}_2=\begin{pmatrix}-1\\0\\1\end{pmatrix}$$

对于 $\lambda_3=2$，求得特征向量为

$$\boldsymbol{p}_3=\begin{pmatrix}0\\-1\\1\end{pmatrix}$$

设 $\boldsymbol{P}=(\boldsymbol{p}_1,\boldsymbol{p}_2,\boldsymbol{p}_3)$，则由 $(\boldsymbol{B}_1,\boldsymbol{B}_2,\boldsymbol{B}_3)=(\boldsymbol{A}_1,\boldsymbol{A}_2,\boldsymbol{A}_3)\boldsymbol{P}$，求得 $\mathbf{R}^{2\times2}$ 的中一个基为

$$\boldsymbol{B}_1=\begin{pmatrix}1&1\\0&-1\end{pmatrix},\quad \boldsymbol{B}_2=\begin{pmatrix}-1&0\\1&1\end{pmatrix},\quad \boldsymbol{B}_3=\begin{pmatrix}0&-1\\1&0\end{pmatrix}$$

T 在该基下的矩阵为对角矩阵 $\boldsymbol{D}=\operatorname{diag}\{0,0,2\}$.

五、(1) 设 $\boldsymbol{X}=\begin{pmatrix}x_1&x_2\\x_3&x_4\end{pmatrix}\in V$，解方程 $\begin{cases}(\boldsymbol{X},\boldsymbol{A}_1)=x_1+2x_4=0\\(\boldsymbol{X},\boldsymbol{A}_2)=x_2-x_3=0\end{cases}$，得 V 的基为

$$\boldsymbol{B}_1=\begin{pmatrix}0&1\\1&0\end{pmatrix},\qquad \boldsymbol{B}_2=\begin{pmatrix}-2&0\\0&1\end{pmatrix}$$

即有 $V=L(\boldsymbol{B}_1,\boldsymbol{B}_2)$.

(2) 因 $(\boldsymbol{A}_i,\boldsymbol{B}_j)=0\ (i,j=1,2)$，$(\boldsymbol{A}_1,\boldsymbol{A}_2)=0$，$(\boldsymbol{B}_1,\boldsymbol{B}_2)=0$，故 $\boldsymbol{A}_1,\boldsymbol{A}_2,\boldsymbol{B}_1,\boldsymbol{B}_2$ 两两正交，将它们单位化，即得 $\mathbf{R}^{2\times2}$ 的一组标准正交基：

$$\frac{1}{\sqrt5}\boldsymbol{A}_1,\quad \frac{1}{\sqrt2}\boldsymbol{A}_2,\quad \frac{1}{\sqrt2}\boldsymbol{B}_1,\quad \frac{1}{\sqrt5}\boldsymbol{B}_2$$

六、(1) $|\lambda\boldsymbol{E}-\boldsymbol{A}|=\begin{vmatrix}\lambda+1&0&-1\\-1&\lambda-2&0\\4&0&\lambda-3\end{vmatrix}=(\lambda-1)^2(\lambda-2)$，观察可知

$$D_1(\lambda)=1,\quad D_2(\lambda)=1,\quad D_3(\lambda)=(\lambda-1)^2(\lambda-2)$$

所以

$$d_1(\lambda)=1,\quad d_2(\lambda)=1,\quad d_3(\lambda)=\frac{D_3(\lambda)}{D_2(\lambda)}=(\lambda-1)^2(\lambda-2)$$

从而初级因子为 $(\lambda-1)^2,\lambda-2$，故 $\boldsymbol{A}$ 的 Jordan 标准形为 $\boldsymbol{J}=\begin{pmatrix}1&0&0\\1&1&0\\0&0&2\end{pmatrix}$.

(2) $\lambda\boldsymbol{E}-\boldsymbol{A}$ 的 Smith 标准形为 $\begin{pmatrix}1&&\\&1&\\&&(\lambda-1)^2(\lambda-2)\end{pmatrix}$.

七、令 $x_1(t)=x(t),x_2(t)=x'(t),x_3(t)=x''(t)$，则有

$$\begin{cases}x_1't)=x'(t)=x_2(t)\\x_2'(t)=x''(t)=x_3(t)\\x_3'(t)=x'''(t)=3x_1(t)-7x_2(t)+5x_3(t)\end{cases}$$

令 $\boldsymbol{X}(t)=(x_1(t),x_2(t),x_3(t))^{\mathrm{T}}$，则原方程转化为

$$\begin{cases}\dfrac{\mathrm{d}\boldsymbol{X}}{\mathrm{d}t}=\begin{pmatrix}0&1&0\\0&0&1\\3&-7&5\end{pmatrix}\begin{pmatrix}x_1(t)\\x_2(t)\\x_3(t)\end{pmatrix}=\boldsymbol{A}\boldsymbol{X}\\ \boldsymbol{X}(0)=(1,0,0)^{\mathrm{T}}\end{cases}$$

由 $|\lambda\boldsymbol{E}-\boldsymbol{A}|=(\lambda-1)^2(\lambda-3)$，易知 $\boldsymbol{A}$ 的最小多项式为 $m(\lambda)=(\lambda-1)^2(\lambda-3)$.

设 $\mathrm{e}^{\boldsymbol{A}t}=a_0(t)\boldsymbol{E}+a_1(t)\boldsymbol{A}+a_2(t)\boldsymbol{A}^2$，则有 $\begin{cases}a_0(t)+a_1(t)\cdot1+a_2(t)\cdot1^2=\mathrm{e}^t\\a_1(t)+2a_2(t)\cdot1=t\mathrm{e}^t\\a_0(t)+a_1(t)\cdot3+a_2(t)\cdot3^2=\mathrm{e}^{3t}\end{cases}$，解得

$$\begin{cases}a_0(t)=\dfrac{3}{4}\mathrm{e}^t-\dfrac{3}{2}t\mathrm{e}^t+\dfrac{1}{4}\mathrm{e}^{3t}\\ a_1(t)=\dfrac{1}{2}\mathrm{e}^t+2t\mathrm{e}^t-\dfrac{1}{2}\mathrm{e}^{3t}\\ a_2(t)=-\dfrac{1}{4}\mathrm{e}^t-\dfrac{1}{2}t\mathrm{e}^t+\dfrac{1}{4}\mathrm{e}^{3t}\end{cases}$$

所以

$$\mathrm{e}^{\boldsymbol{A}t}=a_0(t)\boldsymbol{E}+a_1(t)\boldsymbol{A}+a_2(t)\boldsymbol{A}^2=\frac{1}{4}\begin{pmatrix}3\mathrm{e}^t-6t\mathrm{e}^t+\mathrm{e}^{3t}&2\mathrm{e}^t+8t\mathrm{e}^t-2\mathrm{e}^{3t}&-\mathrm{e}^t-2t\mathrm{e}^t+\mathrm{e}^{3t}\\-3\mathrm{e}^t-6t\mathrm{e}^t+3\mathrm{e}^{3t}&10\mathrm{e}^t+8t\mathrm{e}^t-6\mathrm{e}^{3t}&-3\mathrm{e}^t-2t\mathrm{e}^t+3\mathrm{e}^{3t}\\-9\mathrm{e}^t-6t\mathrm{e}^t+9\mathrm{e}^{3t}&18\mathrm{e}^t+8t\mathrm{e}^t-18\mathrm{e}^{3t}&-5\mathrm{e}^t-2t\mathrm{e}^t+9\mathrm{e}^{3t}\end{pmatrix}$$

于是有

$$\boldsymbol{X}(t)=\mathrm{e}^{\boldsymbol{A}t}\boldsymbol{X}(0)=\frac{1}{4}\begin{pmatrix}3\mathrm{e}^t-6t\mathrm{e}^t+\mathrm{e}^{3t}&2\mathrm{e}^t+8t\mathrm{e}^t-2\mathrm{e}^{3t}&-\mathrm{e}^t-2t\mathrm{e}^t+\mathrm{e}^{3t}\\-3\mathrm{e}^t-6t\mathrm{e}^t+3\mathrm{e}^{3t}&10\mathrm{e}^t+8t\mathrm{e}^t-6\mathrm{e}^{3t}&-3\mathrm{e}^t-2t\mathrm{e}^t+3\mathrm{e}^{3t}\\-9\mathrm{e}^t-6t\mathrm{e}^t+9\mathrm{e}^{3t}&18\mathrm{e}^t+8t\mathrm{e}^t-18\mathrm{e}^{3t}&-5\mathrm{e}^t-2t\mathrm{e}^t+9\mathrm{e}^{3t}\end{pmatrix}\begin{pmatrix}1\\0\\0\end{pmatrix}$$

$$=\frac{1}{4}\begin{pmatrix}3\mathrm{e}^t-6t\mathrm{e}^t+\mathrm{e}^{3t}\\-3\mathrm{e}^t-6t\mathrm{e}^t+3\mathrm{e}^{3t}\\-9\mathrm{e}^t-6t\mathrm{e}^t+9\mathrm{e}^{3t}\end{pmatrix}$$

从而微分方程的解为 $x(t)=\dfrac{1}{4}(3\mathrm{e}^t-6t\mathrm{e}^t+\mathrm{e}^{3t})$.

八、（1）由于

$$\boldsymbol{A}=\begin{pmatrix}1&1&1&1\\1&2&3&4\\0&1&2&3\end{pmatrix}\to\begin{pmatrix}1&0&-1&-2\\0&1&2&3\\0&0&0&0\end{pmatrix}$$

令 $\boldsymbol{B}=\begin{pmatrix}1&1\\1&2\\0&1\end{pmatrix},\boldsymbol{C}=\begin{pmatrix}1&0&-1&-2\\0&1&2&3\end{pmatrix}$，即得矩阵 $\boldsymbol{A}$ 的满秩分解：$\boldsymbol{A}=\boldsymbol{B}\boldsymbol{C}$.

（2）$A^{+}=C^{H}(CC^{H})^{-1}(B^{H}B)^{-1}B^{H}=\begin{pmatrix}1&0\\0&1\\-1&2\\-2&3\end{pmatrix}\cdot\begin{pmatrix}6&-8\\-8&14\end{pmatrix}^{-1}\cdot\begin{pmatrix}2&3\\3&6\end{pmatrix}^{-1}\cdot\begin{pmatrix}1&1&0\\1&2&1\end{pmatrix}$

$$=\begin{pmatrix}1&0\\0&1\\-1&2\\-2&3\end{pmatrix}\cdot\frac{1}{20}\begin{pmatrix}14&8\\8&6\end{pmatrix}\cdot\frac{1}{3}\begin{pmatrix}6&-3\\-3&2\end{pmatrix}\cdot\begin{pmatrix}1&1&0\\1&2&1\end{pmatrix}=\frac{1}{30}\begin{pmatrix}17&4&-13\\9&3&-6\\1&2&1\\-7&1&8\end{pmatrix}$$

（3）因 $AA^{+}b=A\cdot\frac{1}{10}\begin{pmatrix}4\\3\\2\\1\end{pmatrix}=\begin{pmatrix}1\\2\\1\end{pmatrix}=b$，故方程组 $AX=b$ 相容.

（4）$x_0=A^{+}b=\frac{1}{10}\begin{pmatrix}4\\3\\2\\1\end{pmatrix}$ 即为 $AX=b$ 的最小范数解.

九、由于 $\forall x\in\mathbf{C}^n$，$x^{H}Ax\in\mathbf{R}$，于是有 $x^{H}A^{H}x=(x^{H}Ax)^{H}=x^{H}Ax$，故有

$$x^{H}(A^{H}-A)x=x^{H}A^{H}x-x^{H}Ax=0 \tag{1}$$

令 $B=A^{H}-A$，设有 $B\alpha=\lambda\alpha\ (\alpha\neq 0)$，由式（1）有 $\alpha^{H}B\alpha=\lambda\alpha^{H}\alpha=0$，而 $\alpha^{H}\alpha\neq 0$，从而 $\lambda=0$，即 B 的特征值全为 0.

由 $B^{H}=(A^{H}-A)^{H}=A-A^{H}$，可知 B 为反 Hermite 矩阵，即为正规矩阵，所以存在酉矩阵 Q，使得 $Q^{-1}BQ=\mathrm{diag}(\lambda_1,\lambda_2,\cdots,\lambda_n)$，$\lambda_1,\lambda_2,\cdots,\lambda_n$ 为 B 的特征值，则 $\lambda_1,\lambda_2,\cdots,\lambda_n$ 全为 0，于是有 $B=O$.

故有 $A^{H}=A$，即 A 是 Hermite 矩阵.

十、（1）由已知 $\|B\|<\frac{1}{\|A^{-1}\|}$，则有 $\|A^{-1}B\|\leqslant\|A^{-1}\|\cdot\|B\|<1$.

下证 $\det(A+B)\neq 0$，用反证法，假设 $\det(A+B)=0$，则由 $A+B=A(E+A^{-1}B)$ 及 A 可逆，可知 $\det(E+A^{-1}B)=0$，从而 $\lambda=-1$ 是 $A^{-1}B$ 的一个特征值，从而有谱半径 $\rho(A^{-1}B)\geqslant 1$，这与 $\rho(A^{-1}B)\leqslant\|A^{-1}B\|<1$ 发生矛盾，故证得 $\det(A+B)\neq 0$，即 $A+B$ 是可逆矩阵.

（2）由于 B 正定，于是存在可逆矩阵 C 使得 $B=C^{H}C$，从而有 $AB=AC^{H}C=C^{-1}CAC^{H}C$，即 AB 与 CAC^{H} 相似，从而有相同的特征值.

易知 CAC^{H} 为 Hermite 矩阵，其特征值为实数.

故 AB 的特征值必为实数.

参 考 文 献

戴华，2001. 矩阵论[M]. 北京：科学出版社.

方保镕，2021. 矩阵论千题习题详解[M]. 北京：清华大学出版社.

方保镕，周继东，李医民，2013. 矩阵论[M]. 2 版. 北京：清华大学出版社.

林升旭，2003. 矩阵论学习辅导与典型题解析[M]. 武汉：华中科技大学出版社.

罗家洪，方卫东，2013. 矩阵分析引论[M]. 5 版. 广州：华南理工大学出版社.

魏丰，史荣昌，闫晓霞，2005. 矩阵分析学习指导[M]. 北京：北京理工大学出版社.

许立炜，赵礼峰，2011. 矩阵论[M]. 北京：科学出版社.

徐仲，张凯院，陆全，等，2014. 矩阵论简明教程[M]. 3 版. 北京：科学出版社.

杨丽宏，李斌，2013. 矩阵论教程学习辅导与习题解答[M]. 北京：国防工业出版社.

张凯院，徐仲，2014. 矩阵论导教・导学・导考[M]. 3 版. 西安：西北工业大学出版社.

赵礼峰，2016. 矩阵论学习指导[M]. 南京：东南大学出版社.